物理海洋学导论

Introduction to physical oceanography

（第三版）

(Third Edition)

［美］John A. Knauss　Newell Garfield　著
宋翔洲 等　译
刘秦玉 等　校

海洋出版社
2022年·北京

图书在版编目(CIP)数据

物理海洋学导论：第3版 / (美) 约翰·克纳斯 (John A. Knauss)，(美) 纽维尔·加菲尔德 (Newell Garfield) 著；宋翔洲等译著. — 北京：海洋出版社, 2022.8

书名原文: Introduction to Physical Oceanography，third edition

ISBN 978-7-5210-0990-3

Ⅰ. ①物… Ⅱ. ①约… ②纽… ③宋… Ⅲ. ①海洋物理学 Ⅳ. ①P733

中国版本图书馆CIP数据核字(2022)第148873号

图字：01-2022-5590

责任编辑：程净净
责任印制：安　淼

海洋出版社 出版发行
http://www.oceanpress.com.cn
北京市海淀区大慧寺路 8 号　　邮编：100081
鸿博昊天科技有限公司印刷　新华书店北京发行所经销
2022年8月第1版　2022年8月第1次印刷
开本：787mm × 1092mm　1 / 16　印张：19
字数：370千字　定价：118.00元
发行部：010-62100090　邮购部：010-62100072　总编室：010-62100034

《物理海洋学导论》
（第三版）

译：宋翔洲　曹海锦　程旭华　陈幸荣
徐常三　谢雪晗　李　凯　张守文
王海燕　马　婧　魏文韬

校：刘秦玉　王雪竹　陶爱峰　周桂地
闫运伟　龙上敏　鄢晓琴　禹　凯
张　莹　姜　龙　李竹花　秦箭煌
刘剑浩　王久珂

原著序

《物理海洋学导论》作为一本优秀的开创性著作，经受住了时间的考验，它已经成为初年级研究生和高年级本科生的一门课程。本书向学生们介绍物理海洋学的各种基本概念，一定程度的物理海洋学知识对从气象学家到渔业生物学家的各种专业人员也很重要。因此，使用本书的学生的背景和兴趣可能会有所不同，例如，对海洋地质学的学生来说，可能这是难得的一次完全接触物理海洋学领域的机会，而对物理海洋学的学生而言，这才是刚刚开始的课程。

本书为非物理海洋学家提供了足够的背景知识，他们能够浏览自己感兴趣的部分文献，同时，也为物理海洋学初学者提供了基本物理知识和原理。例如，随着2010年海水热力学方程（TEOS-10）和1978年早期实用盐度标度（PSS-78）的公布，现在盐度是根据热力学原理确定的——从第一次滴定氯度（直到20世纪60年代），到最终转向在电子桥中使用电导率比（20世纪60年代到1978年），是向前发展的重要一步。新标准调整的比例尺与早期的定义非常相似，但包括了溶解成分的区域和深度变化，该标准不仅提供了盐度的热力学测定，还提供了更精确的数值模型盐度定义。

任何该类书籍的作者都面临同一个问题，那就是对读者已具备的数学和物理知识水平的假定，本书我们认为读者已熟悉标准的基础物理学中的物理原理以及初等微积分的数学原理。此外，考虑到读者经常还需要通过深入研究规定方程的数学基础来获得对相应物理过程的理解，因此在第4、第5、第6、第9和第10章中给出了一些数学方程的推导。

为了加深学生对物理海洋学的理解，本书用直截了当、清晰明了的语言来阐述基本的海洋过程，如海洋表面的热传递、温度和盐度的分布，以及地球自转对海洋的影响，为我们了解世界海洋提供了宝贵的见解，也为我们对分层海洋、全球平衡和海水运动方程的理解提供了合理和明确的解释。为了与一学期课程的目标保持一致，本书还提供了一系列有说服力的主题内容，如主要海流、潮汐、波浪、近海过程、半封闭海洋，以及海洋中的声和光，为学生提供了在他们所选择的领域进一步发展职业生涯所需要的基础知识。彩色插页阐明了世界海洋是振荡的，并有助于人们不断塑造全球环境进程的观点。

特别鸣谢

这本书的初版献给罗得岛大学的一代学生，形成早期版本的讲义有他们的参与和帮助，并最终成为这本书的文本，第二版献给我的妻子Lynne，她无怨无悔地支持我再版。我要感谢罗得岛大学的同事们，包括Dave Herbert，Randy Watts和Mark Wimbush，他们在第二版的编著过程中审阅了不同的章节；也要感谢Frank Bub, Kevin Leaman, Allan Robinson和Robert Smith这几位外审专家，他们审阅了全部手稿。我特别感谢宾夕法尼亚州立大学的Ray Najjar和他的学生，他在课堂上引用了这个手稿的早期版本，并且提出了大量的建议。

John A. Knauss

约翰允许我与他合著这本书的第三版，我深感荣幸。我是约翰最后一批从罗得岛大学获得博士学位的学生之一。这一版本仍然是约翰的文稿，它表明了他作为一个海洋学家、教师和导师的能力和水平。该版本献给我的妻子朱莉，也献给许多与我一样愿意通过这本书研究物理海洋学的学生。

Newell Garfield

译者序

原著 *Introduction to Physical Oceanography* 由美国罗得岛大学教授 John Knauss 主编，我很荣幸有机会与我的同事和学生们将该书译成了中文。在此，谈几点体会与思考：一是翻译本书的初衷和目的；二是本书在物理海洋学教学中所扮演的角色；三是讲讲翻译过程中的人和事。

据非正式调查，在中国学者中了解这本原著的人不多，那么，我们为什么要在浩瀚如烟的学术著作中选择翻译此书呢？一个主要原因来自我在美国上课期间使用此书的感受。我们知道，在美国只有极少的学校单独设置海洋科学本科专业，这就意味着攻读物理海洋学研究生学位的学生绝大多数来自其他学科，因此，开设一门针对低年级研究生的物理海洋学基础导论类课程是几乎所有涉海高校的首选。2009 年，我受国家留学基金委资助到美国参加了麻省理工学院 – 伍兹霍尔海洋研究所联合研究生培养计划的课程学习，选修的 Introduction to Physical Oceanography 课程由 James F. Price 教授和 Fiamma Straneo 教授以原著为参考书目主讲，对于具有海洋学教育背景的我而言，这门课的内容并不陌生，但两位业界“大牛”超级清晰的物理概念引导仍极大地点燃了我深入学习物理海洋学的兴趣。为此，我意识到这本书可能是物理海洋学“开窍”的很好起点，特别是对来自不同专业背景的研究生来说，这是快速认识物理海洋学的“捷径”。本书用简单的数学表达，比较系统地阐述了物理海洋学的基本原理和概念，有助于高年级本科生和低年级研究生尽快建立清晰的专业概念和基础认知。

作为我国较早开设海洋科学专业的高校之一，河海大学海洋学科的历史可追溯到 1958 年设置的海洋水文专业。2015 年 10 月，在学校“由河向海延伸”的战略支持下，齐义泉教授从中国科学院南海海洋研究所回归母校后，河海大学海洋学院实现独立办学。海洋学院秉承教书育人优先的原则，努力打造具有河海特色的海洋科学教材体系，为此，我们初步考虑在教学中将该书作为研究生《高等海洋动力学》课程教学的主要参考书目，并将该书中物理海洋学的主要概念和重要知识点作为本科生《海洋科学导论》和《物理海洋学》课程的重要补充，以期与已有的本土传统教材形成合力优势。该书的初衷是帮助不同专业和学术背景的学生，通过物理海洋学的简单数学表达，建立相对清晰和系统的物理海洋学概念。美中不足的是，由于成书时间较早，原著内容未能及时更新最新研究成果，例如，从内容上来看，对环流的介绍几乎都以小罗斯贝数为主要特征的地转过程为主，而对于最近的研究热点，如海洋次中尺度动力过程等没有涉及，因此，在我们在翻译时增加了一些“译者注”，在不影响原著主体构架的情况下，补充拓展了一些相关的内容。

独行快，众行远。此次翻译成书的过程也是团队精诚协作的过程，正是得益于国家海洋环境预报中心与河海大学科教融合的不断深入、河海大学海洋学科青年才俊的群策群力以及业界前辈与学科新人的忘年合作，才有该书的顺利出版。在翻译过程中，河海大学研究生魏文韬、谢雪晗、徐常三与国家海洋环境预报中心张守文、李凯和王海燕承担了初译工作并做了中文电子化输入；河海大学研究生马婧、刘剑浩分别协助处理了附录和图片信息；国家海洋环境预报中心陈幸荣研究员、河海大学程旭华教授和曹海锦副教授协助开展了译稿初检；我在负责统稿的同时对全书做了第一次统校，并有幸邀请河海大学相关领域的专家王雪竹、曹海锦、闫运伟、姜龙、秦箭煌、龙上敏、禹凯、周桂地、陶爱峰、李竹花、鄢晓琴和张莹等12位青年学者分别对12章内容进行了科学表述方面的再次把关。在此基础上，我又对全书做了第二次统校，力争呈现给读者相对连贯的内容。最后，我们邀请了中国海洋大学刘秦玉教授对译稿的文字部分进行了统校和审核，刘先生提出的宝贵意见建议极大地提高了成书质量。能与刘先生合作是我辈无比的荣耀，借此机会，我谨代表参与翻译的全体人员表达对刘先生的衷心感谢！

本书的翻译和编写得到了国家自然科学基金项目（42122040、42076016）、科技部重点研发专项（2018YFB0505000）和河海大学校助教改课题等项目支持，在此一并感谢。

宋翔洲

2022年3月3日

目 录

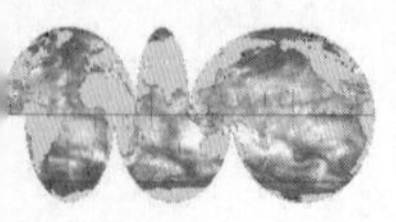

1 概 述

物理海洋学的研究内容主要包括[1]：

（1）海水温度、盐度和密度的时空分布及其物理过程；

（2）海水的运动如波浪、潮汐和海流以及导致这些运动的动力学；

（3）海洋与大气之间能量和动量的传递过程；

（4）海水的特殊性质，如声能和光能的传播；

（5）针对上述现象的理论解释和模型再现。

上述内容将在不同章节中详细介绍，但由于许多现象和特征是相互关联的，所以本书先从物理海洋的整体概况开始介绍。

1.1 关键观测要素

海洋中温度、盐度和密度的分布是物理海洋学最主要的观测与研究对象。

1.1.1 温度

一般来说，海水的温度随深度加深而降低，且水温下降速率上层高于深层。在典型温深剖面中，上层约十米到几十米厚，通常称为混合层[2]，因为该层在表面风场和海气能量交换的驱动下通常能够得到充分的混合，形成了近乎等温结构。在混合层下方，温度随深度迅速变化的水层常被称为温跃层。在温跃层以下，温度随深度缓慢下降，再次逐渐接近等温（图 1.1）。海洋深层水冷而均匀。温度在 0 ～ 4℃ 的海水约占 75%（图 1.2，表 1.1）。18 世纪后期的航海发现热带海洋的深层水温度也很低，以此便推断深层水可能是源于极区，后来，随着全球观测发现并证实，在经向断面中薄的暖水层主要集中在中低纬度，而冷水层则在深海和高纬度海域（图 1.3）。

---

1 随着科学发展，物理海洋学的研究领域更宽，研究内涵更广，正逐渐由传统研究范围向地球多圈层相互作用发展，由传统研究对象向交叉学科领域过渡，由传统应用领域向宜居地球和生态文明延伸，由传统研究手段向人工智能和大数据方向拓展。然而，所有的科学认知进步都是建立在学科规律的基础之上，本书原著者和译者希望本书的物理海洋基础能为读者的认知提供帮助。——译者注

2 关于混合层的判定和计算方法详见《海气相互作用导论》（海洋出版社，2020）第 154 页。——译者注

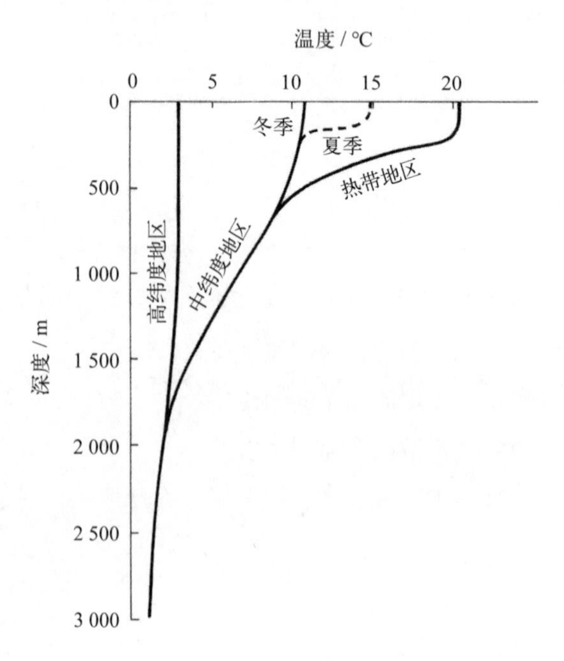

图1.1　开阔海域的典型温深剖面

在相对较浅的表层之下，海水相对较冷且均一。由于表层风致混合和热通量冷却效应，高纬度和中低纬度海区的温深剖面结构特征有显著差异，且中纬度海区温深剖面存在显著季节变化

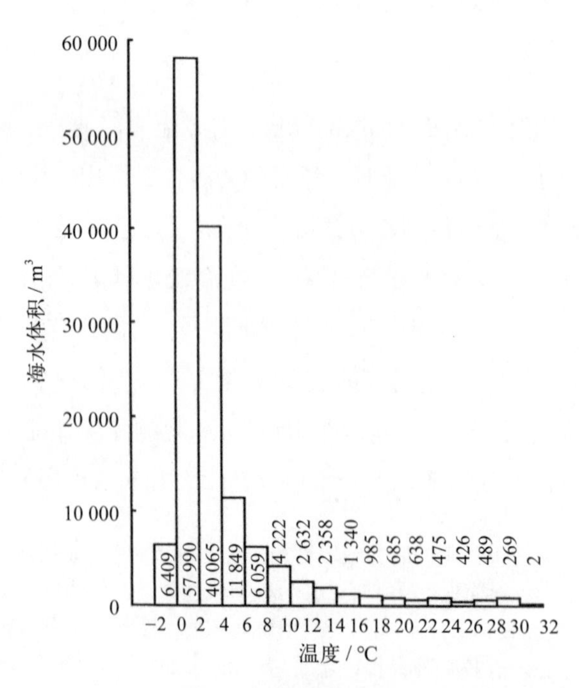

图1.2　全球海洋温度分布

直方图表示每2℃的温度范围内的海水体积（km³）。大约75%的海洋温度在0～4℃范围内

（摘自Montgomery，1958）

表1.1 全球海洋平均温度和盐度的分布

大 洋	平均值	少于四分之一		中位数	多于四分之一	
		5%	25%	50%	75%	95%
位温 / ℃						
太平洋	3.36	0.8	1.3	1.9	3.4	11.1
印度洋	3.72	−0.2	1.0	1.9	4.4	12.7
北冰洋	3.73	−0.6	1.7	2.6	3.9	13.7
全 球	3.52	0.0	1.3	2.1	3.8	12.6
盐度 / ‰						
太平洋	34.62	34.27	34.57	34.65	34.70	34.79
印度洋	34.76	34.44	34.66	34.73	34.79	35.19
北冰洋	34.90	34.41	34.71	34.90	34.97	35.73
全 球	34.72	34.33	34.61	34.69	34.79	35.10

注：最近的分析使用了更多、更好的数据，表明本书中平均值有微小的差异，但蒙哥马利表（Montgomery table）是唯一给出给定海洋的上下5%等数量的平均温度的表（见第2章位温定义）。资料摘自Montgomery (1958)。

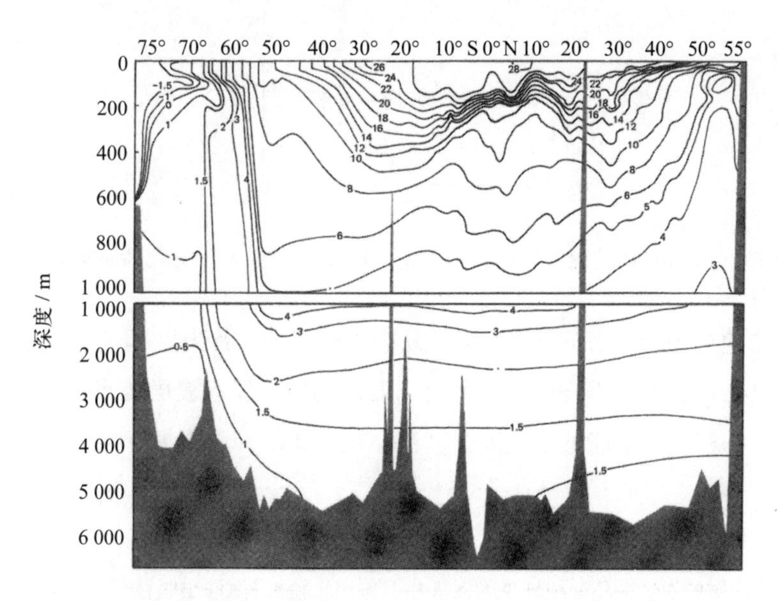

图1.3 沿太平洋160°W（南至南极洲，北至阿拉斯加）的温度（℃）纬向剖面

垂直放大倍数在1 000 m以浅是5.5×10^3，1 000 m以深是1.11×10^3

（资料摘自Reid，Intermediate Waters of the Pacific Ocean, The John Hopkins Oceanography Studies, The John Hopkins Press, 1965）

与大气系统的加热对流不同，海洋表层受热后层化效应加强，使得较暖的海水限制在浅层。据估算，超过 50% 的太阳短波辐射透过大气层到达地球表面后[3]，被上层海水所吸收[4]。同样，70% 的可见光穿透大气，但即使是在海水透明度高的中纬度海域中，也只有不到 1% 的可见光能穿透 100 m。在沿海地区，海水因为生物生产力高或泥沙从底部搅起而影响水色，在不到 10 m 水深就能对太阳短波辐射达到 99% 的吸收水平（图 1.4）。

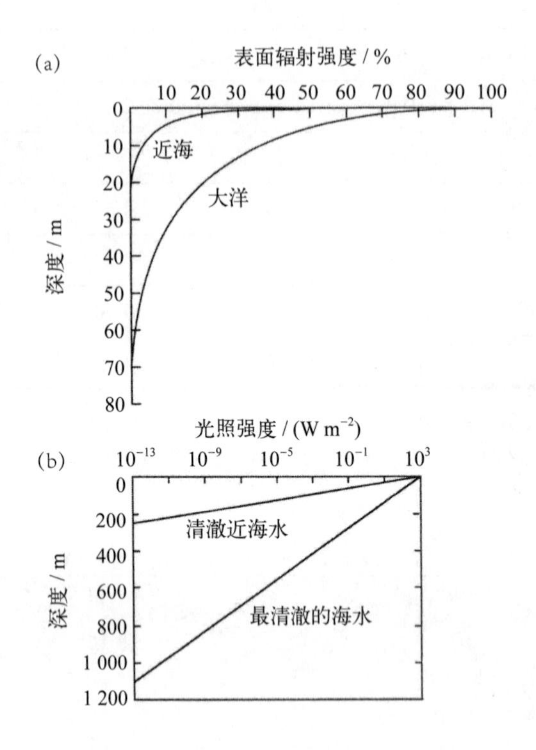

图1.4 （a）达到给定深度的光能百分比；（b）以光照强度为单位绘制的衰减度

海洋和陆地均经历显著的季节变化：夏季加热，冬季冷却。因为太阳能量被近表层吸收，所以海水温度的季节性变化主要局限在表层。夏季表层暖水的密度小于次表层冷水，形成的密度层化能够阻止混合过程。在 200 m 以深就几乎观测不到海水温度

3 关于地球系统能量循环介绍详见《海气相互作用导论》（海洋出版社，2020）第 2 页。——译者注

4 太阳短波辐射在上层海水中透射率很低，强度随深度增加呈现 e 指数衰减，在大约 25 m 深度处，辐射能量衰减为零。在能量衰减过程中还受到水体中叶绿素含量的影响，叶绿素含量高，衰减速率更快。——译者注

的季节变化（图 1.5）[5]。这与夏季大气形成鲜明对比：在夏季，太阳加热地球，使地表空气变暖，空气膨胀变轻，向上对流在离地面几千米高的地方形成积云[6]。

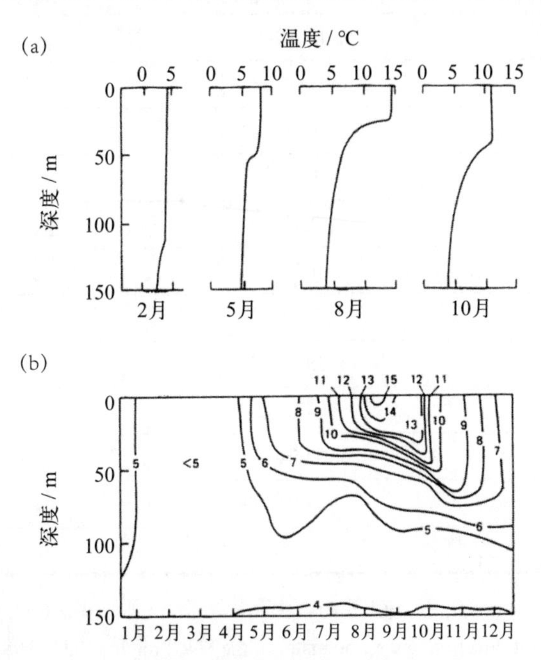

图1.5 （a）北半球中纬度某站点150 m以浅海水温度垂直结构的典型季节变化；
（b）温度（℃）随深度和时间变化
图中可清楚地看到季节性温跃层在夏季的建立和冬季的消失

1.1.2 盐度

海水中溶解的无机物和不易挥发物质的总量称为海水盐度。许多海洋学文献中使用每千克海水中盐的克数来衡量，以千分之一（‰）的比例给出。现在几乎普遍用电导率来测量盐度，它的值通常是用 1978 年实用盐度标度（以 S_P 表示）计算的。地球上所有的化学元素都可以在海水中找到，但海水中 86% 的溶解盐是氯化钠（表 1.2）。

5 该处提到的 200 m 深度仅仅代表一般情况下，其中，北大西洋翻转环流的深层对流过程深度可达 2 000 m 甚至更深。——译者注

6 这段话指出了全球大气环流和海洋环流本质的区别，大气环流是由发生在热带地区深对流导致的水汽凝结释放热驱动，而海洋环流则主要为以海面风应力为主的动力（机械）驱动。——译者注

表1.2　海水主要成分

成分	占海水的质量比 / (g kg^{-1})	占除去水分后的质量百分比 / %
氯	19.35	55.07
钠	10.76	30.62
硫酸根	2.71	7.72
镁	1.29	3.68
钙	0.41	1.17
钾	0.39	1.10
碳酸氢根	0.14	0.40
溴	0.067	0.19
锶	0.008	0.02
硼	0.004	0.01
氟	0.001	0.01
总共		99.99

注：氯、钠、硫酸根、镁、钙、钾6种元素的质量占了海水除去水分质量的99.36%。

资料来源：Pilson, An Introduction to the Chemistry of the Sea, Prentice Hall, 1998。

一般而言，海洋盐度变化幅度很小；全球75%的海水盐度范围在34.5 S_P至35.0 S_P之间（图1.6，表1.1），因此，在许多研究中，我们可以简单假设海洋盐度是恒定的。

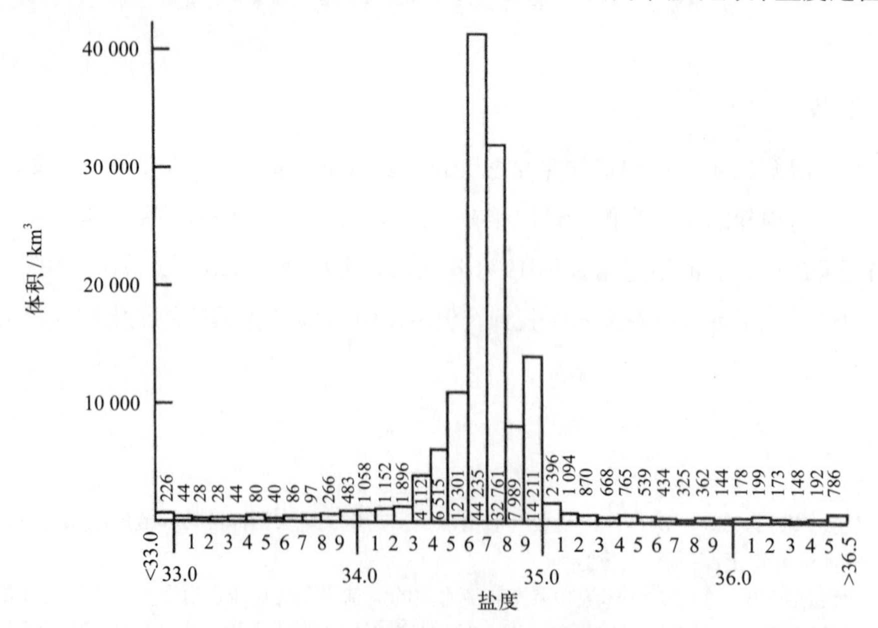

图1.6　世界海洋盐度的分布柱状图

柱状图表示盐度每0.1范围内的水立方千米数。摘自Montgomery（1958）

全球极值高盐度出现在封闭蒸发海盆如红海，而极致低盐度主要发生在淡水河流入海处，例如，长江冲淡水海域。然而，海洋动力过程往往伴随着微小的盐度差异。例如，太平洋深处（2 500 m 以深）的海水盐度从南太平洋的 34.70 S_P 变化到 40°N 的 34.68 S_P。这种微小的变化是由于海水缓慢地向北移动过程中，受混合过程的影响被上方低盐水稀释。

1.1.3 密度

海水的密度是通过测量它的温度、盐度和深度（实际上是指静水压力），使用经验确定的海水状态方程计算得到。通常而言，密度随温度的降低、盐度和压力的增加而增加。每增加 10 m 深度静水压增加约 1 个大气压（$1\ \text{bar} \approx 10^5\ \text{Pa}$）。具有相同温度和盐度的可压缩性的海水[7]，在 4 000 m 深度密度约为 1 046 kg m^{-3}，而位于表面时的密度为 1 028 kg m^{-3}。

从流体力学视角来看，海洋是层化流体。即使去掉压缩性的影响，海水密度也会随深度增加而增大。海表和深海之间的密度差（除去可压缩性的影响后）只是千分之几（例如，1 025 kg m^{-3} 和 1 028 kg m^{-3} 之间的差）。这看起来可能是一个相对较小的差异，但这一小部分的层化作用对认识海洋动力过程产生了巨大的影响。

1.1.4 尺度

世界大洋的面积约占地球面积的 70%，平均深度略低于 4 000 m。表 1.3、表 1.4 和图 1.7 提供了简单图表统计。我们可用垂直放大来绘制海洋断面图（也可称剖面图，见图 1.3），但需要提醒的是，一个典型海洋盆地的宽度是以数千千米为单位测量的，而深度是以数千米为单位测量的[8]。海洋面积与深度的真实比率更接近于本页的面积与本书厚度的比率，因此，如图 1.3 所示，1 000 : 1 或更大的垂直放大是合理的。在考虑底坡时也会出现类似的放大，例如，从大陆架到大洋深渊的大陆架斜坡明显陡峭，其典型坡度为 4%（图 7.4）。

---

7 海水不可压缩是研究物理海洋学的重要假设。此处的可压缩是在研究现场密度和位势密度时使用的物理环境。位势密度是相对某一参考位势的海水密度。——译者注

8 海洋平均深度约为 4 000 m，相对于地球半径（约 6 371 km）和数千千米的海盆尺度是一个小量，因此海洋属于薄层流体。——译者注

表1.3 海盆、半封闭海面积、容积、平均深度

海域		面积 / 10^6km^2	容积 / 10^6km^3	平均深度 / m
世界三大洋（包括近海）		361.059	1 370.323	3 795
大西洋	（包括近海）	106.463	354.679	3 332
太平洋	（包括近海）	179.679	723.699	4 028
印度洋	（包括近海）	74.917	291.945	3 897
三大洋（不包括近海）		321.130	1 322.198	4 117
大西洋	（不包括近海）	82.441	323.613	3 926
太平洋	（不包括近海）	165.246	707.555	4 282
印度洋	（不包括近海）	73.443	291.030	3 963
所有近海（边缘海 + 地中海）		39.928	48.125	1 205
边缘海		8.079	7.059	874
北海		0.575	0.054	94
英吉利海峡		0.075	0.004	54
爱尔兰海		0.103	0.006	60
圣劳伦斯湾		0.238	0.030	127
安达曼海		0.798	0.694	870
白令海		2.268	3.259	1 437
鄂霍次克海		1.528	1.279	838
日本海		1.008	1.361	1 350
中国东海		1.249	0.235	188
加利福尼亚湾		0.162	0.132	813
巴斯海峡		0.075	0.005	70
地中海（大地中海 + 小地中海）		31.849	41.066	1 289
大地中海		29.518	40.664	1 378

表1.4 全球海洋水深分布情况（占面积百分比）统计

海洋	深度 / km												各海盆面积占世界海盆面积的百分比 / %
	0 ~ 0.2	0.2 ~ 1	1 ~ 2	2 ~ 3	3 ~ 4	4 ~ 5	5 ~ 6	6 ~ 7	7 ~ 8	8 ~ 9	9 ~ 10	10 ~ 11	
太平洋	1.631	2.583	3.250	6.856	21.796	34.987	26.884	1.742	0.188	0.063	0.019	0.001	45.019
亚洲陆间海	51.913	9.255	10.433	12.151	6.698	7.780	1.636	0.076	0.058	0	0	0	2.509
白令海	46.443	5.975	7.623	10.330	29.629	0	0	0	0	0	0	0	0.625
鄂霍次克海	26.475	39.479	22.383	3.403	8.260	0	0	0	0	0	0	0	0.384
黄海和东海	81.305	11.427	5.974	1.239	0.055	0	0	0	0	0	0	0	0.332
日本海	23.498	15.176	19.646	20.096	21.551	0.033	0	0	0	0	0	0	0.280
加利福尼亚湾	46.705	20.848	25.891	6.556	0	0	0	0	0	0	0	0	0.042
大西洋	7.025	5.169	4.295	8.590	19.327	32.452	22.326	0.738	0.067	0.012	0	0	23.909
美洲陆间海	23.443	10.674	13.518	15.313	20.796	13.440	2.572	0.193	0.051	0	0	0	1.203
地中海	20.436	22.475	7.413	30.515	8.940	0.221	0	0	0	0	0	0	0.693
黑海	34.965	12.587	23.077	29.371	0	0	0	0	0	0	0	0	0.140
波罗的海	99.832	0.168	0	0	0	0	0	0	0	0	0	0	0.105
印度洋	3.570	2.685	3.580	10.209	25.259	36.643	16.991	1.241	0.001	0	0	0	20.282
红海	41.454	43.058	14.920	0.568	0	0	0	0	0	0	0	0	0.125
波斯湾	100.000	0	0	0	0	0	0	0	0	0	0	0	0.066
北冰洋	40.673	16.539	10.029	13.167	16.580	2.834	0	0	0	0	0	0	2.620
北极地中海	69.013	20.454	6.274	4.260	0	0	0	0	0	0	0	0	0.766
各深度区间面积占世界海洋面积的百分比 / %	7.492	4.423	4.376	8.497	20.944	31.689	21.201	1.232	0.105	0.032	0.009	0.001	

资料来源：After Menard and Smith, Journal of Geophysical Research, 71, 1966。

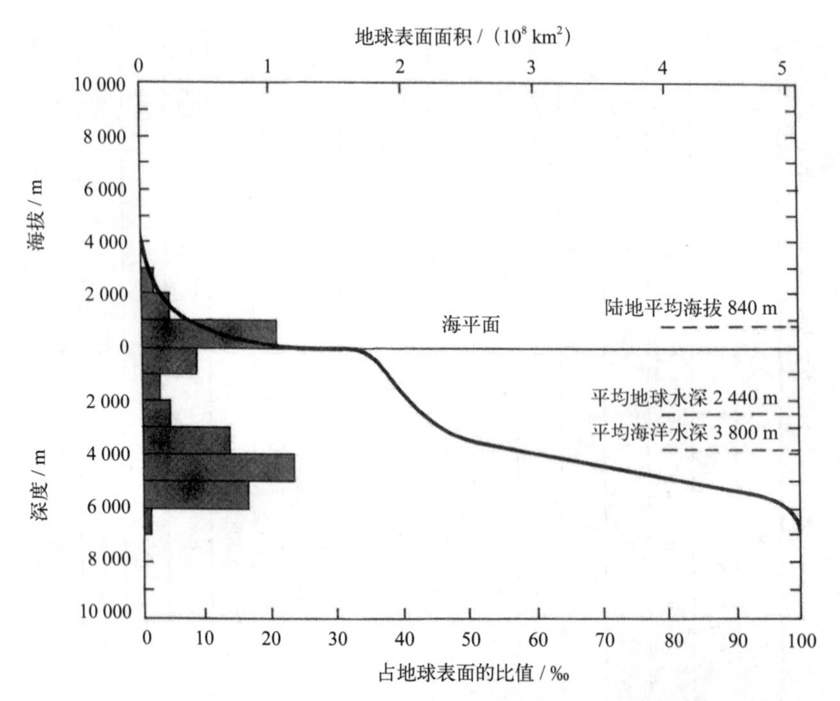

图1.7 高程曲线显示了任何给定海拔高度或深度以上的地球固体表面积
在图的左边是海拔和深度在1 000 m间隔的频率分布
(摘自Sverdrup, Johnson, and Fleming, The Oceans, Prentice Hall, 1942)

1.2 海洋环流

对入门级物理海洋学的认识，通常把海洋环流分为风生环流和热盐环流。顾名思义，前者主要是由风驱动的。后者热盐效应是指海水密度因温度和盐度的变化而发生的变化，即环流过程与温盐变化过程相关。实际上两者都是以机械能变化为主要特征，风生环流本身就是与风应力旋度有关，而热盐环流的维系离不开深海混合（主要来源为全球海洋潮汐能量[9]）提供的驱动力。然而，由于太阳辐射是大气环流的主要驱动源，人们也可以争辩说，太阳最终为两种类型的海洋环流提供了能量。对热盐环流来说，一个更好的描述术语是经向翻转环流（MOC）。

1.2.1 风生环流

副热带海区平均风场的特征是中纬度西风和低纬度的东风（信风）。这些风的摩擦阻力使表层水旋转，在北半球表现为顺时针方向，在南半球表现为逆时针方向，形成了在这些海洋区域观察到的副热带流涡（图 1.8）。海盆的地理属性及风场特征导致

9 此为译者注，以方便前后文衔接。

了区域差异，但在所有海盆，都可以看到显著的风生环流证据（图 1.9）。风驱动这些副热带流涡的方式并非风拖曳表层海水的直接产物。如果是这样，环流的强度和方向与风的强度和方向密切相关，但事实并非如此。这些流涡也不是对称的，海盆西侧的洋流如墨西哥湾流，比海盆东侧的洋流，如秘鲁流或加利福尼亚流更强、更深。第 6 章将讨论：这种西向强化现象是地球自转的结果。

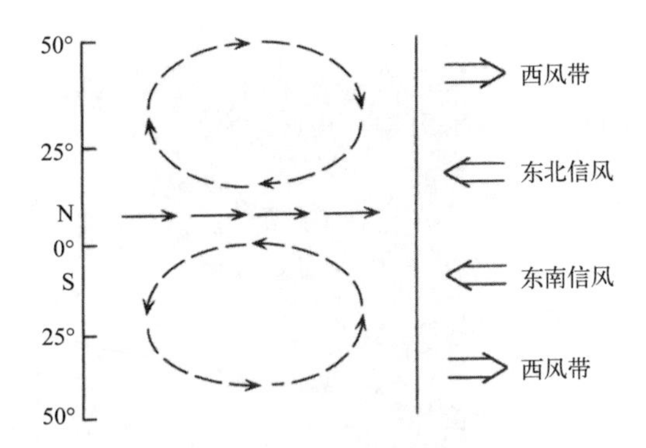

图1.8 副热带环流示意图

风在北半球产生顺时针扭矩，在南半球产生逆时针扭矩[10]，从而在大西洋和太平洋形成了两个副热带流涡。在赤道略偏北，北半球东北信风和南半球东南信风之间，存在一股逆流把两个流涡分开

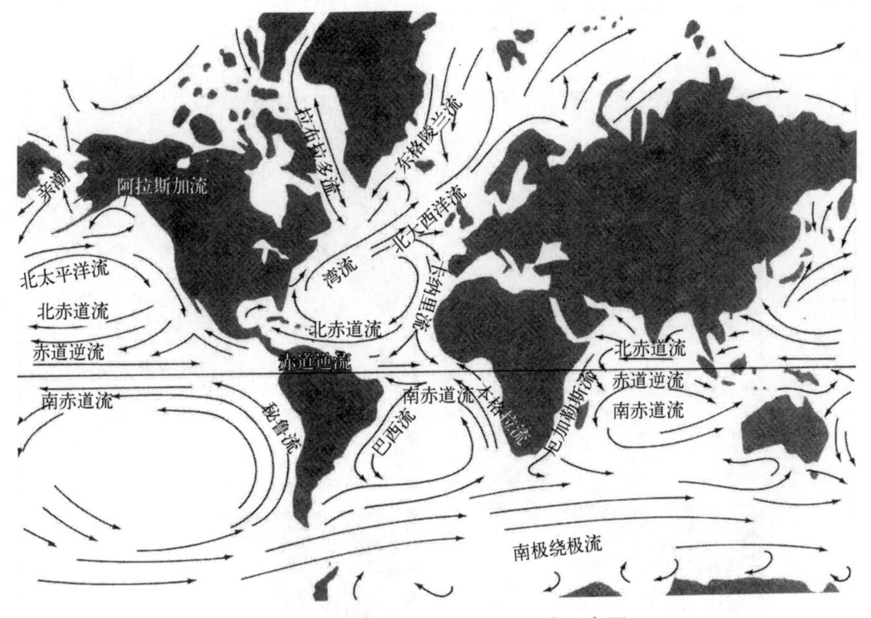

图1.9 世界海洋主要表层洋流的示意图

必须说明的是，在绘制海洋环流图时，我们往往把环流认为是稳定和恒定的，如图 1.9 所示。然而，虽然墨西哥湾流一直存在，但墨西哥湾流的位置、强度和内部结构等却不断发生变化（图 1.10），涡旋和流环被有规律地甩出（图 1.11）。在海洋内区，与主要流涡有一定距离的地方，洋流结构更加复杂，曲折蜿蜒的洋流和涡旋常态化存在。洋流的方向和速度每天、每周都有变化，就像内陆的表面风一样。

10 实际上扭矩为海盆尺度的风应力旋度。——译者注

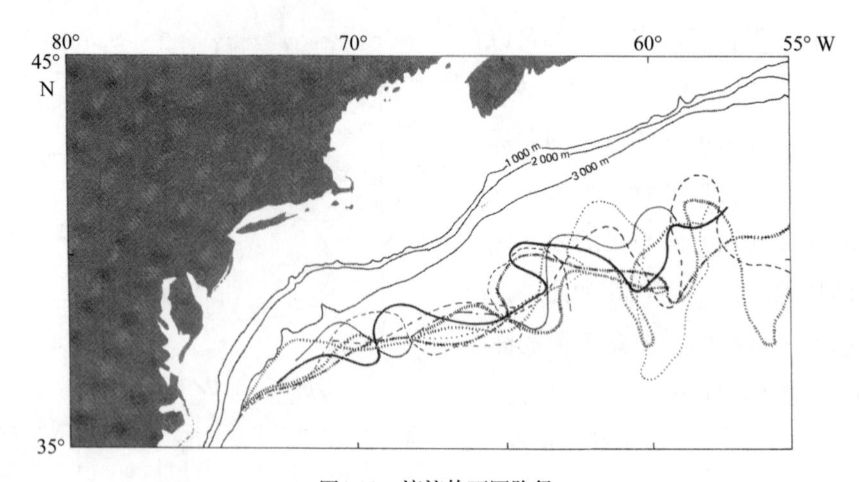

图1.10　湾流的不同路径

随着湾流向东流动，蜿蜒的幅度增大

(摘自Knauss, Second International Oceanographic Congress, Moscow 1966, United Nations Educational, Scientific and Cultural Organization, 1969)

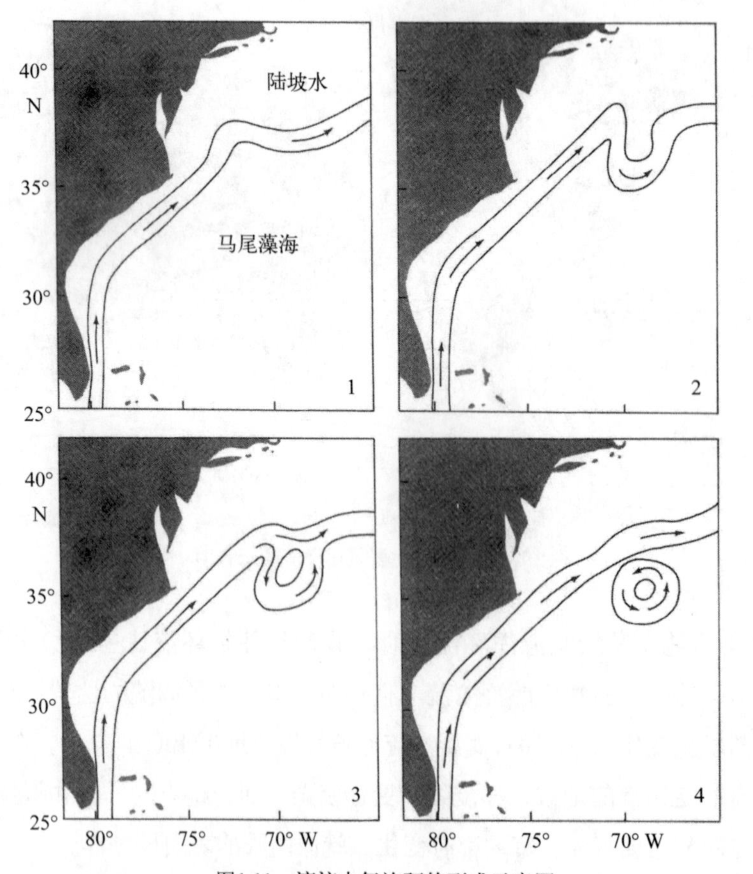

图1.11　湾流中气旋环的形成示意图

涡旋分离的时间通常在40天左右

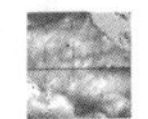

1.2.2 经向翻转环流

次表层环流与海洋的密度结构密切相关。由于海水密度是由温度和盐度（忽略可压缩性）决定的，多年来，海洋学家一直使用热盐环流这个术语。海水表层的温度和盐度特征是由发生在海气界面的各种过程决定的，例如，太阳辐射加热、蒸发冷却、降水稀释海水盐度或由冻结和蒸发提高海水盐度等。海水密度相对于周围水体的增加，会导致海水发生下沉。一旦海水离开表层，温度和盐度便成为保守量；它们的值只能通过与周围不同温度和盐度的水团混合而发生改变。

关于深层环流的简图是假设水沿着密度恒定的线（等密度线）运动（图 1.12），通过沿等密度线追踪温度和盐度，发现海水在表层露头位置。这意味着最深的水来自极地和高纬度，而中深度的水来自中低纬度。由于深层水移动和混合速度慢，一旦下沉到表层之下，就需要很长时间才能重新浮出水面。从太平洋上涌的水可能早在一千年前就已在北大西洋的格陵兰海域下沉，因此，深海的运动是指全球海洋运动而不是指某个区域海洋运动。关于沿等密度面缓慢运动的概念模型有很多，其中一些将在第 7 章和第 8 章讨论。次表层海水下沉进入海洋内部是由热盐过程决定的，而将深层水重新带回至

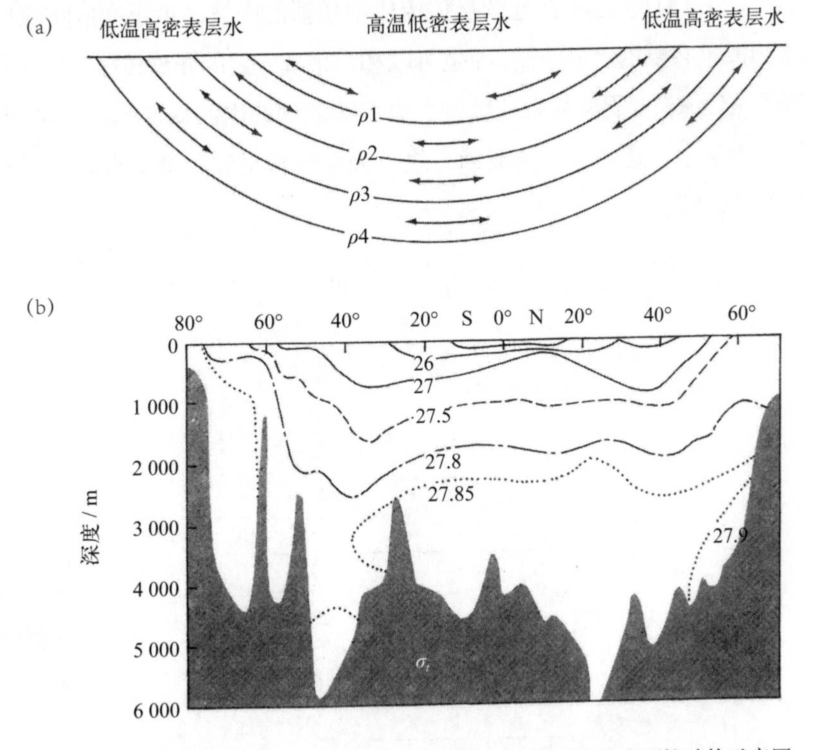

图1.12 （a）一阶近似下海水在表面获得其温盐特性，随后沿等密面流动的示意图；（b）大西洋经向断面海水密度的垂直结构

表层所需要的能量由风和海洋底部的混合提供，即洋流和内潮与地形和内波相互作用时引起的混合，因此，在风生环流和热盐环流（翻转环流）之间存在着很强的联系。

1.3 波

风掠过海面会产生浪和流。风越强，作用距离越长（称为风区，即风吹过的区域），产生的波浪就越大。在风持续作用的情况下，波浪会继续成长，直至波浪破碎。当波浪破碎时的能量耗散等于风的能量输入时，海浪的状态被称为充分发展的海浪。该海浪一旦产生就可以从它们的源头传播很长的距离，而能量损失相对较小。有时在 7 月和 8 月，在夏威夷和南加州看到巨型海浪，这通常是由南大洋冬季风暴造成的。需要指出的是，尽管波作为一个能量包在表面以 4 ~ 5 m s^{-1} 的速度快速移动，水质点却不是这样。在高度近似的情况下，波浪不产生水质点的质量输运，但波浪破碎（又称白冠）等是一种例外。

重力波是沿着不同密度层之间的界面形成的。不同密度的空气和海水之间形成的重力波就是海浪。沿流体不同密度层之间（例如，两层海洋的跃层）界面出现的重力波称为内波［图 1.13（a）］，还有在连续层化流体中传播的内波。由于密度随深度不断变化，因此，重力波不必要沿水平传播，而是可以和水平成一定的角度传播［图 1.13（b）］。我们所熟悉的风致海浪，周期只有几秒钟。大多数测到的内波周期为几分钟和几小时。在地球流体动力学中，还有一大类波动，属于大尺度行星波，地球自转可影响着行星波的特性和能量传播。

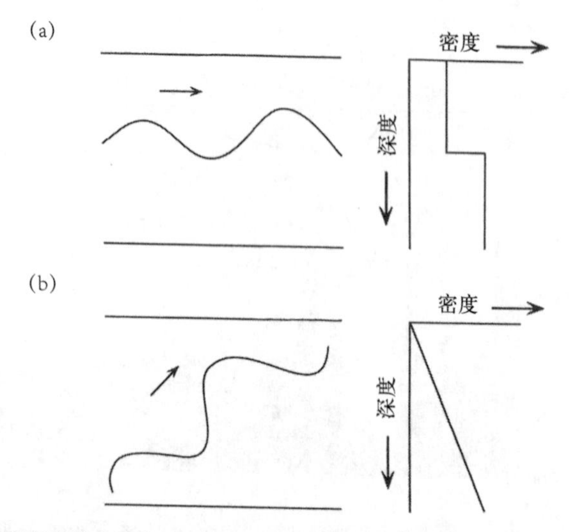

图1.13 （a）内波沿两层海洋密度交界面传播示意图（类似于风产生的表面重力波沿空气和水两层流体的交界面移动）；（b）在连续层化海洋中，对与水平方向成一定夹角传播的波动具有重力恢复力

1.4 海洋要素观测

观测是我们认识海洋的最重要的手段。从海洋科学的发展史来看，几乎都是先有了观测事实，后有解释事实的基本原理和机制，但也有例外，海洋中双扩散现象（见第 8 章“双扩散：盐指”）就是在人们了解之后才逐渐被观测到。一般来说，根据观测设备的能力，海洋观测的发展可以分为三个阶段：一是大约在 1930 年之前，海洋学家知道海洋存在着很强的变化，只是没有足够的观测来描述它，只能利用采水测温来描述稳定状态的海洋；二是大约在 1930—1970 年，随着观测数量的增加，海洋的缓慢变化逐渐被刻画出来了；三是在最近的 50 年里，电子、计算机和卫星传感器的发展使我们在海洋观测方面取得了重大进展，例如对厄尔尼诺的监测，中尺度涡以及微小尺度的湍流混合观测都变成了可能，即使如此，对温度、盐度和深度的基本测量仍很重要。

1.4.1 温度

直到 20 世纪 60 年代，测量温度的基本手段依然是水银温度计，但最根本的问题是无法实现在一定深度读取温度，尤其是在几千米的深海。19 世纪后期，深海颠倒温度计得到完善，它是一个带有专门设计的小型毛细管的温度计，允许水银从一个方向通过毛细管，一旦温度计倒过来，水银的流动就会被切断。将反向温度计送至一定深度，使其达到平衡，颠倒后，可以被带回到海面并得到现场温度，其中校准精度可以到 ±0.020℃。它们通常与收集水的瓶子一起使用，瓶子的两端都是打开的，这样水就可以自由进出，但当它们和温度计被颠倒时，瓶子就关闭了（图 1.14）。虽然现在已经很少使用了，但是颠倒温

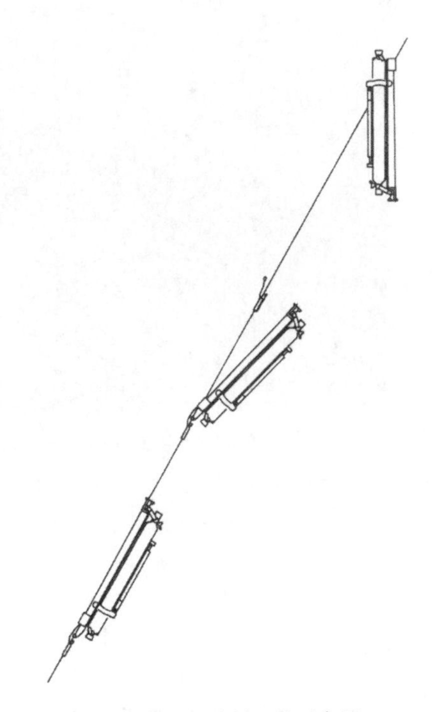

图1.14 颠倒温度计工作示意图

多年来，人们通过一系列瓶子和水银温度计来收集海水并测量其温度，瓶子和水银温度计排列好之后，一个黄铜重物（信息传递器）沿着金属丝滑下，激发顶部的夹子松开，使瓶子翻转，对下一个瓶子重复此过程并依次释放下一个传递器。当瓶子被倒过来时，阀门关闭，海水收集完成，温度计中的水银流动被切断，获得所在深度的水温

度计和关闭取样瓶为最初研究深海提供了重要的次表层数据。

颠倒温度计安装在关闭瓶的主要缺点是只能进行有限数量的观测（在某个时间内，挂在一根绳上携带温度计的瓶子一般不超过 25 个）。然而，温度计的精确度比较高，且在开发过程中，被用作连续记录电热敏电阻的校准控制也越来越精准。热敏电阻，即其电阻率是温度的函数的器件，现在已经可以在所有的快速观测剖面中连续观测，校准精度可以达到千分之一的级别。这些测量可在考察船停船时的背风侧进行（图 1.15），也可以从正在航行的船上，甚至从飞机上投放这种观测设备[11]，可以连续地记录几百米深处的温度（可达十分之一精确度）。

图1.15　电导率–温度–深度记录仪（CTD）和采水器下放

CTD连续记录海水温度、导电性和压力。盐度是根据电导率结果计算出来的。CTD通常在仪器上附加其他传感器（如海洋生物化学探头）。采水器收集不同深度的离散海水样本

（来自2013年，Frank Hubacz, NOAA渔业服务）

1.4.2　盐度

直到 1960 年前后，几乎所有的盐度测量都是用化学滴定法对倒置或关闭瓶子时收集的海水样本进行的。通过滴定测得氯的含量（测量氯离子，海水中的主要负离子）（表 1.2）并乘以一个常数

11　随着现代海洋观测设施的发展，抛弃式观测仪已经在海洋观测中普及开来（如 XBT、XCTD 等），又如自主式海洋观测设备（如 Argo 浮标等），为认识海洋温盐结构提供了有力支持。——译者注

$$盐度 = 1.806\,55 \times 氯 \tag{1.1}$$

上述盐度测量误差不超过 ±0.02‰。这是早期一个海洋化学家在出海航次的实验室中的日常工作。但是，目前几乎所有的盐度观测都是通过测量海水的电导率来完成的，这项技术现在已经是国际标准，现有仪器可以提供 ±0.002 的准确度。氯离子滴定法和电导率法都不是真实盐度测量方法，它们均使用了不同的技术来得到近似的盐度。尽管人们已经做出了相当大的努力来调和这两种方法，但仍有一些困难，因为过去在不同时期使用了不同的算法将氯和电导率转化为盐度。海水中化学元素的比例从表面到深层和从一个海盆到另一个海盆变化不大(Forchhammer 常数组成原理)。然而，海水的化学成分确实存在一定程度的区域和深度差异。

新标准采用 1978 年实用盐度标度（PSS-78）计算实用盐度（S_P）进行初始确定和数据存储，然后采用 2010 年海水热力学方程（TEOS-10）确定的公式计算绝对盐度（S_A）。政府间海洋学委员会制定了这一标准，并建议使用 PSS-78 计算的值显示为 S_P 或无量纲，而不使用“‰”，这一建议经过一段时间才获得接受。然而，目前大部分海洋学文献都使用实际盐度单位（psu）来替代，而不是按照推荐使用 S_P。本书使用“‰”或无符号的惯例来代表滴定法或早期电导率确定的盐度，使用 S_P 符号的惯例来代表 PSS-78 确定的盐度。

国际 SCOR/IAPSO 关于海水热力学和状态方程的第 127 工作组负责提供对海水热力学性质表述的改进。TEOS-10 中仅用 PSS-78 盐度（S_P）来记录和存储盐度数据，但使用 TEOS-10 计算海水物理属性时使用的是符合海水热力学守恒的绝对盐度（S_A）。S_A 的计算考虑了海水成分的空间变化，这是现代技术可以观测到的，并以 SI 单位衡量（Système Internationale d’unités）（如 g kg^{-1}）。TEOS-10 还引入了一个新盐度值，叫预形成盐度（S_*），以消除 S_A 的生物地球化学蚀变，但是在实际应用中并不十分广泛。

1.4.3 密度

海水的密度不是直接测量的。相反，它是根据已测得的海水温度、盐度和压力值，利用海水状态方程计算出来的（见第 2 章“海水状态方程”）。

1.4.4 流速

直接的流速测量方法有两种：第一种方法是从锚定的船只上下放海流计，或将一个或多个海流计连接到一个锚定的浮标上，通过一个固定的点来测量海流被称为欧拉法；第二种方法是跟踪一个移动的水团——例如，跟踪一个浮在海面或固定深度的浮标，这被称为拉格朗日方法。（请参阅第 5 章的“加速度”，以进一步讨论这两种参考系之间差异的含义。）

许多间接测量流速的方法已逐渐发展起来。这些方法包括利用法拉第感应电动势定律（即测量海流通过地球磁场产生的电势）来估计海流通过某一点的速度。另一种方法是测量船舶或固定浮标上的发射器发出的后向散射的声学多普勒频移以获取流速信息。

由于海洋每时每刻都是运动的，通常需要对个别观测结果进行某种形式的空间或时间平均，在给定的时空范围内，计算出的流速偏差，通常叫作统计误差。我们目前对海洋环流的许多认识不是基于直接或间接的观测，相反，我们通过计算地转流来推算大洋环流。地转流是科氏力和水平压强梯度力取得平衡状态下的流动（见第 6 章“地转流”）。

1.4.5 位置

显然，还需要知道我们观测到的海水温度、盐度、密度和流速的地理位置，例如，很多海洋调查都是在某艘科考船进行的。直到 20 世纪 40 年代中期，天体导航仍是在远离陆地的海上定位船只的唯一方法。准确的星象需要地平线做参考，这意味着只能在黎明和黄昏进行观测，同时还受到云和海况的影响。在 20 世纪 40 年代后期，只要船在距离海岸几百千米的范围内，美国和欧洲海岸上建立的电子导航设备都能随时定位到其所在位置的 1 ~ 2 km 范围内。卫星作为导航设备的使用始于 20 世纪 70 年代。当时，卫星每隔几小时就提供一次准确的、无云的天体位置，从而大大缩短了航迹推算的时间。目前，全球定位系统（GPS）的卫星星群的建造始于 1989 年，每天 24 小时提供精度在数米以内的位置。自动平台的位置、漂流浮标、动物跟踪器和自动观测设备，现在可以精确地使用 GPS 导航确定位置，极大地拓展了海洋观测的选择。

1.4.6 深度

对于在表层以下开展的观测，如何确定传感器的三维位置是一个问题。最早且最简单的方法，是测量到达海底所需绳子的长度或连接仪器到船的长度。船处于漂流状态的话，缆线很少处于绝对垂直状态。因此，必要时需要考虑“缆线角度”的修正问题。

从20世纪30年代开始，人们一直使用回声测深仪来测量海洋深度。人们知道了声音在海水中的速度，就可以通过测量从船上传出的脉冲声波由海底反射到水面的回声所花的时间来确定深度。回声测深有时被用来确定不处在海底的仪器的深度，但大多数中等深度仪器的位置是通过测量静水压力来确定的：

$$P=\int_{0}^{Z}\rho g\mathrm{d}z \tag{1.2}$$

式中，ρ为密度，g为重力加速度，z为垂直高度。在密度是常数的情况下，在深度为Z的压力为

$$P=\rho gZ \tag{1.3}$$

由于重力值比10 m s^{-2}小大概2%，海水的密度比1 000 kg m^{-3}大2% ~ 4%，1分巴（db）的压力几乎相当于1 m的深度（1 db是1/10 bar，1 bar是10^6 dyn cm^{-2}或10^5 Pa）。如果需要,还可以提供更高的精度。海水的密度和重力一样随纬度而变化。在一些情况下，重要的是知道确切的深度，以区别于分巴深度，通常应该使用TEOS-10这一标准。通常来说，以米为单位的真实深度比相同的分巴深度小1% ~ 2%。

1.4.7 海洋观测卫星

随着技术进步，海洋观测的方法在不断丰富，包括声学方法用于大范围的空间尺度上测量海洋的湍流结构；放置在海洋底部的回声探测仪用来观察海表面高度的变化等。卫星观测能帮助我们深入地了解物理海洋学的过程，其主要优点是覆盖范围广，空间连续性好。卫星观测常用来显示表面温度，通过测量海洋表面的粗糙度来估算海面风速和方向，以及通过测量海表异常来估计地转流。关于卫星观测的相关内容，很多教科书都可以找到有关信息，在此不做过多阐述。但需要指出的是，卫星直接观测目前只能限于海表面，探测海表以下的要素尚需在技术上有更大突破。

1.4.8 计算机

高性能计算机的快速发展对海洋学和所有其他科学分支都产生了重要影响，主要表现在两个方面：如何处理海洋数据和发展越来越实用的数值模拟技术。现在大多数计算和观测设备都是电子化，测量结果通过数字算法转换成地球物理量。有许多书介绍了众多可用于海洋科学研究的计算机语言（包括MATLAB和Fortran等），这里我们不再赘述。

随着计算机模拟能力的提升，模拟重现海洋学特征方面的能力不断增强，这使

得通过更精细的空间分辨率来更真实地模拟海洋、大气、冰和陆地的耦合过程成为可能，反过来这又推动了地球物理尺度上高分辨率海洋过程的研究和预报的进步。

1.5 关于单位

本书通常使用国际海洋物理科学协会（International Association for the Physical Sciences of the Oceans）推荐的国际单位制（SI Units）。该标准以米－千克－秒系统为基本单位，但压力单位有例外，如果把压力换算成深度，也是满足该单位标准。由于分巴（db）被广泛使用，且可以与深度转换，因此被保留了下来。此外，温度通常用摄氏度（℃）代替开尔文（K）。在许多早期文献和教科书中，包括这本书的第一版，厘米－克－秒单位符号被广泛使用。文本和附录 B 中的表格可以帮助读者进行必要的转换。

2 层化海洋

海水微团的密度是由温度、盐度和所受的压力决定的。如果不考虑压缩，世界海洋中 75% 的海水密度在 1 026.4 ～ 1 028.1 kg m^{-3}，有些理想化的研究假设海洋是均匀的，忽略密度的小变化，但对于部分情况来说，小的密度差异对解释海洋动力过程非常重要。本章先从海水状态方程谈起。

2.1 海水状态方程

大多数海水温度和盐度范围相对较小，因此，很多研究中，我们可以假设均匀海洋进行计算：例如，温度为 2℃，盐度为 35，相应的海表面密度为 1 028 kg m^{-3}，假设海洋是均匀、不可压缩的，因此具有恒定的密度，海洋动力学中的许多问题都可以得到解决（第 9 章中关于风浪的整个讨论都是基于这个假设进行的）。

2.1.1 简单状态方程

对于许多问题，可以用近似的方法来处理海洋的分层，在这种情况下，一个简单的线性状态方程就通常是足够的：

$$\rho-\rho_0=\left[-\bar{a}\,(T-T_0)+\bar{b}(S-S_0)+\bar{k}p\right] \tag{2.1}$$

式（2.1）中的上划线表示平均值。使用常数 $\rho_0 = 1\,027$ kg m^{-3}，T_0 =10℃，$S_0 = 35$，相关参数：

$$\bar{a}=0.15\ \text{kg m}^{-3}\,{}^{\circ}\text{C}^{-1}$$

$$\bar{b}=0.78\ \text{kg m}^{-3}\,(S_P)^{-1}$$

$$\bar{k}=4.5\times10^{-3}\ \text{kg m}^{-3}\ \text{db}^{-1}$$

我们可以计算到 $O(0.1)$ kg m^{-3} 的精度。

2.1.2 完整的海水状态方程

对于许多问题和过程，尽可能详细地了解海洋的密度结构是很重要的。海水状态方程是基于大量的样本（温度、盐度和压力）分析，可以确定海水密度（图 2.1）。海水状态方程与理想气体定律不同，它不是从基本原则推导出来的，而是基于实验数据的经验方程推导出来的。随着观测技术的提高，这个海洋状态方程也在不断地修正，目前2010年出台的国际海水热力学方程（TEOS-10）是一个48项的方程，可以通过计算机运行，来确定海水的各种性质。TEOS-10取代了旧的标准，即1980年出台的方程（EOS-80）。

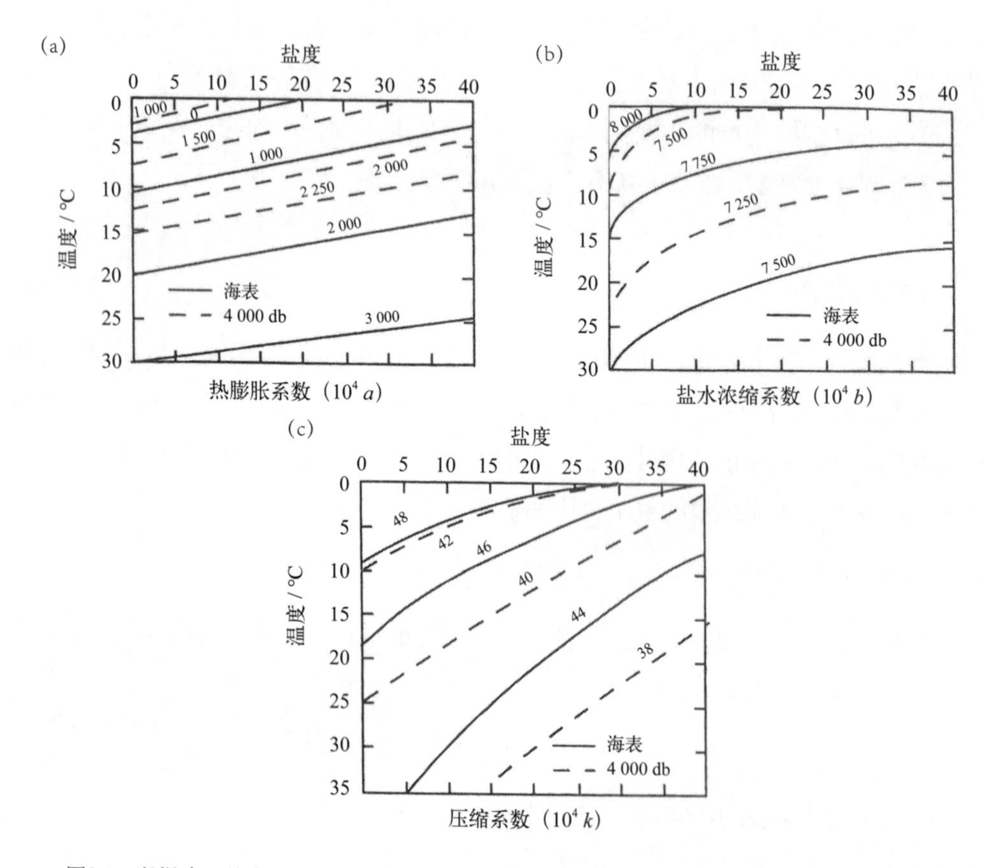

图2.1　以温度、盐度和压力为函数的（a）热膨胀系数；（b）盐水浓缩系数；（c）压缩系数。图中所示数值分别为海表（实线）和4 000 db（虚线）

（根据1982年联合国教科文组织《海洋科学技术论文》第40期的表格计算）

系数中变化最大的是热膨胀系数，热膨胀系数可以在从低温时接近0到最高温度以每摄氏度的几万分之几的范围变化。需要注意的是，淡水的热膨胀系数不仅在4℃时为0，而且还会逆转；低于4℃的淡水会随着温度下降而膨胀。这种热膨胀系数的变化不适用于大多数的海水。随着盐度的增加，海水的冰点减小，但最大密度的温度也减小，直到盐度为24.7时，两条曲线相交（图2.2）。海水的其他特性，其值由状态方程决定，与纯水有细微但重要的不同。对于一般海水，热容比淡水小5%，声速比淡水大4%。

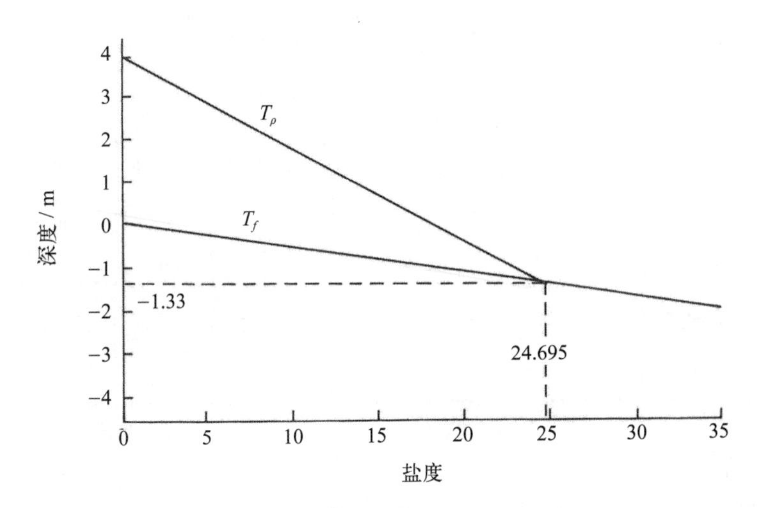

图2.2　最大密度随温度和盐度变化示意图

对于盐度小于24.7的水，最大密度的温度（T_ρ）大于冻结温度（T_f）。对于盐度大于24.7的海水，水在达到其假设的最大密度之前就会结冰

2.1.3　密度符号和动力高度

今天的海洋学家必须处理三种密度表示法（方框 2.1）：(1) 基于 Knudsen-Ekman 状态方程的旧表示法；(2) cgs 单位制；(3) 基于 EOS-80、TEOS-10 和 SI 的现代表示法。密度异常的符号从 Knudsen-Ekman 方程中的 σ 变成了 EOS-80 中的 γ，又回到 TEOS-10 中的 σ，海洋科学的学生们需要注意这些细微的符号变化。方框 2.1 是为了帮助理解温度、盐度和密度表示法的变化，这些变化反映了测量技术的变化和状态方程的改进。

方框 2.1　海洋温度、盐度和密度测量的演变

与可以由基本原理（如理想气体定律）确定的物理值不同，海水的盐度和密度是经验确定的复杂值。随着观测能力的发展和提高，通过国际协议发展的新方程，用来确定这些性质的经验关系也发生了变化。目前的状态方程，即 2010 年海水热力学方程（TEOS-10），改进测量能力可以提供一个单一吉布斯函数（single Gibbs function）来确定海水的热力学性质，是为了让读者意识到，在决定海水属性的历史变化，在构建长时间序列，特别是跟踪气候变化时，了解如何比较不同时期的数据是很重要的。

本栏的大部分信息来自 TEOS-10 网站 (http://www.teos-10.org)。作者鼓励读者

访问这个网站和相关参考文献，以了解海洋观测和计算的更多细节。

温度

海洋温度的测量一直都是用摄氏或摄氏刻度来测量的，最初，摄氏或摄氏刻度是基于海平面纯水的冰点和沸点记录的。从那时起，摄氏温标被重新定义，以适应绝对零度的开尔文温标和标准样品的三相点。因此，随着三相点定义的改变，温度发生了轻微的变化，现行标准称为“1990 年国际温度等级”（ITS-90），它与以前的测量方法有关：

温度	符号和单位	转换关系
ITS-90 温度量程	t_{90} (°C)	
IPTS-68 温度量程	t_{68} (°C)	$t_{68} = 1.000\,24 \times t_{90}$
IPTS-48 温度量程	t_{48} (°C)	$t_{68} = t_{48} - 4.4 \times 10^{-6} \times t_{48} \times (100-t_{48})$

IPTS-68 是根据 1978 年实用盐度标度（PSS-78）和 1980 年国际状态方程（EOS-80）确定盐度时使用的温度标度。在现代设备中，通过热敏电阻测量的温度是原位温度；它包括压缩的影响与深度。这个原位值，无论是 ITS-90 还是 IPTS-68，都是存储在数据记录中的值。然而，在密度的计算中，位温被用于确定密度与压力。本章描述了位温（即 Θ、保守温度）与势焓成正比，因此可以更好地测量海水的“热容量”。两者以 °C 记录。

盐度

随着时间的推移，盐度的定义经历了最大的改变，最初是通过氯离子的化学滴定来定义，通过各种测量电导率来估计质量分数。利用海水中离子比例恒定的思想，从化学滴定法中推导出溶解氯离子的克努森（Knudsen）盐度方程。有了测量海水电导率的能力，一系列的公式使用类似于溶解盐的克努森比值的刻度来计算盐度，例如，Cox 或 1969 方程是第一个普遍采用的电导率计算方法。目前的盐度计算是用 PSS-78 进行的，它以温度、压力和电导率作为输入源。如克努森量程，PSS-78 为一个无量程比率，以 S_P 的符号标记，以区别于早期的盐度计算。TEOS-10 状态方程使用 S_P 作为输入，盐度为绝对盐度（单位为 g kg^{-1}，符号为 S_A），用于计算密度。

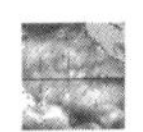

盐度	符号和单位	转换关系
克努森滴定盐度	‰	$S_K = 0.30+1.805\,0 \times Cl$
Cox 或 1969 方程	‰	$S_{Cox} = 1.806\,55 \times Cl$
PSS-78	S_P	
参考盐度	S_R	$S_R = (35.165\,04/35)\ \mathrm{g\ kg^{-1}} \times S_P$
由 S_P 计算的绝对盐度	$S_A\,(\mathrm{g\ kg^{-1}})$	$S_A = S_P + \delta S_A$
TEOS-10 预形成盐度异常	S_*	$S_* = S_R(1-r_1 R^{\delta})$

密度

TEOS-10 是一种新型热力学的海水性质计算方法，它取代了 EOS-80。这个新公式有许多优点，其中两个主要优点是对所有海水热力学性质和海水化学成分（包括区域异常）的完整、热力学一致的表示。在历史上，密度不是通过方程计算获得，而是采用广泛查找表和速记报告技术，因此，有很多方法来记录密度。通常报告的不是完全的密度，而是密度异常，即特定体积异常。代表这些值的符号也随着时间发生了变化，同时也造成了混乱。例如，密度异常的符号由 σ 到 γ 再返回到 σ。不幸的是，许多出版物在使用这些符号方面不够严格。TEOS-10 密度计算 $\rho(S_A, \Theta, p)$ 是一个 48 项的表达式，也与海洋数值模式计算是兼容的。

密度	符号和单位	转换关系
密度	$\rho\ (\mathrm{kg\ m^{-3}})$	$\rho(S_A, \Theta, p)$
TEOS-10 密度异常	$(\mathrm{kg\ m^{-3}})$	$\sigma_t = \rho\,(S_A, T, 0) - 1\,000.0\ (\mathrm{kg\ m^{-3}})$
位密异常 $p = 2\,000$ db	$\sigma_2\ (\mathrm{kg\ m^{-3}})$	$\sigma_2 = \rho\,(S_A, \theta_2, 2\,000) - 1\,000.0\ (\mathrm{kg\ m^{-3}})$
位密异常 $p = 4\,000$ db	$\sigma_4\ (\mathrm{kg\ m^{-3}})$	$\sigma_4 = \rho\,(S_A, \theta_4, 2\,000) - 1\,000.0\ (\mathrm{kg\ m^{-3}})$
EOS-80 密度异常	$\gamma_{S,T,p}\ (\mathrm{kg\ m^{-3}})$	$\gamma = \rho_{S,T,p} - 1\,000.0\ (\mathrm{kg\ m^{-3}})$ $\gamma = 0.999\,975\,\sigma_t - 0.025\ (\mathrm{kg\ m^{-3}})$
EOS-80 前的比重异常	σ_t	$\sigma_t = [\,\rho(S,T,0)/\rho(0,4,0) - 1\,] \times 10^3$ （cgs 单位制但无单位）

体积	符号和单位	转换关系
比容	$\alpha=\rho^{-1}$ (m^3 kg^{-1})	
位势比容异常	$\delta_{S,T,p}$ (m^3 kg^{-1})	$\delta_{S,T,p}=\alpha_{S,T,p}-\alpha_{35,0,p}$ (m^3 kg^{-1})
比容异常		$\delta_{S,T,p}=\alpha_{S,T,p}-\alpha_{35,0,p}$ (cgs 单位制)

海水密度及密度差相关的水平压力梯度在决定海洋动力过程中起着重要作用。海洋学家已经建立了一套复杂的框架来描述这些过程。例如，由于海水密度的前两位数字从未改变，密度一般用希腊小写字母 σ 表示：

$$\sigma=\rho_{S,T,p}-1\ 000\ (\mathrm{kg\ m^{-3}}) \tag{2.2}$$

式中，ρ 为密度，单位为 kg m^{-3}。因此，对于 ρ= 1 026.40 kg m^{-3}，σ= 26.40 kg m^{-3}，当 σ 没有下标时，假设密度为原位值。通常，密度是根据给定的压力级计算的。例如，

$$\begin{aligned}\sigma_t&=\rho(S_A,T,0)-1\ 000\ (\mathrm{kg\ m^{-3}})\\ \sigma_\theta&=\rho(S_A,\theta,p)-1\ 000\ (\mathrm{kg\ m^{-3}})\\ \sigma_2&=\rho(S_A,\theta_2,2\ 000)-1\ 000\ (\mathrm{kg\ m^{-3}})\\ \sigma_4&=\rho(S_A,\theta_4,4\ 000)-1\ 000\ (\mathrm{kg\ m^{-3}})\end{aligned} \tag{2.3}$$

式中，下标 t、2、4 表示海洋层、2 000 db、4 000 db，θ 表示位温。σ_t 是用温度和盐度计算而不考虑压力的密度异常（p=0）。另一种表示方法用的是位势温度和压强，由于海水密度是非线性的，深度值通常被调整到更深的参考级别（例如 σ_2 和 σ_4），以便进行比较。以往，海水密度通常是根据其比容来表示的，$\alpha=1/\rho$ m^3 kg^{-1}。和密度一样，比容很少被完全写出来，文献中的两种形式通常是特定体积异常（δ）和热比容异常（Δ_{st}）。前者是在相同压力下，温度为0°C，盐度为35的海水的原位比容与海水压强之差，热比容异常是特定的体积相当于 σ_t

$$\begin{aligned}\delta&=\alpha_{S,T,p}-\alpha_{35,0,p}\\ \Delta_{st}&=\alpha_{S,T,0}-\alpha_{35,0,0}\end{aligned} \tag{2.4}$$

比容和比容异常的一个重要用途是计算位势高度和位势差。在海洋学中，常写流体静力方程

$$\alpha \mathrm{d}p=-g\mathrm{d}z \tag{2.5}$$

使用该形式的原因是：密度（来自温度和盐度测量）是海洋中观测到的压力的

函数，而不是距海面的距离（见第 1 章“深度”）。因此，密度（或比容）是压力（并非深度）的函数，是一个测量出来的变量。在给定的压力区间上对方程（2.5）的积分，称为位势（之前称为动力高度），它表示每单位质量的能量，单位为 J kg^{-1} 或者 m^2 s^{-2}。

$$\mathrm{d}D \equiv \alpha \mathrm{d}p$$
$$D = \int_{p_1}^{p_2} \alpha \mathrm{d}p \tag{2.6}$$

正如我们将在第 6 章讨论地转流时指出，计算位势高度是海洋学中一个重要过程。在实践中，人们通过在若干深度（压力）下测量温度和盐度作为深度（压力）的函数来计算两个压力面之间的位势高度，从状态方程计算具体体积，并在压力面之间进行数值积分。

在临近点 a 和 b 之间的位势（动力高度）差异相当于此两点之间的相同深度（压力）间隔上的水平压力梯度差：

$$D = \int_{p_1}^{p_2} \alpha_a \mathrm{d}p$$
$$D = \int_{p_1}^{p_2} \alpha_b \mathrm{d}p \tag{2.7}$$
$$D_a - D_b = \int_{p_1}^{p_2} (\alpha_a - \alpha_b)\, \mathrm{d}p$$

手动计算一般采用的捷径是利用式（2.4）减去背景场，得到动力高度异常 ΔD。

$$\Delta D - \Delta D_b = \int_{p_1}^{p_2} (\alpha_a - \alpha_b)\, \mathrm{d}p \tag{2.8}$$

有计算机就不需要如此简化，但这种做法仍被采用。国际委员会建议用位势和位势差等词替换动力高度和动力高度差，这一建议也被大多数期刊所接受。

2.2 位温

如果要用海水状态方程来解决层化问题，需要考虑许多细节的技术问题，其中，最重要的是现场（原位）温度和位势温度（位温）间的差异。前者只是观测到的原位温度，而位势温度相对更复杂。从工程角度来看，水是相对可压缩的，当水被压缩或减压时，内部温度会发生变化。假设在 5 000 m 的深度，将几升水包在一个完全弹性、绝缘的球中，原位温度为 1.00℃，盐度为 35，让球绝热上升到表面（也就是说，没有热量或水透过球壁的交换）。由于水团会随着压力的减小而膨胀，所以，到达表面时的温度不会是 1.00℃，而是在 0.58℃ 左右，即水团的位温为 0.58℃。

位温的概念可以从能量守恒（热力学第一定律）中推导出来。换句话说，热力学第一定律：

热能的变化 = 水团的热量 + 对水团做的功

如果假设绝热过程，那么热能的变化必然等于对水所做的功。由于海水具有轻微的可压缩性，因此，当水下沉时，压缩使水压增加，因此，水的内能必然增加，这就意味着温度增加。反之亦然，当水团上升时，压力就会下降，从而使水膨胀。水团做功，内能（即温度）减小。对于海表温度为 0.58℃ 的水团，如果不与周围环境混合或交换热量，将其带到 5 000 m 深度处，其现场温度为 1.00℃。

在前面的例子中，5 000 m 深度处的水团现场温度为 1.00℃，位温为 0.58℃。由于深海的水在表面获得了温度特征，在许多情况下，我们需要知道水的表面温度（和密度）以及它所在深度的现场温度和密度（它的原位温度和密度）。位温通常用符号 θ 表示，位密用符号 σ_θ 表示。在上面的例子中，

$$T = 1.00℃$$

$$\theta = 0.58℃$$

$$\sigma_t = 28.07\ \mathrm{kg\ m^{-3}}$$

$$\sigma_\theta = 28.09\ \mathrm{kg\ m^{-3}}$$

TEOS-10 方案允许通过深度和现场温度来计算位温。所有的深海沟、深海盆地和北太平洋大部分地区的位温是等温的，这意味着现场温度由于压缩而随深度增加（图 2.3）。读者可能对大气中的绝热加热现象也比较熟悉，在大气中这种效应要明显得多，空气的可压缩性是水的一千倍，相应地大气中的绝热效应更大。典型海洋绝热直减率是 0.1 ~ 0.15℃ $\mathrm{km^{-1}}$，而绝热上升的空气团现场温度在 5 ~ 10℃ $\mathrm{km^{-1}}$ 范围内下降。同理，从山上吹下来的暖风（如焚风、圣塔安纳风、奇努克风等），由于空气在下坡时被压缩，通过绝热加热使得空气温度升高。

2.2.1 保守温度

TEOS-10 引入了一个新的变量——保守温度（Θ），它可以比温度更准确地表示单

位质量海水的“热容量”。它在概念上类似于位温，但涉及热力学性质。它可以用于数据计算和数值模拟。由于保守温度属于相对较新的概念，本书大部分数据和图表是用现场温度 T 或位温 θ 表述，Θ 会出现在最近的一些相关文献中。

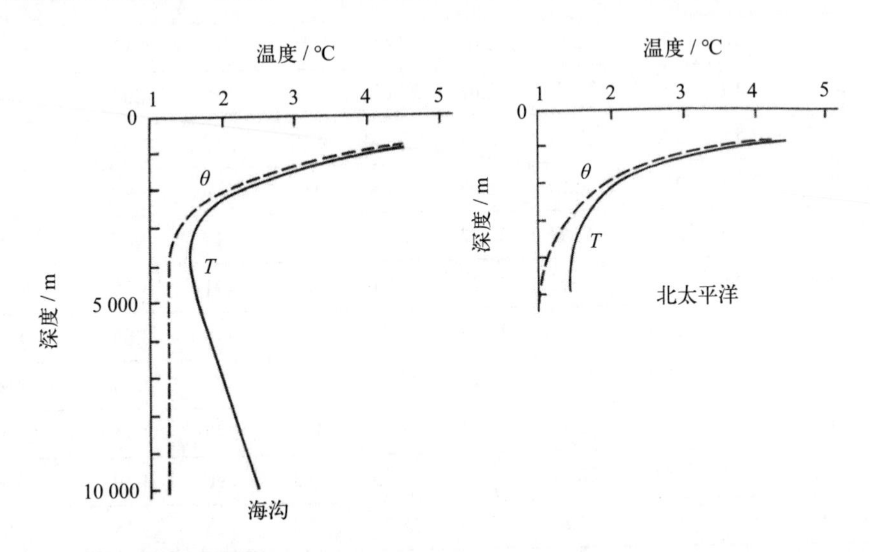

图2.3 位于北太平洋的棉兰老海沟（17°N，162°W）的现场观测的温度和位温曲线

沟槽的底床深度约为3 500 m，这是位温曲线变成等温曲线的深度

2.3 稳定性

表 2.1 和图 2.4 展示了一典型海洋中部位置的温度、盐度和密度观测结果。需要注意的是，对密度影响最大的是压缩性；但是，即使不考虑压缩性，由温度和盐度分布引起的海水密度（σ_t 和 σ_θ）随深度增加非常缓慢，这种增加主要发生在最上层 200 m，在 200 m 以内增加的量几乎是总增加量的一半，一般的密度沿垂直方向的增长率就是稳定性：

$$E = -\frac{1}{\rho}\left(\frac{\partial \rho}{\partial z}\right) \tag{2.9}$$

它是测量在水柱中向上或向下移动一个粒子所需要做的功。考虑图 2.5 中的示例：一水团被包裹在一个完全弹性的、绝缘的球里，被迫从平衡位置上升，它比周围的水重，浮力会把球向下推到平衡位置。同样地，如果球向下移动，它比周围的水轻，而浮力的作用使它向上回到平衡位置。从平衡位置向上或向下移动需要做功，密度梯度越大，离平衡越远，需要做的功就越多。因此，在图 2.5 中，在相同的距离（a）移动水球（b）需要更多的功。

表2.1　北太平洋17°04′N，162°24′W站位由海面至5 726 m的盐度、温度、密度、动力学高度和稳定性值

Z	S	T	θ	σ	σ_t	σ_θ	Δ_{st}	δ	$\sum\Delta D$	$E(10^{-8}\mathrm{m}^{-1})$[a]
0	35.003	27.20	27.20	22.68	22.68	22.68	518	518	4.13	—
10	35.000	27.19	27.19	22.73	22.68	22.68	518	519	4.08	—
20	34.997	27.18	27.18	22.77	22.81	22.68	518	519	4.03	—
30	34.995	27.18	27.17	22.81	22.68	22.68	518	519	3.97	—
50	34.992	27.06	27.04	22.93	22.72	22.72	515	517	3.87	2 500
75	35.028	25.58	25.56	23.53	23.31	23.21	468	471	3.75	22 100
100	35.079	23.83	23.81	24.21	23.77	23.78	414	418	3.64	1 800
125	35.096	22.47	22.44	24.72	24.18	24.18	375	380	3.54	1 600
150	35.071	21.14	21.11	25.19	24.53	24.54	342	347	3.45	1 400
200	34.836	18.10	18.06	26.02	25.14	25.15	283	290	3.29	1 200
250	34.838	14.22	14.18	26.85	25.73	25.73	228	235	3.15	1 100
300	34.186	10.85	10.81	27.54	26.19	26.20	184	190	3.05	730
400	34.181	8.07	8.02	28.47	26.64	26.65	141	148	2.88	380
500	34.271	6.54	6.49	29.22	26.93	26.93	114	121	2.75	230
600	34.376	5.84	5.79	29.87	27.10	27.11	97	105	2.63	140
700	34.454	5.47	5.41	30.43	27.21	27.22	87	96	2.53	110
800	34.490	4.96	4.90	30.99	27.30	27.30	79	88	2.44	85
1 000	34.524	4.14	4.06	32.04	27.42	27.42	67	77	2.28	63
1 200	34.522	3.47	3.38	33.05	27.51	27.51	59	68	2.13	48
1 500	34.592	2.76	2.65	34.54	27.60	27.61	50	59	1.94	35
2 000	34.638	2.07	1.93	36.94	27.70	27.71	41	50	1.67	20
2 500	34.663	1.76	1.58	39.25	27.74	27.76	36	46	1.44	12
3 000	34.674	1.61	1.38	41.51	27.76	27.78	35	45	1.21	8
3 500	34.682	1.52	1.25	43.73	27.78	27.79	33	44	0.99	5
4 000	34.688	1.48	1.15	45.91	27.78	27.81	33	45	0.77	3
4 500	34.696	1.45	1.06	48.08	27.79	27.83	32	45	0.54	2
5 000	34.700	1.45	1.00	50.21	27.80	27.83	31	46	0.32	2
5 500	34.700	1.48	0.97	52.31	27.79	27.83	32	48	0.08	—

注：[a]由原始数据计算。

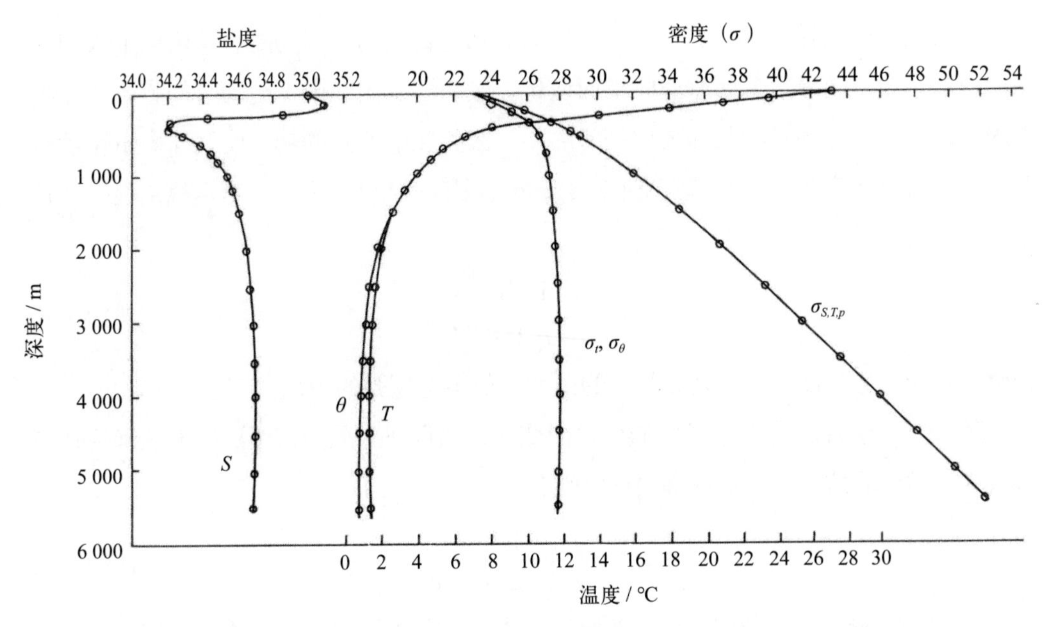

图2.4 北太平洋17°N，162°W站位的盐度、位温和原位温度

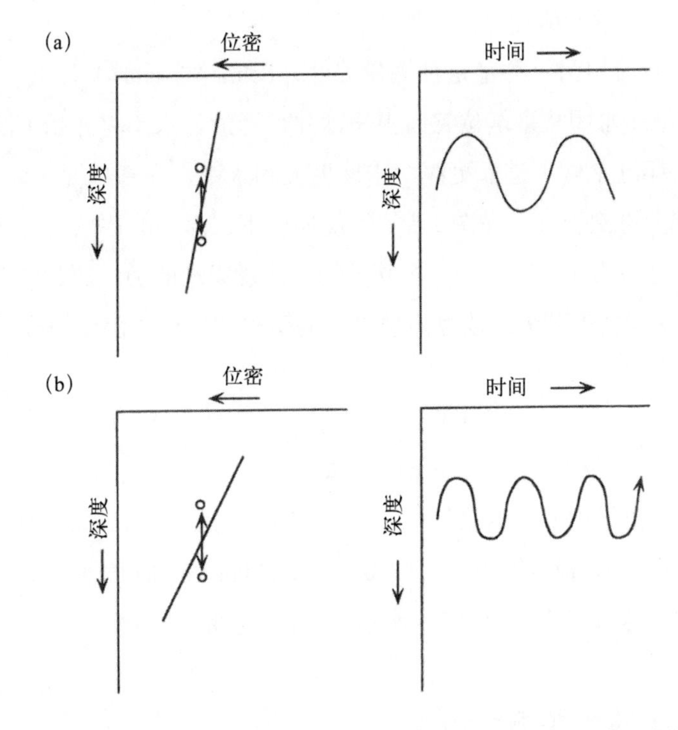

图2.5 假设在无摩擦流体中，一个充满海水的气球处于平衡深度，并具有ρ_θ梯度。当球开始运动时，它将以与密度梯度成反比的周期围绕其平衡深度振荡；梯度越大，频率越高，周期越短

使用现场密度梯度来计算移动水团所需的功是错误的，因为随着水团向上或向下移动，其密度会随着气球膨胀或收缩而变化。然而，水团在向上运动时的膨胀要比期望的小，在向下运动时的收缩要比期望的小，因为压缩所做的功会使气球向下运动时温度升高（因而膨胀），向上运动时温度降低（因而收缩）。因此，确定稳定性的合适密度梯度为

$$E = -\frac{1}{\rho}\left(\frac{\partial \rho_\theta}{\partial z}\right) \tag{2.10}$$

式中，ρ_θ 为位势密度，并且是 S 和 θ 的函数，但不是压强的函数。

然而，由于可压缩性随温度的变化而变化，实际上公式（2.10）是不准确的且有时会导致错误的结论。相对精确的稳定性公式为

$$E = -\frac{1}{\rho}\left(\frac{\partial \rho}{\partial z}\right) - \frac{g}{c^2} \tag{2.11}$$

式中，ρ 为现场密度，g 为重力，c 为海水中声速，其中，声速是温度、密度和压力的函数。为了使稳定性保持正值，有必要引入一个负号，因为根据坐标定义规则，密度梯度为负向上（第 5 章介绍）。

海洋学家经常使用另一种稳定性衡量方法，Brunt-Väisälä 频率（浮力频率，N）。想象图 2.5 中的绝热水团从平衡位置向上移动并被释放，水团将开始下沉，在没有摩擦的情况下，将穿过平衡点进入更深、密度更大的水中，在那里浮力将使它们减速。一旦停止，球就会再次上升。在图 2.5 的线性梯度下，浮力的恢复力与到球平衡位置的距离成正比。这些力相当于控制一个简单的振荡器运动的力，比如一个钟摆或一个弹簧。图 2.5 中密度梯度越大，恢复力越强，振荡周期越短。振荡的频率和周期由 T_N 所主导，

$$T_N = \frac{2\pi}{N} \tag{2.12}$$

其中，$N = \sqrt{gE}$。海洋中发现的最短周期（$T = 2\pi N^{-1}$）约为 1 min，对应的稳定值为 $E = 10^{-3}\,\mathrm{m}^{-1}$。在深海中，稳定性在 $10^{-8} \sim 10^{-7}\,\mathrm{m}^{-1}$，Brunt-Väisälä 周期是 3 ～ 5 h。在中性稳定层结中（位温是恒定的，如图 2.3 所示），这个周期是无限的。

2.4　层化海洋的相关概念

在许多例子中，层化是理解海洋过程的关键，下面我们将先进行一些概念性介绍，并在以后的章节中详细讨论。

2.4.1 垂直混合

物理学中一个简单的练习是计算不同尺寸和形状的势能。图 2.6 给出了一系列不同层化状态的水柱势能，分层越少，势能越大，因为从物理上来看，它需要产生外力做功来混合分层的水柱，从而增加其势能，完全混合所需的能量随着分层的增加而增加。海表强风（机械能搅拌）或者冷却（浮力驱动）可以使表层混合，从而形成一个混合层。在强湍流区域（例如，在强潮流区域）可以减弱层化。在强层化的温跃层中混合所需的能量要比在弱层化的深海中混合所需的能量多得多，然而，用于深海混合的能量是有限的。

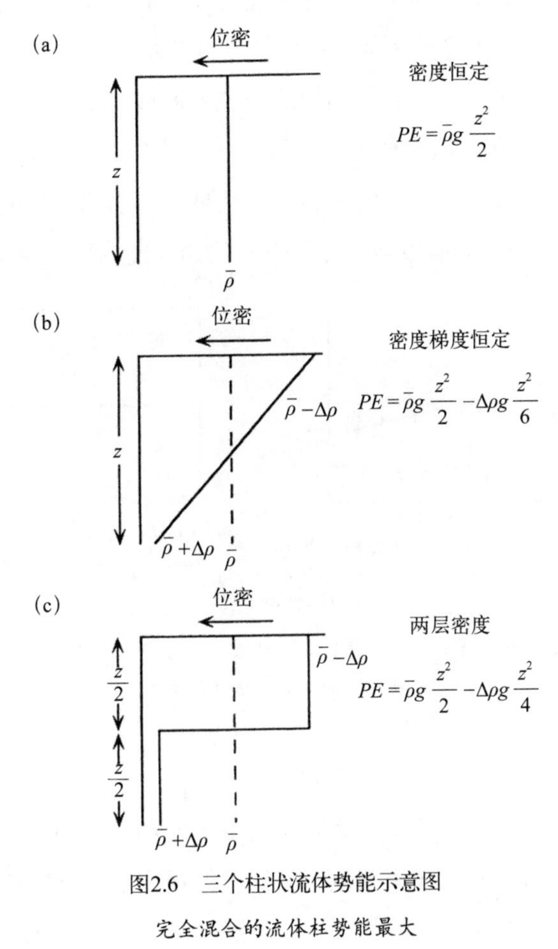

图2.6 三个柱状流体势能示意图

完全混合的流体柱势能最大

2.4.2 水平混合

虽然克服层化需要做功，但要沿着等密度线混合只需要做很少的功。在流体力学中，理想流体是一种没有黏性的流体，这种流体不会因摩擦而损失能量，理想流体沿等密度线的水平运动不需要任何能量。海洋不是一种理想的流体，但在垂直和水平的混合中观测到的差异很大：在等密度线上混合海水比在跨密度线上混合要容易得多。海洋学家们经常采用涡黏系数和涡扩散系数来帮助计算动量、热量、盐度和其他特性的水平和垂直混合（参见第 4 章关于混合、搅拌、湍流和扩散方面内容）。常用的这些系数（水平与垂直）的比值在 10^8 的量级。这个比例意味着，在其他条件相同的情况下，沿着等密度线混合比跨等密度线混合要容易上亿倍。

2.4.3　势能动能转化

虽然海洋是层化的，但不同位置层化程度是不同的，而这种层化差异是动能的潜在来源之一。例如有两层海洋的势能，一个有倾斜界面，另一个为水平界面（图 2.7），有倾斜界面时的势能大于没有倾斜界面时的势能。同理，如第 5 章和第 6 章所示，一个由于界面倾斜形成的水平压力梯度力可以产生海水的运动。在水平界面的情况下，没有水平压力梯度，也没有产生环流的力。这两种情况之间的势能之差称为有效势能（见第 6 章“有效势能”），而有效势能是可以转化为动能的潜在能量。

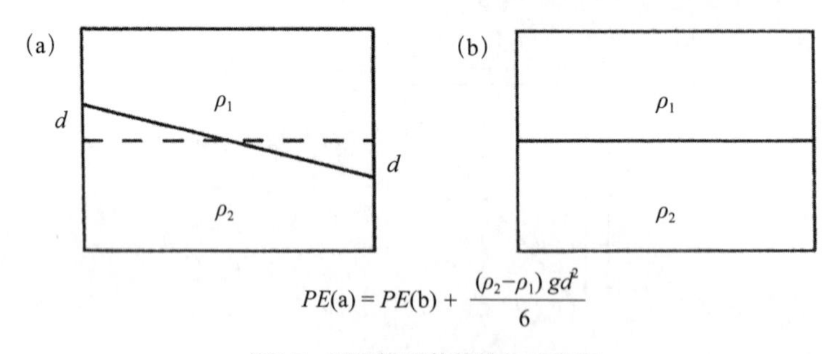

$$PE(a) = PE(b) + \frac{(\rho_2-\rho_1)\, gd^2}{6}$$

图2.7　两层模型势能转化示意图

在两层海洋中，有倾斜界面的海洋相对于无倾斜界面的海洋具有更大的势能，坡度越大，势能差越大，可转化的有效势能就越大

2.5　T–S 图

海洋学家发现绘制一个水柱中一系列深度下温度和盐度的变化是认识海水属性的重要指标，并将这些数据与海洋中其他区域的类似观测数据进行比较，以达到认识海洋过程的目的。这些数据被绘制在温度 – 盐度散点图上，更简单地说是 T–S 图。图 2.8 中常数 σ_t（或 γ_t）线的曲率表示状态方程的非线性。如果由式（2.1）的线性关系计算出 σ_t，则等密线为直线。绘制在 T–S 图上的站点数据也可用于提供关于水柱内层化程度的定性信息。例如，在水深 1 000 m 以浅，T–S 线跨越了图 2.8 中密度等值线，表示强烈的层化。在较深的水域，密度线的跨越速度较慢，意味着较弱的层化。图 2.9

是两个 T−S 图的叠加，一个计算海平面（σ_t）的压力，另一个计算 4 000 db (σ_4) 的压力。线形的差异是压力对状态方程影响的一种度量，这种差异也说明了在深水中常用 σ_2 或 σ_4 而不使用 σ_t 作为密度分布线的原因。作为压力的函数，状态方程的非线性发生了很大的变化。然而，这种差异通常在每隔 1 000 db 以上才有必要使用不同的 T−S 图。

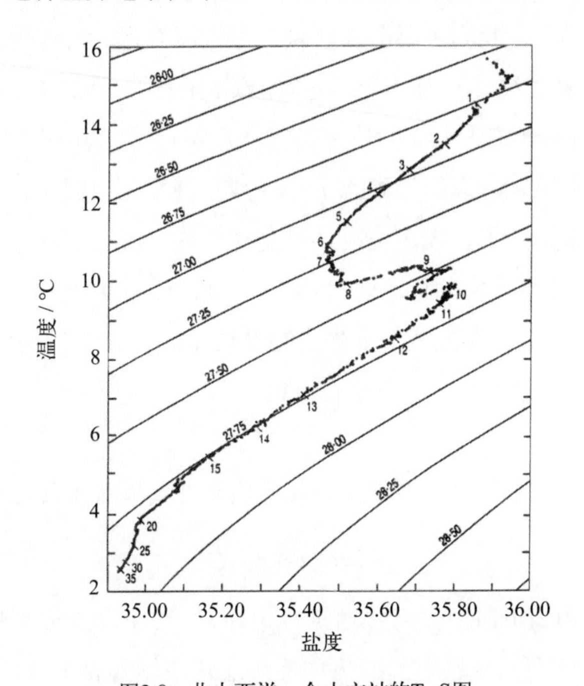

图2.8　北大西洋一个水文站的T−S图

在1 000 m以深，位密变化缓慢。观测深度（以100 m为单位）以曲线上的标记表示

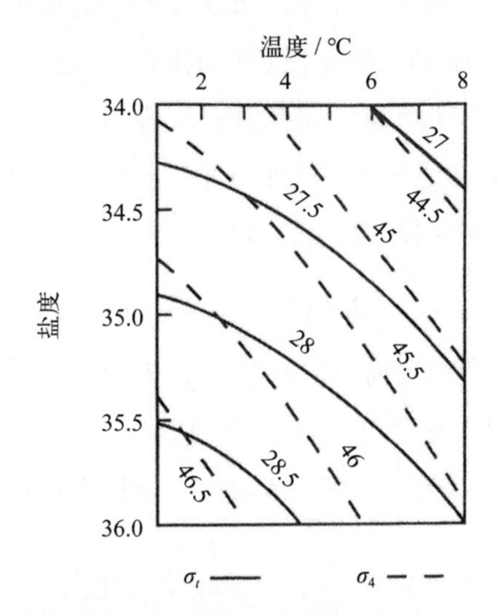

图2.9　海水状态方程非线性图

图解例子为表层和4 000 db的T−S曲线和等位密线

3 海表热通量

在大多数情况下，我们可以假设热量是通过海表进入海洋内部的。此外，热量的另一重要来源是地球自身，但是相比于海洋表层吸收的太阳辐射（平均约200 W m^{-2}），通过海底进入海洋的热量（ ~ 0.1 W m^{-2}）是很小的，甚至是可以忽略不计的。一般来说，海洋的气候态平均温度不会变化，因此，每年进入海洋的热量等于离开海表的热量，或者说净热量变化为零。海表的热量交换主要通过以下四个过程：(1) 来自太阳的短波辐射；(2) 来源于大气和海洋之间的红外波段的辐射热交换；(3) 随海水蒸发从海表失去的潜热通量；(4) 当海表和大气之间存在温差时，海气之间通过热传导进行感热交换。

我们可以用一个简单的平衡方程式来表示热量进入与离开海表的速率相等：

$$\overline{Q}_s = \overline{Q}_b + \overline{Q}_e + \overline{Q}_h \tag{3.1}$$

式中，$\overline{Q}$ 代表通过海表的时空平均热通量，下标 s、b、e 和 h 分别代表进入海洋的太阳辐射、海洋向外的净长波辐射、潜热和感热通量。尽管整个海洋总体是热平衡的，但这四个过程不需要在任何一个区域或任何一天、一个月内保持平衡。例如，在夏季，海洋表层热量增加，水温升高；而在冬季，表层冷却时会损失等量的热量。当时间平均超过一年时，公式 (3.1) 中的四项在任意给定地区也无须完全平衡。在热带地区，海洋吸收的热量比损失的多；暖水向极地输送，在极地地区海洋存在向大气的热量释放。低（高）纬度得（失）热是导致大气和海洋环流的根本原因。

考虑到海洋表层可以储存或释放热量，我们可以将方程写为：

$$Q_T = Q_s - Q_b - Q_e - Q_h - Q_v \tag{3.2}$$

式中，Q_T 表示热量在表层增加或损失的速率，Q_v 表示平流过程携带出去的热量。在本章的剩余部分，我们假设平流项导致的净热量变化为零。本章中，我们讨论公式 (3.2) 局地热平衡时的各个项。在第 4 章我们会讨论全球热平衡的问题，包括海洋的平流项。

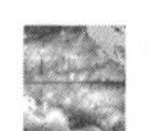

3.1 热通量

我们对海气界面热通量物理过程的理解要相对优于对热平衡项量值的认知。我们对于太阳辐射如何进入海洋的认识最为成熟，对于其他热平衡项的相对重要性仍有一些分歧，并且在热通量的估算上仍有很大的不确定性。

3.1.1 太阳辐射

普朗克辐射定律指出，与波长相关的黑体辐射率与自身温度相关

$$B_{\lambda}(T)=\frac{2hc^{2}}{\lambda^{5}}\frac{1}{e^{hc/(\lambda k_{B}T)}-1}\left(\mathrm{J\ s^{-1}m^{-2}\,sr^{-1}m^{-1}}\right) \quad (3.3)$$

式中，B 为光谱辐射率，λ 为波长，T 为开氏温度，h 为普朗克常数，c 为光速，k_B 为玻尔兹曼常数，单位 sr 为球面度。太阳作为温度为 5 800 K（热力学温度或开氏温度）的黑体向外辐射能量。该温度范围内的黑体辐射谱如图 3.1 所示。大约 49% 的能量集中在可见光波段，即 400 ~ 700 nm（或 10^{-9} m）。9% 是短波紫外线波段，剩下 42% 是长波红外波段及以上。最大能量位于 500 nm 附近。大约 99% 的太阳能的波长都小于 4 000 nm。

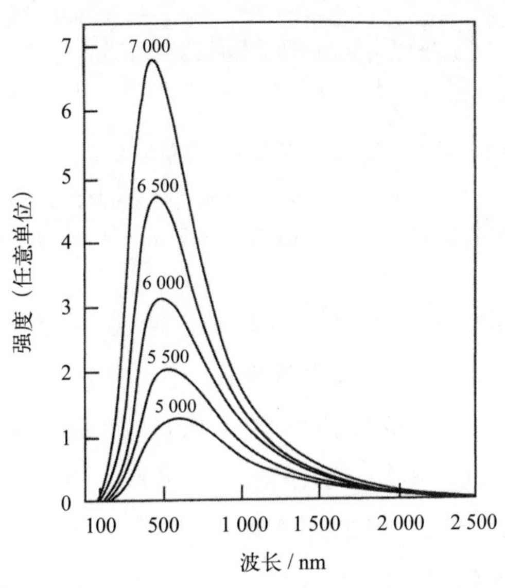

图3.1　黑体辐射光谱在一定温度范围内（与太阳温度变化接近）的变化曲线

在地球大气层顶垂直于太阳光线的面上接收的太阳辐射大约为 1 360 W m^{-2}。准确的数字会随着日地距离、太阳黑子和太阳耀斑的不同而变化几个百分点。这个平均值就是太阳常数，它在太空中辐射传播几乎没有能量损失，在紧邻地球大气层顶测得

的能量谱与图 3.1 中太阳辐射的能量谱非常接近。

地球大气层顶接收到的能量等于太阳常数乘以地球的横截面积 πR^2，其中 R 是地球半径。对 24 h 平均而言，该能量分布在整个地球表面 ($4\pi R^2$)，平均接收量约为 340 W m^{-2}（大约 30×10^6 J m^{-2}d^{-1}）。该能量通量随太阳赤纬而变化。在两极，它可以在 0 ~ 500 W m^{-2} 范围内变化，而赤道附近则是在 350 ~ 450 W m^{-2} 范围内（图 3.2）。

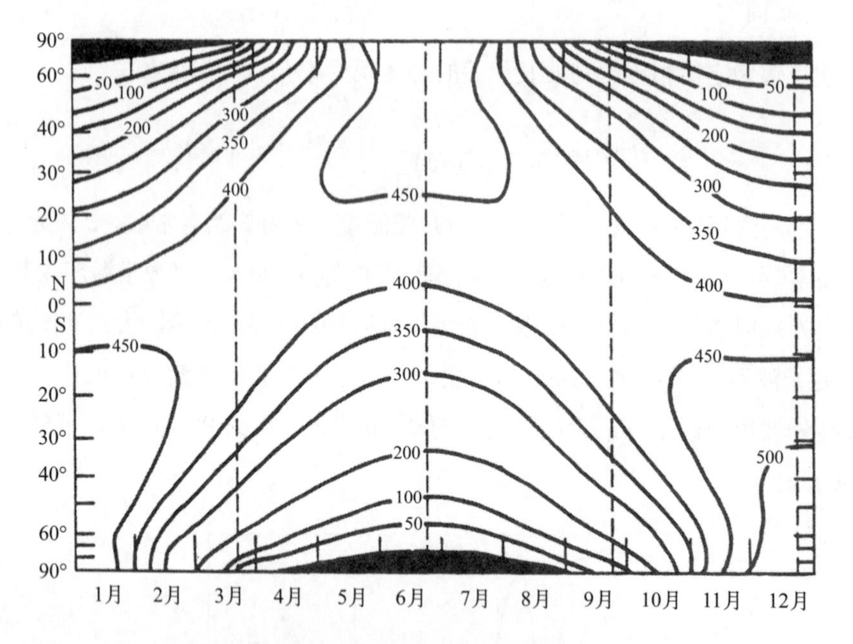

图3.2 大气层顶单位面积的日平均太阳辐照度（单位为W m^{-2}）随季节和纬度变化

黑色区域表示没有光照。由于随纬度增加纬度带面积变小，因此，垂直比例尺是向极而缩短的

(改编自Milankovitch, Handbuch der Klimatologie, 1930)

在穿透地球大气层的过程中，辐射能量可以通过一个或多个过程衰减。辐射可以被反射回太空；也可以被大气或水蒸气吸收，从而加热大气；还可以被散射，并作为漫射光到达地球表面。少量的辐射参与化学反应（例如，平流层臭氧的形成）。只有大约一半的总辐射穿过大气层，被海洋或陆地吸收。没有到达地球表面的辐射中，30% 被反射回太空，剩下的 20% 则被大气吸收。

到达海表之前被吸收的能量与其波长有关。在光谱的可见光波段，大气吸收的相对较少，吸收最多的是紫外波段和红外波段。紫外线的能量大部分被平流层吸收，其中绝大多数是被臭氧和各种光化学反应吸收。此外，很大一部分红外波段的能量被水分子所吸收。图 3.3 通过比较到达地球大气层顶的黑体辐射曲线和到达地球表面的黑体辐射曲线，展示了大气对辐射能量的选择性吸收。

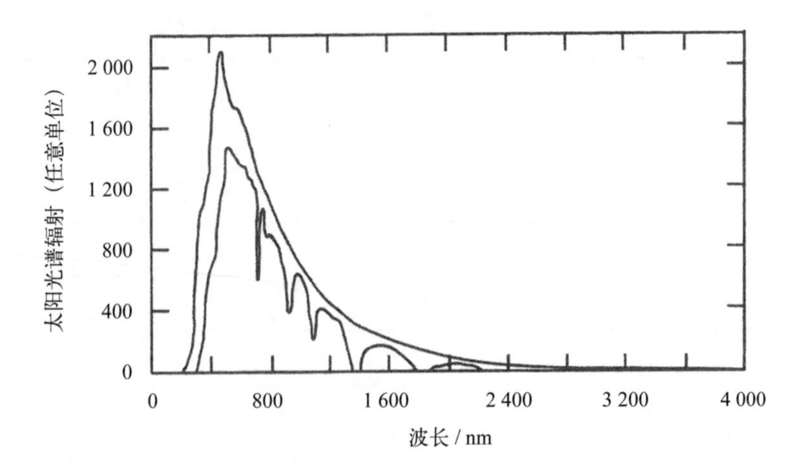

图3.3 太阳辐照度光谱图

上面曲线是到达大气层顶的辐照度光谱，下面曲线是在晴天到达地球表面的辐照度光谱。在长于可见光波段，吸收较强的波段主要是被大气中的水蒸气、二氧化碳和其他气体所吸收

很大一部分太阳辐射穿透大气层时被空气分子散射，而后以漫射太阳光的形式到达地球表面。如果太阳辐射没有被散射，天空将是黑色的，就像在外太空绕行的宇航员看到的那样。天空的蓝色是因为分子散射随着波长四次方的倒数而增加：

$$散射 \sim \frac{1}{\lambda^4} \tag{3.4}$$

因此，蓝光（λ=400 nm）的散射效率是红光（λ=700 nm）的 10 倍左右。这就是瑞利散射定律（Rayleigh scattering law），该定律仅在散射粒子相比光的波长较小时成立。当粒子大小与波长相同或更大时，散射对波长的依赖性较小。仰望天空而不直视太阳，主要感知到的是散射的阳光，蓝天是瑞利散射的结果；更深的蓝色仅仅意味着更大比例的漫射光，也是瑞利散射的结果。气溶胶、灰尘和颗粒物则会导致更均匀的散射和更灰、蓝色更少的天空。瑞利散射也发生在海洋中，与沿海水域的绿色或灰色相比，开阔海洋的深蓝色有部分原因是对短波长光的选择性散射和吸收。

物体的反照率是从其表面反射的辐射百分比。它的数值有很大的变化。例如，当太阳光以极低的高度角反射在像镜面一样光滑的海表时，其反照率可达 30%，而当太阳垂直反射时会低至 3%。海面很少像镜面一样光滑，它几乎总是存在着厘米尺度的“粗糙”(参见第 9 章中的“毛细波”)，所以很少出现极端情况。海面反照率通常在 6% 左右，是地球表面中反照率最低的（表 3.1）。行星反照率，即从所有来源中反射回太空的辐射百分比，约为 30%。从太空拍摄的地球照片本质上是行星反照率的照片。

表3.1 各种表面的反照率（可见光谱中反射的百分比）

表面	反照率
沙地	18 ~ 28
草地	16 ~ 20
绿色作物	15 ~ 25
森林	14 ~ 20
密林	5 ~ 10
新雪	75 ~ 95
陈雪	40 ~ 60
城市	14 ~ 18
海洋	3 ~ 30

资料来源：部分引自Peixoto and Oort, Physics of Climate, American Institute of Physics, 1992。

3.1.2 回辐射

普朗克定律指出，所有温度高于绝对零度的物体都会辐射能量，因此，海洋也通过向外界辐射而失去热量。辐射量与绝对温度的四次方成正比（斯蒂芬－玻尔兹曼定律）：

$$Q = c_s T^4 \tag{3.5}$$

式中，T 为绝对温度或开氏温度；c_s 为斯蒂芬－玻尔兹曼常数，值为 5.64×10^{-8} W m^{-2}K^{-4}，最大辐射波长与绝对温度成反比（维恩定律）：

$$\lambda_{max} = \frac{c_w}{T} \tag{3.6}$$

式中，$c_w = 2.9 \times 10^6$ K nm，因此，温度为 5 800 K 的太阳表面的每平方米辐射功率大约是温度为 285 K (12℃) 的海面的 20 万倍。太阳辐射最大能量的峰值波长为 500 nm，而海面的峰值波长约为 10 000 nm (图 3.1 和图 3.3)。

平均海面温度的变化范围是从低于 −1℃ 到接近 30℃，平均约为 18℃。将该温度代入方程（3.5）得到海面辐射约为 400 W m^{-2}，是海洋平均吸收量的两倍多，这两者显然相悖。来自海面的大部分长波辐射被云和空气中的水蒸气吸收，然后又辐射回了海面。对海面有用的项不是斯蒂芬－玻尔兹曼定律计算的回辐射，而是有效回辐射，

即来自海面的净长波辐射损失。其随着空气中的水蒸气和其他吸收气体以及云量的变化而变化，这至少可以通过观察晴朗干燥的夜晚比多云的夜晚凉爽来验证。在晴朗的夜晚，大部分来自地表的长波辐射会逃逸到太空中，而在多云或者相对湿度较高的夜晚，地球表面的长波辐射大部分被大气中的水吸收，并被重新辐射回地球。据估计，来自海洋的有效回辐射约为 50 ～ 75 W m^{-2}，控制回辐射的主要因素不是海面温度，而是大气中的水含量。

3.1.3 蒸发

蒸发 1 g 海水所需的潜热随温度和盐度的变化而略有不同，其平均值为 2 400 J。据估计，海洋每年因蒸发而损失了相当于 1.2 m 厚的水，就能量损失而言，大约是 100 W m^{-2}。虽然具体数值难以准确估计且不同算法有一定差异，即使这样，所有这些估计都指向一个相同的结论，即蒸发热损失是热平衡方程（3.1）中三个热损失项中最大的。但目前我们无法在海洋中精准测量该项，这是海洋研究的一个难点之一。

通过考虑一个简单的非湍流模型，可以了解这个过程的本质和量化的问题。想象一个静止的、等温的空气层覆盖在一个与气温相同的静止的水层上。换句话说，这种情况下既没有湍流，也没有更暖的水来加热空气并使其向上对流。在这种情况下，如果只知道水的温度和空气的相对湿度，就可以对水的蒸发速度进行相当精确的计算。此外，还可以通过实验室实验来验证这些计算。

然而，实际海洋的情况却大不相同。风吹动海面，在海表形成波浪，在上方的空气柱中形成湍流。如果风速在 5 ～ 6 m s^{-1} 以上，波浪开始破碎，飞沫进入大气，增强蒸发。如果水面上方的大气相对湿度较低，则可以吸收更多的水分。即使在没有风的情况下，海面也经常比上方大气温暖 1 ～ 2℃，这意味着当最底层的、充满水分的空气层被海洋加热时，它会向上对流，底层被更干燥的空气所取代，而随着分子水平上的蒸发继续在海气界面进行，又变成了饱和湿空气。

描述控制蒸发的因素相对容易。通常海洋要比上方大气温暖一点，蒸发应该随着海气温差的增加而增加，随着相对湿度的降低而增加，并且随着风速的增加而增加。各种潜热损失的理论和经验公式已被用于估算不同季节和不同海域的潜热损失。图 3.4 是体现潜热空间变化的一个显著例子。来自北美大陆的相对干燥的冷空气团经过温暖的墨西哥暖流时，再加上该海区常见的风暴条件，产生了全球海洋最高的蒸发量，在某些海区每天超过 1 cm。然而，必须强调的是，尽管计算蒸发的所有公式都给出了相似的定性结果，但当典型值为 100 W m^{-2} 时，不同公式得到的蒸发值有大约 30% 的差异。最简单的公式是类似于公式（3.7）的线性形式：

$$Q_e = c_e(e_w - e_a)W \tag{3.7}$$

式中，e_a 为水面上方某高度（通常为 10 m）的空气比湿，可以通过气温和相对湿度得到，e_w 为海气界面的空气比湿（假设气温与水温相同，相对湿度为 100%）。湍流因子通过使用水面上特定高度（通常为 10 m）的风速参数化得到，c_e 是一个常数。其他版本删除了公式（3.7）中的风速，而对 c_e 建立了风速的函数。

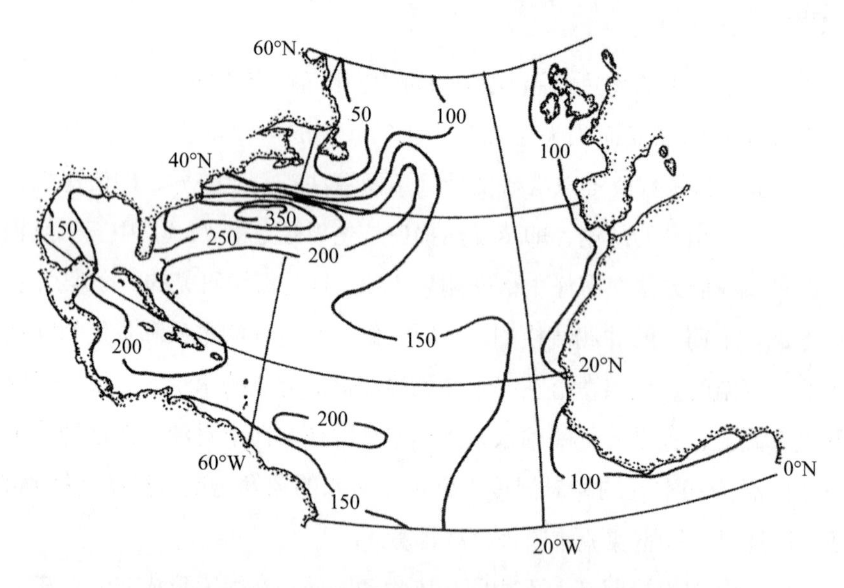

图3.4　北大西洋蒸发率估算分布（以cm a^{-1}为单位）

在湾流附近，这一速率是世界平均水平的三倍多（摘自Bunker，1976，《美国气象学会通报》）

公式（3.7）不同形式的变化与观测中的任何不确定性无关。产生图 3.4 的数据来自数千次观测，其中许多来自商船，气象观测通常在“甲板高度”上进行，很少能精确到海平面以上 10 m。必须从较高或较低的观测高度外推至 10 m 的气温、湿度和风速值，增加了额外的不确定性。

3.1.4　感热通量

海面热量损失的第三种重要方式是通过对流和传导，称为感热通量。在大多数时候，大部分海面比空气温暖。例外情况通常是靠近陆地的海面，那里盛行的气团仍然携带着陆地特征。因此，平均而言，海洋可以通过热传导过程向大气释放热量。与蒸发的情况一样，假设热传导受湍流过程控制。热传导方程的经验公式则类似于潜热的经验公式。例如，假设热传导随着海气温差的增加而增加，并且随着风速的增加而增加，

其中风速指示海气界面的湍传输速率。最简单的公式类似于公式（3.7）：

$$Q_h = c_h(T_w - T_a)W \tag{3.8}$$

式中，T_w 和 T_a 分别是海面水温和上方空气的气温，W 为风速；c_h 是一个常数。

公式（3.8）的问题类似于公式（3.7）的，并且已经提出了不同的公式。与蒸发过程类似，对于特征值为 15 W m^{-2} 的感热通量来说，不同的公式计算可以导致大约 30% 的变化。与潜热通量的情况一样，不确定性主要来自不同计算方案之间的差异，而非观测数据的问题。当然，观测的误差也是通量估算不确定性的来源之一。

由于海气间的密度层化和湍流过程会影响蒸发和感热的对流，已经有许多尝试通过公式（3.8）除以公式（3.7）来将两者联系起来，这个比值被称为鲍文比（由鲍文于1926年提出）。虽然最近的研究表明，这两个过程的比值并不像鲍文提出的那样简单，但是考虑到计算感热和潜热的经验公式仍存在很大的不确定性，鲍文比仍然在一些研究中使用。

3.2 太阳入射辐射的变化

在地质年代，太阳辐射分布发生了微小但可能是很重要的变化。目前，地球的自转轴相对于地球绕太阳的公转平面倾斜了 23.5°（图 3.5）。正是该倾斜角度决定了季节变化。北半球在北半球夏季更接近太阳，而在冬季远离太阳。地球自转轴不是恒定的，它的摆动有点像旋转的陀螺，倾角约从 22° 到 24.5° 不等，周期大约为 41 000 a，这是第一种轨道变化。在倾角较大时，夏季太阳入射辐射略多，冬季入射辐射略少。

第二种轨道的变化与地球公转椭圆轨道的岁差有关。地球围绕太阳公转的轨道是一个椭圆，这意味着太阳到地球的距离不是恒定的。目前，在南半球夏季的 1 月初，地球离太阳的距离比北半球夏季的 6 月更近。地球公转椭圆轨道岁差的周期约为 22 000 a［图 3.5（c）］，因此，11 000 a 后，地球在北半球夏季将更靠近太阳，而在南半球夏季将离太阳较远。第三个轨道变化的参数是地日椭圆的离心率。轨道从更趋向于椭圆形变化到更趋向于圆形，周期约为 100 000 a［图 3.5（b）］。

到达地球的太阳能量分布和量级的变化很小，但天文学家米兰科维奇在 20 世纪 20 年代首次详细计算了这些轨道变量及其对地球辐射收支的影响，他提出这些扰动应该反映在地球气候变化中。越来越多的证据表明，过去 1 000 000 a 中相当大一部分的气候变化，包括大型冰川冰盖的进退，可能与这些 100 000 a、41 000 a 和 22 000 a 的周期相关联。

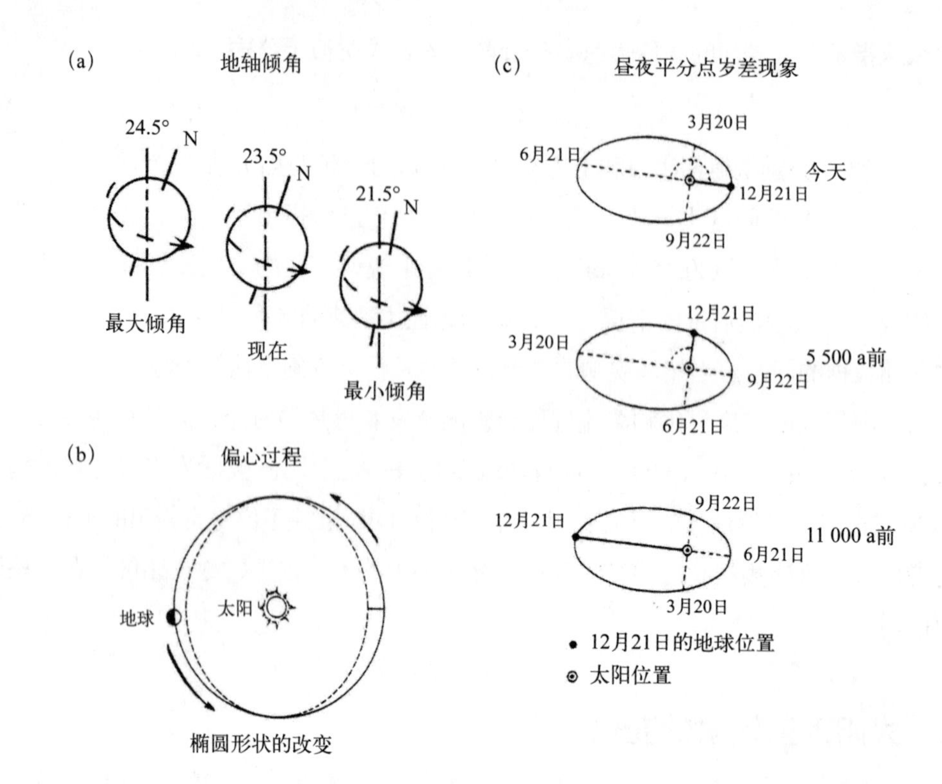

图3.5　在大气层顶太阳能量分布的长期变化是由以下因素引起的：(a) 自转轴倾斜的变化周期约为41 000 a；(b) 椭圆离心率周期性变化（100 000 a和400 000 a）：从离心率为0的近圆到离心率为0.06的椭圆；(c) 春分/秋分点进动的周期约为22 000 a

（摘自Pisias and lmbrie, Oceanus, 29, winter, 1986/1987）

炽热熔融气体，也就是太阳，处在持续不断的运动中。偶尔会出现太阳耀斑（辐射增加）和太阳黑子活动（太阳黑子减少辐射）。在几天或几年的时间尺度内，大气层顶可能会发生 1 W m^{-2} 的能量变化。每日的变化不太可能对海洋的热平衡产生影响，但是长期变率可能会影响海洋热平衡。

在地球上，太阳辐射会受到气溶胶的影响，包括人为产生的（城市烟雾）和自然产生的（沙漠和火山）。有人提出，解释地中海局地热平衡差异的最佳方法是降低太阳入射辐射的数值，其理由是撒哈拉沙漠吹来的沙子导致气溶胶显著增加，进而降低了太阳辐射。

3.3　局地热平衡：季节性温跃层

因为海洋吸收了太阳的能量（图 1.4），海洋表层被直接加热（图 1.5），该表层有类似于大气的季节性温度周期。表层海水夏季较暖、冬季较冷，和大气一样，热带海

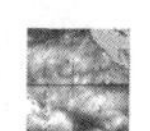

区温度季节变化的幅度比中纬度海区小。

对于海洋的许多区域来说，可以近似忽略给定海表水体的热输运，因此，海洋表层的加热和冷却与海气界面热通量平衡。在这些假设条件下，任何时间段海洋加热的得到热量为

$$\int_0^t Q_T \mathrm{d}t = \int_0^t (Q_s - Q_b - Q_e - Q_h)\mathrm{d}t \tag{3.9}$$

表层 Z 中的热量分布为

$$\int_0^t Q_T \mathrm{d}t = \int_0^Z c_p \rho \Delta T \mathrm{d}z \tag{3.10}$$

式中，c_p 为海水比热容，ρ 为海水密度，ΔT 为温度变化。尽管已经有许多尝试来求解公式 (3.10) 右侧的解析解，但是进步和效果有限，我们将仅限于对其进行简单的描述。

第一个例子，我们假设热损失的总和不随季节或天有明显变化，并且唯一显著的季节和每日变化来自太阳入射的热（图 3.6）。海洋从太阳获得的总热量和海洋损失的总热量是各自曲线下的面积。在北半球，2 月中旬至 8 月中旬的 6 个月里，进入海洋表层的热量净增加，而在另外的 6 个月里，热量净减少［图 3.6（a）］。2 月中旬至 8 月中旬，获得热量的曲线下的面积大于损失热量曲线下的面积。而在剩下的 6 个月里，情况相反。此外，在 24 h 内，进入海洋的热量是周期性的，而海洋失去的热量变化不大［图 3.6（b）］。

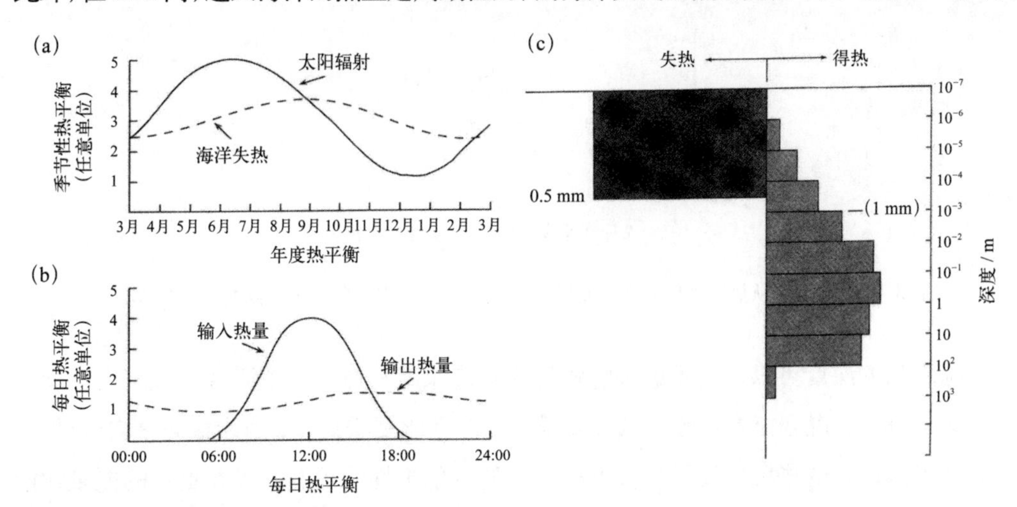

图3.6　在北半球典型中纬度地区，太阳入射热能和海洋热量损失的示意图

(a) 从3月到8月，热量净增加，其余时间净减少；(b) 在24 h期间，海面有相对稳定的热量损失，与白天从太阳获得的热量相平衡；(c) 海洋表层的热量“源”和“汇”。值得注意的是到达大气的热通量穿过了海洋/大气边界层，而来自太阳的热量被吸收到海洋上层100 m。因此，在海洋顶部毫米量级处有一个时间平均的净向上热通量

太阳入射辐射的吸收发生在海洋上层几十米内，而所有导致热量损失的过程都发生在海洋表面。因此，平均来说（也许几乎在整个海洋的所有时间里），海洋顶部毫米量级处有净热量损失输入到大气［图 3.6（c）］。图 3.6 显示了北半球温度结构的局部变化。海面最低温度出现在 2 月中旬。随着获得的热量超过损失的热量，海洋开始变暖。海洋的热含量最大值出现在 8 月中旬，此时每日热量损失开始超过热量增益。图 3.7 显示了中纬度和热带地区季节性温跃层发展的例子。

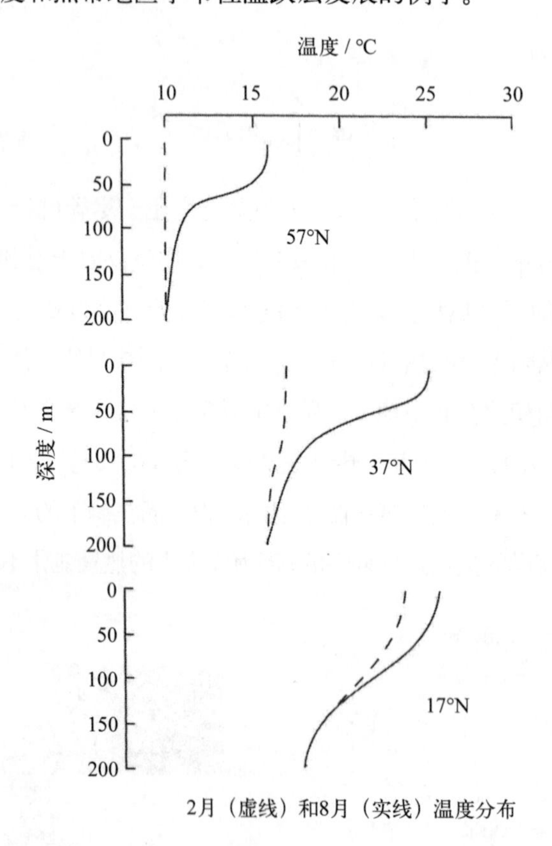

图3.7　北大西洋从热带到接近高纬度地区季节性温跃层的典型变化（数据来自42°W）

温跃层的深度可以通过考虑入射辐射的穿透深度和热量向下混合方式来定性地解释。大部分上层混合能量来源于风。温跃层在春季比夏季更深，因为春季平均风更强，并且随着温跃层的增强，海洋变得更稳定。随着稳定性的提高，需要更多的能量才能使热量混合至更深处。因此，随着夏季的到来，温跃层变得更浅、更强。在秋季，随着每日热量损失超过热量增加，温跃层减弱。较低的稳定性加上较高的风力和增强的对流（由冷却的表层水下沉产生）促使温跃层变深。到 2 月，季节性温跃层已经消失，上述过程再次开始（图 3.8）。

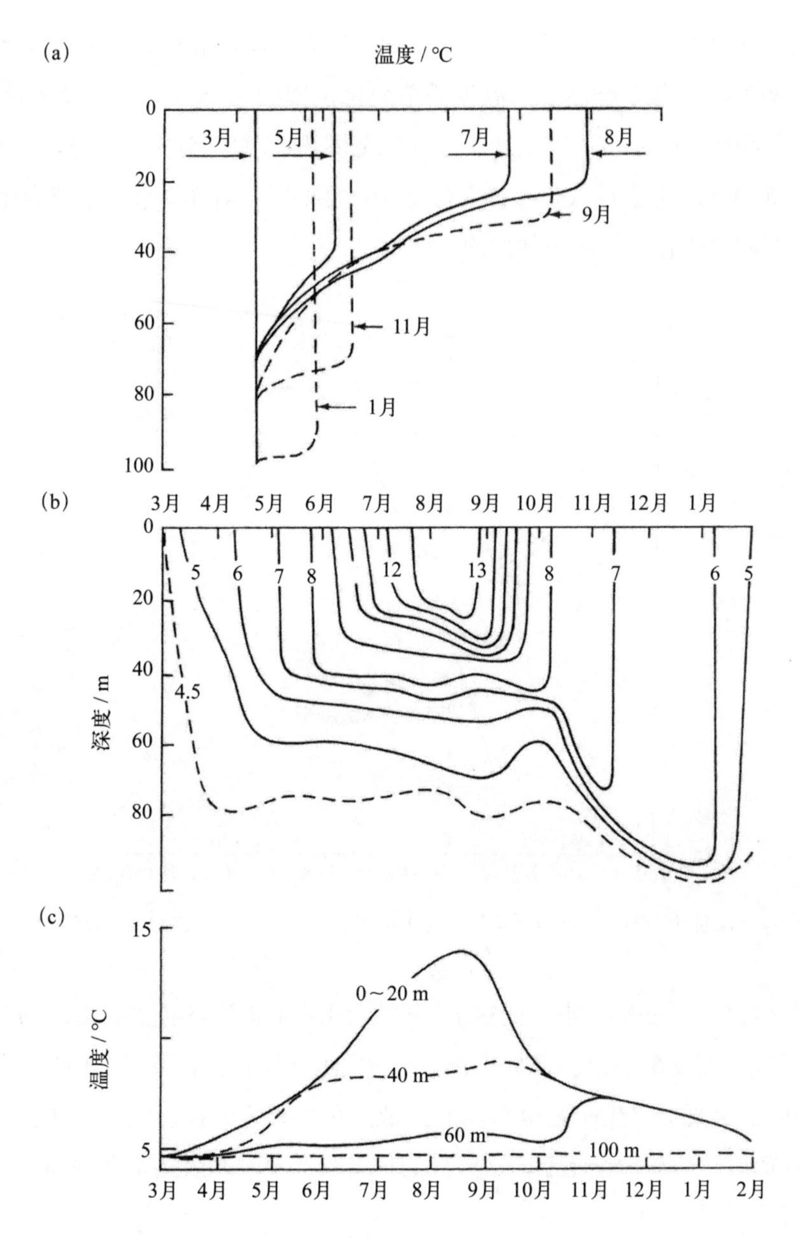

图3.8　北半球中纬度地区季节性温跃层的典型生衰过程示意图

随着夏季的进行，温跃层会更浅更强，秋天变得更深更弱。100 m深度处的温度几乎没有季节变化

除了在深对流区域（例如，第 11 章“地中海”中对冬季寒风的讨论），200 m 水深以深的温度几乎没有季节变化，而在大部分海洋中，在 100 m 处季节影响就消失了。相比之下，陆地上的季节性变暖循环不会渗透到 1 ～ 2 m 以深，并且陆地上储存的季节性热量要少得多。这导致了相近纬度海洋和陆地上的温度季节变化范围有着显著差

异。由于在海洋中热量的储存深度远大于陆地，所以海洋中温度的季节性变化范围远小于陆地。例如，百慕大群岛上的温度季节变化范围约为 10℃，而在得克萨斯州的达拉斯，在大约相同的纬度，其温度季节变化范围为 23℃（图 3.9）。海洋夏季吸热，冬季放热，规模比陆地表面大得多。在仲冬和仲夏期间，海洋对气候季节变化的改善作用是游客涌向岛屿和沿海度假胜地的原因之一。

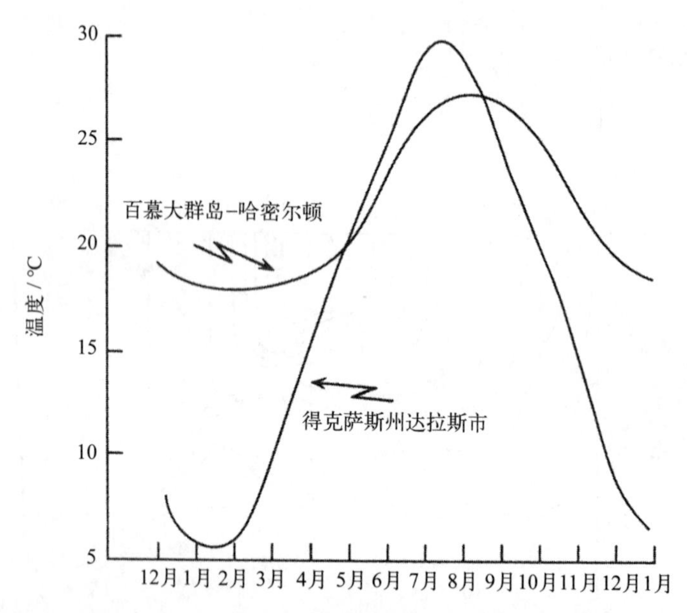

图3.9　达拉斯（32°54′N）的日平均气温变化范围是百慕大群岛（32°22′N）的两倍以上

在春季和初夏，海洋日间的净热增量开始大于夜间的净热损失，海洋的热量收入超过热量损失［图 3.6（a）］。在此期间，通常可以观测到白天净增热产生的日温跃层（图 3.10）。大部分（但不是全部）的热量会在夜间散失到大气中，并在第二天建立新的日温跃层。在某种程度上，这些浅的日温跃层中的剩余热量会被向下搅动，形成季节性温跃层。

3.4　海表面温度

从图 3.6（c）中可以看出，太阳辐射在表层被迅速吸收，其厚度为几厘米到几米。控制热量损失的过程发生在海洋表皮。因此，在海洋顶部几毫米处有一个持续向上的热通量，在海洋表皮形成一个每毫米零点几摄氏度的负温度梯度。表皮温度和传统海表温度（bulk surface temperature，观测深度在几厘米到 1 ~ 2 m 之间）之间的温差存

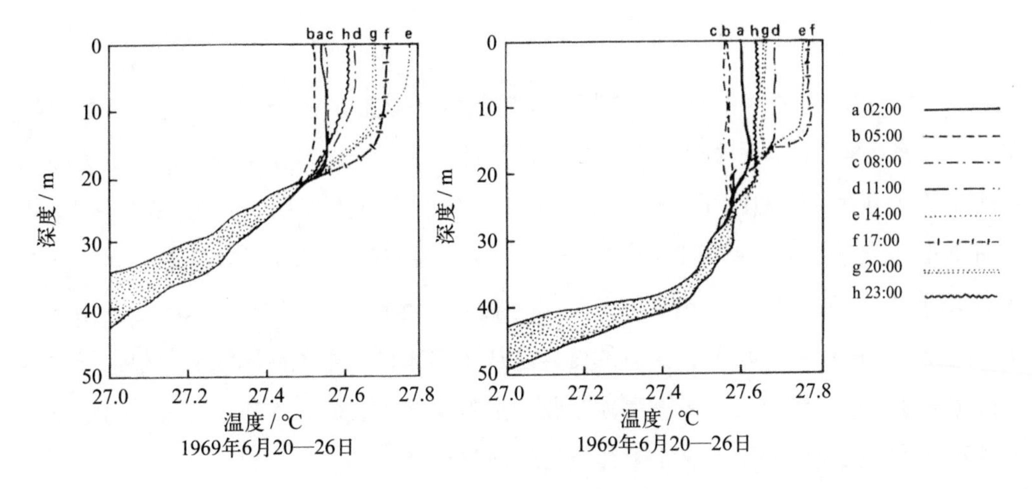

图3.10 春季日温跃层的生衰图

在给定的24 h内，几乎所有白天获得的热量在晚上都会流失。但是，春季每天一般都有一个小的净热增量。因此，第二时段的平均热含量大于第一时段的平均热含量

(摘自Delnore, Journal of Physical Oceanography, 2, 1972)

在昼夜变化。两者之间的温差在大风和平静的天气以及多云和晴朗的天气下都会变化，但两者很少一致。那么海表面温度是什么？它是由表面以下一两米的温度计测量的，还是由船上或卫星上的辐射计测量的黑体表皮温度？所有海表面温度的历史记录都是由温度计记录的，电阻或热敏电阻温度计仍然比卫星观测的结果更标准。因此，最近的卫星观测结果通常被调整到较高的值，以便与船只或浮标上CTD热敏电阻温度计的测量相兼容。个体差异可以高达1℃。平均而言，夜间的温差约为0.3℃，白天的温差约为0.1℃（图3.11）。

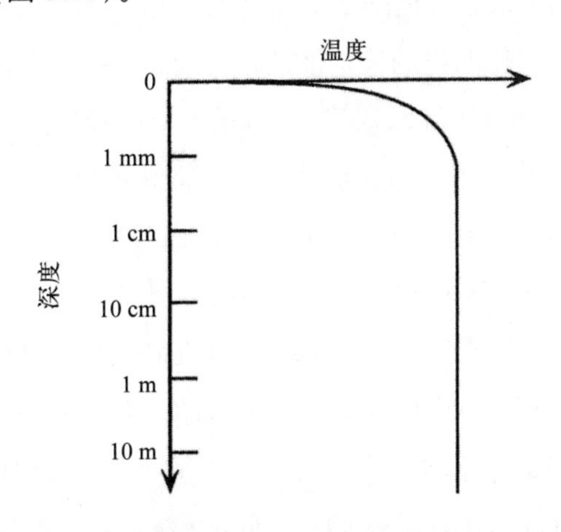

图3.11 在均匀混合的等温层中，顶部毫米量级处实际上有一个小的负温度梯度。卫星观测到的表面温度是由海面顶部几毫米处的辐射温度计算出来的，因此，温度计观测到的传统表面温度比卫星观测到的表面温度高十分之几摄氏度

3.5 海冰和盐跃层的形成

在任何时候，6% ~ 8% 的海洋都被冰覆盖着（彩图 6）。覆冰区与无冰区的热收支存在显著差异。冰是阻挡太阳辐射穿透的屏障。由于冰的高反射率，入射的太阳辐射被其吸收的百分比相比于水少得多。海冰的反射率（或反照率）为 30% ~ 40%，在新雪覆盖之后，反照率可以直接提高到 95%。没有被反射的入射辐射立即被顶部几毫米厚的冰吸收。因此，热量传到海洋的唯一途径是通过冰传导到水，但是由于海冰总是比下面的海水温度低，热量的传导是从水到冰。在永久海冰区域，热传导总是从海洋到冰，最终到大气。夏季海冰吸收的热量融化了表面，使冰层变薄。海冰冬季形成和夏季消融之间的差异决定了其范围的季节变化。

在冬季，来自太阳的入射辐射量很小，在北冰洋的高纬度地区，极地盛冬的入射辐射基本为零（图 3.2）。然而，即使在冬天，极地也没有完全被冰覆盖。在一些地方，风和洋流将冰推在一起，形成了高高的冰脊，同时，在另一些地方形成了开放的无冰水道。在有开放水道或冰间湖的地方，会有明显的感热损失，冬季可达 250 W m^{-2}。卫星显示，多达 5% ~ 15% 被冰覆盖的极地地区在冬季可能是无冰的，在夏季可能是其两倍。在极地冰覆盖区域的热平衡方面，无冰水道起着重要作用。

冰层厚度的增加和减少类似于温跃层的形成和消散。在冬天，当表面热量损失很大时，冰层会变厚；在夏天，多余的入射辐射被用来融化冰层。在冰盖边缘，冰完全融化。在更向极的地区，它的厚度会因为融化和升华而减小。北冰洋中部的新生冰在第一个冬天可能会增长 1.5 m，之后几年其增长速率约为 0.2 m a^{-1}。这种持续的增长叠加在每年夏季约半米积雪和半米冰融化的季节振荡上。

在冰覆盖的地区，层化海洋的稳定性通常与盐跃层而不是温跃层有关（盐跃层是盐度快速变化的水层，类似于温跃层）。淡水最独特的特性之一是热膨胀系数的符号在 4℃ 时会发生反转。和几乎所有的流体一样，淡水的密度随着温度的降低而增加；其增加速率随着水变冷而减慢，在 4℃ 时，该过程开始逆转；因此，0℃ 冰点的水比 4℃ 的水轻。当一个典型的淡水湖在冬天变冷时，更冷、密度更大的水向下沉，直到湖水温度达到 4℃。随着表层水进一步冷却，它浮在较暖但密度较大的 4℃ 水上，因此，没有必要将整个湖泊冷却到 0℃ 以在其表面形成冰。众所周知，高纬度淡水湖的春季“翻转”是由于这些湖泊的表层水从接近冰点变暖到 4℃，这种较暖的水下沉，被更冷更深的水所取代，而这些水在表层又变暖，而后下沉。

盐度大于 24.7 S_P 的海水密度随着温度的降低而持续增加，直至达到冰点（图 2.2）。

这种效应的一个合乎逻辑的结果是，在海冰形成之前，整个海盆的海水需要在冬季被冷却到冰点。否则，更冷的水会下沉。然而，对极地温度的观测表明，温度为 −1.9℃的海洋盆地不需要 34 S_P 的冷冻水，相反，人们在结冰区域发现的是一个深度在 50 ~ 200 m 变化剧烈的盐跃层。因此，较淡也较轻的表层水可以冷却到冰点，而不会使密度变得更大，并且相对于下面更深的咸水而言是不稳定的（图 3.12），冬季结冰和夏季融化的循环是冰覆盖区域形成盐跃层的主要原因。

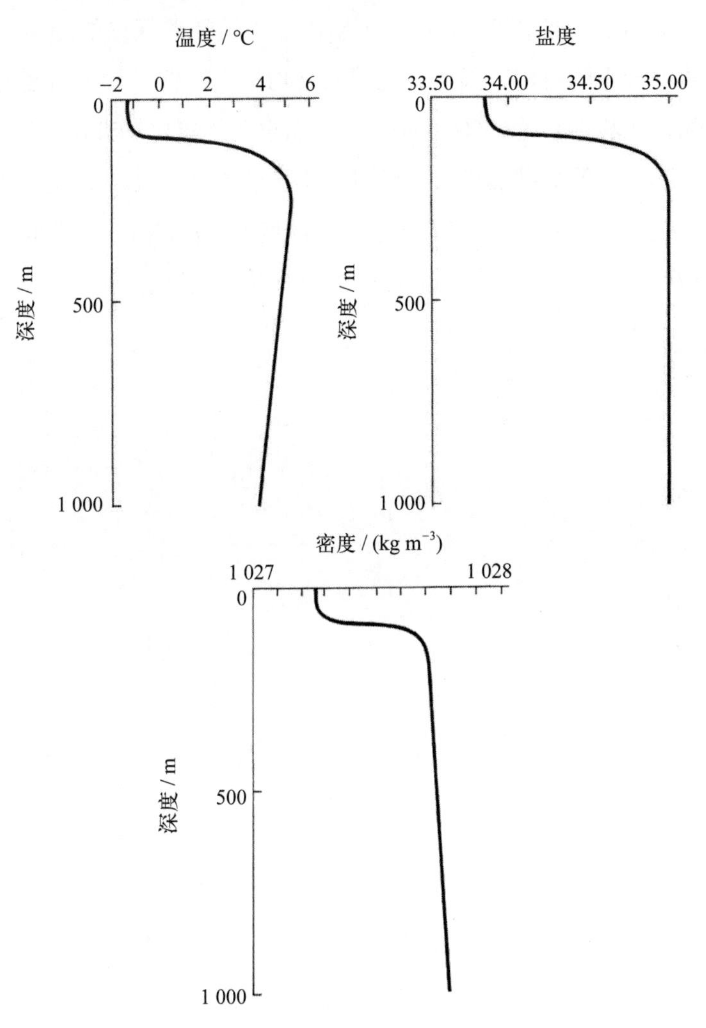

图3.12　结冰区的温度、盐度和密度剖面

注意逆温和变化剧烈的密跃层，它们的形状主要是由盐跃层决定的

在某种程度上，海冰的形成可能被简单地认为是淡水的冻结，使盐滞留在盐泡中，当温度达到冰点时，纯水的冰晶就形成了，它包围着未冻结的水，这种未冻结水富含

冷冻晶体留下的盐，导致这些盐泡的冰点进一步降低。冰晶呈板状，通常是六边形，水平尺寸约为 2.5 cm，垂直尺寸约为 0.5 mm，由于海冰是比盐水更好的热导体，新的冰晶通常是通过聚集在已经存在的冰晶上而形成的，而不是在盐水中独立形成的，故冰晶倾向于形成为薄片。如果冻结的晶体没有完全包围富含盐的未冻结的水，这些水将下沉并与下面的海水混合。如果冻结速度足够慢，几乎所有的浓缩盐水都会逸出，海冰的盐度将接近于零，快速冻结截留了大部分盐水，导致海冰的盐度接近周围海水的盐度。大多数海冰的盐度在 2 ～ 20 S_P 范围内，由于随着气温的变化，交替融化和冻结会增强老冰中盐水的浸出，因此，老冰的平均盐度较低。如果温度足够低，盐本身就会开始结晶，硫酸钠在 −8.2℃ 开始结晶，而重要的氯化钠则在 −23℃ 开始结晶。由于海冰有盐泡和复杂的盐结晶模式，所以它不像淡水冰那样容易表征其强度和相似的物理属性。一般来说，海冰的强度大约是同等厚度淡水冰的 1/3。然而，对于老冰（盐度非常低）和温度远低于氯化钠结晶温度的海冰，其强度可能相当。

4 全球平衡：守恒方程

守恒方程是认识和理解物理世界最简单的形式。例如，进入海洋的热量必须等于离开海洋的热量，否则，海洋的平均温度就会发生变化。通过降雨、冰川融化和河流径流进入海洋的水量必须等于蒸发损失的水量，否则，海平面将发生变化。河流带入海洋的盐量必须等于沉淀到海底沉积物中的盐量，否则，盐度会发生变化。换句话说，在稳定状态下，输入一定等于输出，否则，温度、体积或盐度就会发生变化。假设已知某些参数，那么就可以计算出其变化率。

4.1 全球热量平衡

虽然热平衡的日变化和季节变化会导致海洋表层的变暖和变冷（如第 3 章所讨论的），但平均来说，必定有一个全球热平衡，否则，海洋和大气的平均温度就会发生变化。图 4.1 是地球总热平衡的示意图。这些平均值表明了不同过程在维持地球热平衡中的相对重要性。这些数字是基于 100 个单位的入射辐射，而这 100 个单位相当于 340 W m^{-2}。

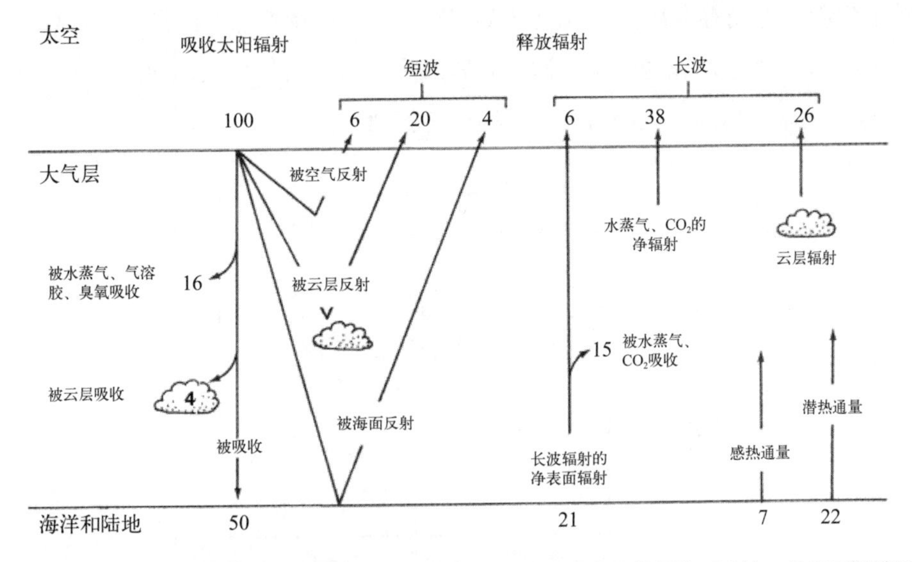

图4.1　任意100个单位的入射太阳辐射的分配，包括以各种方式吸收和散射的百分比。总热平衡需要70个单位的地球长波辐射和30个单位的反向散射短波辐射，数值是全球年平均值。注意在大气吸收的64个单位中，直接来自太阳的只有20个单位，约占30%

在进入大气层的100个辐射单位中，大约4个单位被云吸收，大约16个单位被水蒸气、气溶胶和空气分子本身吸收，大约30个单位被散射并反射到太空中。在最初100个单位的太阳能中，50%可用于加热陆地、海洋和冰。如果地球/海洋温度要保持不变，那被吸收的50个热量单位必须释放回太空。

通过对图4.1的研究，我们了解到地球的反照率约为30%（大约30个单位的短波辐射被反射回太空）。令人惊讶的是，我们发现加热大气的主要能量来源是地球本身，而不是太阳。在入射辐射中，只有20个单位被大气直接吸收，而从地球转移到大气中的达到44个单位。人们常说大气是由太阳驱动的巨大热机，但经常被忽视的是，尽管太阳是主要能量来源，但其中70%的能量是从地球转移到大气中的，仅有相对少量的太阳能量被大气直接吸收。图4.1将地球作为一个整体，计算了所有纬度和陆地、冰以及海洋的平均值。仅就海洋而言，从海洋到大气的热量有60%是通过海面水汽蒸发实现传递，长波辐射和感热传递相对较小（参考第3章）。

4.1.1 平流在全球热平衡中的作用

正如整个地球的热量接近平衡一样，地球上各个位置的热量也是如此。从几个季节和几年的平均来看，某个位置的温度几乎是常数。

尽管地球向太空辐射的热量必须与它从太阳接收的热量一样多，但在局部位置或纬度带都不需要平衡。如第3章所讨论的，对整体传热项的测量和计算表明，在大约40°纬度到赤道之间存在净热能吸收（图4.2）。为了保持平衡，海洋和大气联合起来向40°纬度和极地之间输送热量。这种差异加热，以及将热量从地球的一部分传递到另一部分的需求，成为大气和海洋环流的最终驱动力。

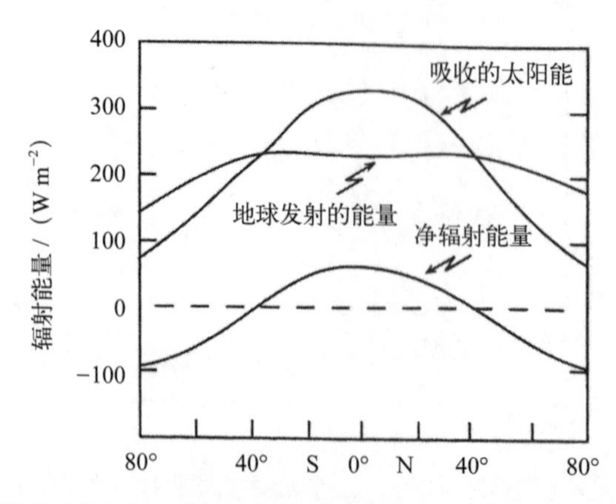

图4.2 地球吸收的太阳辐射、陆地和海洋释放的辐射以及大气层顶净辐射的经向分布

（摘自Piexoto and Oort, Physics of Climate, American Institute of Physics, 1992）

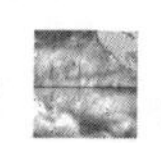

一般认为，海洋和大气对低纬度地区的热量向极地传输的贡献大致相同，但大约从南北纬 30° 开始，大气传输变得越来越重要（图 4.3）。不同海洋区域的相对贡献也存在显著差异。例如，在印度洋和太平洋，热输送都是向极，这是全球热平衡所需要的。然而，在大西洋，热量输送是向北的，甚至在南大西洋也是如此（图 4.4)。图 4.4 所示的关于热输送的结论是定性的，但是所有这些计算的细节和量值都有相当大的不确定性。

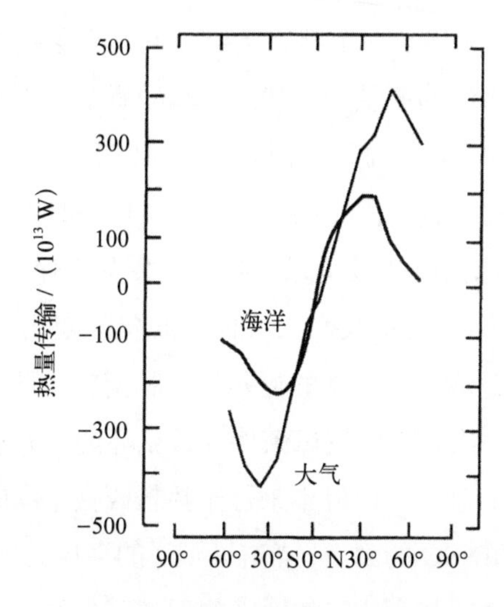

图4.3 海洋和大气年平均经向热输送

(摘自 Hastenrath, Journal of Physical Oceanography, 12, 1982)

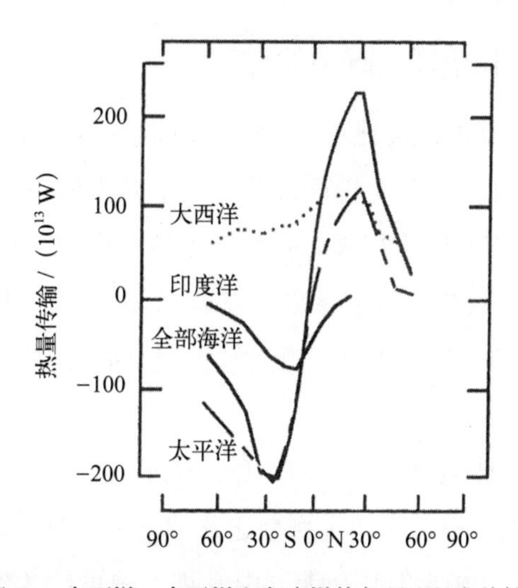

图4.4 大西洋、太平洋和印度洋的年平均经向热输送

正值为向北输送，负值为向南输送。(摘自 Hastenrath, Journal of Physical Oceanography, 12, 1982)

4.1.2 气候变率：对平均值的扰动

与图 3.7 的季节变化相比，一个给定地点的平均温度或降雨量从一年到下一年几乎没有变化，如果将这种观测多年平均化，并将一个 10 年与另一个 10 年进行比较，变化甚至会更小。然而，差异也是存在的。众所周知，有些年冬天比其他年份冬天冷，有些年春天更潮湿。在“海洋气候”中也能观察到类似的变化，给定位置的盐度和温度每年都有很小但可以测量到的差异。

如图 4.1 所示，海洋和大气是一个耦合系统，大气的变化可以反映在海洋中，反之亦然。然而，由于两个系统的惯量大不相同（海洋质量约为大气质量的 270 倍，单位质量热容量约为大气的 4 倍），因此这种耦合与时间有关。例如，天气预报通常可以忽略海气相互作用，将海洋视为固定的边界条件，但在时间谱的另一端，人们普遍认为海洋将在引发下一个冰河时代或全球变暖中发挥关键作用。在这两个极端之间，有一个有趣的问题，即海洋在决定我们天气模式的年际变化中起着什么作用。这种相互作用的一个突出例子是赤道太平洋的厄尔尼诺和南方涛动（ENSO），不同程度的 ENSO 事件每隔几年发生一次，正常信风条件（沃克环流）的衰减导致了赤道附近的上升流的减弱和海表温度的升高，使得本来位于热带西太平洋的一个大的暖水池缓慢向东扩张（彩图 5），随着 ENSO 的到来，赤道太平洋的平均天气模式发生了显著变化。有充分的证据表明，ENSO 还与全球其他地区的天气形态耦合，并对其产生影响。当然还存在其他周期性的大尺度海气耦合现象，例如，太平洋年代际振荡（PDO）、南半球环状模（SAM）和北半球环状模（NAM）。

4.1.3 海洋在气候变化和全球变暖中的作用

正如第 3 章所示，地球的温度比没有大气层时低得多。如果没有大气层，地球的温度大约是 −18℃（255 K），这种差异的根源在于温室效应。来自太阳的短波辐射穿过温室（大气），几乎没有能量损失，温室（地球）以黑体的形式辐射能量，但辐射的是长波辐射，大部分长波辐射被温室“玻璃”（大气层）吸收了。反过来，玻璃（地球）以黑体的形式辐射，能量既辐射到大气中，也回到温室中，由于这种能量捕获，温室内的平衡温度上升。

大气的成分扮演着地球温室中玻璃的角色。最重要的大气温室气体是水蒸气，它的含量在时空上变化很大，但从未超过百分之几的量级。第二种最重要的温室气体是二氧化碳（CO_2），目前（2015 年）在大气中发现的浓度约为 398 ppm，或体积占比 0.04%。水蒸气约占总温室效应的 2/3，CO_2 约占 25%，其他温室气体包括甲烷、

臭氧和一氧化二氮。

证据表明，150 年前工业革命开始时的 CO_2 在大气中约占 0.028%，因为自工业革命开始以来，大气中增加了额外的 CO_2 和其他温室气体，如果决定气候的所有其他因素保持不变，到 1990 年，地球的平均温度应该会上升大约 0.5℃。关于温室效应导致的全球变暖的不确定性，关键在于"决定气候的所有其他因素都保持不变"这句话。在实际中，其他因素会随之发生系列变化。例如，提高海表面温度可能会增加蒸发速度，导致空气中有更多的水蒸气，并产生增强的大气温室效应（正反馈作用导致地球温度进一步升高）。然而，大气中含水量的增加也可能导致更多的云，这造成更大的反照率和更少的太阳辐射被地球吸收（负反馈作用，这将意味着地球温度上升的情况减少）。表面温度上升的纬度变化也会引起表面风的位置和强度的变化。这些变化反过来又会导致海洋环流的变化。

海洋在这个复杂系统中的作用是多种多样的。自工业革命开始以来，人类活动释放的 CO_2 总量大约只有一半在大气中，剩下的一半大部分被认为封存在海洋中。一个类似的问题是，大气中的额外热量传递到海洋的速度有多快，这将对海洋酸化等其他海洋过程产生影响。其中一个影响是海平面上升，随着海洋变暖，密度下降，由于质量守恒，海水会膨胀。图 3.7 的季节性温跃层的起伏造成海平面大约 10 cm 的季节性变化。对全球变暖导致的每年几毫米的海平面上升，大约一半来自热膨胀，其余来自冰川融化导致的海洋质量增加。海洋中 CO_2 增加引发的第二个重要影响是改变海洋酸度。溶解的 CO_2 与水反应生成碳酸，通过其他反应，海洋的 pH 降低，碳酸钙的饱和值也降低。虽然超出了本书的内容范围，但这一变化将对海洋的生物地球化学循环产生许多影响。

4.2 全球水量和盐度平衡

地球上几乎所有的水都在海洋里，其余大部分是冰（表 4.1）。水通过降雨和河流径流（包括冰川融化）进入海洋，并通过蒸发离开海洋。1.2 m a^{-1} 的蒸发率相当于每年失去约 0.03% 海洋总量的水，但每年又有相同数量的水重新返回海洋，大约 10% 的水通过河流径流，其余则通过降雨。

海水蒸发时，其中的盐被留在了海洋中，因此，剩余的表层水会变得更咸。降水发生，海水被稀释，表面盐度降低，稀释也发生在河口附近的沿海地区。而河流少、降雨量少的地区，如红海，盐度非常高。海洋表面盐度的图表显示了局部不平衡的影响。

在蒸发超过降水的海洋中部地区，表面盐度高于平均水平（图 4.5）。太平洋的盐度低于大西洋和印度洋，这种差异可以用太平洋的降水量和河流径流量超过蒸发量这一事实来定性解释（表 4.2）。例如，在北太平洋等海盆，淡水净增加，必然有净流出，要么向北流入北冰洋，要么向南流入南太平洋。使用表 4.2 中的数据，可以构建一个各海盆之间淡水净流量的平衡表。这种水平衡估计表明，大西洋的净流量是向南的，太平洋的净流量是向北的，输运量估计为 $1\times10^8 \sim 10\times10^8\ m^3\ s^{-1}$。密西西比河和亚马孙河等大河的流量处于 $1\times10^4 \sim 10\times10^4\ m^3\ s^{-1}$ 的量级，小了 4 个数量级。虽然这种海盆间淡水流量图的一般特征可能是正确的，但由于我们对海洋中降水和蒸发的了解和估算普遍不尽如人意，细节可能会有相当大的不确定性。

表4.1　水在地球上的分布

	体积 / km^3	占比 / %
海洋	1 348 000 000	97.39
极地冰盖，冰山，冰川	27 820 000	2.01
地下水，土壤水分	8 062 000	0.58
湖泊和河流	225 000	0.02
大气	13 000	0.001
总和	1 384 120 000	100.00
淡水	36 020 000	= 2.60
淡水在总量中的占比		
极地冰盖，冰山，冰川		77.23
800 m 深度的地下水		9.86
800 ～ 4 000 m 深度的地下水		12.35
土壤水分		0.17
湖泊（淡水）		0.35
河流		0.003
水合地球矿物		0.001
植物，动物，人类		0.003
大气		0.04
总和		100.00

资料来源：根据Baumgarter and Reichel, The World Water Balance, Elsevier, 1975。

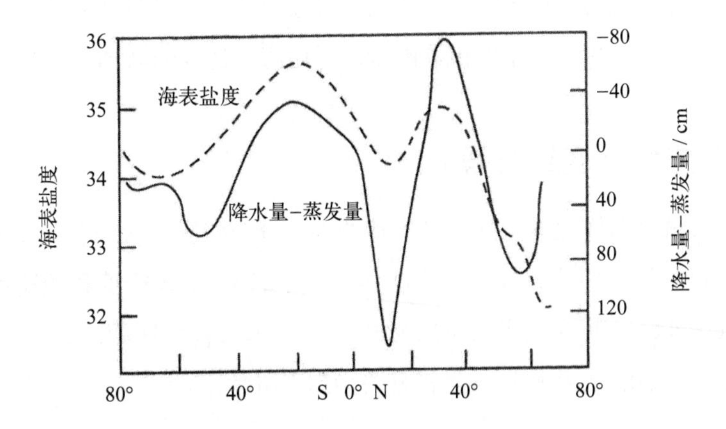

图4.5　太平洋表面盐度（S）和降水减去蒸发（$P-E$）的比较

（数据来自Climatic Atlas of the World Ocean,NOAA Professional Paper 13,1982, and Baumgartner and Reichel, The World Water Balance, Elsevier, 1975）

表4.2　世界海洋的水平衡

	P	E	$P-E$	河流径流	径流 + $P-E$	体积流量
北极	97	53	+44	307	+351	3.0
太平洋	1 292	1 202	+90	69	+159	28.1
印度洋	1 043	1 294	−251	72	−179	−13.9
大西洋	761	1 133	−372	197	−175	−17.2
北半球	1 160	1 198	−38	160	122	18.9
南半球	996	1 160	−164	72	−92	−18.9
总和	1 066	1 176	−110	110	0	0

注：降水量（P）和蒸发量（E）以mm a^{-1}为单位，河流径流同样以mm a^{-1}为单位。流入或流出海盆的淡水流量单位为$10^3 km^3 a^{-1}$。

资料来源：根据Baumgarter and Reichel, The World Water Balance, Elsevier, 1975中的表格编制。

这些河流每年向海洋输送约 4×10^{12} kg 的溶解物，其中约 10% 是再循环的海盐（沉积在陆地上的盐），剩下的是从陆地中带来的新物质。虽然陆地和海洋之间的交换非常缓慢，但随着时间的推移，这些盐沉积在海底，相对少量的物质通过大气输送到海洋，更少的物质来自水下火山（热液喷口），与海洋中的总流量相比，所有径流的总流量很小。尽管每年约有 0.03% 的水被循环利用，但每年的盐交换量不到海洋总含

盐量的 10^{-7}。有人认为，进入现代海洋的盐量要高于过去的地质年代，但由于每年进入海洋的盐量很少，用最精密的仪器测量出平均海洋盐度的增加还需要一些时间。

4.3 守恒方程（连续方程）

为了深入研究海洋温度、盐度和其他特性的分布状况，我们有必要考虑一个更正式形式的守恒方程。假想存在一个小块体或盒子 (V)，放入密度和流速不断发生变化的流体中（图 4.6），其 6 个侧面面积为 B_1，B_2，…，B_6，可以发现，盒内密度变化率 $\delta\rho/\delta t$ 与穿过 6 个侧面的物质通量累积有关，如下所示：

$$V\frac{\delta\rho}{\delta t}=-\sum_{i=1}^{6}B_i\rho_i v_i \tag{4.1}$$

式中，ρ_i 和 v_i 分别是垂直于盒体 B_i 面的密度和速度分量，并定义流入为负，流出为正。

盐度变化也可以用类似的求和方程表示：

$$V\frac{\delta S}{\delta t}=-\sum_{i=1}^{6}B_i S_i v_i \tag{4.2}$$

如果流入盒子的质量（或盐度）通量等于流出的通量，即等式的左边为零，可表示为

$$\begin{aligned}\sum B_i\rho_i v_i&=0\\ \sum B_i S_i v_i&=0\end{aligned} \tag{4.3}$$

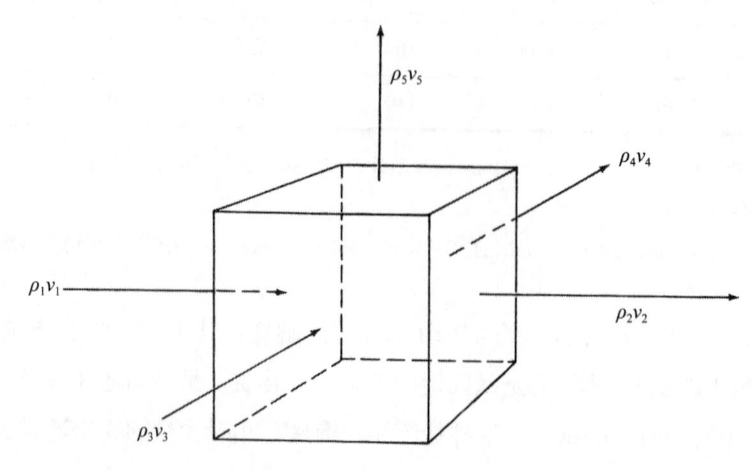

图4.6　在盒内无源或无汇的情况下，流入盒子的（$\rho_i v_i$）值之和等于流出的（$\rho_i v_i$）值

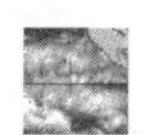

上述这些公式中，没有物质的流入或流出时，体积内的盐度或密度不会发生变化，这种性质被称为保守性，具有保守性的其他物质也可以写成类似的方程。非保守性是指其值不依赖于通量而变化的性质，例如，放射性物质，如氚，或生物活性物质，如溶解氧或磷酸盐。

非保守性的典型守恒方程是：

$$V\frac{\delta H}{\delta t}=-\sum B_i H_i v_i - V\gamma H \tag{4.4}$$

$$V\frac{\delta O}{\delta t}=-\sum B_i O_i v_i - \hat{O}H \tag{4.5}$$

式中，γ 是放射性物质 (H) 在逆时限内的衰变常数，$\hat{O}$ 表示溶解氧 (O) 经光合过程生成或氧化过程消耗的速率。保守性与非保守性的区别在于前者在介质中没有源或汇，某些情况下，溶解氧可以被认为是准保守的，如在深海中，氧气的消耗率非常小，大约每年每升海水消耗 0.001 5 ml 氧气。

尽管在许多情况下，根据出入假想盒子的流量来描述守恒方程是比较好的方法，但是这些方程通常以微分形式表示。在直角坐标系（x 轴、y 轴和 z 轴）中以及相应的速度分量 u、v 和 w，质量守恒可以表示为如下形式：

$$\frac{\partial\rho}{\partial t}=-\frac{\partial}{\partial x}(\rho u)-\frac{\partial}{\partial y}(\rho v)-\frac{\partial}{\partial z}(\rho w) \tag{4.6}$$

盐度守恒可近似表示为

$$\frac{\partial S}{\partial t}=-\frac{\partial}{\partial x}(Su)-\frac{\partial}{\partial y}(Sv)-\frac{\partial}{\partial z}(Sw) \tag{4.7}$$

一些其他保守性质也可以写出类似的方程。

非保守性质的类似方程为

$$\frac{\partial H}{\partial t}=-\frac{\partial}{\partial x}(Hu)-\frac{\partial}{\partial y}(Hv)-\frac{\partial}{\partial z}(Hw)-\gamma H \tag{4.8}$$

$$\frac{\partial O}{\partial t}=-\frac{\partial}{\partial x}(Ou)-\frac{\partial}{\partial y}(Ov)-\frac{\partial}{\partial z}(Ow)-\hat{O} \tag{4.9}$$

对于这些守恒方程，海水的密度梯度小到可以忽略不计，并且假设海水均匀且不可压缩。方程 (4.6) 至方程 (4.9) 可进一步简化：

$$\frac{\partial u}{\partial x}+\frac{\partial v}{\partial y}+\frac{\partial w}{\partial z}=0 \tag{4.10}$$

$$\frac{\partial S}{\partial t}=-u\frac{\partial S}{\partial x}-v\frac{\partial S}{\partial y}-w\frac{\partial S}{\partial z} \tag{4.11}$$

$$\frac{\partial O}{\partial t}=-u\frac{\partial O}{\partial x}-v\frac{\partial O}{\partial y}-w\frac{\partial O}{\partial z}-\hat{O} \tag{4.12}$$

在大多情况下，假设海洋处于稳定状态，也就是说，盐度、温度和溶解氧等属性观测值逐月或逐年没有明显变化。在稳态条件下，方程 (4.11) 和 方程 (4.12) 的左侧为零。方程 (4.6) 至 方程 (4.12) 是偏微分方程，推导见方框 4.1。对于那些不熟悉这些推导的读者来说，理解符号含义是很重要的。当某个属性只有一个自变量时，其微分形式通常是 dw/dt，这意味着因变量 w 仅是 t 的函数。当因变量是多个自变量的函数时，我们需要明确指出是如何进行微分的。例如，海洋中的盐度可能随深度 z、水平面 x 和 y，以及时间 t 而变化。因此，盐度是 x、y、z 和 t 的函数；如果想知道盐度梯度，必须明确指出是想知道盐度随深度的变化，还是在 x 或 y 方向，或其他方向上的梯度。同样，如果想知道盐度是如何随时间变化的，还必须指明想知道海洋中哪个地方的变化率。

方框 4.1　方程讨论：连续性方程

本书中的所有推导均采用右手笛卡尔坐标系；z 坐标轴与重力方向平行，向上为正；x 代表东方向，y 代表北方向。x，y，z；$\mathbf{i}$，$\mathbf{j}$，$\mathbf{k}$；u，v，w 分别是空间坐标、单位矢量和速度分量。粗体符号用于表示向量。下标通常表示偏微分。例如，

$$u_t=\frac{\partial u}{\partial t},\mathbf{\Phi}_{xy}=\frac{\partial^2\mathbf{\Phi}}{\partial x\partial y}$$

尽管大多数推导都是根据偏微分方程完成的，但得到的经常是等价矢量解。

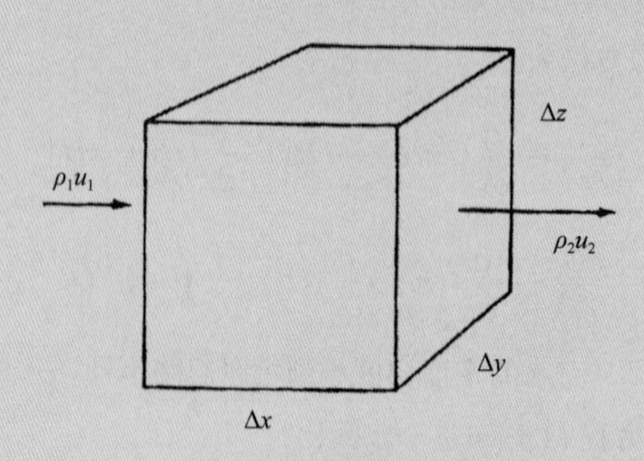

图4.1′　公式推导示意图

考虑一个充满流体、其边长为 Δx、Δy、Δz 的小立方体（图 4.1′）。该立方体中流体密度为 ρ，其质量为密度与体积的乘积，即 $m=\rho\Delta x\Delta y\Delta z$。假设该立方体的所有面都有流入和流出，下面以 x 方向的流动为例。流体质量流入立方体的速率是 $\rho_1 u_1\Delta y\Delta z$，流出立方体的速率是 $\rho_2 u_2\Delta y\Delta z$。立方体内质量的变化率是

$$\frac{\partial m}{\partial t}=\frac{\partial}{\partial t}(\rho\Delta x\Delta y\Delta z)=\rho_1 u_1\Delta y\Delta z-\rho_2 u_2\Delta y\Delta z \tag{4.1′}$$

$$\frac{\partial\rho}{\partial t}=\frac{\rho_1 u}{\Delta x}-\frac{\rho_2 u_2}{\Delta x} \tag{4.2′}$$

假设流体密度和流速在小立方体上连续变化

$$\begin{aligned}&u_2=u_1+\Delta u\\&\rho_2=\rho_1+\Delta\rho\\&u_2=u+\frac{\Delta u}{2},\ u_1=u-\frac{\Delta u}{2}\\&\rho_2=\rho+\frac{\Delta\rho}{2},\ \rho_1=\rho-\frac{\Delta\rho}{2}\end{aligned} \tag{4.3′}$$

代入

$$\begin{aligned}&\frac{\partial\rho}{\partial t}\Delta x=\left(\rho-\frac{\Delta\rho}{2}\right)\left(u-\frac{\Delta u}{2}\right)-\left(\rho+\frac{\Delta\rho}{2}\right)\left(u+\frac{\Delta u}{2}\right)\\&\frac{\partial\rho}{\partial t}=-\rho\frac{\Delta u}{\Delta x}-u\frac{\Delta\rho}{\Delta x}\end{aligned} \tag{4.4′}$$

其中高阶项被略去。当将小立方体缩小成一个流体质点大小，右边的项变成

$$\frac{\partial\rho}{\partial t}=-\rho\frac{\partial u}{\partial x}-u\frac{\partial\rho}{\partial x}=-\frac{\partial}{\partial x}(\rho u) \tag{4.5′}$$

虽然在上式中出现了负号，但是读者可以通过 u_2（或 ρ_2）大于 u_1（ρ_1）或者改变 u_1（u_2）的方向来理解关系式。同理，对 y 方向和 z 方向推导，从而得到一般形式

$$\frac{\partial\rho}{\partial t}=-\frac{\partial}{\partial x}(\rho u)-\frac{\partial}{\partial y}(\rho v)-\frac{\partial}{\partial z}(\rho w) \tag{4.6′}$$

对于恒定密度流动

$$\frac{\partial\rho}{\partial t}=\frac{\partial\rho}{\partial x}=\frac{\partial\rho}{\partial y}=\frac{\partial\rho}{\partial z}=0 \tag{4.7′}$$

连续性方程可简化为

$$\frac{\partial u}{\partial x}+\frac{\partial v}{\partial y}+\frac{\partial w}{\partial z}=0 \tag{4.8'}$$

其矢量形式为

$$\nabla\cdot\mathbf{V}=0 \tag{4.9'}$$

其中，∇ 定义运算符

$$\nabla=\mathbf{i}\frac{\partial}{\partial x}+\mathbf{j}\frac{\partial}{\partial y}+\mathbf{k}\frac{\partial}{\partial z} \tag{4.10'}$$

和

$$\mathbf{V}=\mathbf{i}u+\mathbf{j}v+\mathbf{k}w \tag{4.11'}$$

方程 (4.8′) 和方程 (4.9′) 是不可压缩均匀流体的连续性方程或质量守恒方程。虽然海洋中密度恒定这一假设并不精准，但对于几乎所有需要连续性方程的流体动力学计算来说，它已经足够接近了。

盐度守恒（和其他保守性质）的推导与质量守恒（连续性方程）的推导类似。$S\rho$ 以单位体积的质量为单位，这是推导所必需的。

类推连续性方程，以 x 方向为例。沿 x 方向流入和流出单位体积的盐量分别为 $S_1\rho_1u_1\Delta y\Delta z$ 和 $S_2\rho_2u_2\Delta y\Delta z$。流动引起的立方体内盐度质量的变化为

$$\frac{\partial}{\partial t}(S\rho\Delta x\Delta y\Delta z)=S_1\rho_1u_1\Delta y\Delta z-S_2\rho_2u_2\Delta y\Delta z \tag{4.12'}$$

并且

$$\frac{\partial(S\rho)}{\partial t}=-\frac{\partial}{\partial x}(S\rho u) \tag{4.13'}$$

同理，对 y 方向和 z 方向进行推导，得到一般式

$$\frac{\partial(S\rho)}{\partial t}=-\frac{\partial}{\partial x}(S\rho u)-\frac{\partial}{\partial y}(S\rho v)-\frac{\partial}{\partial z}(S\rho w) \tag{4.14'}$$

扩展前面的等式得到

$$S\frac{\partial\rho}{\partial t}+\rho\frac{\partial S}{\partial t}=-\rho\left(u\frac{\partial S}{\partial x}+v\frac{\partial S}{\partial y}+w\frac{\partial S}{\partial z}\right)-S\rho\left(\frac{\partial u}{\partial x}+\frac{\partial v}{\partial y}+\frac{\partial w}{\partial z}\right)-S\left(u\frac{\partial\rho}{\partial x}+v\frac{\partial\rho}{\partial y}+w\frac{\partial\rho}{\partial z}\right) \tag{4.15'}$$

与上一节相同，假定密度

$$\frac{\partial S}{\partial t}=-u\frac{\partial S}{\partial x}-v\frac{\partial S}{\partial y}-w\frac{\partial S}{\partial z}$$
$$\frac{\partial S}{\partial t}=-(\mathbf{V}\cdot\nabla)S \qquad (4.16')$$

偏微分 $\partial S/\partial x$ 用 $(\partial S/\partial x)_{y,z,t}$ 替代更为恰当，这表示当 y、z 和 t 为特定恒定值时，盐度在 x 方向上的变化。自引入偏微分记法以来，下标通常被省略。例如，在方程 (4.6) 中，第一项表示定点处密度随时间的变化（即保持 x、y 和 z 不变）；第二项表示在 y、z 和 t 为常数下，ρu 在 x 方向的变化。

4.4 混合、搅拌、湍流和扩散

前面的讨论认为，海水特性分布的变化仅由平流引起，并且存在稳定的流流入或流出盒子（图 4.6），例如，热量通过海流和风从低纬度向高纬度输送。然而观测表明，在没有平流作用的情况下，海水性质也发生空间位置的转移，这种转移可以发生在分子尺度到大尺度之间各种尺度上，下面将从小尺度开始介绍。

4.4.1 分子扩散

想象如下实验：在一个大桶里，一层淡水覆盖在一层海水之上，并保持绝对静止。虽然水没有发生明显的流动，但海水会逐渐向上扩散到淡水中，淡水向下扩散到海水中。一段时间之后，水桶中海水和淡水发生完全混合，其盐度几乎呈均匀分布。第二个例子：同一个桶，一层温水置于一层冷水上，两层之间有很强烈的温度梯度。即使没有发生任何流动，但随着热从上层扩散到下层，两者界面上的温度梯度将会减弱。并伴随着时间的推移，垂直温度梯度将几乎完全消失。

热和盐是通过分子过程来进行传输的，各流体分子连续运动，并彼此发生相互作用，即使流体是静止的，但流体分子会发生运动，因此可以在分子尺度上发生传输。分子尺度的热盐通量与其梯度成正比，梯度越大，扩散越快。各种流体的扩散系数都已被测量，并已公开。对于海水中的大致如下：

$$\text{盐度扩散}\quad F_S=-\rho\kappa_S\frac{\partial S}{\partial n}$$
$$\text{热量扩散}\quad Q=-\rho c_p\kappa_Q\frac{\partial T}{\partial n} \qquad (4.13)$$

式中，n 是等温线和等盐线的法线；负号表示向逆梯度方向扩散（即分子扩散降低了梯度），对于水而言，盐分子扩散系数和热扩散系数分别为 $\kappa_S \approx 1.5 \times 10^{-9}\ \mathrm{m^2\,s^{-1}}$ 和 $\kappa_Q \approx 1.5 \times 10^{-7}\ \mathrm{m^2\,s^{-1}}$，恒压比热 $c_P \approx 4\,000\ \mathrm{J\,kg^{-1}\,°C^{-1}}$。鉴于这些常数以及观测到的盐度和温度梯度，很容易发现热和盐的分子扩散非常小，并且远小于在海洋中观察到的变化率。

4.4.2 搅拌和混合

回顾上一节的两个思维实验，如果想要加速水桶中的分子扩散，其中一种方法是用一个大桨搅拌水，若是有足够的动力，这两桶水很快就会呈现出分布均匀的盐度和温度。其桶中水分子已经发生移动，但是我们既没有从桶中取出水，也没有添加水到桶中，即没有净平流发生。在搅拌一段时间后，会观测到咸水与淡水、温水和冷水混合在一起（图 4.7），是因为搅拌会增大冷水与暖水、咸水与淡水之间的界面表面积。虽然混合仍然发生在分子尺度上，但是对水的持续搅拌增加了界面的数量和界面的粗糙度，而分子扩散可以发生在这些界面上。搅拌得越剧烈，分子混合的就越多，两个桶中的水最终会完全混合，这种混合发生的速率很大程度上取决于搅拌的力度。

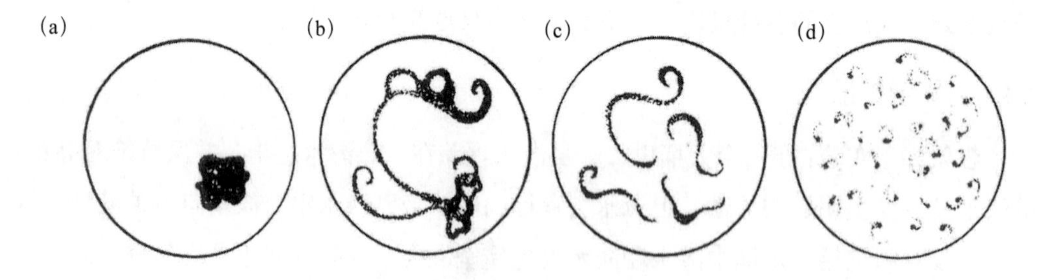

图4.7　从图（a）到图（d），搅拌破碎了不同特性的水团，增加了不同水团之间的界面数量，破坏了已有的强烈的物理梯度。搅拌越剧烈，混合越迅速

现实中虽然没有大的桨来搅动海洋，但有许多过程有助于搅动海洋，从破碎的波浪（表面和内部），到海表的风，再到海底不规则地形上的海流。搅拌的能量大多都来自湍流。湍流是不规则的流体流动，其中一些在时空上表现出随机的变化（参见第 5 章中的“摩擦力”）。

有的观点认为，海洋中的涡旋类似于分子，涡旋的运动类似于分子的随机运动。从物理学角度上，涡流扩散和涡流热传导在分子水平上与这些过程相似，可以通过用涡扩散系数代替分子扩散系数来写出与方程（4.13）类似的方程。为了区分这两个过程，湍流混合或涡扩散等术语用来描述前面所说的搅拌，而分子扩散或分子混合经常

用来描述上述混合过程。海洋中的湍流涡旋尺度可以从几十厘米到几十千米不等，因此，可以估计混合系数的大致范围，大约为

$$A_z = 10^{-4}–10^{-3} \mathrm{m^2\,s^{-1}}$$
$$A_h = 10^{-1}–10^{3} \mathrm{m^2\,s^{-1}}$$

其中，下标 h 和 z 分别表示水平方向和垂直方向。由于海洋是相对稳定层化的，所以水团跨越等密度线移动比沿着等密度线移动需要更多的能量，因此，与水平湍流相比，垂向的湍流受到很大限制。由于湍流控制着热盐的涡旋扩散，所以即使在分子水平上存在两个数量级的差异，盐度和热的混合系数通常是相同的数值。

如第 3 章所示，由于长波辐射、感热和潜热损失，热持续地从海表面离开，其平均值约为 170 W $\mathrm{m^{-2}}$。如果这个热通量是完全通过分子扩散实现的，那么所需的温度梯度将是 300℃ $\mathrm{m^{-1}}$。如果热通量由湍流过程控制，其垂直温度梯度将减小约 4 个数量级，如方程（4.14）所示：

$$Q_S(170\mathrm{W\cdot m^{-2}}) = -\rho c_p \kappa_Q \frac{\partial T}{\partial z}(sfc) = -\rho c_p A_z \frac{\partial T}{\partial z}(\mathrm{column})$$

$$\frac{\dfrac{\partial T}{\partial z}(\mathrm{column})}{\dfrac{\partial T}{\partial z}(sfc)} \cong 10^{-4} \tag{4.14}$$

在海气界面的上层几毫米处，分子过程占主导地位，而在海面以下的水层中，湍流混合控制着通量的变化。如图 3.11 所示，在距海面几米的水层内，虽然垂直通量可能几乎不发生变化，但垂直温度梯度变化很大。

4.4.3 涡旋扩散及其在守恒方程中的作用

显然，通过图 4.6 可以发现，物质能够通过平流作用或湍流扩散进出盒子。考虑到湍流扩散会导致物质流动的可能性，因此保守和非保守性的平衡方程都需要增加一组附加项。在盒子模型中，它们是：

$$V\frac{\delta S}{\delta t} = -\sum B_i S_i v_i + \sum A_i B_i \left(\frac{\partial S}{\partial n}\right)_i \tag{4.15}$$

$$V\frac{\delta O}{\delta t} = -\sum B_i O_i v_i + \sum A_i B_i \left(\frac{\partial O}{\partial n}\right)_i - \hat{O}V \tag{4.16}$$

式中，$(\partial O/\partial n)_i$ 和 $(\partial S/\partial n)_i$ 表示垂直于平面 B_i 方向的氧气梯度和盐度梯度。

在微分形式中，这些方程转变为

$$\frac{\delta S}{\delta t}=-\frac{\partial}{\partial x}(Su)-\frac{\partial}{\partial y}(Sv)-\frac{\partial}{\partial z}(Sw)+A_h\left(\frac{\partial^2 S}{\partial x^2}+\frac{\partial^2 S}{\partial y^2}\right)+A_z\left(\frac{\partial^2 S}{\partial z^2}\right) \tag{4.17}$$

$$\frac{\delta O}{\delta t}=-\frac{\partial}{\partial x}(Ou)-\frac{\partial}{\partial y}(Ov)-\frac{\partial}{\partial z}(Ow)+A_h\left(\frac{\partial^2 O}{\partial x^2}+\frac{\partial^2 O}{\partial y^2}\right)+A_z\left(\frac{\partial^2 O}{\partial z^2}\right)-\hat{O} \tag{4.18}$$

它们的推导见方框 4.2。

方框 4.2　守恒方程中的扩散项

考虑扩散引起的单位体积内的盐度变化，图 4.2′ 显示了在 x 方向的盐度梯度，其高盐水向低盐水方向扩散。方块内的盐度变化是方块两侧扩散盐度差的函数，其中 κ_S 为分子扩散系数，单位是 $m^2 s^{-1}$。同样，以 x 方向的扩散为例：

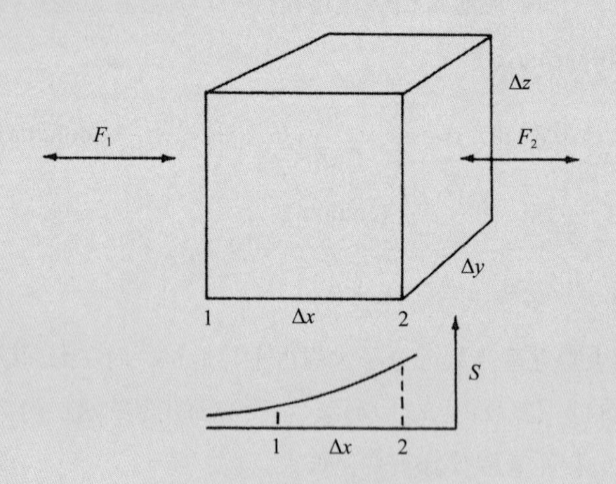

图4.2′　方程推导示意图

$$\frac{\partial}{\partial t}(S\rho\Delta x\Delta y\Delta z)=\frac{1}{\rho}(F_1-F_2)\Delta y\Delta z=\left[-\left(\kappa_S\frac{\partial S}{\partial x}\right)_1+\left(\kappa_S\frac{\partial S}{\partial x}\right)_2\right]\Delta y\Delta z$$

$$\frac{\partial S}{\partial t}=-\frac{\kappa_S}{\Delta x}\left[\left(\frac{\partial S}{\partial x}\right)_1-\left(\frac{\partial S}{\partial x}\right)_2\right] \tag{4.17′}$$

让块体趋近于无穷小，给出其微分形式

$$\frac{\partial S}{\partial t}=+\kappa_S\frac{\partial^2 S}{\partial x^2} \tag{4.18′}$$

假设在三个方向上都存在盐度梯度，则块体内由分子扩散引起的盐度变化是

$$\frac{\partial S}{\partial t}=+\kappa_S\left(\frac{\partial^2 S}{\partial x^2}+\frac{\partial^2 S}{\partial y^2}+\frac{\partial^2 S}{\partial z^2}\right) \tag{4.19'}$$

$$\frac{\partial S}{\partial t}=-\kappa_S\nabla^2 S \tag{4.20'}$$

热传导方程可以写成类似形式。

通过类推论证发现，海洋的涡旋和旋动存在与分子无规则运动相似的作用，因此可以用涡流扩散系数代替分子扩散系数写出通量方程。由于各物理参数是相同的，所以初始方程的形式及其推导过程是相同的，其结果为

$$\frac{\partial S}{\partial t}=\frac{\partial}{\partial x}\left(A_x\frac{\partial S}{\partial x}\right)+\frac{\partial}{\partial y}\left(A_y\frac{\partial S}{\partial y}\right)+\frac{\partial}{\partial z}\left(A_z\frac{\partial S}{\partial z}\right) \tag{4.21'}$$

如上所述，与分子扩散不同的是涡旋的扩散系数与空间有关。由于海洋是垂直分层的，涡扩散系数在三维空间上不是完全相同的，与水平方向相比，湍流过程在垂直方向被抑制，因此 A_z 小于 A_x 或 A_y，而后两者通常被认为是相等的，并用 A_h 代表水平扩散。假设扩散系数是常数，方程 (4.21′) 可以写成

$$\frac{\partial S}{\partial t}=A_h\left(\frac{\partial^2 S}{\partial x^2}+\frac{\partial^2 S}{\partial y^2}\right)+A_z\frac{\partial^2 S}{\partial z^2} \tag{4.22'}$$

若考虑到物质扩散和平流，那么守恒方程则会发生改变。例如，方程 (4.16′) 变为

$$\frac{\partial S}{\partial t}=-u\frac{\partial S}{\partial x}-v\frac{\partial S}{\partial y}-w\frac{\partial S}{\partial z}+A_h\left(\frac{\partial^2 S}{\partial x^2}+\frac{\partial^2 S}{\partial y^2}\right)+A_z\frac{\partial^2 S}{\partial z^2} \tag{4.23'}$$

$$\frac{\partial S}{\partial t}=-(\mathbf{V}\cdot\nabla)S+\mathbf{A}\cdot\nabla^2 S \tag{4.24'}$$

4.5 箱模型和混合时间

将海洋划分成一个个单元或垂直分层（箱子或者盒子），或考虑进出这些箱子的物质通量，是研究一系列海洋问题的有效手段。假设有一个充满水且体积为 V 的箱体，其箱内水的密度和盐度为常数，并且水会通过平流或扩散流入和流出箱体。在稳态条件下，质量和盐度守恒：

$$\sum B_i \rho_i v_i = 0 \tag{4.19}$$

$$-\sum B_i S_i v_i + \sum A_i B_i \left(\frac{\partial S}{\partial n}\right)_i = 0 \tag{4.20}$$

式中，$B\rho v$ 为质量输运，其单位是质量与时间之比；Bv 为体积输运，单位是体积与时间之比。由于海水密度接近 1 000 kg m^{-3}，所以以 t s^{-1} 为单位进出箱体的质量输运在数值上与以 m^3 s^{-1} 为单位的体积输运几乎一致。在海洋学中，两者常用 T 来表示。此外，体积输运或质量输运通常包含着由扩散混合过程引起的物质通量，因此，方程 (4.19) 和方程 (4.20) 可以简化为

$$\sum T_i = 0 \tag{4.21}$$

$$\sum T_i S_i = 0 \tag{4.22}$$

假设物质守恒可以简化研究。假设地中海是一个孤立盆地，经直布罗陀海峡与大西洋相连，估算地中海的蒸发量超过降水量约 7×10^4 t s^{-1}，且流出水的盐度均匀，为 37.75，流入水的盐度为 36.25（图 4.8），可以通过水和盐度的平衡方程来计算进出地中海的输运量

$$\begin{aligned} &\text{水：} T_i = T_O + 70\,000 \text{ t s}^{-1} \\ &\text{盐度：} T_i S_i = T_O S_O = 0 \end{aligned} \tag{4.23}$$

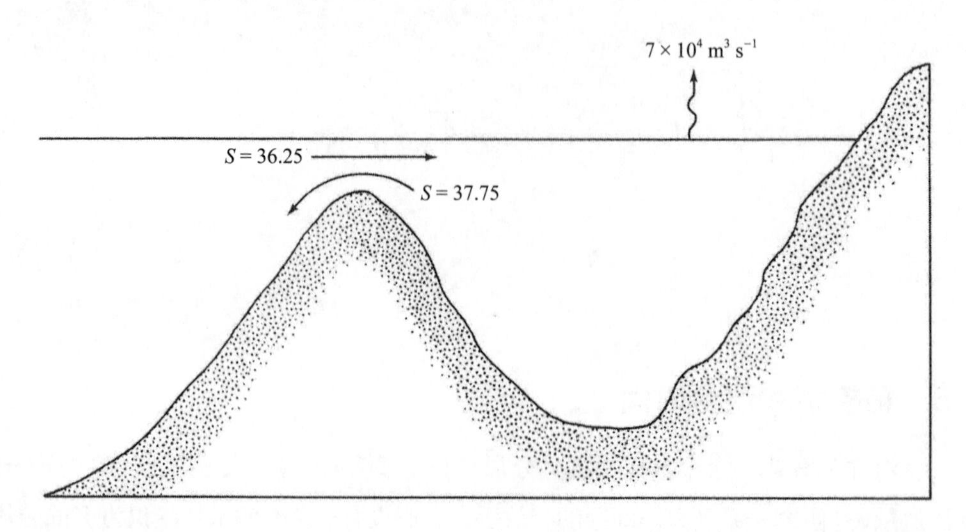

图4.8　确定两个流的盐度和径流量以及穿过海–气界面的淡水通量，就可以计算出直布罗陀海峡进出地中海的净流量

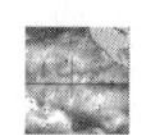

已有两个方程和两个未知数，可以求解 T_i 和 T_O，分别为 1.75×10^6 t s^{-1} (或 m^3 s^{-1}) 和 1.68×10^6 t s^{-1} (或 m^3 s^{-1})。

接下来存在一个问题：水团到达地中海后会滞留多久？显然，水团经直布罗陀海峡，不断通过蒸发和降水作用与大气进行交换。有些交换迅速，有些则长时间滞留在地中海，在某些假设下，较容易估算水团平均滞留时间。地中海盆地和其他类似的问题都可以简化为单一的流入和流出问题（尽管事实上，单一流量可能是多个局部流动的总和）。这里可以考虑三种极端的情况：第一种极端情况是假设总流入量（T）逐渐替代海盆中的水量 V，发生这种情况［图 4.9(a)］的时间 (Ξ)：

$$\Xi=\frac{V}{T} \tag{4.24}$$

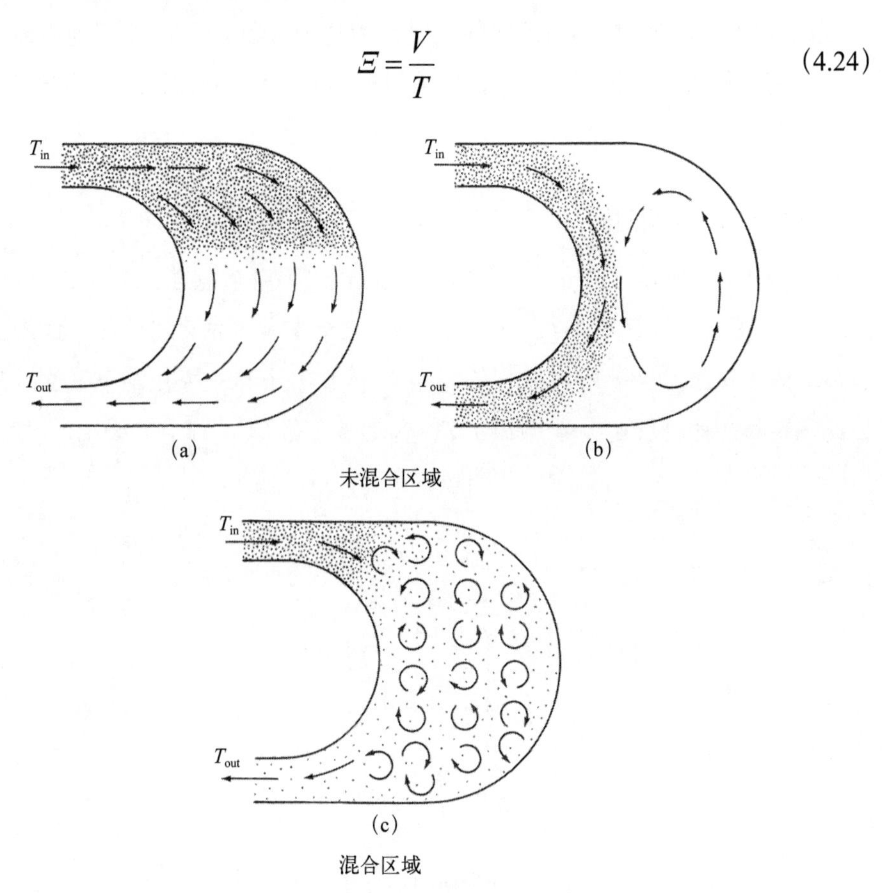

图4.9　流通系统中各种极端混合情况

(a) 无混合，流入的水替代流出的水；(b)无明显混合，流入的水流出，且没有与海盆中的原始水混合；(c) 瞬时混合

第二种极端情况是流入和流出的是相同的海水，海盆中的大部分水未受到干扰，而在这种情况下，需要很长的时间来替换海盆中的大部分海水。第三种极端情况是流

入的水立刻与海盆中的所有水完全混合［图 4.9(c)］。在这种情况下，一些水粒子的滞留时间非常短，而一些则很长。然而，完全混合这一假设能够定义一个统计滞留时间，在完全混合的情况下，原始水柱中除 1/e（或 1 /2.72）分子之外的所有分子，它们被替换所需的时间可以由方程(4.24)得到的冲刷时间(或滞留时间)来定义(见方框 4.3)。地中海的体积是 $4\times10^{15}\ \mathrm{m}^3$。尽管假设地中海中的水团混合相对较快，但水团在地中海的平均滞留时间仍是 70 a：

$$\varXi=\frac{4\times10^{15}\mathrm{m}^3}{1.75\times10^6\mathrm{m}^3\mathrm{s}^{-1}}=2.2\times10^9\mathrm{s}\cong70\ \mathrm{a}$$

观测表明，流经海峡的海流实际上要更为复杂（参见第 11 章“地中海”）。上述关于地中海的假设，其计算很简单，但是根据图 4.9 考虑到滞留时间的意义通常计算起来会更为困难。

方框 4.3　滞留时间

如图 4.9(c) 所示，假设入流 T（单位：$\mathrm{m}^3\,\mathrm{s}^{-1}$）完全混合，并以 n 个 m^{-3} 为单位，n 可以是盐、溶解氧、浮游动物的密度，或者其他单位体积的任何物质。同时，新加入的物质添加速率为 nT。在任何时候，体积 V 中都保持有 N 个单位的新物质。因此，新物质的停留速度是（N/V）T。变化速度是 L：

$$\frac{\mathrm{d}N}{\mathrm{d}t}=nT-\frac{N}{V}T \tag{4.25′}$$

随着时间的推移，

$$\int_0^N\frac{\mathrm{d}N}{\left(n-\frac{N}{V}\right)}=\int_0^t T\mathrm{d}t \tag{4.26′}$$

$$\ln\left(n-\frac{N}{V}\right)-\ln n=-\frac{T}{V}t \tag{4.27′}$$

$$N=nV\left(1-\mathrm{e}^{-(T/V)t}\right) \tag{4.28′}$$

当 $t=$（V/T）时

$$N=nV\left(1-\frac{1}{\mathrm{e}}\right) \tag{4.29′}$$

因此，滞留时间 $\varXi=V/T$ 被定义为：当原始物质被新物质替换到剩余 1/e（或 37%）时所需的时间。

5 运动方程

我们通常使用海水运动方程来描述洋流、波浪、潮汐、湍流和其他的流体运动，由于该方程是非线性的，其没有完整、精确的解析解。目前我们所能做的最好的方法是得到局部解析解，这能在许多实际问题的研究中起到良好的效果。在本章中，我们将系统研究运动方程中每一项代表的意义及表达式；在第 6 章中，我们将对该方程进行一系列的简化，来研究海洋环流的一些重要特征和主要机理；在第 9 章和第 10 章中，我们将使用这些简化方程讨论海洋中的波动。

任何对力和运动的定量分析都需要先建立一个坐标系，在海洋学中最常用的是正交笛卡尔坐标系。虽然球面坐标系更切合实际，但其在使用过程中更加复杂，笛卡尔坐标系足以解决物理海洋学中的大多数问题。笛卡尔坐标系假定地球为平坦的，在一个平面上，x 轴指向东，y 轴指向北，z 轴垂直于平面向上，也就是 z 轴的方向与重力方向相反。这样能够使水平方向的 x–y 平面成为等势面或等位势面（有关定义请参阅本章后面的“重力：等势面”），三个坐标轴相对应的速度分量分别为 u、v 和 w。

尽管气象学家和海洋学家在研究流体运动时均使用笛卡尔坐标系（图 5.1），但他们描述风和洋流却用不同的惯例。例如，北向流是指流向北方的水流，而北风是指从

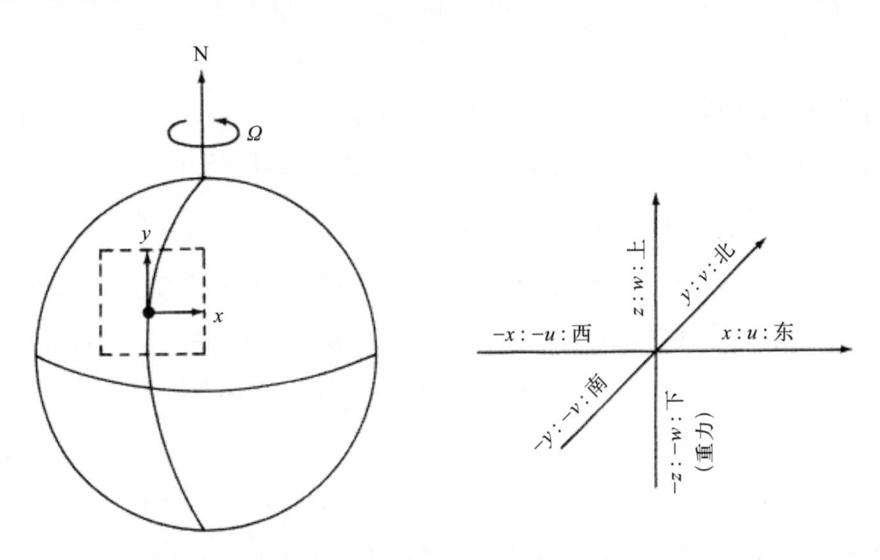

图5.1 本书中使用的笛卡尔平面地球坐标系

北方吹来的风。这是因为风通常是由一个站着不动并面对风的观察者来测量的，因此定义为风的方向；而海流通常是根据船或其他物体的漂移来测量的，因此定义为物体移动的方向。前者是欧拉描述，后者是拉格朗日描述。为了减少混淆，本书采用上述有关风和海流的惯例表达。

牛顿第二定律指出，质量乘以质点加速度与作用在质点上的合力相等：

$$\frac{\mathrm{d}u}{\mathrm{d}t}=\frac{1}{m}\sum F \tag{5.1}$$

在讨论流体运动时，这种关系通常可以写作

$$\frac{\mathrm{d}u}{\mathrm{d}t}=\frac{1}{\rho}\sum F \tag{5.2}$$

这里认为力是每单位体积的力，公式（5.2）可以由公式（5.1）导出：

$$\frac{\mathrm{d}u}{\mathrm{d}t}=\frac{V}{m}\sum\frac{F}{V} \qquad \rho=\frac{m}{V} \tag{5.3}$$

如上所述，公式(5.1)和公式(5.2)适用于作用于东西方向（也就是 x 轴方向）上的力。对于沿其他两个轴作用力的分量，可以参照公式（5.4）：

$$\begin{aligned}\frac{\mathrm{d}u}{\mathrm{d}t}&=\frac{1}{\rho}\sum F_x\\ \frac{\mathrm{d}v}{\mathrm{d}t}&=\frac{1}{\rho}\sum F_y\\ \frac{\mathrm{d}w}{\mathrm{d}t}&=\frac{1}{\rho}\sum F_z\end{aligned} \tag{5.4}$$

海洋中的流体质点通常受到四种作用力的作用，分别为重力、压强梯度力、摩擦力和地球自转引起的科氏力。一般来说，公式（5.4）可以解释为：

$$\text{单位质量}\times\text{质点加速度}=\text{重力}+\text{压强梯度力}+\text{科氏力}+\text{摩擦力} \tag{5.5}$$

重力、压强梯度力和科氏力存在简单的数学表达式，但摩擦力在海洋中很难进行测量，并且其形式多样难以用精确的方式表达。在笛卡尔坐标系中，通常使 z 轴沿着重力方向，这样在 x 和 y 方向上就都不会有重力，以简化运动方程。

5.1 加速度

在研究各项力之前，我们先要分析一下流体的加速度。牛顿第二定律通常是用

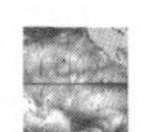

来描述质点力学的（如从斜面上滑下的物体或台球的运动），即公式（5.4）适用于质点的运动。在连续介质力学（或流体力学）中，存在两种定义加速度的方法，如下例所示。

考虑恒定深度但宽度变窄的渠道中的水流运动（图5.2），随着时间的推移，进入水道的水量是恒定的，在没有湍流的情况下，沿水道的流速也是恒定的。悬浮在通道内任何一点的流速计都能测量到恒定的速度（即加速度为0）。在水流中标记一个水质点（也可以使用一个浮动的软木塞）记录它穿过通道时的速度，会发现当恒定体积的水被迫流过一个较窄的通道时，它的速度就会增加。在本例中，局地加速度为0，而质点加速度不为0。

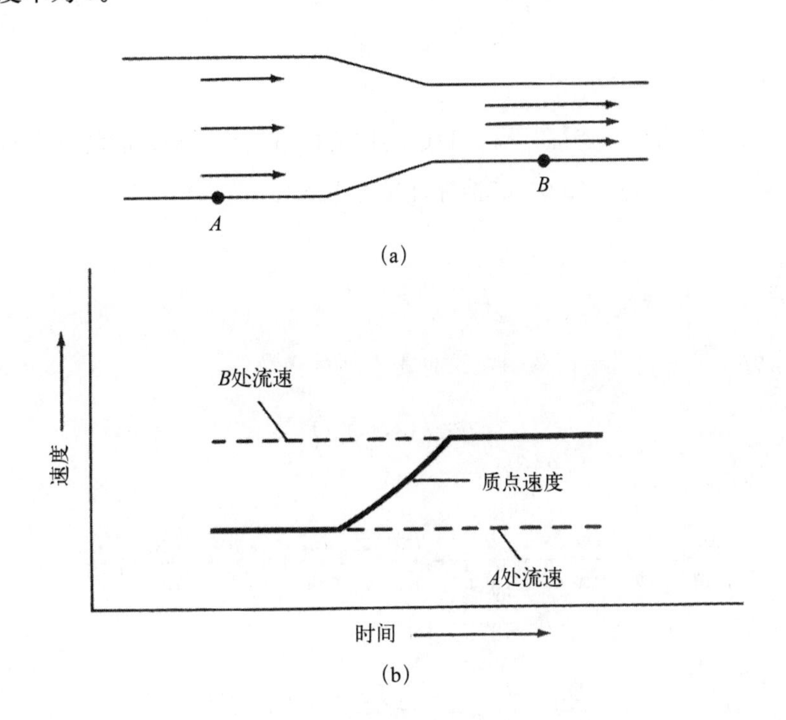

图5.2　对于渠道内的稳定流动，当渠道变窄时，水流将加快。A点和B点的流速计都显示为速度恒定，加速度为0

（a）由于水道变窄，在B点测得的速度高于在A点测得的速度。（b）当质点从A点移动到B点时，它会加速沿着通道移动。因此，局地加速度为0，而A点和B点之间的平均质点加速度不为0

方便起见，公式（5.4）中常使用局地加速度来代替质点加速度以解决许多流体力学问题。两者之间的关系为：

质点加速度 = 局地加速度 + 位移加速度

$$
\begin{aligned}
\frac{\mathrm{d}u}{\mathrm{d}t} &= \frac{\partial u}{\partial t} + u\frac{\partial u}{\partial x} + v\frac{\partial u}{\partial y} + w\frac{\partial u}{\partial z} \\
\frac{\mathrm{d}v}{\mathrm{d}t} &= \frac{\partial v}{\partial t} + u\frac{\partial v}{\partial x} + v\frac{\partial v}{\partial y} + w\frac{\partial v}{\partial z} \\
\frac{\mathrm{d}w}{\mathrm{d}t} &= \frac{\partial w}{\partial t} + u\frac{\partial w}{\partial x} + v\frac{\partial w}{\partial y} + w\frac{\partial w}{\partial z}
\end{aligned}
\tag{5.6}
$$

或者，总体写成

$$
\frac{\mathrm{D}}{\mathrm{D}t} \equiv \frac{\mathrm{d}}{\mathrm{d}t} = \frac{\partial}{\partial t} + u\frac{\partial}{\partial x} + v\frac{\partial}{\partial y} + w\frac{\partial}{\partial z} \tag{5.7}
$$

这里我们可以按照习惯采用

$$
\frac{\mathrm{D}}{\mathrm{D}t} \equiv \frac{\mathrm{d}}{\mathrm{d}t}
$$

来显示流体加速度的不同特征。质点的运动称为拉格朗日运动，而流过空间某一点的流动称为欧拉运动。公式（5.6）的推导详见方框 5.1。

方框 5.1 加速度

流体的速度不仅是时间的函数，也是空间的函数：

$$
u = f(x, y, z, t)
$$

根据微分链式法则，

$$
\frac{\mathrm{d}u}{\mathrm{d}t} = \frac{\partial u}{\partial t} + \frac{\partial u}{\partial x}\frac{\partial x}{\partial t} + \frac{\partial u}{\partial y}\frac{\partial y}{\partial t} + \frac{\partial u}{\partial z}\frac{\partial z}{\partial t} = \frac{\partial u}{\partial t} + u\frac{\partial u}{\partial x} + v\frac{\partial u}{\partial y} + w\frac{\partial u}{\partial z} \tag{5.1'}
$$

为了突出强调，总体微分常常可以写作

$$
\frac{\mathrm{D}u}{\mathrm{D}t} \equiv \frac{du}{dt} = \frac{\partial u}{\partial t} + u\frac{\partial u}{\partial x} + v\frac{\partial u}{\partial y} + w\frac{\partial u}{\partial z}
$$

注意，$\mathrm{D}/\mathrm{D}t$ 是质点加速度，而 $\partial/\partial t$ 是局地加速度。公式（5.1′）也可以写作

$$
\frac{\mathrm{D}u}{\mathrm{D}t} \equiv \frac{\mathrm{d}u}{\mathrm{d}t} = u_t + uu_x + vu_y + wu_z
$$

这里我们使用符号

$$
u_x \equiv \frac{\partial u}{\partial x}
$$

同样地,

$$\frac{\mathrm{D}v}{\mathrm{D}t} \equiv \frac{\mathrm{d}v}{\mathrm{d}t} = v_t + uv_x + vv_y + wv_z$$

$$\frac{\mathrm{D}w}{\mathrm{D}t} \equiv \frac{\mathrm{d}w}{\mathrm{d}t} = w_t + uw_x + vw_y + ww_z$$

用向量形式写作

$$\frac{\mathrm{D}u}{\mathrm{D}t} = u_t + (\mathbf{V} \cdot \nabla)\, u$$

$$\frac{\mathrm{D}v}{\mathrm{D}t} = v_t + (\mathbf{V} \cdot \nabla)\, v$$

$$\frac{\mathrm{D}w}{\mathrm{D}t} = w_t + (\mathbf{V} \cdot \nabla)\, w$$

或者,合起来写成

$$\frac{\mathrm{D}\mathbf{V}}{\mathrm{D}t} = \frac{\partial \mathbf{V}}{\partial t} + (\mathbf{V} \cdot \nabla)\mathbf{V} \tag{5.2'}$$

5.2 压强梯度力

在公式(5.5)的各项力中,压强梯度力是最容易观测的。质点总会从高压处移动到低压处,其加速度与压强梯度力成正比。比如,一个简单物理模型,在无摩擦的斜面上放置一个小球,球在平面上发生滚动(从高压到低压),球的加速度与平面的倾角(压强梯度力)成正比。在数学形式上,公式(5.5)可以改写成(推导见方框 5.2)

$$\begin{aligned} \frac{\mathrm{D}u}{\mathrm{D}t} &= -\frac{1}{\rho}\frac{\partial p}{\partial x} + \text{其他力} \\ \frac{\mathrm{D}v}{\mathrm{D}t} &= -\frac{1}{\rho}\frac{\partial p}{\partial y} + \text{其他力} \\ \frac{\mathrm{D}w}{\mathrm{D}t} &= -\frac{1}{\rho}\frac{\partial p}{\partial z} + \text{其他力} \end{aligned} \tag{5.8}$$

方框 5.2 压强梯度力

假设一个密度为 ρ 的立方体流体，边长分别为 Δx、Δy、Δz，把这个流体单元放在一个通道中，压强从左到右增加（即 $p_2 > p_1$）（图 5.1′）。此时，压力等于压强乘以横截面积，并且压力方向垂直于横截面，则立方体两侧的力为：

$$F_1 = p_1 \Delta y \Delta z$$
$$F_2 = p_2 \Delta y \Delta z$$

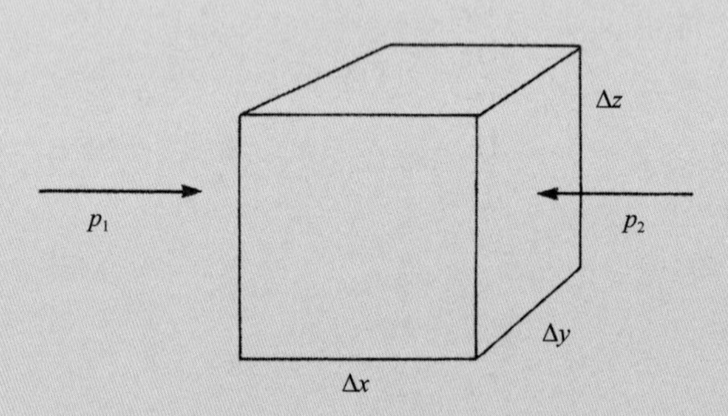

图5.1′ 公式推导示意图

压强 p_2 略大于 p_1：

$$p_2 = p_1 + \Delta p$$

流体单元的质量就是密度乘以体积：

$$m = \rho \Delta x \Delta y \Delta z$$

流体单元的加速度与压力差成正比，即

$$\frac{\mathrm{D}u}{\mathrm{D}t}(\rho \Delta x \Delta y \Delta z) = F_1 - F_2 = p_1 \Delta x \Delta y - (p_1 - \Delta p) \Delta y \Delta z$$

$$\frac{\mathrm{D}u}{\mathrm{D}t} = -\frac{1}{\rho} p_x$$

当立方体流体足够小，我们可以得到微分形式

$$\frac{\mathrm{D}u}{\mathrm{D}t} = -\frac{1}{\rho}\frac{\partial p}{\partial x} = -\frac{1}{\rho} p_x$$

其中 F_2 前面为负号，是因为力的方向为 $-x$ 轴方向。最后一个等式中负号的意思是质点从高压处加速运动到低压处，这与压力梯度的方向相反。在另外两个方向可以作类似的推导，可以得到

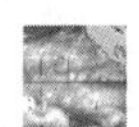

$$\frac{Du}{Dt}=-\frac{1}{\rho}p_x$$
$$\frac{Dv}{Dt}=-\frac{1}{\rho}p_y \tag{5.3'}$$
$$\frac{Dw}{Dt}=-\frac{1}{\rho}p_z$$

采用向量形式就变为

$$\frac{D\mathbf{V}}{Dt}=-\frac{1}{\rho}\nabla p \tag{5.4'}$$

压强梯度力有多种理解方式，其中最简单的一种是理解成倾斜的水面。想象一个容器里有一种理想的流体（密度恒定，不可压缩，没有黏性），其密度为ρ_a，并存在如图5.3所示的水面坡度，且没有引起任何其他运动。那么静止流体中任何一点的压强都只是上面流体的重量，也就是静水压强，即公式（1.2）

$$p_1=\rho_a gz$$
$$p_2=\rho_a g(z+\Delta z) \tag{5.9}$$

由此产生的水平压强梯度力为

$$\frac{1}{\rho_a}\frac{\partial p}{\partial x}=\frac{1}{\rho_a}\frac{p_2-p_1}{\Delta x}=g\frac{\Delta z}{\Delta x}=gi_x \tag{5.10}$$

式中，i_x是流体表面在x方向上的斜率，这说明压强梯度力与海面坡度成正比。

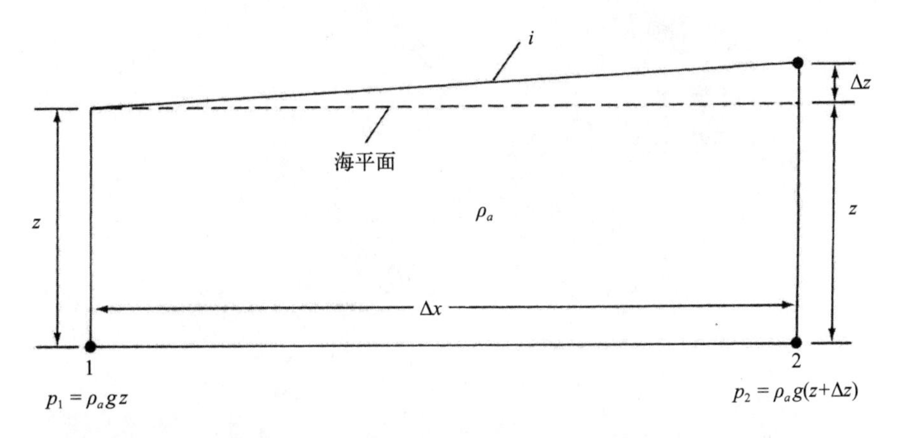

图5.3　海面坡度使整个流体中产生水平压强梯度力，并且压强梯度力与海面坡度成正比

在均质流体中，水平压强梯度力在任何地方都是相同的，不会随图 5.3 中深度 z 的改变而发生变化。根据公式（5.8），如果没有其他力的作用，图 5.3 中的整个流体将均匀地加速流向低压处。

5.3 科氏力

科氏力是四种力中最难理解的，因为我们对重力、压强梯度力和摩擦力有一些认识，而科氏力不是我们通常认识的“力”，是一种物理直觉几乎不起作用的力，平常很少见到质点在科氏力的影响下会发生什么现象。

首先要知道科氏力本质上不是一种力，它是用来平衡由重力、压强梯度力和摩擦力加速的质点在旋转球体上的加速过程。研究科氏力的过程中，我们对力和质点运动的观测使用局地参照系统（图 5.1）。在该参照系中忽略了地球自转的影响，对于大多数情形，这是一个合理的假设。这是由于其他的力和加速度相对较大，使得地球自转的影响可以忽略不计。

牛顿运动定律是基于惯性参照系而建立的，惯性参照系没有加速度，而附加在旋转球体上的参考坐标系则存在朝向旋转轴并垂直于旋转轴的加速度。因此，固定在旋转球体表面上的局地参照系会随着球体而加速，不属于惯性参照系。在赤道处，加速度的方向与当地垂直，没有水平分量。在其他纬度，局地水平面上存在一个加速度分量。随着局部参考系从赤道向任一极点移动，指向地心的加速度在水平面上的分量也越来越大。在极点处，加速度则完全在水平面上（图 5.4）。

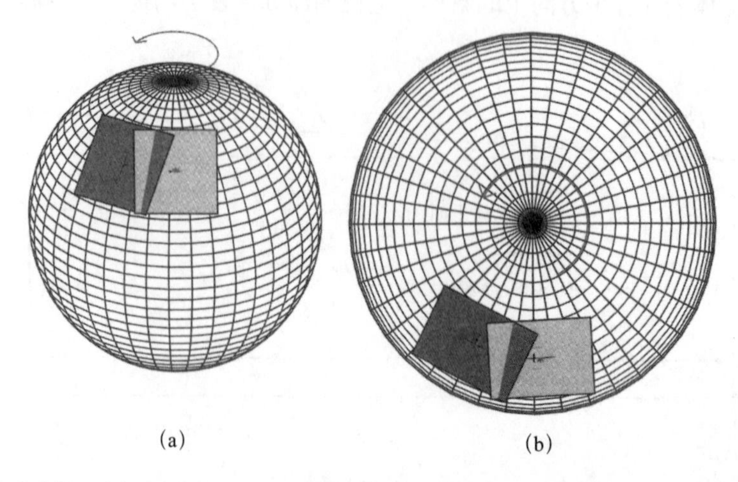

图5.4 以北半球为例，(a) 斜视图和 (b) 极视图是关于地球表面的局地平面的加速度的解释。较深的阴影区域表示时间t=0时坐标平面的位置，较浅的阴影区域表示1 h（旋转15°）后同一平面的位置。在地球旋转时，局地平面的逆时针旋转十分明显

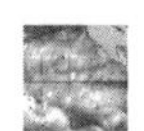

因为大多数测量是在一个局地参照系中进行的，所以在运动方程中应包含局地参照系的加速度。习惯上是把所有的局地加速度都集中在方程的左边，其他的都集中在右边。因此，参照系的加速度被移到右手边，并作为一个力（即科氏力）。注意这不是实际的力，而是加速度。此外，科氏加速度的推导（方框 5.3）表明，只有当研究质点移动时，才必须包括该加速度。固定在局地参照系中的对象相对于该参照系中的所有其他固定对象保持固定，它们之间的关联不变。只有当局地参照系相对于运动的质点旋转时，加速度才会起作用。这个加速度的强度非常小，比重力加速度小 6 个数量级，因此，地球自转产生的加速度只有在运动几乎不受其他力特别是摩擦力作用时才会显得重要。研究地球自转的流体运动（大气和海洋），构成了一个特殊的流体动力学的分支：地球流体动力学。在科氏力作用下的流动往往是非常特别的，可以观测到许多有趣的现象。

方框 5.3 科氏加速度

使用向量形式推导科氏项比较方便。以地球的中心作为坐标系的原点，地球表面的一点由下式表示：

$$\mathbf{R} = \mathbf{i}x + \mathbf{j}y + \mathbf{k}z$$

这个推导的关键是选择一个基于地球上一个固定点的坐标系。坐标 **i**、**j** 和 **k** 分别为相对于地球表面固定的点在东向、北向和上方的位置（图 5.2′）。当然，从地球外部看，这个坐标系在空间中不是固定的，而是旋转的。地球自转时，坐标系也随之自转。这里，计算 R 对时间的导数可以得到两个构成项：

$$\frac{\mathrm{d}\mathbf{R}}{\mathrm{d}t} = (\mathbf{i}x_t + \mathbf{j}y_t + \mathbf{k}z_t) + (x\mathbf{i}_t + y\mathbf{j}_t + z\mathbf{k}_t) \tag{5.5′}$$

式中下标表明这是关于时间的导数。

第一项是 **R** 相对于局地坐标系的运动，局地坐标系是随地球旋转的。第二项是地球绕轴旋转时局地坐标系本身的运动。我们把这第一项称为局地速度（**V**），当我们忽略地球自转时，这就是我们平常熟知的速度。我们把它定义为空间中的某一个点相对于局地坐标系的变化率（速度）。

$$\dot{\mathbf{R}} = \mathbf{i}\dot{x} + \mathbf{j}\dot{y} + \mathbf{k}\dot{z} = \mathbf{V}$$

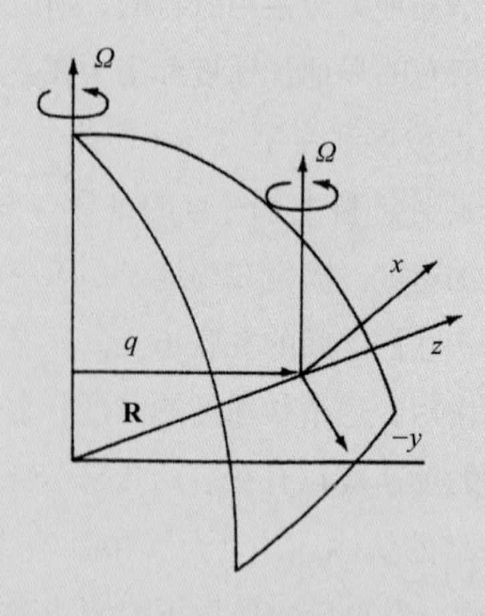

图5.2′ 公式推导示意图

第二项是局地坐标系的运动。它是地球上一个固定点相对于原点的运动。用矢量表示，它是矢量半径和地球角速度的乘积。

$$x\mathbf{i}_t + y\mathbf{j}_t + z\mathbf{k}_t = \Omega \times \mathbf{R}$$

由此可见，地球表面上的一个点相对于一个以地球中心为原点的固定坐标系的运动，可以分解为两个运动：相对于该固定坐标系的运动和地球自转时坐标系本身的运动。

$$\frac{\mathrm{d}\mathbf{R}}{\mathrm{d}t} = \dot{\mathbf{R}} + \Omega \times \mathbf{R} \tag{5.6′}$$

下一步就是求 **R** 随时间的二阶导数。最直接的方法就是对公式（5.5′）求导，并能够分离出 12 个组成项。为了方便，我们使用公式（5.6′）定义的运算符

$$\frac{\mathrm{d}}{\mathrm{d}t} = \dot{} + \Omega \times \tag{5.7′}$$

于是有

$$\frac{\mathrm{d}}{\mathrm{d}t}\left(\frac{\mathrm{d}\mathbf{R}}{\mathrm{d}t}\right) = (\dot{} + \Omega \times)(\dot{\mathbf{R}} + \Omega \times \mathbf{R})$$

$$\frac{\mathrm{d}^2\mathbf{R}}{\mathrm{d}t^2} = \ddot{\mathbf{R}} + \dot{\Omega} \times \mathbf{R} + 2\Omega \times \dot{\mathbf{R}} + \Omega \times (\Omega \times \mathbf{R})$$

由于我们假设地球的旋转速度是恒定的，所以右边的第二项为 0。

$$\frac{d^2\mathbf{R}}{dt^2}=\ddot{\mathbf{R}}+2\Omega\times\dot{\mathbf{R}}+\Omega\times(\Omega\times\mathbf{R}) \tag{5.8'}$$

左边的组成项表示地球表面上一点相对于以地球中心为原点的坐标系的加速度。这是一个质点相对于一个坐标系的真实速度，这个坐标系的固定原点是地球的中心。如果坐标系建立在地球表面上的某一固定位置，则加速度由三项组成。第一项是相对于固定坐标系的加速度，我们称之为局地加速度，这里忽略地球自转的加速度。

$$\ddot{\mathbf{R}}=\frac{d\mathbf{V}}{dt}$$

右边的第二项和第三项是坐标系的加速度，第二项是科氏加速度，第三项一般换算添加到重力项中，可以忽略。

最后一步是将科氏项转化到地球表面的固定坐标系上。**i**，x 是东向，**j**，y 是北向，**k**，w 是垂直向上

$$\mathbf{R}=\mathbf{i}x+\mathbf{j}y+\mathbf{k}z$$
$$\dot{\mathbf{R}}=\mathbf{i}u+\mathbf{j}v+\mathbf{k}w$$
$$\Omega=\mathbf{j}\Omega\cos\vartheta+\mathbf{k}\Omega\sin\vartheta$$

其中，ϑ是纬度

$$2\Omega\times\dot{\mathbf{R}}=2\begin{vmatrix}\mathbf{i} & \mathbf{j} & \mathbf{k}\\ 0 & \Omega\cos\vartheta & \Omega\sin\vartheta\\ u & v & w\end{vmatrix} \tag{5.9'}$$

$$=2\mathbf{i}(w\Omega\cos\vartheta-v\Omega\sin\vartheta)+2\mathbf{j}(u\Omega\sin\vartheta-0)+2\mathbf{k}(0-u\Omega\cos\vartheta)$$

i 和 **j** 项是科氏加速度的水平分量，**k** 项是在重力的垂直方向上，通常不考虑，但对于那些从移动平台（如船舶）上测量重力的人来说，它是 Eötvös 校正项需要被考虑。

将以上结果整合到公式（5.8′）中，

$$\begin{aligned}\frac{d^2\mathbf{R}}{dt^2}&=\frac{d\mathbf{V}}{dt}+2\Omega\times\dot{\mathbf{R}}\\ \frac{d^2\mathbf{R}}{dt^2}&=\mathbf{i}\left(\frac{du}{dt}-fv+2w\Omega\cos\vartheta\right)+\mathbf{j}\left(\frac{dv}{dt}+fu\right)+\mathbf{k}\left(\frac{dw}{dt}-2u\Omega\cos\vartheta\right)\end{aligned} \tag{5.10'}$$

式中，$f=2\Omega\sin\vartheta$

在没有任何外力的情况下，公式（5.10′）的左侧为 0，我们可以写作

$$\frac{\mathrm{d}\mathbf{V}}{\mathrm{d}t}=-2\Omega\times\mathbf{V}$$
$$\frac{\mathrm{d}u}{\mathrm{d}t}=fv-w2\Omega\cos\vartheta \tag{5.11′}$$
$$\frac{\mathrm{d}v}{\mathrm{d}t}=-fu$$

即公式（5.12）。将公式（5.10′）中的科氏项转移到方程的另一侧，它们就变成了科氏力，而不是科氏加速度。由于海洋中的平均垂直速度比水平速度小一到几个数量级，这里垂直速度项通常被忽略。但是，在火箭发射或弹道学的问题中，垂直速度可能与水平速度相同或大于水平速度，这个项就不能被忽略。

最后来看公式（5.8′）中的最后一项，可以用类似的方式表示

$$\Omega\times(\Omega\times\mathbf{R})=\mathbf{j}\Omega^2 q\sin\vartheta-\mathbf{k}\Omega^2 q\cos\vartheta \tag{5.12′}$$

式中，$q=\mathbf{R}\cos\vartheta$ 表示地球上一个点到地轴的距离（图 5.2′）。注意，这些项只是空间位置的函数，与速度无关，但是与重力位势有关（见本章“重力：等势面”）。

我们用两个例子来说明地球自转对运动质点的影响。第一个例子就是前人首次揭示地球自转的实验。假设存在一个悬挂在北极上方的钟摆，它可以向任何方向自由摆动。假设在中午 12 点它开始运动，开始运动时处于 90°E/90°W 经线轴上（图 5.5）。在没有其他力的作用下，它将继续沿原始状态摆动。对于俯视北极的观测者来说，地球以 15° h^{-1} 的速度逆时针旋转，而钟摆没有旋转。对于站在地极附近的地球上的观察者来说，似乎不是地球在旋转，而是钟摆在以 15° h^{-1} 的速度顺时针方向旋转。6 h 之后，钟摆将在 180°E/180°W 经线轴上摆动，与它开始的地方差 90°。12 h 后，将再次在 90°E/90°W 经线轴上摆动。相对于恒星而言，钟摆没有旋转，是地球在自转。在南极也可以观察到类似的结果，但对于一个俯视南极的太空观察者来说，地球是相对于钟摆顺时针旋转的。而对于地球上站在南极点附近的观察者来说，钟摆又是逆时针旋转的。

现在想象一个类似的钟摆沿着赤道的东西向轴摆动。当地球在其下方自转时，钟摆将继续沿东西向轴摆动。可以计算出钟摆在原来的平面上旋转 180° 所需的时间为

$$T=\frac{12\ \mathrm{h}}{\sin\vartheta} \tag{5.11}$$

式中，ϑ为纬度。当纬度为 90° 时，周期为 12 h，在赤道上时，周期是无穷大。这种钟摆被称为傅科摆，是 1851 年伯纳德·傅科在巴黎演示的钟摆。在许多自然历史博物馆中都有类似的钟摆，通常带有小木桩，随着地球的自转，这些木桩会被打翻。

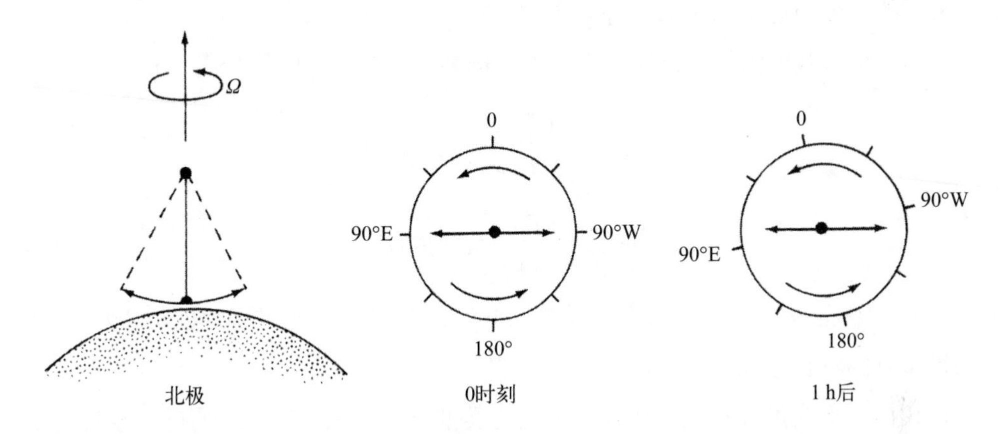

图5.5 假设在北极上方存在一钟摆，能够在任何垂直面上自由摆动，并持续在原来的平面上摆动。然而，对于一个与地球一起旋转的观察者来说，钟摆是以15° h^{-1}的速率顺时针旋转

第二个例子是创造出如图 5.4 的旋转，需要一个地球仪，一张薄薄的自粘纸（例如一个小型便条纸）和一支铅笔或钢笔。首先，将便条纸放在地球仪的赤道上，一边缘沿南北（子午经线）方向排列。现在把铅笔放在便条纸上方与纸张的东西边缘对齐，然后向东旋转地球仪并观察纸张相对于铅笔的方向是否改变，将铅笔与南北边缘平行排列并重复，结果应该是铅笔的方向与纸张的南北和东西边缘保持相同的角度。

现在把纸移到 60°N，然后使其一个边缘沿南北方向，再一次将铅笔水平放在纸的上方，铅笔的方向是东西方向，然后旋转地球仪。结果会是什么？之后将铅笔朝向南北方向后重复上述步骤。在这两种情况下，你都会发现纸张边缘的方向相对于你拿铅笔的方向是旋转的。当地球向东旋转时，代表当地参照系的纸应该看起来是相对于铅笔逆时针旋转的。在铅笔的任何方向上都可以看见参考坐标系的旋转。如果你用一个“速度”来描述铅笔，那么你会看到所有水平运动方向都发生了明显的转向。

现在假想把地球的局地参照系移到纸上，当地球向东转动时，铅笔的方向是顺时针旋转的。正如傅科摆所证明的那样，由于地球的自转，在地球自转的参照系中，某些物体的运动在北半球是顺时针旋转的。如果在南半球重复该实验（或以相反方向旋转球体），则会看到旋转方向相反。

通过这两个例子可以说明，有些问题的研究需要考虑地球自转的影响。我们提出两种方法。一种方法是可以用地球的中心作为固定的参照系，把地球的切向速度加到所有的计算中，这样虽然不需要人工施力，但会使大多数常规计算复杂化。另一种方法是继续在一个局地坐标系中进行计算，并加上修正加速度，即科氏加速度（将其看作一种力），以确保在地球自转不能被忽略的情况下，计算结果是正确的。在海洋学和气象学的研究中通常采用后一种方法。

对于大多数的海洋学问题，在局地坐标系中这个力可以用公式（5.5）计算

$$\frac{\mathrm{D}u}{\mathrm{D}t}=-\frac{1}{\rho}\frac{\partial p}{\partial x}+vf+\text{其他力}$$

$$\frac{\mathrm{D}v}{\mathrm{D}t}=-\frac{1}{\rho}\frac{\partial p}{\partial y}-uf+\text{其他力} \tag{5.12}$$

式中，$f=2\Omega\sin\vartheta$，Ω是地球的角速度，其值为 2π/24 h（更准确地说是 2π/86 164 s，采用恒星日的时长）或 $7.29\times10^{-5}\ \mathrm{s}^{-1}$，$\vartheta$是纬度。

使用向量形式推导科氏力比较方便（此类推导见方框 5.3）。而通过地球表面质点的离心加速度，可以帮助我们理解科氏力的至少一个分量，表达式为

$$\frac{U^2}{q}=\Omega^2 q \tag{5.13}$$

式中，$U=\Omega q$（图 5.6）。如果质点以速度 u 向东方向移动，则离心加速度为

$$\frac{(U+u)^2}{q}=\frac{U^2}{q}+\frac{2Uu}{q}+\frac{u^2}{q}=\Omega^2 q+2\Omega u+\frac{u^2}{q} \tag{5.14}$$

由于 U 通常是洋流速度 u 的一百倍以上，因此最后一项很小，可以忽略不计。第一项可以添加到重力势计算中，第二项是科氏力。

如图 5.6 所示，科氏力的方向可分解为两个分量，一个垂直于地球表面，另一个平行于地球表面。后者的值为 $2\Omega u\sin\vartheta$，是科氏力的水平分量，作用于东西方向的运动。如果质点向西移动，依然具有相同的水平分量，但公式（5.14）右侧的第二项为负。并且图 5.6（b）中的矢量指向地轴，而平面中的分量指向北方。科氏力的垂直分量在几乎所有的海洋学应用中都可以忽略。除非另有说明，否则本书中提及的科氏力仅指水平分量。一般情况下，把科氏项放在运动方程的右边，把它当作一个力，而不是作为一个加速度放在方程的左边。

由公式（5.12）可知：

（1）科氏力与质点相对于地球的运动速度成正比，如果没有相对地球的运动，就没有科氏力。

（2）科氏力随纬度增加而增大，在北极和南极最大，但符号相反，在赤道为 0。

（3）科氏力总是与运动方向垂直。在北半球，它指向运动方向的右侧；在南半球（纬度正弦为负），科氏力指向左侧。

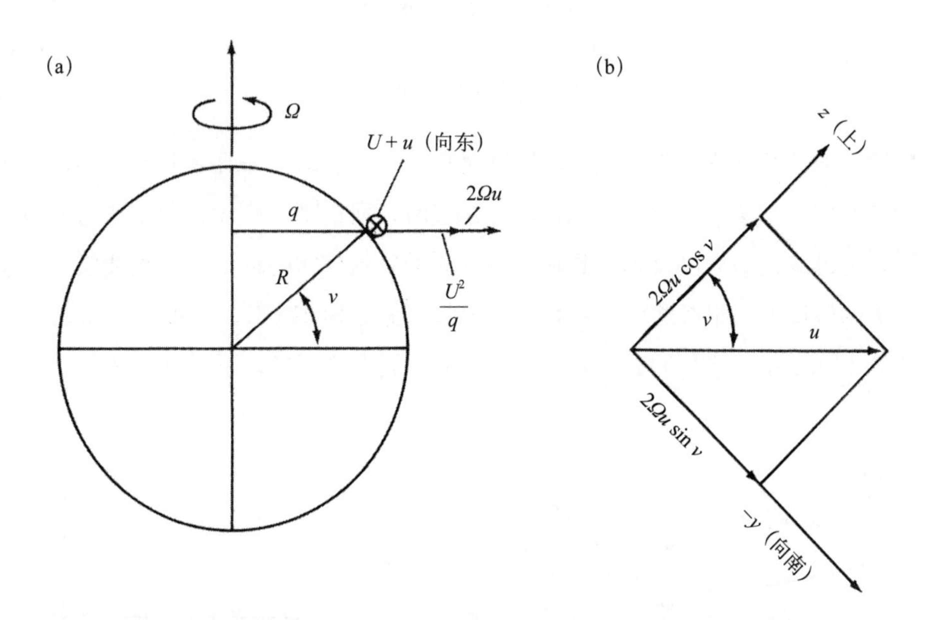

图5.6 质点相对于地球表面的向东速度增加了质点相对于地球的离心加速度。如右图所示，离心力可分为两个分量，其中一个位于地球表面的$x-y$平面

在科氏力起重要作用的系统中，不能通过物理直觉来预测运动，例如钟摆旋转和质点被垂直于其运动方向上的力作用加速。一个有趣的例子，考虑一个球在无摩擦的斜面上滚下时的情况，在没有科氏力的情况下，运动方程很简单

$$\frac{\mathrm{d}u}{\mathrm{d}t}=-gi \tag{5.15}$$

假设球从斜坡顶部的静止位置开始，时间 t 的速度为

$$u=-git \tag{5.16}$$

运动的距离是

$$X=-\frac{1}{2}git^2 \tag{5.17}$$

但是，如果加上科氏力，方程就变为

$$\begin{aligned}\frac{\mathrm{d}u}{\mathrm{d}t}&=-gi+fv\\ \frac{\mathrm{d}v}{\mathrm{d}t}&=-fu\end{aligned} \tag{5.18}$$

通过计算得出

$$
\begin{aligned}
X &= -\frac{gi}{f^2}(1-\cos ft) \\
Y &= +\frac{gi}{f^2}(ft-\sin ft)
\end{aligned}
\tag{5.19}
$$

球运动的轨迹如图 5.7 所示。球从斜面开始向下运动，一旦它开始运动，科氏力就开始使它向右加速，垂直于斜面。当球加速时，科氏效应变大，曲率变得明显。接着，科氏力继续使球向右加速，致使球跑回斜面，这使得它向下的速度变慢。在没有摩擦损失的假设下，球将继续沿斜面向上弯曲，速度不断减小，直到到达顶端。此时，速度为 0（科氏力也变为 0）。接着球又开始从斜面上滚下来，不断重复这个过程。

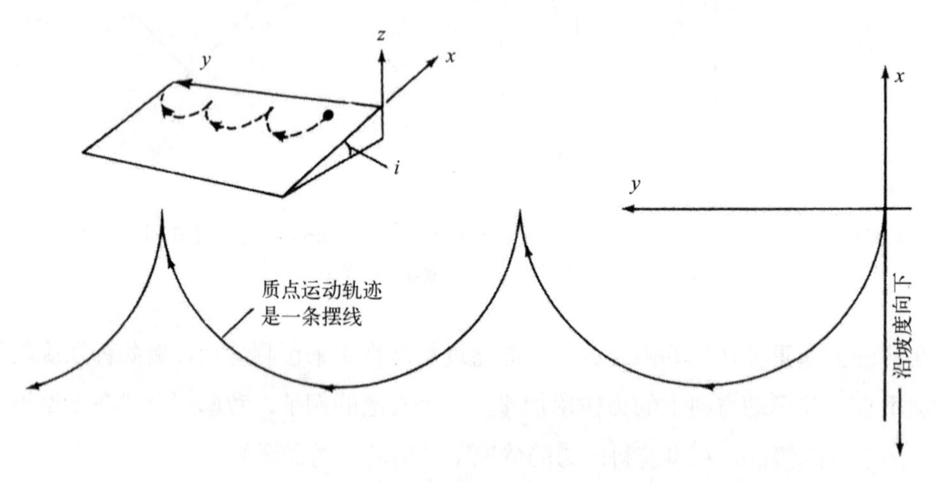

图5.7　将科氏加速度加到质点沿斜面滑动的方程中可以得出质点运动轨迹为摆线

在进行斜面实验之前，我们首先在公式（5.19）中引入一些数字来计算理想的结果。通过计算可知，球必须滚动 5 min 才能观察到 1% 的曲率。在坡度小到 0.1% 的情况下，球在这段时间内会移动将近 500 m，而要使球到达底部并返回顶部，需要一个极大的斜面。如果要在一个只有几平方英里的斜面上做这个实验，这个斜面的斜率应该在百万分之几这个量级。我们还应该注意到，这里采用了“平地”坐标系，这样会额外增加建造坡度为百万分之几斜面的复杂性。

5.4　重力：等势面

我们通常假定坐标系中的重力沿 z 轴方向。虽然重力在不同的地方略有不同，但

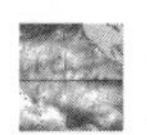

对于物理海洋学中的问题,这种变化都是微不足道的。地表重力变化范围约为 0.5%(赤道上为 9.78 m s^{-2}，在两极为 9.83 m s^{-2})，重力的减小与地球自转有关。公式（5.14）右侧的第一个项是离心加速度，在两极为 0，赤道处为 0.034 m s^{-2}（参见科氏力推导中关于重力的讨论），两极和赤道之间的重力差为 0.05 m s^{-2}，多出来的部分是由于地球赤道半径比极半径大 22 km 造成的。

如果地球的密度是均匀的，重力会随着深度而线性下降，但由于地球的密度随着深度的增加而增加，因此重力实际上会随着深度的增加而变大。但这引起的重力变化很小，在纬度ϑ处的计算公式为

$$g(z,\vartheta)=\left\{9.780\,327\left[1.0+\left(5.279\,2\times10^{-3}\right)+\left(2.32\times10^{-5}\sin^2\vartheta\right)\sin^2\vartheta\right]\right\}\left(1-2.26\times10^{-7}z\right)\text{ m s}^{-2} \tag{5.20}$$

式中，深度 z 以 m 为单位。通过计算可知即使在最深的海沟底部，重力值也只比表面大 0.25%。

我们通常在移动的船上进行海上重力测量，但测量加速度的仪器是不能区分不同的加速度的。短周期的加速度，如船舶的横摇和垂荡，可以求出平均值，但由于船舶东西运动而产生的离心加速度却不能这样计算。在公式（5.14）和图 5.6 中，$2\Omega u$ 可以分成水平分量和垂直分量。水平分量为科氏力，垂直分量为 $2\Omega u\cos\vartheta$，方向与重力相同，为 Eötvös 校正项。如果在移动平台上，该修正必须应用于所有重力观测（参见方框 5.3 中关于科氏力推导的讨论）。例如在中纬度，向东时速为 10 n mile 船舶的 Eötvös 校正项至少为 50 milligal（1 gal=0.01 m s^{-2}）。

在右手坐标系中，z 轴是向上的，重力的加速度指向地球中心，应该是负值。同样地，所有的海洋深度都应该存在重力负值，且随着深度的增加，这些负值会越来越大。本节和本书的大部分都忽略了这种惯例，在一些情况下，海洋深度被视为正值。等势面或等位势面是重力矢量的一个法线。当质点沿等势面移动时，其重力势能没有变化。近似来看，平均海面（平均掉波浪和潮汐）是一个相等的势面。等位势面与平均海面会有偏差，由此形成地转洋流。但即便在最强大的洋流中，其海面坡度也为 10^{-5} 数量级或更小（见第 6 章“地转流”）。在海洋中，平均海面通常与等位势面的差距不超过 2 m。

事实上，平均海面并不平坦和光滑，卫星高度计显示，海洋表面是一个凹凸明显的复杂表面，有隆起、低谷以及其他超出平均值的地方。甚至有几十米的高度差（极

端情况），坡度达 10^{-3}，比驱动最强洋流的海面坡度大 100 倍，产生这种现象的原因是地球本身是不均匀的。在此情况下，重力矢量的方向变化要比一般情况下剧烈得多。图 5.8 是一个简单的示例，因为海山的密度比水大，所以重力矢量向更大质量的海山方向偏转。类似地，重力矢量从充满海水的深沟中偏离，因此，从太空观察到的海洋平均海面与海底地形有相似性，在海山上隆起，在海沟上为槽。

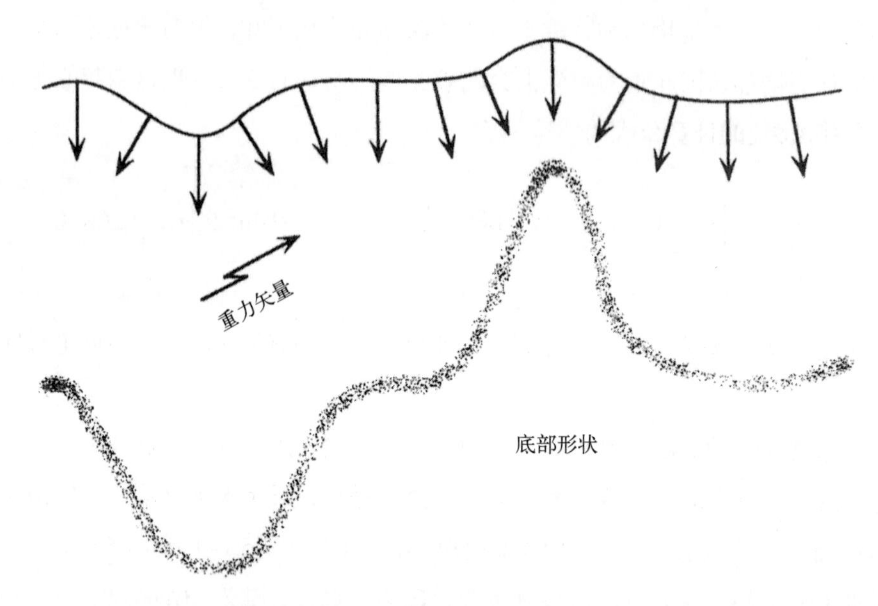

图5.8　重力矢量的方向由地球的质量分布决定

由于地球的质量分布不同，重力矢量的方向也有微小的差异。因此，海面的平均坡度（类似于等势面）反映了海底地形的坡度

5.5　摩擦力

最后一个要讨论的力是摩擦力，它的作用包括：(1) 风吹过海面形成波浪和洋流；(2) 为相邻水团之间的动能交换提供重要机制；(3) 最终将海洋中的动能转化为热能。摩擦力在这些过程中的作用是相当重要的。摩擦产生的能量流是单向的，即从动能到热能，例如剧烈搅拌桶中的水在搅拌停止后会逐渐变慢，最终也会停止。以此类推，假如去掉风、阳光、月亮和太阳的潮汐力，这样就不会给海洋带来额外的能量，海洋最终会“减速”，洋流和海浪会变小，并慢慢地静止下来，动能也逐渐转化为热能（内能）。而实际海洋的总动能小于使海洋温度升高 0.01℃ 所需的能量。

摩擦使洋流减速，海洋摩擦的一种表达式是添加一个与速度成比例的摩擦项：

$$\begin{aligned} \text{friction}(x) &= -Ju \\ \text{friction}(y) &= -Jv \\ \text{friction}(z) &= -Jw \end{aligned} \tag{5.21}$$

由公式（5.21）可知，流速和动能越大，摩擦项就越大，但该公式不能解释清楚摩擦力所涉及的物理学意义。

为了更好地理解摩擦力的物理意义，我们考虑了分子黏性理论。在基础物理学中研究的理想流体没有黏性，为无黏流体。比如理想大气中的风在理想海洋上吹过是没有作用的，一个质点会从另一个身边滑过，不会产生水流或波浪。而实际流体是有黏性的，黏性的风吹过黏性的海洋表面，作用在界面上的摩擦应力会向下传递，从而使表层水运动。如果风停了，水就会逐渐减速，最终由于水的黏性作用，将动能转化为热（内）能，运动停止。

水的分子黏度是已知的：

$$\text{动力学黏度：}\mu \approx 1\times 10^{-3}\ \text{kg m}^{-1}\ \text{s}^{-1}$$

$$\text{运动学黏度：}\nu \approx 1\times 10^{-6}\ \text{m}^{2}\ \text{s}^{-1}$$

式中

$$\nu = \frac{\mu}{\rho}$$

在知道黏度的情况下，可以计算动量传递速率：

$$\tau = \mu \frac{\partial \tilde{v}}{\partial z} \tag{5.22}$$

动能和动量的分子传递过程与第 4 章讨论的热盐分子传递过程类似。与热盐分子扩散一样，计算中动量和动能的传递速度比在海洋中观察到的要慢得多。例如，假设在海洋表层能够维持 0.5 m s^{-1} 的表面流，那么仅仅通过分子过程从表面向下传递动能需要多长时间会达到同样的流速？ 图 5.9 显示了 1 天、10 天和 1 年之后的速度分布，实际上我们平常能够更明显地观察到这种表面流动对下层的影响。

这里的问题是计算时忽略了流体运动中的湍流，而不是因为分子黏性理论不准确。正如第 4 章所证明的，湍流可以增强分子扩散，因此湍流可以更快速地传输和混合不同动能的水体，从而增强动能从一个黏性水体到另一个黏性水体的传递。和热盐的扩散一样，最终的转移是通过分子过程进行的，但水的湍流搅拌过程传递得更快。

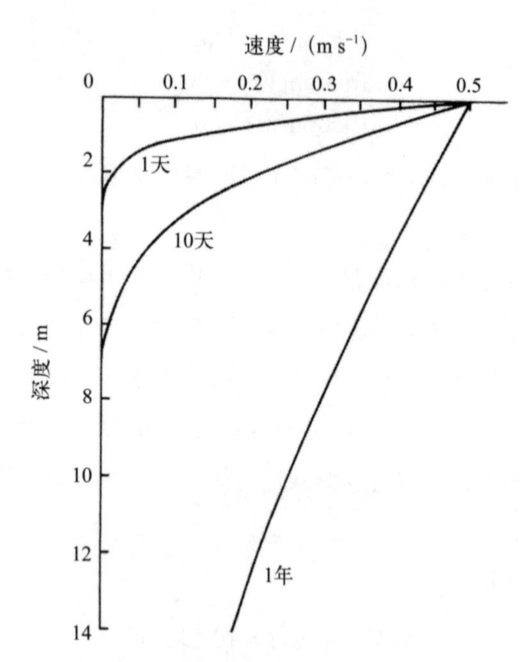

图5.9　在1天、10天和1年后由0.5 m s^{-1}表面流产生的水平速度，这里假设能量仅通过分子黏性向下传递

5.5.1　涡动黏度

我们可以用第 4 章中涡流扩散与分子扩散联系起来的理论来把涡动黏度与分子黏度联系起来，运动流体的涡旋类似于分子运动，其混合长度相当于分子的平均自由程长度。与涡流扩散一样，涡动黏度可以替代分子黏度，且数值大很多倍。这里要强调的是，如第 4 章所述，这种替代或类比都只能在一定尺度范围内有效，例如，直径为几厘米、特征混合长度为 1 m 的涡旋产生的垂直混合，将远小于从墨西哥湾流中分离出来的直径为 200 km 的涡旋产生的垂直混合。因此，在海洋学研究中涡动黏度的值具有很大的差异性。

如果认为涡动黏度是基于分子黏度的精确物理模拟，那么运动方程中的摩擦项可以写出精确的形式：

$$\begin{aligned}
\text{friction}(x) &= A_h\left(\frac{\partial^2 u}{\partial x^2}+\frac{\partial^2 u}{\partial y^2}\right)+A_z\frac{\partial^2 u}{\partial z^2}\\
\text{friction}(y) &= A_h\left(\frac{\partial^2 v}{\partial x^2}+\frac{\partial^2 v}{\partial y^2}\right)+A_z\frac{\partial^2 v}{\partial z^2}\\
\text{friction}(z) &= A_h\left(\frac{\partial^2 w}{\partial x^2}+\frac{\partial^2 w}{\partial y^2}\right)+A_z\frac{\partial^2 w}{\partial z^2}
\end{aligned} \tag{5.23}$$

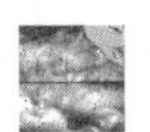

式中，下标 h 和 z 表示水平和垂直涡动黏度，单位与运动学黏度相同（$m^2\ s^{-1}$），特征值取决于尺度范围，其数量级为

$$A_h = 10^2 \sim 10^5\ m^2\ s^{-1}$$
$$A_z = 10^{-4} \sim 10^{-2}\ m^2\ s^{-1}$$

5.5.2 风应力

摩擦力不仅在海洋中消耗动能，而且能够把动量和动能从大气输送到海洋。如前文所述，黏性的风驱动黏性海洋表面，会产生波浪和洋流。假设能量通过涡动黏性传递到流体内部，那么传递过程可以写成：

$$\frac{\partial \tau_x}{\partial z} = \rho A_z \frac{\partial^2 u}{\partial z^2}$$
$$\frac{\partial \tau_y}{\partial z} = \rho A_z \frac{\partial^2 v}{\partial z^2} \tag{5.24}$$

式中，τ_x 和 τ_y 是风应力的 x 和 y 分量，单位与压强单位相同。风应力项的绝对值大小一般与风速的平方成正比（见第 6 章“风应力：埃克曼输运”）。公式（5.23）和公式（5.24）参见方框 5.4 中的推导过程。

方框 5.4 摩擦剪切应力（分子黏度和涡动黏度）

黏性流体会受到剪切应力的影响。参照图 5.9 讨论的例子，假设海洋的表面水体以恒定的速度移动，并通过随机分子运动向流体内部传递动量。分子黏性的作用可表示为

$$\tau_{xz} = \mu \frac{\partial u}{\partial z}$$

式中，τ_{xz} 是剪切应力张量。第一个下标是指应力的方向；第二个下标是指应力作用的平面。下标 z 垂直于 x–y 平面；μ 是分子黏度，单位为 $kg\ m^{-1}\ s^{-1}$。剪切应力的单位与压强相同，即施加在流体表面的力除以表面积。应力张量的三个分量分别作用在三个方向上。在 x 方向，它们是：

$$\tau_{xz} = \mu \frac{\partial u}{\partial z}$$
$$\tau_{xy} = \mu \frac{\partial u}{\partial y} \tag{5.13'}$$
$$\tau_{xx} = \mu \frac{\partial u}{\partial x}$$

首先关注一下作用于流体单元的 x 方向上的应力，由图 5.3′ 可知，作用于立方体的力即为上下表面剪切力之差。

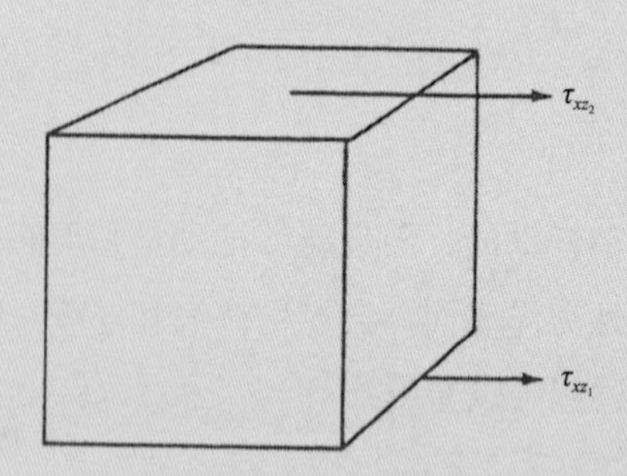

图5.3′ 公式推导示意图

结合立方体单位质量的加速度，x 方向上的应力写作：

$$m\frac{\mathrm{d}u}{\mathrm{d}t}=(\rho\Delta x\Delta y\Delta z)\frac{\mathrm{d}u}{\mathrm{d}t}=\tau_{xz_2}(\Delta x\Delta y)-\tau_{xz_1}(\Delta x\Delta y)$$

$$\frac{\mathrm{d}u}{\mathrm{d}t}=\frac{1}{\rho}\frac{\left(\tau_{xz_2}-\tau_{xz_1}\right)}{\Delta z}=\frac{1}{\rho}\frac{\Delta\tau_{xz}}{\Delta z}$$

考虑极限状态下，当立方体变小时，结果可以写作微分形式：

$$\frac{\mathrm{d}u}{\mathrm{d}t}=\frac{1}{\rho}\frac{\partial\tau_{xz}}{\partial z}=\frac{1}{\rho}\frac{\partial}{\partial z}\left(\mu\frac{\partial u}{\partial z}\right)$$

$$\frac{\mathrm{d}u}{\mathrm{d}t}=\mu\frac{1}{\rho}\frac{\partial^2 u}{\partial z^2}$$

通过类似的论证，可以得出其他方向的应力项，综合如下：

$$\begin{aligned}
\frac{\mathrm{d}u}{\mathrm{d}t}&=\mu\frac{1}{\rho}\frac{\partial^2 u}{\partial z^2}+\mu\frac{1}{\rho}\frac{\partial^2 u}{\partial y^2}+\mu\frac{1}{\rho}\frac{\partial^2 u}{\partial x^2}\\
\frac{\mathrm{d}v}{\mathrm{d}t}&=\mu\frac{1}{\rho}\frac{\partial^2 v}{\partial z^2}+\mu\frac{1}{\rho}\frac{\partial^2 v}{\partial y^2}+\mu\frac{1}{\rho}\frac{\partial^2 v}{\partial x^2}\\
\frac{\mathrm{d}w}{\mathrm{d}t}&=\mu\frac{1}{\rho}\frac{\partial^2 w}{\partial z^2}+\mu\frac{1}{\rho}\frac{\partial^2 w}{\partial y^2}+\mu\frac{1}{\rho}\frac{\partial^2 w}{\partial x^2}\\
\frac{\mathrm{d}\mathbf{V}}{\mathrm{d}t}&=\frac{\mu}{\rho}\nabla^2\mathbf{V}=\upsilon\nabla^2\mathbf{V}
\end{aligned}\tag{5.14′}$$

式中，v 是运动黏度，量级为 10^{-6} m^2 s^{-1}，在米量级的尺度上，海洋中观测到的最

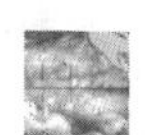

大速度切变值约为 $5\times10^{-2}\ \mathrm{s}^{-1}$，因此，分子黏度在海洋学运动方程中作用不大。

海洋是充满湍流的，从几十厘米到几十千米的涡旋在海洋中随机产生和移动。但事实上它们具有很强的尺度约束。沿等位势的表面水平移动的涡旋，或多或少都比垂直移动的涡旋更大且移动更快，因为后者需要克服较大的浮力。我们可以想象，这些涡旋在垂直和水平方向上传递动量，其方式类似于在分子具有黏性的情况下由随机分子运动产生的动量。这里可以定义类似于分子运动黏滞系数的涡动黏滞系数或 Austausch 系数（A）。通过类似的推导，我们可以得出方程式（5.14′）的涡动黏度形式：

$$
\begin{aligned}
\frac{\mathrm{d}u}{\mathrm{d}t}&=\frac{\partial}{\partial z}\left(A_z\frac{\partial u}{\partial z}\right)+\frac{\partial}{\partial y}\left(A_y\frac{\partial u}{\partial y}\right)+\frac{\partial}{\partial x}\left(A_x\frac{\partial u}{\partial x}\right)\\
\frac{\mathrm{d}v}{\mathrm{d}t}&=\frac{\partial}{\partial z}\left(A_z\frac{\partial v}{\partial z}\right)+\frac{\partial}{\partial y}\left(A_y\frac{\partial v}{\partial y}\right)+\frac{\partial}{\partial x}\left(A_x\frac{\partial v}{\partial x}\right)
\end{aligned}
\tag{5.15′}
$$

摩擦力只在运动方程的水平分量中起重要作用。在公式（5.15′）中，我们并没有假设涡动黏滞系数 A 为常数。只有当需要考虑这些分量的作用时，在多数情况下我们都会假设涡动黏滞系数为常数。另外假设

$$A_x=A_y=A_h$$

其中下标是指水平涡动黏度，并且 $A_h\gg A_z$。那么公式（5.15′）可以改写为

$$
\begin{aligned}
\frac{\mathrm{d}u}{\mathrm{d}t}&=A_z\frac{\partial^2 u}{\partial z^2}+A_h\left(\frac{\partial^2 u}{\partial x^2}+\frac{\partial^2 u}{\partial y^2}\right)\\
\frac{\mathrm{d}v}{\mathrm{d}t}&=A_z\frac{\partial^2 v}{\partial z^2}+A_h\left(\frac{\partial^2 v}{\partial x^2}+\frac{\partial^2 v}{\partial y^2}\right)
\end{aligned}
\tag{5.16′}
$$

如公式（5.21）所示，假设摩擦耗散项与速度成正比，有助于以半定量的方式描绘动能是如何在海洋中耗散的。通过类比论证，可以将分子黏性类比为涡动黏性，并用涡动黏滞系数代替分子黏滞系数。如公式（5.23）所示，这在研究各种海洋学问题时是十分有用的。需要注意的是，虽然这样一个类比很有用，但如果要研究一个可能是自然常数（如光速或蒸发潜热）的事物，这种类比并不合适，会导致结果有 10 ~ 1 000 倍的误差，这时应视情况而定。

5.5.3 雷诺应力

雷诺应力项是目前在动能摩擦传递研究中提出的合理阐述方式。然而，目前海洋

观测的精度依然达不到雷诺应力表达所需的精度，测量雷诺应力的关键是能够将平均速度从湍流分量中分离出来。这在水平洋流中很难做到，当平均速度和湍流分量都很小时，z 方向上没有流动。为了导出雷诺应力项，必须从瞬时速度中减去平均值。那么剩下的就是湍流部分，这时还需要根据三个分量 u、v 和 w 进行分离：

$$
\begin{aligned}
u &= \overline{u} + u' \\
v &= \overline{v} + v' \\
w &= \overline{w} + w'
\end{aligned}
\tag{5.25}
$$

通过适当的平均，我们可以将运动方程和连续性方程［公式(4.10)］中的速度分量分离为携带平均速度分量 $\overline{u}$ 、$\overline{v}$ 、$\overline{w}$ 和湍流分量 u'、v' 和 w' 的项。速度的湍流分量成为摩擦分量，其中，上划线表示湍流分量乘积的时间平均值：

$$
\begin{aligned}
\text{friction}(x) &= -\frac{\partial}{\partial x}\left(\overline{u'u'}\right) - \frac{\partial}{\partial y}\left(\overline{u'v'}\right) - \frac{\partial}{\partial z}\left(\overline{u'w'}\right) \\
\text{friction}(y) &= -\frac{\partial}{\partial x}\left(\overline{v'u'}\right) - \frac{\partial}{\partial y}\left(\overline{v'v'}\right) - \frac{\partial}{\partial z}\left(\overline{v'w'}\right) \\
\text{friction}(z) &= -\frac{\partial}{\partial x}\left(\overline{w'u'}\right) - \frac{\partial}{\partial y}\left(\overline{w'v'}\right) - \frac{\partial}{\partial z}\left(\overline{w'w'}\right)
\end{aligned}
\tag{5.26}
$$

关于公式（5.26）的推导，见方框 5.5。

方框 5.5　雷诺应力项

推导雷诺应力项的关键是理解平均过程，任何标量速度分量都可以进行时间平均：

$$
\overline{u} = \frac{1}{T}\int_0^T u\mathrm{d}t \tag{5.17'}
$$

式中，u 是瞬时速度分量，$\overline{u}$ 是在时间 T 内观察到的该分量的平均值，瞬时速度可以用其平均值和波动分量 u' 表示：

$$
u = \overline{u} + u'
$$

由此可知，在同一时间内平均的 u' 的平均值应为 0。

$$
\overline{u'} = \frac{1}{T}\int_0^T u'\mathrm{d}t = 0 \tag{5.18'}
$$

 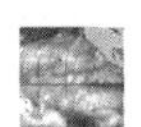

接下来考虑单独分量 u 和 v 的乘积的平均值：

$$uv=(\overline{u}+u')(\overline{v}+v')=\overline{u}\overline{v}+\overline{u}v'+\overline{v}u'+u'v'$$

现在取相同时间间隔 T 内四项的平均值：

$$\overline{uv}=\frac{1}{T}\int_0^T uv\mathrm{d}t=\frac{1}{T}\int_0^T \overline{u}\overline{v}\mathrm{d}t+\frac{1}{T}\int_0^T \overline{u}v'\mathrm{d}t+\frac{1}{T}\int_0^T \overline{v}u'\mathrm{d}t+\frac{1}{T}\int_0^T u'v'\mathrm{d}t$$

$$\overline{uv}=\overline{\overline{u},\overline{v}}+\overline{\overline{u}v'}+\overline{\overline{v}u'}+\overline{u'v'}$$

由于 $\overline{u}$ 和 $\overline{v}$ 在区间 T 上是常数，因此 $\overline{u'}=\overline{v'}=0$

$$\overline{uv}=\overline{u}\,\overline{v}+\overline{u'v'} \tag{5.19'}$$

注意，尽管 u' 和 v' 的脉动速度分量的平均值为 0，但这些脉动分量乘积的平均值不一定为零。要将这个平均过程应用于运动方程，首先需要对它进行一点改造。在忽略摩擦力的情况下，x 分量上的运动方程，即公式（5.12）可以写成：

$$\rho u_t+\rho uu_x+\rho vu_y+\rho wu_z=-p_x+\rho fv \tag{5.20'}$$

连续性方程，即公式（4.6）变为

$$\rho_t+(\rho u)_x+(\rho v)_y+(\rho w)_z=0$$

将连续性方程乘以 u，得到

$$u\rho_t+u(\rho u)_x+u(\rho v)_y+u(\rho w)_z=0$$

将前面的方程添加到 x 分量上的运动方程中：

$$[\rho u_t+u\rho_t]+[u(\rho u)_x+\rho uu_x]+[u(\rho v)_y+\rho vu_y]+[u(\rho w)_z+\rho wu_z]=-p_x+\rho fv$$

假设 ρ 是常数，进一步改写为

$$(u\rho)_t+(\rho uu)_x+(\rho uv)_y+(\rho uw)_z=-p_x+\rho fv$$

接下来用 $\overline{u}+u'$ 等代替瞬时速度分量，然后在相同的时间间隔 T 上取平均值：

$$\overline{[(\overline{u}+u')\rho]_t}+\overline{[\rho(\overline{u}+u')(\overline{u}+u')]_x}+\overline{[\rho(\overline{u}+u')(\overline{v}+v')]_y}+\overline{[\rho(\overline{u}+u')(\overline{w}+w')]_z}=-\overline{p}_x+\overline{\rho f(\overline{v}+v')}$$

进一步缩减为

$$(\overline{u}\rho)_t+\left[\rho\left(\overline{u}\overline{u}+\overline{u'u'}\right)_x\right]+\left[\rho\left(\overline{u}\overline{v}+\overline{u'v'}\right)_y\right]+\left[\rho\left(\overline{u}\overline{w}+\overline{u'w'}\right)_z\right]=-p_x+\rho f\overline{v}$$

这里假定在时间间隔内为常数，代表平均值的上划线可以去掉。

重新排列一下，变为

$$(\overline{u}\rho)_t+(\rho\overline{u}\overline{u})_x+(\rho\overline{u}\overline{v})_y+(\rho\overline{u}\overline{w})_z=-p_x+\rho f\overline{v}-\left(\rho\overline{u'u'}\right)_x-\left(\rho\overline{u'v'}\right)_y-\left(\rho\overline{u'w'}\right)_z$$

前面的方程在形式上与公式（5.20′）相同，只是使用了平均速度分量而不是瞬时速度分量，并且还有三个附加项表示湍流分量的叉乘积。通过反向推导，可以得到公式（5.20′），在 x 分量上的运动方程可以写成

$$\overline{u}_t+\overline{u}\,\overline{u}_x+\overline{v}\,\overline{u}_y+\overline{w}\,\overline{u}_z=-\frac{1}{\rho}p_x+f\overline{v}-\left(\overline{u'u'}\right)_x-\left(\overline{u'v'}\right)_y-\left(\overline{u'w'}\right)_z$$

最后三项称为雷诺应力项。对于 y 分量也可以进行类似的推导。其中考虑到雷诺应力隐含了平均过程，这里可以去掉上划线，我们可以写成

$$\begin{aligned}u_t+uu_x+vu_y+wu_z&=-\frac{1}{\rho}p_x+fv-\left(\overline{u'u'}\right)_x-\left(\overline{u'v'}\right)_y-\left(\overline{u'w'}\right)_z\\ v_t+uv_x+vv_y+wv_z&=-\frac{1}{\rho}p_y+fu-\left(\overline{v'u'}\right)_x-\left(\overline{v'v'}\right)_y-\left(\overline{v'w'}\right)_z\end{aligned}\tag{5.21′}$$

注意公式(5.26）和公式（5.23）之间的相似性。本节导出的雷诺应力项与先前导出的涡动摩擦项之间存在一定的关系。在 x 分量上，关系如下

$$\begin{aligned}&\overline{u'u'}=-A_x\frac{\partial\overline{u}}{\partial x}\quad \overline{u'v'}=-A_y\frac{\partial\overline{u}}{\partial y}\quad \overline{u'w'}=-A_z\frac{\partial\overline{u}}{\partial z}\\ &\overline{v'u'}=-A_x\frac{\partial\overline{v}}{\partial x}\quad \overline{v'v'}=-A_y\frac{\partial\overline{v}}{\partial y}\quad \overline{v'w'}=-A_z\frac{\partial\overline{v}}{\partial z}\end{aligned}\tag{5.27}$$

随着湍流速度分量的增加，涡动黏滞系数也会增加。由于垂直湍流速度值比水平湍流速度值小得多，通过简单的尺度分析就可以得出 $A_z \ll A_h$。

5.6 运动方程

综上所述，共有4种力来平衡加速度项，分别是：(1) 压强梯度力；(2) 重力；(3) 摩擦力；(4) 科氏力。科氏力是一种感觉上虚构的力，这是由于我们假设是在一个不旋转的坐标系中，而事实上我们所有的观测都是相对旋转的地球上进行的。我们进一步定义了坐标系，使得重力方向指向垂直方向，从而消除了 x–y 平面上的重力项。摩擦项的解析表达式有多种形式，例如，公式(5.21)、公式（5.23)、公式（5.24）和公式（5.26)。在公式（5.28）中，我们使用广义摩擦项 X、Y 和 Φ 写出偏微分和向量形式的水平方向上的运动方程。

$$
\begin{aligned}
&\frac{\partial u}{\partial t}+u\frac{\partial u}{\partial x}+v\frac{\partial u}{\partial y}+w\frac{\partial u}{\partial z}=-\frac{1}{\rho}\frac{\partial p}{\partial x}+fv+X\\
&\frac{\partial v}{\partial t}+u\frac{\partial v}{\partial x}+v\frac{\partial v}{\partial y}+w\frac{\partial v}{\partial z}=-\frac{1}{\rho}\frac{\partial p}{\partial y}-fu+Y\\
&\frac{\partial \mathbf{V}}{\partial t}+(\mathbf{V}\cdot\nabla)\mathbf{V}=-\frac{1}{\rho}\nabla p-2\Omega\times\mathbf{V}+\boldsymbol{g}+\Phi
\end{aligned}
\tag{5.28}
$$

在接下来的章节中，我们将根据不同的研究过程而使用不同的摩擦力公式。在许多情况下，摩擦项比运动方程中的其他项小得多，常常可以忽略。由于在接下来的章节中对照公式（5.28）进行讨论，我们应该掌握这些公式并注意一些特殊的构成部分。在某些项被忽略后，这些公式仍非常相似，我们应该清楚那些忽略的部分以及忽略它们的原因。

5.7 涡度

把运动方程写成涡度平衡方程，可以很好地解释许多海洋学问题。一个质点的涡度就是它绕轴旋转的度量，涡度与质点的角动量成正比。按惯例，顺时针旋转为负涡度；逆时针旋转是正涡度，引起旋转（或涡旋）的力也被称为转矩。我们所研究的涡度的垂直分量为绕垂直轴旋转的度量，计算公式如下：

$$
\xi=\frac{\partial v}{\partial x}-\frac{\partial u}{\partial y}
\tag{5.29}
$$

我们可以用类似于公式（5.28）的方程式，来说明转矩平衡和涡度变化率。但对于海洋学中的许多问题，用涡度平衡来研究比用公式（5.28）所示的力平衡更方便。事实上，涡度平衡并不复杂，任何可以用涡度来解决的问题，原则上都可以用公式(5.28)来解决。公式（5.30）所示的涡度平衡方程等效于公式（5.28）。关于涡度方程的推导，见方框 5.6。

$$
\frac{\partial \xi}{\partial t}+u\frac{\partial \xi}{\partial x}+v\frac{\partial \xi}{\partial y}+w\frac{\partial \xi}{\partial z}+v\frac{\partial f}{\partial y}+(\xi+f)\left(\frac{\partial u}{\partial x}+\frac{\partial v}{\partial y}\right)=\frac{\partial Y}{\partial x}-\frac{\partial X}{\partial y}
\tag{5.30}
$$

方框 5.6　涡度

涡度可以用速度的叉乘积或旋转的速度来表示：

$$
\nabla\times\mathbf{V}=\mathbf{i}\left(w_y-v_z\right)+\mathbf{j}\left(u_z-w_x\right)+\mathbf{k}\left(v_x-u_y\right)
\tag{5.22'}
$$

当$\nabla\times\mathbf{V}=0$时，运动称为无旋运动，运动方程［公式（5.28）］中的两个水平分量通常以一个垂直涡度方程的形式表示，垂直涡度$\xi=\partial v/\partial x-\partial u/\partial y$。我们先来研究水平方向上的运动方程：

$$\begin{aligned} u_t+uu_x+vu_y+wu_z&=-\frac{1}{\rho}p_x+fv+X \\ v_t+uv_x+vv_y+wv_z&=-\frac{1}{\rho}p_y-fu+Y \end{aligned} \tag{5.23'}$$

假设密度（ρ）的差异以及垂向速度（w）很小，可以忽略不计，求y分量相对于x的微分和x分量相对于y的微分。必须注意的是$\partial f/\partial x$为0，但$\partial f/\partial y$不为0。将x方向上的方程与y方向上的方程相减，重新组合，结果为

$$\xi_t+u\xi_x+v\xi_y+w\xi_z+vf_y+(\xi+f)(u_x+v_y)=Y_x-X_y \tag{5.24'}$$

由于

$$\frac{\mathrm{D}}{\mathrm{D}t}(f)=vf_y$$

（见方框5.1），我们有

$$\frac{\mathrm{D}}{\mathrm{D}t}(\xi+f)+(\xi+f)(u_x+v_y)=Y_x-X_y \tag{5.25'}$$

式中，ξ以及$\xi+f$分别定义为相对涡度和绝对涡度。

假设存在一密度(ρ)不变、厚度（Z）不变的水层，首先对连续性方程沿厚度Z进行积分：

$$\int_0^Z(u_x+v_y)\mathrm{d}z=-\int_0^Z w_z\,\mathrm{d}z$$

$$(u_x+v_y)Z=-\int_0^Z\frac{\partial}{\partial z}\left(\frac{\mathrm{d}z}{\mathrm{d}t}\right)\mathrm{d}z=-\frac{\mathrm{d}Z}{\mathrm{d}t}$$

然后代入公式（5.25′）

$$\frac{\mathrm{D}}{\mathrm{D}t}(\xi+f)-\frac{1}{Z}(\xi+f)\frac{\mathrm{d}Z}{\mathrm{d}t}=Y_x-X_y$$

在不考虑摩擦力的情况下可以写成

$$\frac{\mathrm{D}}{\mathrm{D}t}\left(\frac{\xi+f}{Z}\right)=0 \tag{5.26'}$$

式中，$(\xi+f)/Z$称为位势涡度（位涡）。

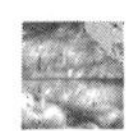

当运动方程改为涡度方程时，压强梯度力项消失了。$\partial f/\partial y$ 可以表征科氏力随纬度的变化，这一项是导致类似墨西哥湾流等西边界流窄而快的重要因素（见第 6 章“西边界流”）。海洋学领域习惯上将它称为 β 项，$\beta=\partial f/\partial y$。

地球物理流体动力学中有几种常用的涡度。它们是

$$\text{相对涡度：}\xi \tag{5.31}$$

$$\text{绝对涡度：}(\xi+f)$$

绝对涡度除以该层水的厚度，称为

$$\text{位势涡度（位涡）：}\frac{(\xi+f)}{Z} \tag{5.32}$$

最重要的是，可以证明在没有摩擦力的情况下，位势涡度是守恒的（关于推导，见方框 5.6）。位涡守恒能够解释许多海洋现象：当一层水从一个纬度移动到另一个纬度时，该层的厚度或相对涡度必然发生变化；如果水层的厚度发生变化，它必然伴随着纬度的变化或相对涡度的变化；同样，如果水层改变纬度，它必然伴随着水层厚度的变化或相对涡度的变化（图 5.10）。

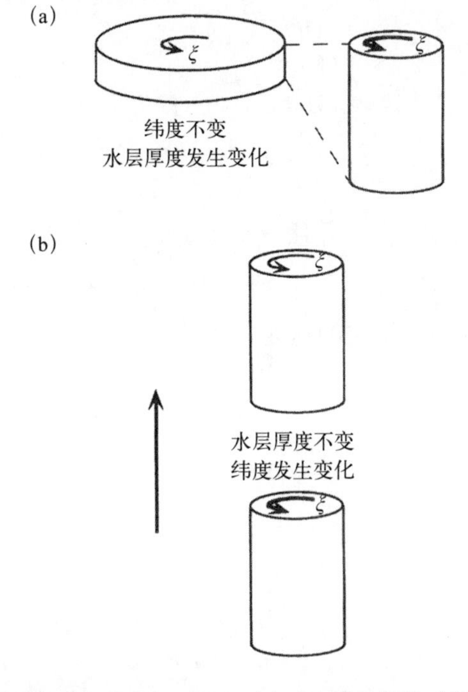

图5.10　如果水层的位势涡度守恒，那么（a）如果纬度保持不变但水层厚度改变，或者（b）水层厚度保持不变但纬度改变，则相对涡度必然改变

6 地球自转效应

6.1 罗斯贝数

在流体力学的大多数领域，科氏力可以忽略不计，例如，管道中流体的流动、飞机机翼周围空气的流动乃至大多数河流中的流动。因为在这些情况下，影响流体运动的其他作用力非常强，以至于微弱的科氏力可以忽略不计。而在海洋学和气象学中，其他作用力较弱，因此我们不能忽视科氏力。第 5 章中，在研究小球沿无摩擦斜面滚动轨迹的问题时，我们已大致了解了科氏力大小的量级，如果坡度只有 1%，就需要一个与美国面积大小相当的斜面，才能明显观测到科氏力的影响。

我们先来思考一个更实际的例子：在没有其他力的情况下，流体质点在等势面上水平运动时会发生什么？在这种没有压强梯度力，也没有摩擦力的情况下，公式（5.28）中水平方向上的分量会减少而变为

$$\begin{aligned}\frac{\mathrm{D}u}{\mathrm{D}t}&=fv\\ \frac{\mathrm{D}v}{\mathrm{D}t}&=-fu\\ \frac{\mathrm{D}\mathbf{V}}{\mathrm{D}t}&=-2\mathbf{\Omega}\times\mathbf{V}\end{aligned}\tag{6.1}$$

加速度总是垂直于流动方向，并且与速度成正比。这是一个圆的方程，流体质点的加速度总是朝向圆心。这一例子中，科氏力和离心力达到平衡，由此可以计算周期（T_i）和半径（r_i）。质点以恒定的速度 $\tilde{v}$ （$\tilde{v}^2=u^2+v^2$）沿圆形路径的运动被称为惯性圆。

$$\begin{aligned}\frac{\tilde{v}^2}{r_i}&=\tilde{v}f\\ r_i&=\frac{\tilde{v}}{f}\\ T_i&=\frac{2\pi}{f}=\frac{12\ \mathrm{h}}{\sin\vartheta}\end{aligned}\tag{6.2}$$

在纬度 42° 的地区，如果质点以 0.5 m s^{-1} 的速度运动，其轨迹是一个半径为 5 km 的圆，周期为 18 h，在北半球绕顺时针方向运动，在南半球则是绕逆时针方向运

动（图 6.1）。观测到的流动弯曲时的离心力与科氏力之间的比值是用于判定科氏力是否可以忽略的一个有效方法，这个比值叫作罗斯贝数（R_0）。

$$R_0=\frac{\frac{\tilde{v}^2}{r}}{\tilde{v}f}=\frac{\tilde{v}}{fr} \tag{6.3}$$

在惯性圆的情况下，罗斯贝数是 1。假设给定流动加速度项［式（6.3）中的分子］中的曲率半径变为 500 m，而非 5 km，且速度同样为 0.5 m s^{-1} 时，罗斯贝数为 10。公式（5.28）中，加速度项比科氏项大 10 倍，从而科氏力可以忽略。类似的，如果曲率半径为 50 km，则罗斯贝数为 0.1，加速度项将相对很小，可以在公式（5.28）中忽略。

一般来说，无量纲罗斯贝数

$$R_0=\frac{\tilde{v}}{fl} \tag{6.4}$$

式中，l 是通常与曲率半径相关的水平尺度。我们发现，在大多数海洋流动中，罗斯贝数都小于 1。因此在这些情况下，必须考虑科氏力，加速度项往往可以忽略[12]。地球流体动力学是流体力学的一个分支，其运动方程必定包括科氏力。

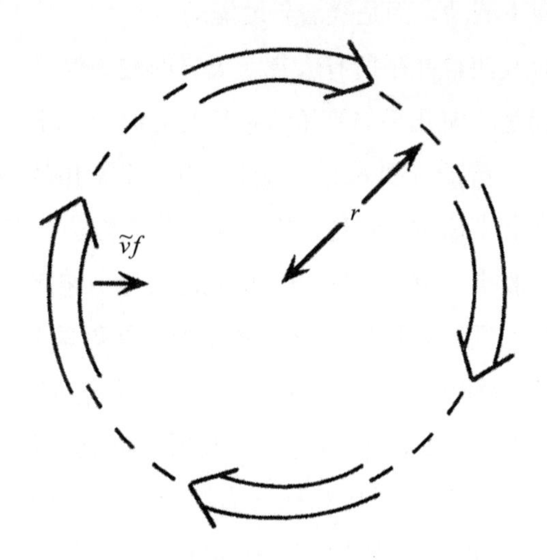

图6.1　在没有施加其他水平力的情况下，北半球在旋转地球上运动的质点会沿着圆形路径运动，科氏力与流动方向成直角

12　这是区别地转运动和非地转运动的关键参数，如序言所述，本书主要侧重点为地转平衡运动，即罗斯贝数为小量。——译者注

6.2 地转流

假设洋流是水平的（即沿着一个恒定的等势面流动），罗斯贝数远小于 1，风应力和其他摩擦力足够小，可以忽略不计。去除加速度项和摩擦项后，公式（5.28）中的水平项减少为压强梯度力和科氏力这两项之间的平衡：

$$fv = \frac{1}{\rho}\frac{\partial p}{\partial x}$$

$$fu = -\frac{1}{\rho}\frac{\partial p}{\partial y} \tag{6.5}$$

$$2\mathbf{\Omega} \times \mathbf{V} = -\frac{1}{\rho}\nabla p$$

方程（6.5）被称为地转方程，由这种关系描述的洋流称为地转流。地转方程的结果有些特别。我们回顾第 5 章中关于小球在无摩擦斜面上滚动的问题，当用重力沿斜坡上的分力代替压强梯度力：

$$fv = gi_x \tag{6.6}$$

这会导致小球平行于斜坡滚动。无论斜坡的方向是什么，球都会平行于斜坡滚动。地转方程表明，水不会向下流动，而是绕着斜坡流动。

电视和互联网的普及使得几乎所有人都对天气图较为熟悉，天气图上的风不会直接从高压吹向低压，而是吹向几乎与等压线平行的方向。在北半球，气流是绕高压顺时针流动，绕低压逆时针流动（图 6.2）。因此，有一个常用的经验法则：当你面向风吹去的方向时，高压在北半球位于右边，在南半球位于左边。海水运动受到的地转平衡的力看起来很小（一般小于 10^{-4} N kg^{-1}），但它比其他引起海洋环流的力都要大（除了非常靠近海面和海底的区域，风应力和海底摩擦可能更重要）。压强梯度力和科氏力决定了海洋中的大部分洋流，海洋的主要环流特征都近似处于地转平衡状态，近似来看，墨西哥湾流、南极绕极流、秘鲁海流以及所有类似被命名的洋流都是地转流。但地转方程并不能解释什么造成了压强梯度力的产生，这个问题将在本章及后面的章节中详细讨论。如果给定一个水平的压强梯度力，方程（5.28）中除压强梯度力以外最大的力一般是科氏力。墨西哥湾流以及所有其他主要洋流（又如黑潮）的表面速度由海面倾斜度（即海表坡度）决定，维持湾流所需的海面坡度约为十万分之一。在该坡度下，百慕大的海平面（相对于同一等势面的海平面）比美国东海岸高出约 1 m。

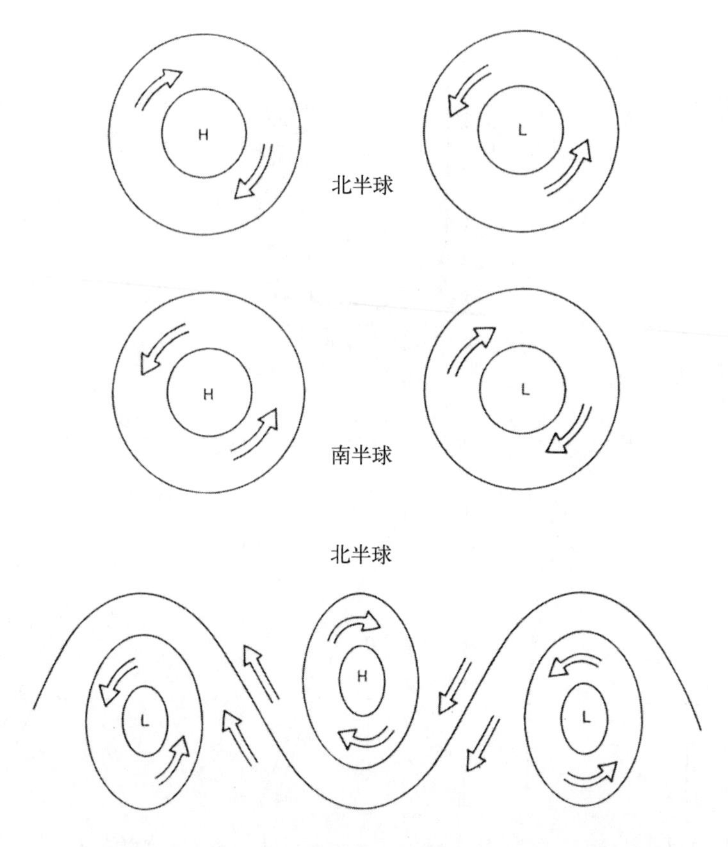

图6.2 地转流在低压中心周围为气旋式，在高压中心周围为反气旋式。
在北半球，气旋流动是逆时针方向，在南半球是顺时针方向

在高精度卫星高度计问世之前，人们推断海面坡度应该不大于 10^{-5}，但却并不能直接观测得到，为此，海洋学家探索并应用了很多方法，其中一个最简单且使用最广泛的就是假设水平压强梯度力随着深度的增加而减小。如果我们深入到足够深的地方，就会在某一个深度时，水平压强梯度力为零。有一些证据能够支持这一假设，其中很大一部分是观测结果表明的：随着深度的增加，洋流通常会变得越来越弱，温度、盐度和其他属性的分布也会随着深度的增加变得更加均匀。如果引用静力近似方程，即公式（1.2），或进行等效动力高度计算（见第 2 章“密度符号和动力高度”），则可根据密度分布确定海面坡度。在图 6.3（a）的示例中，如果两种液体在没有水平压强梯度力的 U 型管底部相遇，则较轻、密度较低的液体在 U 型管中的位置一定较高。同样的原理也适用于连续分层的海洋，如图 6.3（b）所示。图 6.3（c）中，h 深度处无水平压强梯度力意味着 A、B 两站的静水压力相等，但如果 B 处水体的平均密度小于 A 处，则 B 水柱的高度一定大于 A 水柱。

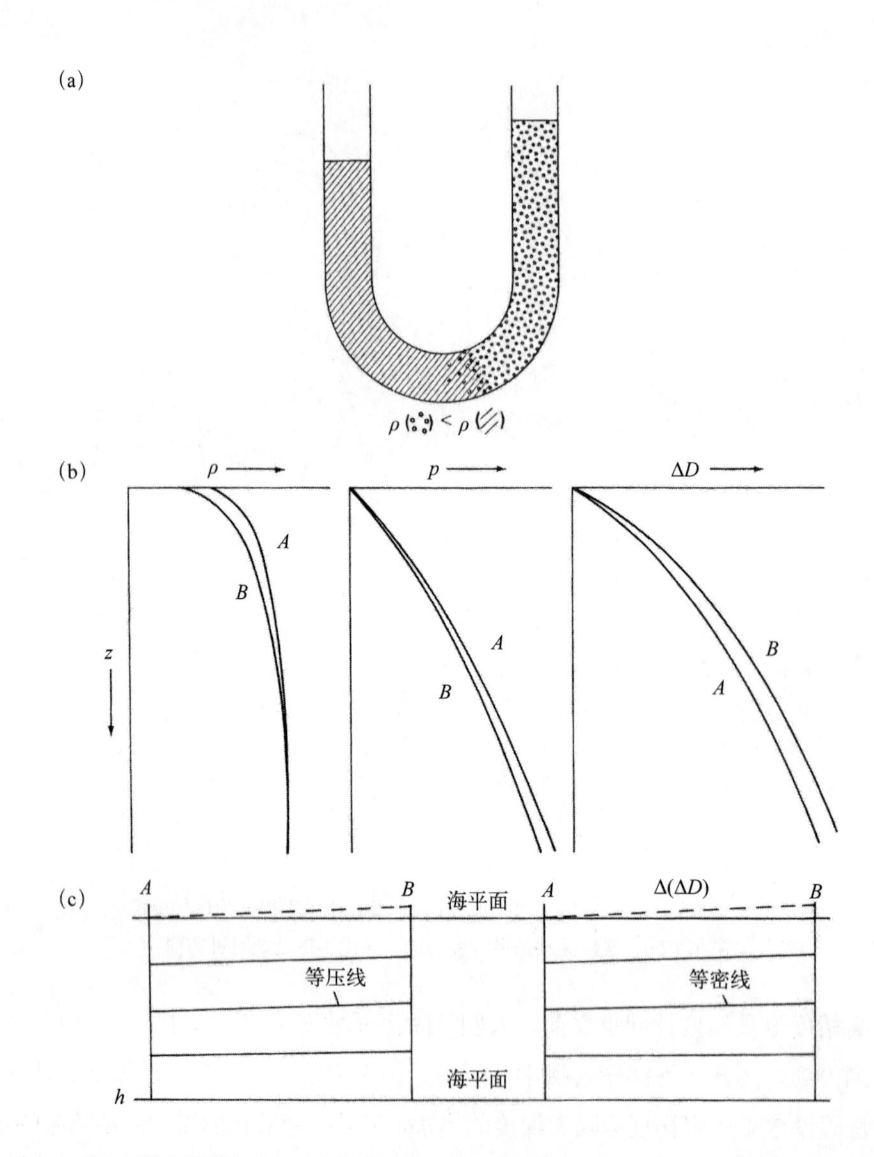

图6.3 （a）如果U型管的两侧充满不同密度的流体，并且两种流体之间的界面位于管的底部，没有水平压强梯度力，则较轻的流体表面将高于密度较高的流体；（b）从左到右依次为A站和B站的密度分布、静水压力分布和动力高度分布；（c）如果我们进一步假设在深度h处存在平衡面（即水平压强梯度力为零，此处没有流动），那么海面的坡度在B站更高，同样，深度h处与B站的海面之间的压力差也是更大

正如我们在第 1 章和第 2 章了解到的，我们观测到的温度、盐度和密度不是深度的函数，而是压力的函数。在知道密度是压力的函数，而不是深度的函数后，我们可以根据观测数据计算得到动力高度，而不是静水压力。然后计算动力高度的水平梯度，而不是静水压力的水平梯度。但是，为了本章和全书描述时简单，我们将继续根据压力而不是动力高度进行计算。这两者通过公式（6.7）联系起来：

$$\frac{1}{\rho}\frac{\partial p}{\partial x}=\frac{\partial(\Delta D)}{\partial x} \tag{6.7}$$

我们来研究横跨墨西哥湾流的温度分布情况（图 6.4），这是显示温度和盐度分布如何与洋流相联系的一个例子。从图中可以看出，其左边是低温高密的近海海水，右边是高温低密的马尾藻海海水。假设在 4 000 m 深度处没有或者仅有一个非常小的水平压强梯度力，这意味着马尾藻海中高温低密的水柱比墨西哥湾流左侧较冷的水柱更厚，这反过来表明海面向左侧倾斜，产生向左的水平压强梯度力，并被向右的科氏力平衡，墨西哥湾流按该配置所要求的方向流动。

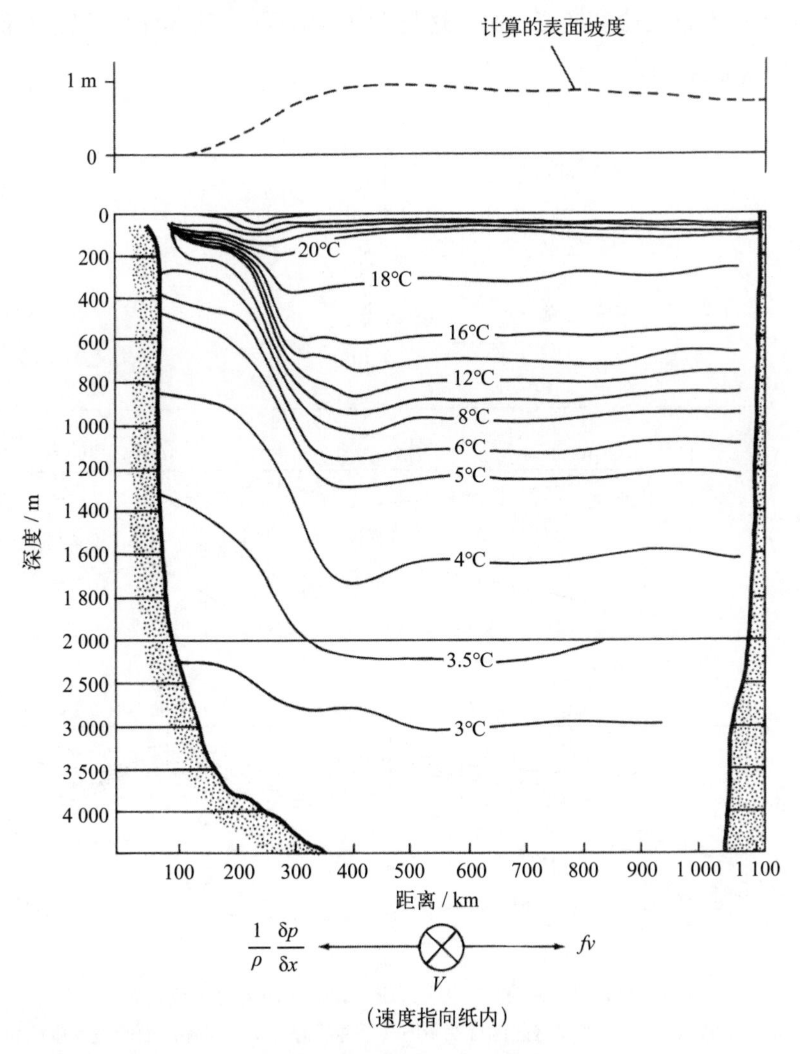

图6.4　湾流断面的典型温度分布

假设在4 000 m处没有水平压力梯度，那么海面的坡度将上升约1 m，与该压强梯度力平衡的地转流流向为流入本页纸张平面

海洋中密度分布使得水平压强梯度力随深度减小的这种调整趋势带来了另一个经验性法则：当面向海水流动的方向时，温跃层在北半球向右倾斜向下（在南半球向左倾斜向下），倾斜坡度越大，流速越强。也可以说，当面向海水流动方向时，北半球的海面向左倾斜向上（南半球则向右倾斜向上），温跃层的倾斜坡度越大，海面的倾斜坡度就越大，表层水流也就越强。图 6.5 是热带太平洋的海温断面，其结构显示了热带太平洋温跃层和主要赤道洋流的位置，这是一个刻画洋流方向和温跃层斜率关系的很好例子。请注意，太平洋南赤道流沿赤道两侧在表层海洋中向西流动。从赤道两侧向极移动时，赤道温跃层逐渐向下倾斜。前面讨论中隐含了一个假设，即密度梯度主要由温度梯度而不是盐度梯度控制，这是大部分海区的普遍情况，但也有例外（比如由盐跃层主导的密度跃层）。

(a)

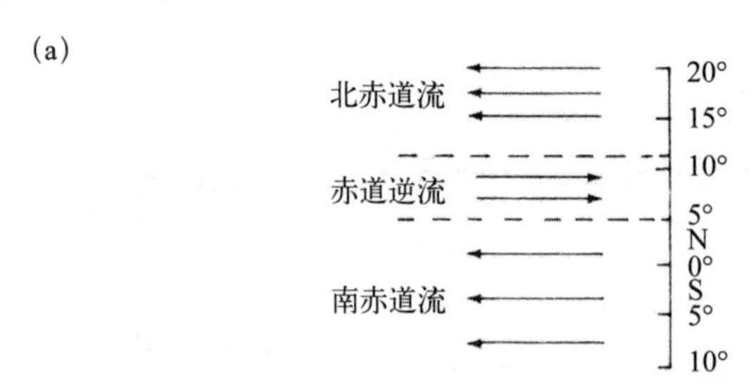

(b)

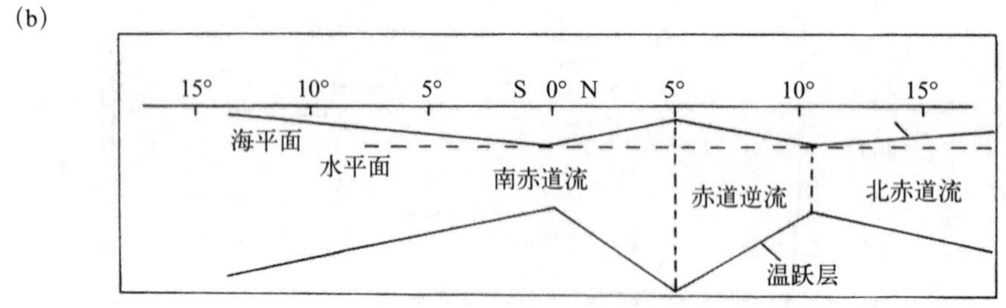

(c)

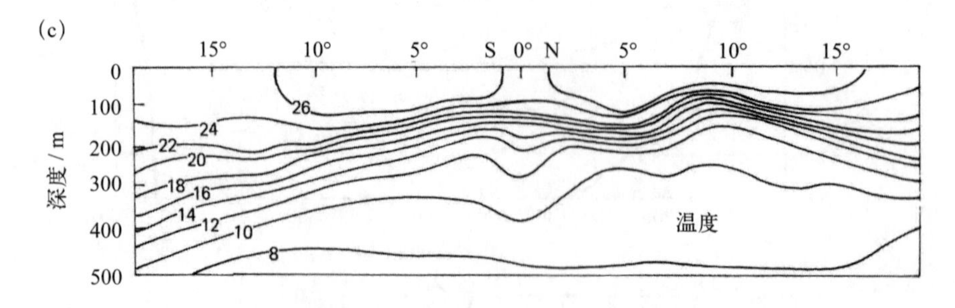

图6.5 （a）北、南赤道流向西流动的示意图，被处于5°—10°N东向流动的赤道逆流隔开；（b）洋流主要存在于温跃层上方的混合层，要使这些洋流处于地转平衡状态，温跃层和海面的坡度应该如图所示；（c）跨赤道太平洋断面的典型温度（单位：℃）分布，温跃层的斜率一般与（b）一致

（摘自Knauss, The Sea, vol. 2, Wiley Interscience, 1962）

 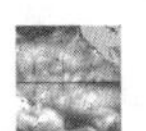

6.3 马居尔方程

海洋是连续层化的。但为了方便研究，我们常将海洋视为由两层或多层海水组成来理解一些现象，每层海水的密度都是恒定的。我们假设一个简单的两层海洋，如图 6.6（b）所示，上层的地转速度可以由海表面斜率来确定，计算公式如下

$$\rho_1 f v_1 = \frac{\partial p}{\partial x} = \frac{(\rho_1 - \rho_0) g \Delta Z_1}{\Delta X} = \rho_1 g i_1 \tag{6.8}$$

式中，ρ_0 是空气的密度，可以设置为 0，第二层的速度由下式计算

$$\rho_2 f v_2 = \frac{\partial p}{\partial x} = \frac{(\rho_1 - \rho_0) g \Delta Z_1}{\Delta X} + \frac{(\rho_2 - \rho_1) g \Delta Z_2}{\Delta X} \tag{6.9}$$

还可以写成

$$i_2 = \frac{f}{g}\left(\frac{\rho_2 v_2 - \rho_1 v_1}{\rho_2 - \rho_1}\right) \tag{6.10}$$

上述公式可推广到马居尔方程，即在已知上层的地转流、界面的坡度和两层海水的密度下，可以计算出下层的地转流［图 6.6（a）］：

$$i_n = \frac{f}{g}\left(\frac{\rho_n v_n - \rho_{n-1} v_{n-1}}{\rho_n - \rho_{n-1}}\right) \tag{6.11}$$

对于底层速度为零（v_n=0）的特殊情况则有

$$i_n = -\frac{f}{g} v_{n-1}\left(\frac{\rho_{n-1}}{\rho_n - \rho_{n-1}}\right) \tag{6.12}$$

或者，依据海面坡度可以有［图 6.6（b）］

$$i_n = -i_{n-1}\left(\frac{\rho_{n-1}}{\rho_n - \rho_{n-1}}\right) \tag{6.13}$$

对于一些研究问题可以首先取近似值，假设一个两层海洋，海水的流动主要局限在表层，温跃层以下很少或没有地转流（图 6.5）。通常的温跃层可取 $\Delta\rho \approx 2\ \mathrm{kg\ m^{-3}}$，这意味着温跃层的坡度大约是海平面坡度的 500 倍，并且倾斜方向相反。

(a)

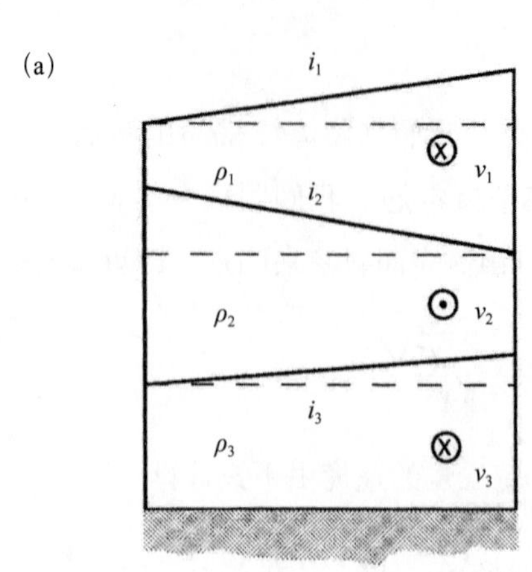

$$i_3=\frac{f}{g}\left(\frac{\rho_3 v_3-\rho_2 v_2}{\rho_3-\rho_2}\right)$$

(b)

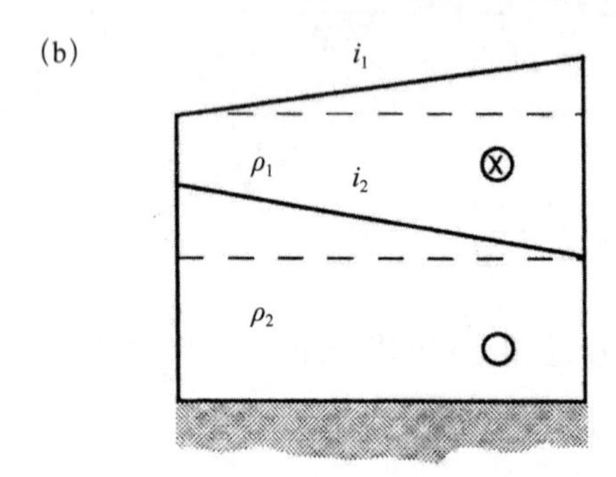

$$i_2=-i_1\left(\frac{\rho_1}{\rho_2-\rho_1}\right)$$

(c)

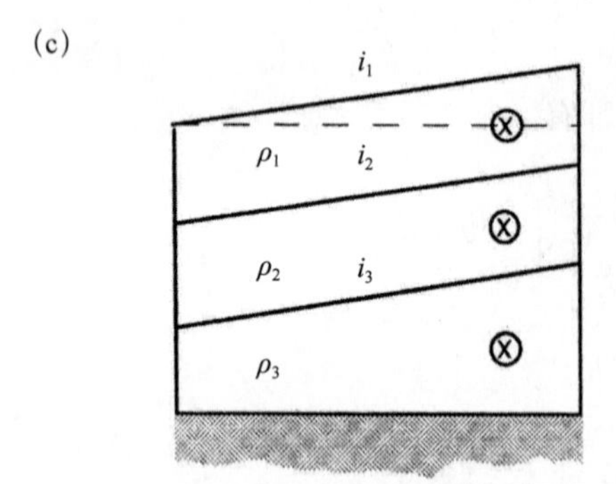

$$i_1=i_2=i_3$$
$$v_1=v_2=v_3$$

○ = 零流量
⊗ = 流量向纸面里
⊙ = 流量向纸面外

图6.6 （a）密度、地转速度和层间界面坡度之间的关系，如马居尔方程所示；（b）底层静止的两层海洋的情形；（c）正压海洋的情形，等密度线平行于界面，并且所有深度的速度相同

6.4 正压和斜压流体

正压流体中的等密度线与等压线不相交。对于特殊的不可压缩的均质流体，由于具有恒定的密度，因此，等密度线与等压线也不相交。在这种情况下，如果有海表面倾斜而产生的水平压强梯度力，那么这个水平压强梯度力在整层流体中是恒定不变的，因此，正压流体中的地转速度与深度无关，是恒定的。

分层流体也可以是正压的，如公式（6.11）所示，如果每层的地转速度相同，则所有层的界面都是平行的。在这种情况下，等压线平行于等密度线［图 6.6（c）］，多层海洋的情形可以推广到密度随深度不断增加的海洋，只要等压线与等密度线保持平行，流体就是正压的，地转速度在流体内部保持不变。

事实上，由于正压流体中 $\partial u/\partial z = \partial v/\partial z = 0$，我们可以得到连续性方程（4.10）的垂向积分形式：

$$\frac{\partial h}{\partial t}+\frac{\partial (hu)}{\partial x}+\frac{\partial (hv)}{\partial y}=0 \tag{6.14}$$

式中，η 远小于恒定层深 h，如图 6.1′ 所示

$$\frac{\partial \eta}{\partial t}+\left(\frac{\partial u}{\partial x}+\frac{\partial v}{\partial y}\right)h=0 \tag{6.15}$$

正压流体的这种公式称为浅水方程（推导见方框 6.1）。

斜压流体中等压线和等密度线都不平行，在这种流体中，由于等压线相互间不再平行，这意味着地转速度会随深度变化［图 6.6（a）和图 6.6（b）］。如图 6.4 和图 6.5 所示，海洋有很强的斜压性。水平压强梯度力会随深度变化，地转速度也随深度变化。因此需要记住的一点是，在正压流体中，地转速度不随深度变化；而在斜压流体中，地转速度随深度变化。

如果知道密度分布是深度的函数，那么即使不知道海面的倾斜坡度，我们也可以计算出所有深度的地转速度的斜压分量。也就是说，我们可以简单地假设在水柱的某个深度有一个已知水平压强梯度力来进行计算。例如，在某个深度上，将水平压强梯度力和地转速度都设为零，从而可以从该深度向上计算水平压强梯度力和地转速度随深度的变化。

在不知道海面坡度或某一深度的地转速度的情况下，海洋学家只能用密度场来计算相对速度或斜压地转速度分量。为了计算绝对地转速度分量（正压 + 斜压），我们需要知道海面的坡度，或者某一深度处的水平压强梯度力，或者某一深度处的绝对地转速度。

方框 6.1　连续性方程的垂向积分

事实上正压流体中由于 $\partial u/\partial z = \partial v/\partial z = 0$ ，我们可以写出连续性方程（4.10）的垂向积分形式：

$$\int_0^h \left(\frac{\partial u}{\partial x} + \frac{\partial v}{\partial y} + \frac{\partial w}{\partial z} \right) \mathrm{d}z = 0 = \int_0^h \left(\frac{\partial u}{\partial x} + \frac{\partial v}{\partial y} \right) \mathrm{d}z + \int_0^h \left(\frac{\partial w}{\partial z} \right) \mathrm{d}z \tag{6.1'}$$

$$\left(\frac{\partial u}{\partial x} + \frac{\partial v}{\partial y} \right) h + w_h - w_0 = 0 \tag{6.2'}$$

水质点必须沿着自由表面和底部界面的坡度运动，简单起见，假设底部是平的，因此，在底边界处没有垂向速度。

表面的垂向速度相当于海表面的变化率（图 6.1′）：

$$w_h = \frac{\partial h}{\partial t} + u \frac{\partial h}{\partial x} + v \frac{\partial h}{\partial y} \tag{6.3'}$$

联立公式（6.2′）和公式（6.3′）

$$\frac{\partial h}{\partial t} + u \frac{\partial h}{\partial x} + v \frac{\partial h}{\partial y} + \left(\frac{\partial u}{\partial x} + \frac{\partial v}{\partial y} \right) h = 0$$

$$\frac{\partial h}{\partial t} + \frac{\partial (hu)}{\partial x} + \frac{\partial (hv)}{\partial y} = 0 \tag{6.4'}$$

我们假设海洋有两部分构成，一部分为平均深度 h_0，一部分为平均扰动 η，其中 $\eta \ll h_0$，于是有

$$\frac{\partial \eta}{\partial t} + \left(\frac{\partial u}{\partial x} + \frac{\partial v}{\partial y} \right) h = 0 \tag{6.5'}$$

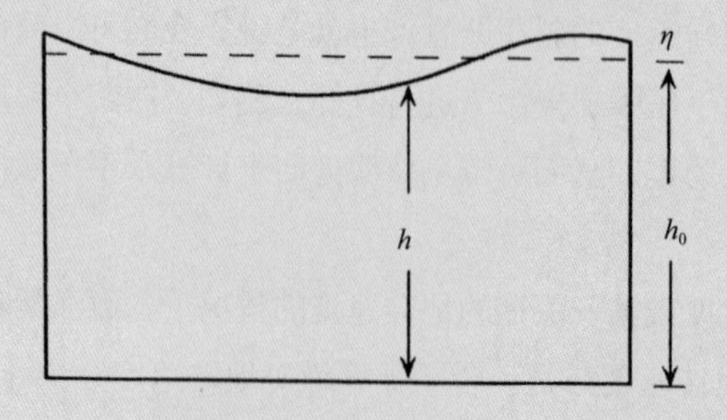

图6.1′　公式推导示意图

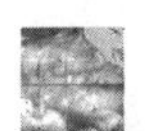

6.5 有摩擦的斜面

在科氏力的大小不可忽视的情况下，为了理解这一较为陌生的概念，我们在第 5 章中研究了小球沿巨大无摩擦斜面滚动轨迹这一问题（图 5.7）。在该理想情况下，我们可以进一步在公式（5.21）中添加非常小的摩擦力来研究同样的问题。公式（5.18）变为：

$$\begin{aligned}\frac{\mathrm{d}u}{\mathrm{d}t}&=-gi_x+fv-Ju\\\frac{\mathrm{d}v}{\mathrm{d}t}&=-fu-Jv\end{aligned}\qquad(6.16)$$

公式(6.16)的解如图 6.7 所示。像以前一样,球受到科氏力的作用。一旦开始移动，它就会在北半球加速向右移动。然而，它也受到摩擦力的作用，因此球不会回到斜面的顶部。它将继续在一条蜿蜒的道路上移动，但越往前扇形越小，最终，它会接近一个稳定状态

$$\begin{aligned}u&=-\frac{gi_xJ}{f^2+J^2}\\v&=\frac{gi_xf}{f^2+J^2}\end{aligned}\qquad(6.17)$$

如果摩擦力很小，$f\gg J$，那么可以近似得到：

$$\begin{aligned}v&=i_x\frac{g}{f}\\u&=0\end{aligned}\qquad(6.18)$$

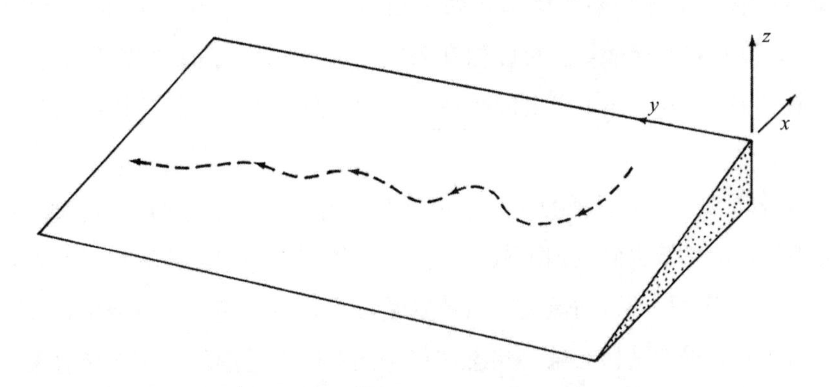

图6.7　在科氏力和摩擦力的影响下，球从斜面上滚下的路径示意图

与无摩擦力的情况不同（图5.7），每个后续扇形都比前一个扇形受到的阻尼更大，直到在极限范围内，球几乎平行于斜面滚动，但稍微向下倾斜

这意味着小球处于地转平衡状态，并与斜面平行滚动。我们可以从公式（6.17）中得出球与水平面的倾角

$$\tan\varphi=\frac{u}{v}=-\frac{J}{f} \tag{6.19}$$

如果$f=100\ J$，则$\varphi=0.6°$。虽然在近似地转平衡中，球稍微向下滚动，慢慢地释放势能来克服摩擦损失，摩擦项越小，与地转平衡的偏差越小。

6.6 有效势能

虽然海洋中主要洋流的速度，包括海洋中的许多大尺度湍流运动，都可以用公式（6.5）中的地转关系来描述，但需要记住的重要一点是，洋流并不是由地转引起的。地转流是一种在没有任何其他力作用的情况下的稳定状态，以墨西哥湾流流环为例（见第1章和第7章），一旦被墨西哥湾流裹挟，流环内的水就会顺时针旋转，同时流环内的水在北大西洋的斜坡上会漂向墨西哥湾流的北部，驱动流环流动的是有效势能（势能差），有效势能是流环的势能与周围水的势能之差。

计算如图6.8中两层海洋之间的简单几何流环的有效势能是相对容易的，而估计真实海洋中的一个流环的有效势能是复杂的，估计一个完整海盆中的有效势能则更加困难。事实上，海洋中的有效势能是动能的数倍。在墨西哥湾流流环中有效势能与地转动能的比值约为5 : 1。对于一个在理想的两层海洋中存在的完美流环而言，其导致的暖涡流环的密度和速度结构会像图6.8中的一样。在没有任何外力的情况下，流环周围地转流的速度将保持不变，且沿流环的运动将永不停息。但海洋不是理想的流体，实际情况是存在摩擦，如果没有新的能量来源，流环将会慢慢衰弱。利用公式（5.21）中的摩擦项，可以像在公式（6.17）中一样求解圆周地转速度（u）和沿坡分量（v）。公式（6.19）则表明由于存在摩擦作用，流环中的水会流出，破坏流环结构。

从墨西哥湾流中分离出来的流环，由于其没有外来能量驱动，随着时间的推移，其有效势能将从流环散失到周围海域。当流环的势能与周围区域的势能相等时，地转运动将归于零。许多墨西哥湾流流环，特别是暖涡，会被墨西哥湾流重新吸收，而没有被吸收的冷涡会维持其核心结构状态在马尾藻海中缓慢漂移长达两年之久，漂移过程其有效势能缓慢散失到周围海域中。

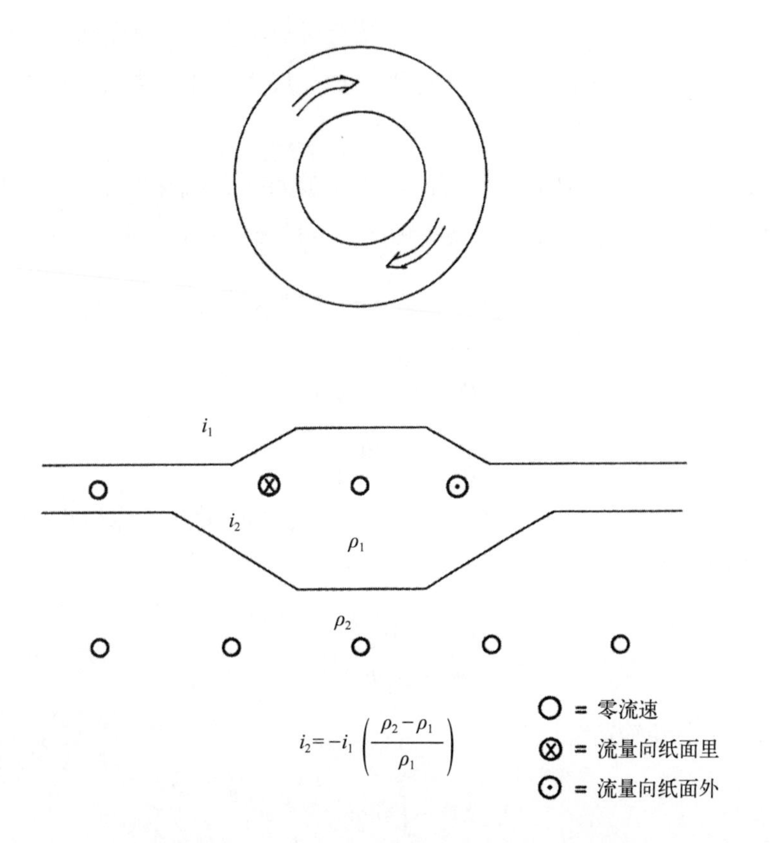

图6.8 地转速度仅限于上层的两层海洋中理想的暖涡的密度和速度分布。流环中的水将继续顺时针旋转，直到流环中的有效势能消散到周围的海洋中

6.7 风应力：埃克曼输运

风吹过海面时，会引起风海流和海浪，尽管目前关于风应力如何作用于海面的具体细节尚未完全清楚，但是能量应该是通过某种湍流过程从风场传递到海洋中。要想得到更全面的了解，不仅要详细研究和理解风场、流场和压力场的平均状态，还需要详细研究它们的变化情况，可以参见第 5 章中关于雷诺应力的讨论。

一些半经验的观测结论在研究中比较实用，一是风引起的表面流速约为风速的 3%，由此可以计算出 20 kn 的风导致 0.6 kn 的表面海流；二是施加在海面上的风应力(τ)与风速的平方成正比：

$$\tau = 0.002W^2 \qquad (6.20)$$

式中，W是风速，单位为 m s^{-1}，τ是海面风应力，单位为 N m^{-2}。10 m s^{-1} 的风（约 20 kn）会产生约 0.2 N m^{-2} 的风应力。事实上，两者之间的关系并非那么简单。其中的“常数”0.002会随风速和表面粗糙度而变化，它还与所观测风场与海面的距离有关，对于离海面5～10 m的“甲板高度”测量的风，公式（6.20）中系数可能需要调整到原来的两倍才会更符合实际。

如果假设风吹在平坦的海面上，没有水平压强梯度力，没有加速度项，也没有内摩擦，那么运动方程（5.28）中唯一需要平衡的力是科氏力和由风应力［公式（5.24)］代表的摩擦项。

$$\frac{1}{\rho}\frac{\partial \tau_x}{\partial z} = -fv$$
$$\frac{1}{\rho}\frac{\partial \tau_y}{\partial z} = fu \tag{6.21}$$

如果在深度Z以下，风的影响可以忽略不计，从表面到深度Z之间进行积分，可以得到如下有趣的定常关系：

$$\tau_x = -M_y f$$
$$\tau_y = M_x f \tag{6.22}$$

其中纬向和经向的物质输运为

$$M_x = \int_0^Z \rho u \mathrm{d}z$$
$$M_y = \int_0^Z \rho v \mathrm{d}z \tag{6.23}$$

M_x和M_y是单位时间、单位长度内的质量。注意，从北方吹来的风不会把海水输运到南方，而是在北半球将海水输运到西部，在南半球将海水输运到东部。在风应力的作用下，水不会顺风移动，而是与风成直角。对于一个面向风吹去方向的观测者来说，海水在北半球向右移动，在南半球向左移动。

可以用公式（5.24）的涡度黏性项代替公式（6.21）中的风应力项，于是有

$$A_z\frac{\partial^2 u}{\partial z^2} = -fv$$
$$A_z\frac{\partial^2 v}{\partial z^2} = -fu \tag{6.24}$$

公式（6.24）与公式（6.22）一样能给出风驱动的海水总的输运大小，而且它还能够额外显示出水柱中速度结构的细节。公式（6.24）的解给出了一个螺旋型的流场结构，其中海表水移动方向与风向的夹角为45°（图6.9)。

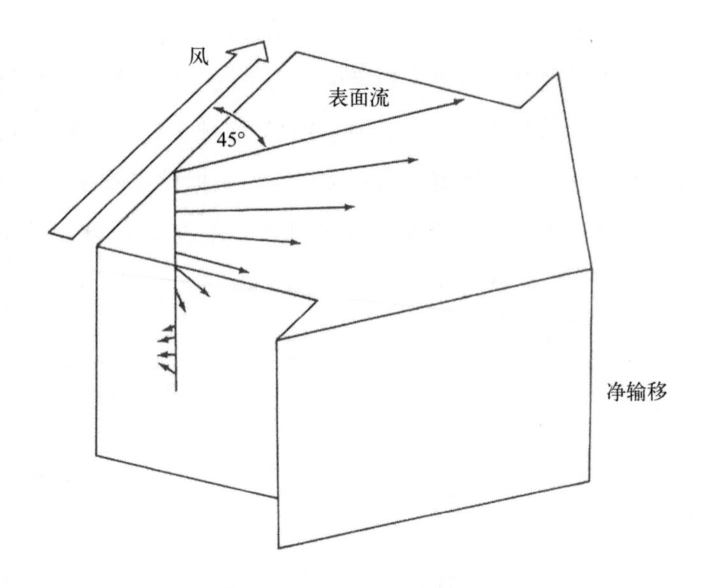

图6.9　埃克曼流示意图

根据埃克曼关系，科氏力的存在使得每一层水稍微向上一层的右侧（北半球）移动，称为埃克曼螺旋，在北半球，海水的净输运指向风的右边，与风向夹角为90°

埃克曼于1902年首次研究了这个问题，因此这种流动又被称为埃克曼漂流，埃克曼对这一问题的关注来自其导师弗里德乔夫·南森在北冰洋上的考察船上观察到的现象，即北极海冰似乎不是顺风移动，而是偏向风向右方20°～40°的方向移动，后来，埃克曼给出了这种现象的数学表达[13]。当然，冰覆盖的北冰洋可能被认为是一种特殊的情况，在这种情况下，公式（6.21）和公式（6.24）中的基本假设可能更容易成立。事实上，在广阔的大洋里很容易观测到风海流以一定角度向风的右边偏移的情况，也能够观测到公式（6.22）中所显示的水向风的右边大量输运的情况。如果将观测到的表层海流进行平均，可以常常看到这种埃克曼螺旋型的流场结构[14]。

6.9　上升流与埃克曼抽吸

上升流是海洋学中用来描述将深水带到表层这一过程的术语，它的重要性远远超

13　埃克曼动力学是物理海洋学研究的重要理论基石之一，详见参考文献：Ekman, V. W. On the influence of the earth’s rotation on ocean currents. Ark. Mat. Astron. Fys., 1905, 2, 1–53. ——译者注

14　埃克曼输运已经在海洋观测中得到证实，详见20世纪80年代经典参考文献：Price, J. F., R. A. Weller, and R. R. Schudlich. Wind-driven ocean currents and Ekman transport. Science, 1987, 238, 1534–1538.——译者注

出了它的物理意义，由于把深水再矿化的营养物质带到表层，使表层的浮游植物吸收大量营养物质，上升流区则成为世界上初级生产力最高、生物最丰富的海域之一。根据流体连续性原理，水流需要垂直向上流动来补充表面辐散损失的水，最著名的上升流区是某些沿岸海区，在那里风把海表水吹离岸边，根据埃克曼理论，风的作用是在北半球将水体驱动到风向的右边（南半球则为风向的左边），因此，最显著的上升流发生在风向平行于海岸而不是离岸的时候［图 6.10（a)］。

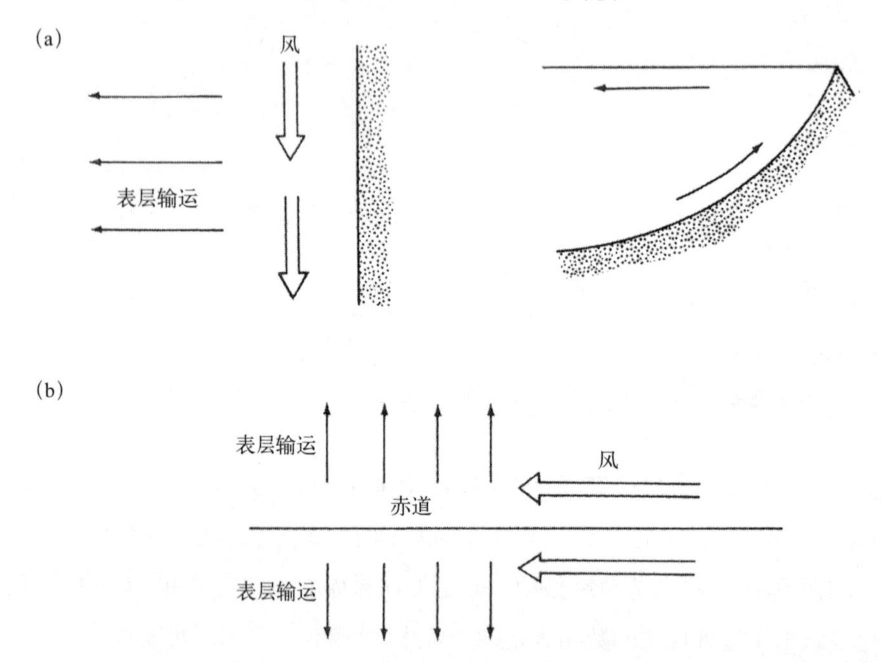

图6.10 （a）平行于海岸的风将海表水离岸输运。这些海表水将会被从下面涌上来的更冷的水所取代；（b）沿赤道的东风将会引起海表水的向极输运，这些赤道上的海表水将会被输送到表面的较冷的水替代

根据表面风场分布图可以推测沿岸上升流的区域，这些推测可以通过海表面水温分布图来验证。如秘鲁和加利福尼亚海岸的寒冷水域可以用沿岸上升流的存在来解释（图 6.11；彩图 7)。赤道区域也存在上升流，在那里赤道东风导致赤道北侧向北的埃克曼漂流，赤道南侧向南的埃克曼漂流［图 6.10（b)］。在信风的西向分量很强的赤道大西洋中部和赤道东太平洋，海表面温度通常比赤道两侧 160 km 外低 2°C（图 6.11）。在赤道上，纬度的正弦为零，公式（6.21）不成立，但该公式在赤道以外离赤道 160 km 的范围内仍可能适用。由于赤道潜流（见第 7 章）的存在，赤道流场存在强烈的垂向切变，因此，垂向混合也可能对降低赤道表面水温起到重要作用，但是，观测和理论都表明，赤道上低温区的产生至少在一定程度上是由于赤道两侧的向极埃克曼输运导致的海表水辐散的结果。

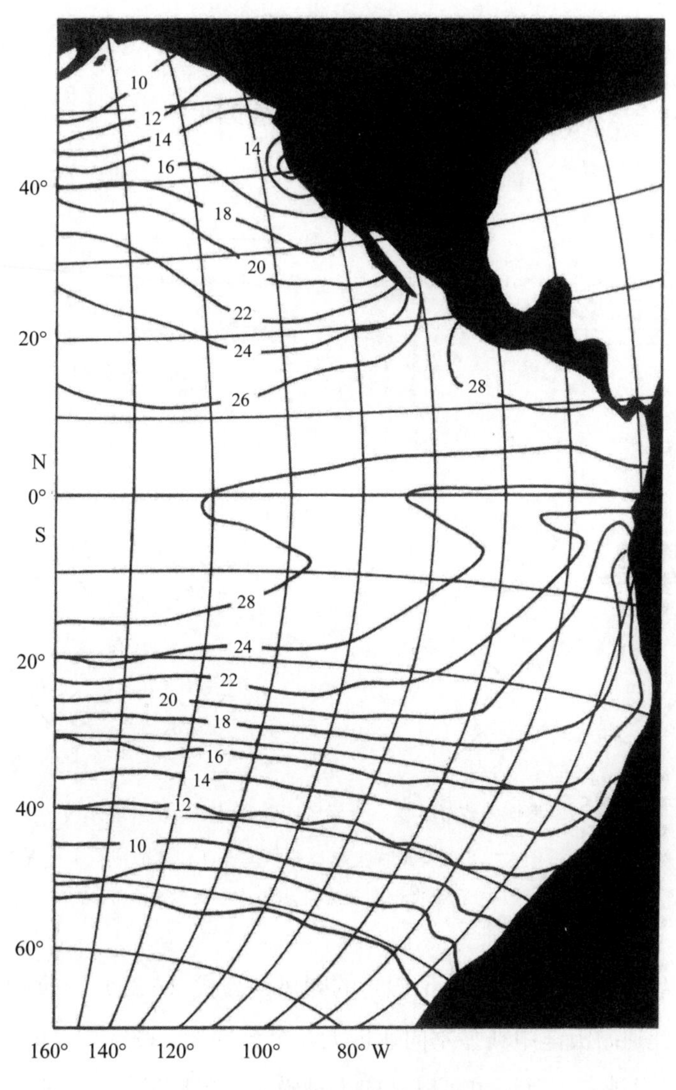

图6.11　东太平洋7月平均海表水温（℃）

可以看到，美国、秘鲁和厄瓜多尔附近的沿海水域比离岸较远的同一纬度的海水要冷，同时赤道上存在相对较冷的水舌，上升流是造成这些区域水温较冷的主要原因

埃克曼上升流并不仅仅发生在如赤道或岸界区域这些特殊的地方，它可以发生在水平风场中有足够强水平切变的任何地方［图 6.12（a)］，一个典型案例是强烈的气旋、飓风或台风。如图 6.12（b）所示，气旋风造成埃克曼层的表层洋流辐散，由于流体连续性，就会产生下层海水的上升。这一过程通常被称为埃克曼抽吸，因为埃克曼输运将下层水带到海表，会导致温跃层变浅。埃克曼层的深度在 10 ~ 100 m，具体大小取决于风速与表层水的层化程度，上升流速度由公式（6.25）计算（推导见方框 6.2）：

$$w_e = \frac{1}{\rho f}\left(\frac{\partial \tau_y}{\partial x} - \frac{\partial \tau_x}{\partial y}\right) \tag{6.25}$$

式中，w_e是埃克曼层底部的垂向速度，正值表示速度向上。

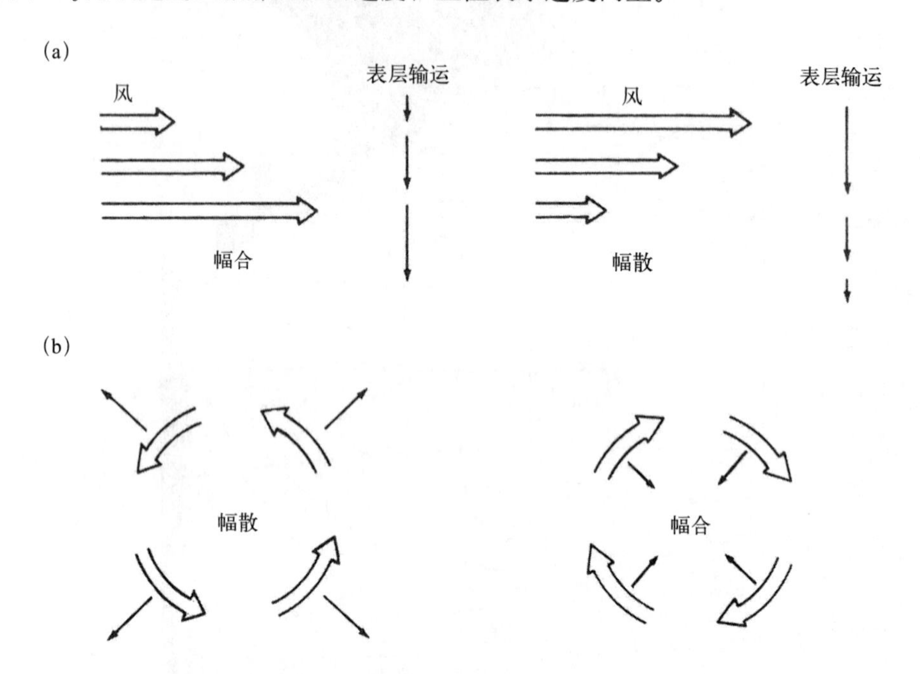

图6.12　根据埃克曼关系，水平风切变可以产生辐合或辐散

(a) 气旋导致海表水辐散和上升流，反气旋风产生辐合和下沉；(b) 类似地，大气气旋（在北半球逆时针方向）引起了辐散和上升流，反气旋导致辐合和下沉

对于风速为100 kn（约为50 m s^{-1}）的飓风，公式（6.25）计算的上升流速度约为10^{-3} m s^{-1}，比通常海洋中典型垂向速度大几个数量级。图6.12（b）和公式（6.25）还表明，水既可以被向下泵压也可以被向上抽吸，反气旋风使水体汇聚在埃克曼层并下沉，导致温跃层加深。

方框6.2　埃克曼抽吸

先看公式（6.21）

$$\begin{aligned} \frac{1}{\rho}\frac{\partial \tau_x}{\partial z} &= -fv \\ \frac{1}{\rho}\frac{\partial \tau_y}{\partial z} &= fu \end{aligned} \tag{6.6'}$$

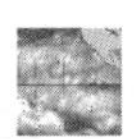

分别对 x 和 y 微分（假设密度和科氏参数为常数），两式相减得到

$$\frac{1}{\rho}\frac{\partial}{\partial z}\left(\frac{\partial \tau_y}{\partial x}-\frac{\partial \tau_x}{\partial y}\right)=f\left(\frac{\partial u}{\partial x}+\frac{\partial v}{\partial y}\right) \tag{6.7'}$$

根据连续性方程（4.10）将公式（6.7′）的右侧替换，有

$$\frac{1}{\rho}\frac{\partial}{\partial z}\left(\frac{\partial \tau_y}{\partial x}-\frac{\partial \tau_x}{\partial y}\right)=f\left(-\frac{\partial w}{\partial z}\right) \tag{6.8'}$$

在垂向速度为 0 的表面和某个深度 h(风应力的摩擦效应为 0 的埃克曼层底部）之间积分得到

$$w_e=\frac{1}{\rho f}\left(\frac{\partial \tau_y}{\partial x}-\frac{\partial \tau_x}{\partial y}\right) \tag{6.9'}$$

式中，w_e 是埃克曼层底部的速度，正值表示速度向上。

6.10 大洋环流基本概念

在研究了各类运动方程［方程（5.28）］之后，我们现在至少可以对大洋环流是如何维持的有一个定性的理解。如第 1 章所述，大西洋和太平洋的 4 个主要海盆的洋流组成了大尺度流涡，在北大西洋和北太平洋为顺时针副热带流涡，在南大西洋和南太平洋为逆时针副热带流涡。我们把这些巨大的流涡称为风生环流系统，这些流涡中的洋流都满足地转平衡。

我们先来分析方程（5.28）中的各个项，因为环流的水平尺度非常大，假设海流速度恒定，且罗斯贝数远小于 1，因此，加速度项也可以忽略不计。但我们必须考虑风应力、压强梯度力、科氏力和摩擦力之间的平衡：

$$\begin{aligned}0&=-\frac{1}{\rho}\frac{\partial p}{\partial x}+fv+\frac{1}{\rho}\frac{\partial \tau_x}{\partial z}-Ju\\0&=-\frac{1}{\rho}\frac{\partial p}{\partial y}-fu+\frac{1}{\rho}\frac{\partial \tau_y}{\partial z}-Jv\end{aligned} \tag{6.26}$$

相比于做一些特定假设来寻找这些方程的解析解，我们可以先来分析其中所涉及的物理过程，与这些大尺度流涡有关的特征风是低纬度地区的东风和中高纬度地区盛行的西风［图 6.13（a）］。由于埃克曼输运效应，水体将不断被堆积到两个半球的副热带流涡中心，这种在风驱动层中的埃克曼输运将把水体输送至流涡中心，使温跃层加深，并在环流中心堆起一个表层水丘（即高海平面）。在稳定状态下，地转流会被建立起来，并与由海面坡度产生的水平压强梯度力相匹配［图 6.13（b)］。

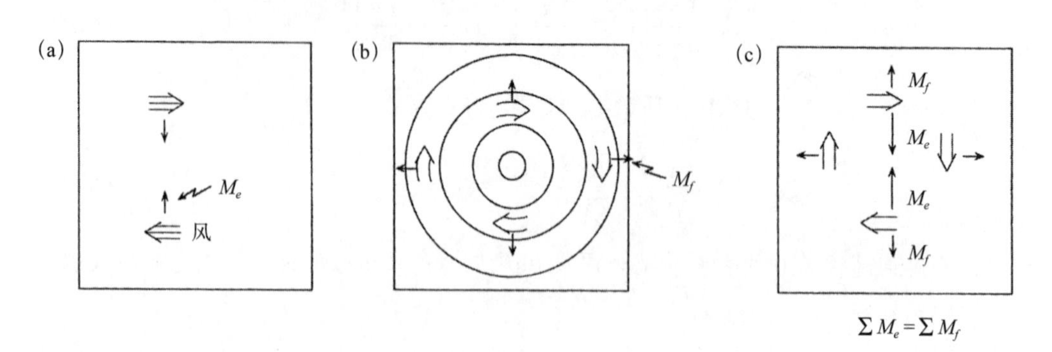

图6.13　风如何维持北半球风生环流的示意图

（a）中纬度的西风带与热带的东风相结合，由此导致的埃克曼输运（M_e）将水输送到流涡中心；（b）顺时针方向的反气旋地转流是风把水堆积在流涡中心的结果，由于摩擦的存在，会有少量水从环流下游流出（M_f）；（c）在稳定状态时，进入流涡的埃克曼输运的水量与因为摩擦从流涡沿坡面向下流出的水量相等，事实上，反气旋式地转流的动能远大于埃克曼与摩擦耗散维持平衡所需的动能

由于内部摩擦的存在，从高压到低压将会产生一些跨等压面流动，就如前文讨论的湾流流环一样；在稳定状态时，由摩擦导致的流环出流与埃克曼输运导致的流环入流水量相等（图 6.13）。因此，虽然能量通过摩擦慢慢地在系统中耗散，但会由埃克曼风力驱动补充。

这时，我们会注意到洋流和风的方向大致是一样的，这些洋流也确实被称为风生环流，但要明白，风和洋流之间的关系并不是如此简单直接的。由于埃克曼效应，风把水堆积在流涡的中心，产生了大量的有效势能，有效势能的储存导致了地转流的产生，其能量比地转流的动能大几倍，有效势能的损失只会来自由摩擦产生的沿坡面向下的速度分量，如公式（6.17）所示。在没有外力干扰下，地转流既不增加也不减少储存的有效势能。

上述过程联合作用下的质量分布及其导致的环流结构可以与一个巨大飞轮的能量状况进行类比，其中飞轮旋转本身具备的能量远大于进入飞轮或从飞轮流出的能量。即使能量交换不稳定，飞轮也会继续保持选择，只不过会旋转得更稳定或更不稳定而已。海洋也是类似的情况，由于摩擦的存在会有少量的势能不断流失，但流失的能量会被风驱动的埃克曼输运所补充，在没有任何风能输入的情况下，主要海流系统的总能量足以让它们维持数月，就算风突然停止了，大尺度风生环流系统仍将持续一段时间。

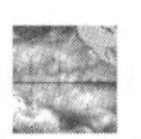

6.11 西边界流

如第 1 章所述，与海盆中部风生大尺度环流不同的是海盆西侧的洋流（墨西哥湾流、黑潮、巴西海流和东澳大利亚流等），这些西边界流是强而窄，与其相对应的大环流东侧的洋流则较弱且更为分散。为了解释这种差异，我们可以更详细地研究方程（6.26）。

在上一节的讨论中，可以发现方程两项之间的平衡，即将能量注入流涡的埃克曼风应力项和将能量耗散的摩擦项，这种平衡可以用运动方程的涡度方式来更好地表示，见公式（5.30）。如方程（5.30）一样，方程（6.26）存在近似的涡度平衡，将方程（6.26）沿 y 方向的分量公式对 x 求微分和沿 x 方向的分量方程对 y 求微分后两个方程相加，这样就有

$$0=f\left(\frac{\partial u}{\partial x}+\frac{\partial v}{\partial y}\right)+v\frac{\partial f}{\partial y}+\frac{1}{\rho}\frac{\partial}{\partial z}\left(\frac{\partial \tau_x}{\partial y}-\frac{\partial \tau_y}{\partial x}\right)-J\left(\frac{\partial u}{\partial y}-\frac{\partial v}{\partial x}\right) \tag{6.27}$$

在上一节的讨论中，我们假设垂向速度非常小，因此公式（6.25）中的第一项等于零，即连续性方程（4.10），同时忽略科氏参数随纬度的变化。在这些假设下，涡度平衡是可以简单表示为

风应力（顺时针）=摩擦力（逆时针）

$$\frac{1}{\rho}\frac{\partial}{\partial z}\left(\frac{\partial \tau_x}{\partial y}-\frac{\partial \tau_y}{\partial x}\right)=J\left(\frac{\partial u}{\partial y}-\frac{\partial v}{\partial x}\right) \tag{6.28}$$

在物理上，风应力的负涡度（或顺时针涡度）被内摩擦项的正涡度（或逆时针涡度）所平衡[15]，公式（6.28）为上一节中描述的各项平衡的标准表达，图 6.14 表示洋流方向和海面坡度。

事实上，我们在上一节的讨论中忽略了纬度变化对科氏参数的影响，科氏参数的效应体现在公式（6.27）中的行星涡度项$v(\partial f/\partial y)$，如果考虑这一项就需要涡度在三个项之间保持平衡：风应力、摩擦和行星涡度，在我们的简单海洋模型中为了保持这种平衡，摩擦项和风应力项的符号无论在哪里都保持不变。与摩擦项和风应力项不同，行星涡度项的值会随位置而变化。行星涡度在水流东西向时为零，在海水向极流动的海盆西侧为负值（顺时针涡度），在海水向赤道流动的海盆东侧为正值（逆时针涡度）（图 6.15）。因此涡度平衡的关系变为

15 需要重点指出的是，海洋西边界流的驱动与局地风场几乎无关，而是来自海盆尺度的风应力旋度，即埃克曼泵压（Ekman Pumping）。——译者注

海盆西侧：

风应力（顺时针）+行星涡度（顺时针）=摩擦力（逆时针）

海盆东侧：

风应力（顺时针）=行星涡度（逆时针）+摩擦力（逆时针）　　(6.29)

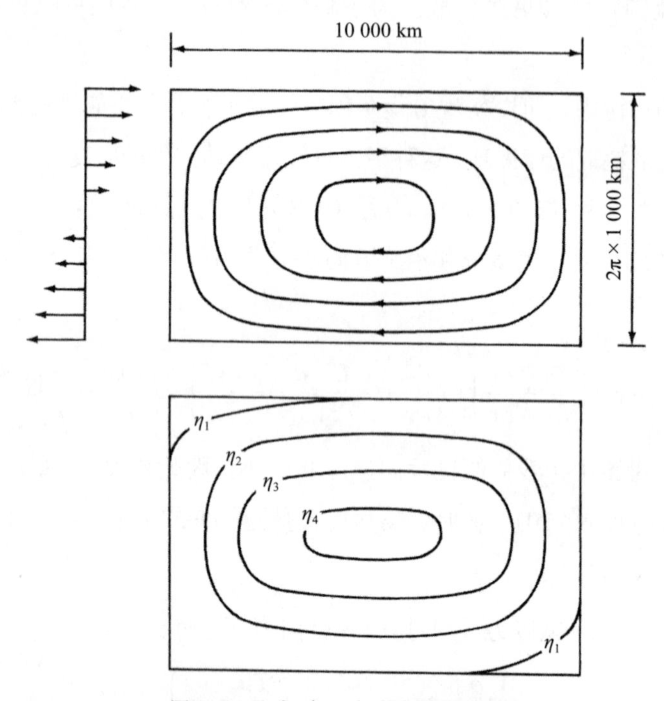

图6.14　公式（6.28）的解析解示例

下图显示等位势面上的海表面高度，并且$\eta_4>\eta_1$，由此产生的环流是近似地转的，并且在海盆内是对称的（摘自Stommel, Transactions American Geophysical Union, 29, 1948）

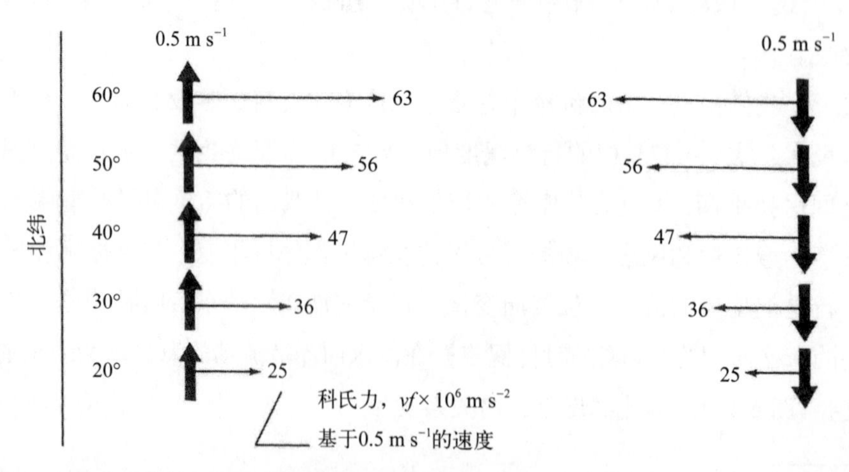

图6.15　行星涡度是科氏参数（f）随纬度增加的结果。科氏力的作用是对定常的向极流产生顺时针反气旋涡度的影响，对定常的向赤道流产生逆时针气旋涡度影响

如果在大洋两侧的风应力涡度维持恒定，那么要保持涡度平衡就需要改变其他两项的值。通过简单分析，可以很容易发现唯一的可能就是海盆西侧的摩擦项需要大于海盆东侧，同时海盆西侧的经向流速需要大于海盆东侧。海盆东西两侧经向流速的比值与所选择海盆的尺度大小、摩擦系数等有关。图 6.16 显示了公式（6.29）的一个解析解。这种在大尺度流涡中经向流速西向加强的现象可以在北大西洋和北太平洋中找到类似的例子，那里的湾流和黑潮就是狭窄而快速的洋流。而在大洋东侧，则不存在类似的窄而快的强洋流。

1948 年，亨利 · 斯托梅尔第一个证明行星涡度（科氏参数随纬度的变化）是造成西边界流(如墨西哥湾流)和大尺度流涡东西不对称的原因。他设置了一个简单的模型，模型中有一个矩形的平底海洋，没有分层，外加一个简单的线性摩擦项，如公式（6.26）所示。他得到的在方程中不考虑和考虑行星涡度项的结果如图 6.14 和图 6.16 所示。此后，有很多人对海洋的大尺度流涡提出了更为详细和更符合实际的理论，但所有理论都有一个共同特点：要产生如墨西哥湾流一样的西边界流，就必须考虑科氏项随纬度的变化。

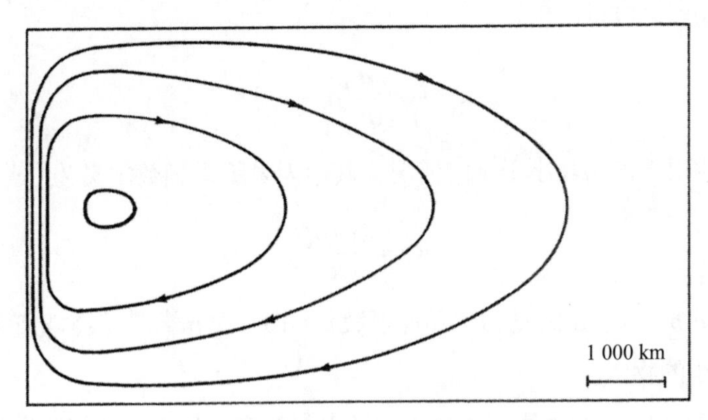

图6.16　风应力与图6.14相同，但考虑到科氏参数（f）随纬度的变化，那么环流不再是对称的；洋流仍然是接近地转的，但存在强大的西边界流

(摘自Stommel, Transactions American Geophysical Union, 29, 1948)

6.12　沉降末速

事实上，海洋中的物理过程并不都是由科氏力控制的，在本章的最后，我们用一个例子来说明一下。第 9 章（“风浪”）和第 11 章（“近海和半封闭海”）描述了其他更重要的例子。假设，一个黏土小颗粒和一个球体在海洋中坠落。如果它们在真空中下落，它们将以 9.8 m s^{-2} 的加速度持续加速，并以相同的速度下落。但在海洋中，黏土颗粒和球体将很快达到某种极限速度，并维持这种速度下落。即使球体和黏土颗粒

的密度相同，但前者的速度将会比后者快得多。

在两者都处于稳定的作用力平衡的情形下，即作用在物体上的向下的重力和大小相等、方向相反的摩擦力平衡，即

$$mg = F \tag{6.30}$$

对于黏土颗粒，摩擦力与分子黏度成正比；对于球体，阻力由落下球体留下的湍流尾迹来确定，在这两种情况下，重力 mg 都是物体在水中的重量

$$mg = (\rho_s - \rho_w)Vg \tag{6.31}$$

式中，ρ_s 是物体的密度，ρ_w 是水的密度，V 是物体的体积，对于球体，重力为

$$mg = \frac{4}{3}\pi r^3(\rho_s - \rho_w)Vg \tag{6.32}$$

用斯托克斯公式计算球形黏土颗粒的摩擦黏滞阻力

$$F = 6\pi r\mu w \tag{6.33}$$

结合公式（6.30）可以得出

$$w = \frac{2}{9}r^2\frac{g}{\mu}(\rho_s - \rho_w) \tag{6.34}$$

公式（6.33）适用于雷诺数小于 1 的情况，其中无量纲雷诺数定义为

$$Re = \frac{2wr\rho_w}{\mu} \tag{6.35}$$

选取范围合理的$\rho_s \sim \rho_w$，水的动力学黏性系数$\mu \approx 10^{-3}$ kg m^{-1} s^{-1}，很容易证明公式(6.33)仅适用于非常小的物体。

对于半径为 0.1 cm 的物体，由分子黏性引起的摩擦阻力不再起决定作用。摩擦力计算公式为

$$F = \frac{1}{2}C_D\rho_w Bw^2 \tag{6.36}$$

式中，B 是横截面积（对于球体为 πr^2）；C_D 是无量纲阻力系数，其近似值为 1，对于高度流线型的物体，它可以小到 0.1，对于空心半球（如无孔降落伞），其值接近 2，对于一个球体，它大概是 0.5。将公式（6.36）与适用于球体的公式（6.32）相结合，得出

$$w^2 = \frac{16}{3}\frac{(\rho_s - \rho_w)}{\rho_w}gr \tag{6.37}$$

图 6.17 显示了下落球体的沉降末速与半径的函数关系。在斯托克斯定律适用范围内，沉降末速随着半径平方的增加而增加。对于较大的物体（以及较大的下落速度），沉降末速随着半径平方根的增加而增加。一个半径为 0.1 m、比重为 8 的炮弹将以超过 6 m s^{-1} 的速度落下，并在大约 11 min 内达到 4 000 m 的深度。一个 10^{-6} m、比重为 2.5 的黏土颗粒的沉降末速约为 3×10^{-6} m s^{-1}，需要 40 多年才能到达海底。海洋地质学家经常将海底沉积物与发生在海洋表层的过程相联系，但物理海洋学家知道，在所有深度的洋流都会如此运动，以至于 40 年后人们可能会看到显著的水平扩散，出现这种明显悖论的原因是这些小颗粒会以絮状物、松散聚集体或粪便物质的形式下落，直接的观测结果表明，有机物的典型沉降速率约为 100 m d^{-1}。

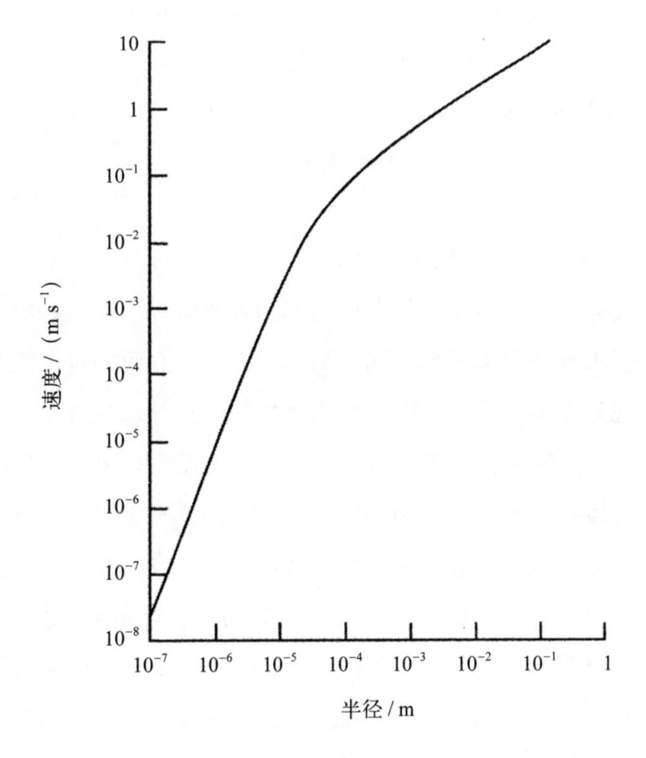

图6.17　落在海洋中的球体的沉降末速与半径的函数关系

假定比重为2.6。斯托克斯定律适用于约10^{-4} m或更小的物体

7 主要流系

为了更好地讨论复杂的洋流系统，我们将其划分为若干子流系。一些学者经常将表层环流与中、深层环流区分开来。同样的，在一些书中也会将风生环流（主要是表层环流）与热盐环流（主要是中、深层环流）区分开来。尽管使用这样的划分对初学者来说简单有效，但是随着学习的深入，这些划分常会引起误解。湾流和南极绕极流是风生环流的一部分，但是这两支洋流都可以延伸到深层。虽然通过假定风是唯一驱动力，可以大致确定海洋表层环流的分布形态，但是海洋温度结构和淡水强迫在决定表层环流形态上也起到了一定作用。同样的，表层的过程也能够影响到深层环流。中、深层环流之间的区别通常基于其水团起源，但垂向混合使得两者之间的区别并没有那么显著。

在本章中，我们将讨论主要的表层环流（风生环流）。而在下一章中，我们将讨论深层环流，以及去除风生环流后的海洋内部的主要特征。将这些组成部分整合成一个统一的概念，能够描述经向翻转环流（MOC）。这一方面的研究浩如烟海，且还在持续快速增加。因为大部分研究工作都是描述性的，总结起来并不容易，因此，在本书中，我们并不试图做到尽善尽美，而是选取具有代表性的例子展开陈述。

表层环流的总体特征可以解释为风生环流。大西洋和太平洋的环流形态有许多相似之处（图 1.9），即在这两个大洋中，环流都是由两个大的反气旋环流控制（反气旋在北半球是顺时针旋转，而在南半球是逆时针旋转），这些环流是由海表风场产生的反气旋力矩驱动的（见第 6 章）。这两支南北半球的环流被赤道逆流隔离开，且在大西洋和太平洋都存在很强的西边界流：湾流（北大西洋）、黑潮（北太平洋）、巴西暖流（南大西洋）以及东澳大利亚流（南太平洋）。而在北大西洋和北太平洋，都存在一股沿着大洋西岸自北往南流的冷水流，处于北太平洋的称为亲潮，而处于北大西洋的称为拉布拉多寒流和东格陵兰岛寒流。

不同洋盆之间的差异有一部分是来自洋盆形状的差异，大西洋、太平洋和印度洋洋盆的形状差异巨大；另一部分来自不同风场的空间形态差异，风场形态的不同导致的环流差异在印度洋尤其显著。南印度洋的环流总体上与南大西洋以及南太平洋的特征相似，而北印度洋受季风系统控制，显示出明显的季节差异。

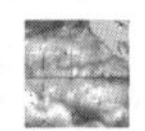

可以预料，离陆地越近，不同洋盆间环流的差异越大。导致这个结果的原因有很多，其中海岸线的形状以及海底地形的变化可能是最重要的因素。大洋环流与海洋边界的相互作用催生了很多永久性或半永久性的涡旋。近岸局地的风场形态与大洋中间相比更加偏离纬向平均状态。在一些区域，如近海区域，径流以及潮汐的作用同样不可小觑。

图 1.9 所示的是气候态的表层流场图，正如每日的风场在其均值附近变动一样，海洋流场也存在着瞬时变化。大弯曲和涡旋是瞬时流的重要特征，但是经过对数据均值化处理后就看不出相关特征。在任一给定时刻，流的位置及其强度跟均值可能是不一样的，正如湾流和秘鲁寒流的位置和强度可能会变化，但是这两支流系却是持续存在的。

7.1 西边界流系：湾流和黑潮

在第 6 章中，我们探讨了通过地球自转建立起的狭长且强劲的西边界流，北半球的西边界流（湾流和黑潮）似乎比南半球对应的西边界流发育得更好，其中的原因目前尚未得到很好的解释。湾流和黑潮存在很多相似点，然而就两者而言，我们对湾流或许了解更多[16]。

如果要把湾流认定为一个连续的副热带流涡的一部分，那么如何定义其起点和终点仍存在一定问题。在墨西哥和古巴之间可以看到有一支强流流经尤卡坦海峡，这支流常常在流过佛罗里达海峡之前在墨西哥湾内部形成大弯曲。这也是为什么大部分人将其称为湾流，当然也因为在此处观测资料逐渐增多，使人们可以详细地刻画这支流系。湾流流经美国海岸的长度达 1 200 km，从基韦斯特、佛罗里达到北卡罗来纳州的哈特勒斯角（在卡罗来纳沿岸会形成间歇性的离岸弯曲），流过哈特勒斯角后，湾流的路径不再稳定，它横切整个北大西洋，流经大浅滩南侧，其路径是不断变动的，且发展形成了相当大的波状弯曲。在 60°W 以东，湾流便不再是一支单一且定义明确的洋流了（图 7.1）。

湾流表层宽度在 100 ～ 150 km，通过水平温度梯度（在表层以下几十米更容易看到）以及逆流能够十分容易地辨别出湾流的左侧边缘。相对而言，右侧边缘的辨别则没有这么容易，主要是因为其水平温度梯度小，但是逆流同样清晰可见。湾流的表层流速能够达到 2.5 m s^{-1}，约为 5 kn，流速最快的地方位于流系中心左侧位置（顺流角度看）（图 7.2）。

16　这与湾流区域开展的海洋调查研究和观测活动多、历史长密不可分。——译者注

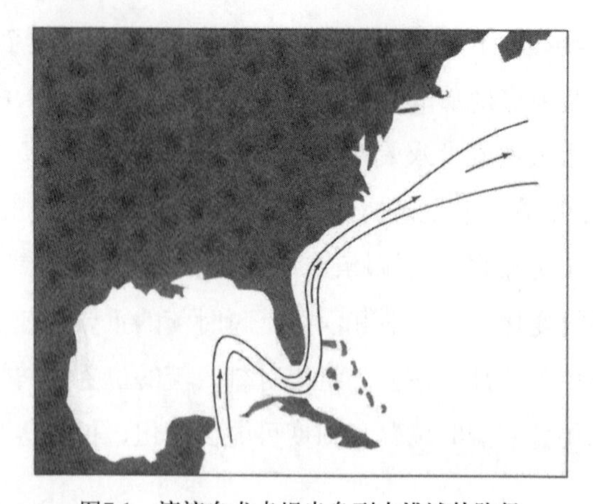

图7.1　湾流自尤卡坦半岛到大浅滩的路径

虽然湾流在离开哈特勒斯角后并没有明显的拓宽，但它的位置变动范围变大（见图1.10）

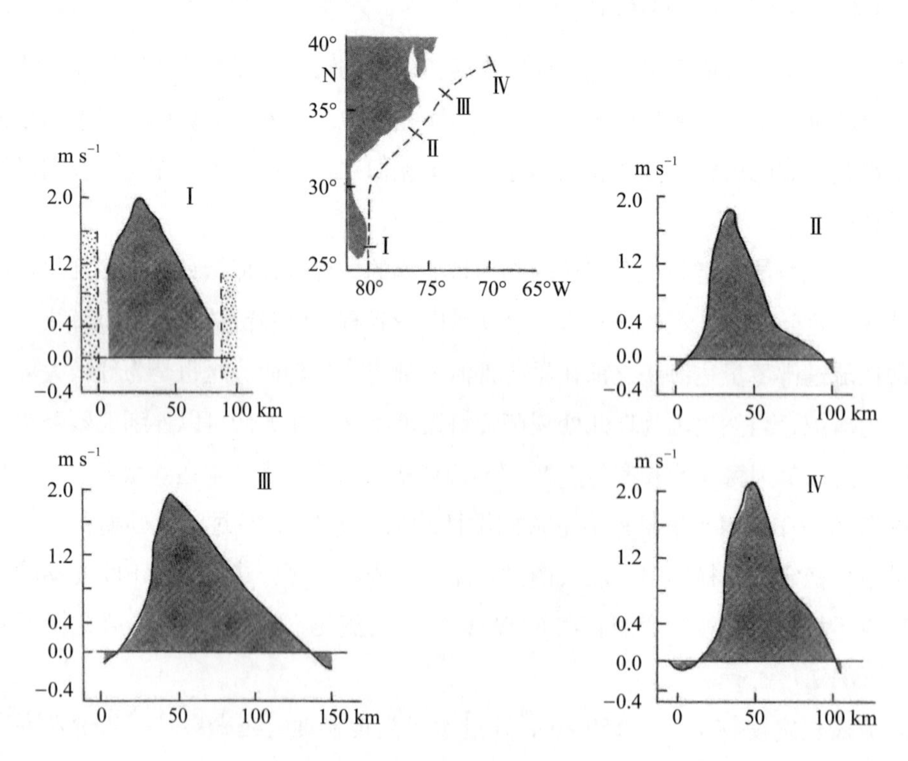

图7.2　湾流自佛罗里达海峡顺流的表层流速

湾流是准地转平衡的，流的左侧（顺流角度看）是密度大的冷水，而右侧是马尾藻海高温低密的水体。图 7.3 刻画了湾流断面上典型的温度和密度分布，能够看到，即便在 2 000 m 以深，等密面仍呈现出一定倾斜，表明在此处体量可观的地转流的存在。直接观测表明，湾流在大部分路径下都能够延伸至海底。图 7.4 是湾流内地转

流的垂向分布，可以看到，该洋流自佛罗里达陆架的浅水流至布莱克深海高原（水深 500 ~ 1 000 m）的海底，底层流速最大能够达到 0.5 m s^{-1}。

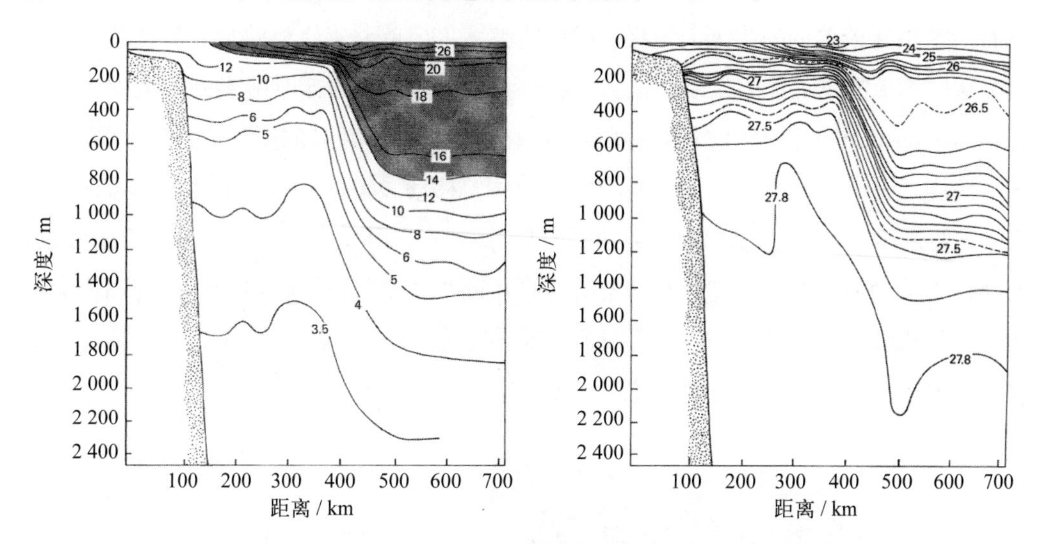

图7.3　湾流断面上温度（℃，左）和位密（kg m^{-3}，右）分布

暖的湾流和冷的陆坡水体之间的等温线陡坡通常被称为冷壁。这样的密度的分布表明，在急剧变化的水平密度梯度上方存在强劲的地转流，且随着深度增加流速逐渐减小

（摘自Fuglister and Worthington, Tellus, 3, 1951）

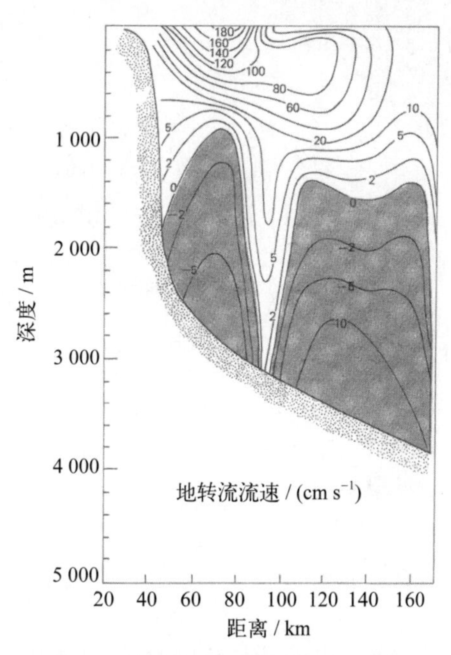

图7.4　典型的湾流断面的流场示意图

湾流随着深度增加而变窄，且最大流速偏向于右侧（顺流方向）

（参考Richardson and Knauss, Deep-Sea Research, 18, 1971）

由于系统不稳定，在湾流流经哈特勒斯角后产生弯曲并逐渐发展。在数月的湾流实际观测路径合成图中，很难将不同的瞬时湾流路径联系起来（如图 1.10 所示），然而，每隔几天选取的湾流天气尺度图则能够表现出单个弯曲结构向下游发展。

这些湾流的弯曲能够发展出很大的振幅，变得极为不稳定且分裂开形成涡旋或者流环：湾流南侧形成气旋式的冷核涡旋，而在北侧形成等数量的反气旋式的暖核涡旋。这些涡旋以每天几厘米的速度逆着流向西南方向移动。暖核涡旋的生命周期通常低于半年，要么移动到陆架上破碎，要么重新进入湾流中。如果没有立即被湾流重新吸收，就会在哈特勒斯角附近受湾流和陆架边缘挤压而被重新吸收。很多冷核涡旋同样会被湾流重新吸收，但是仍会有一些在马尾藻海存留长达两三年，图 7.5 显示的就是一个存在将近两年的流环，它直到运动到佛罗里达流附近才被湾流重新吸收。

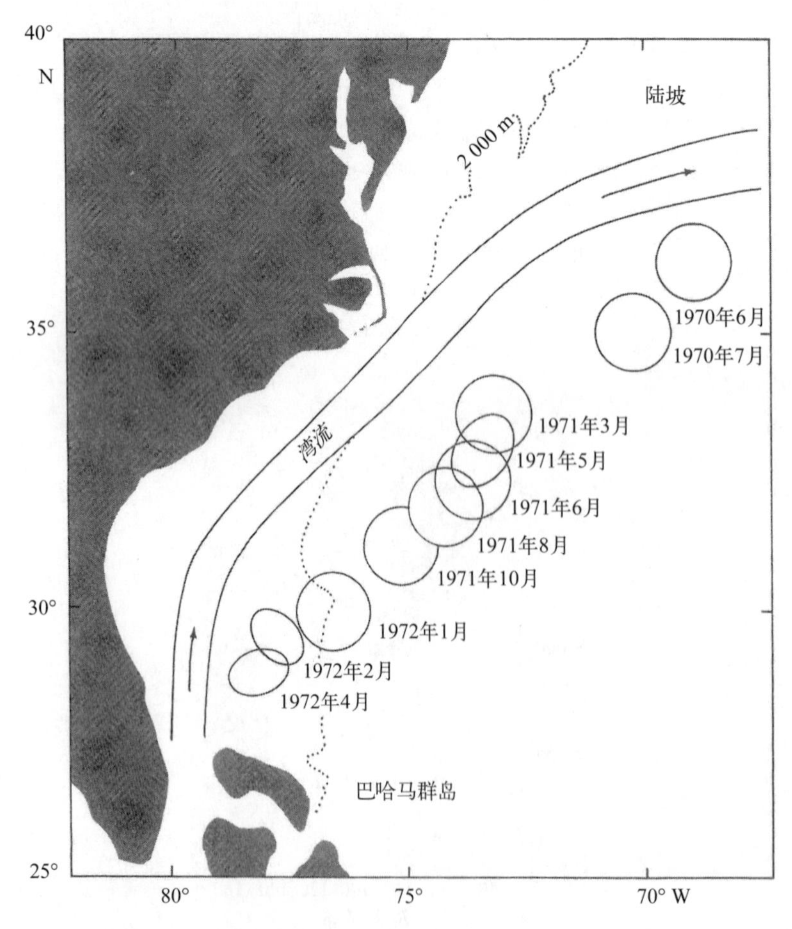

图7.5 湾流南侧剥离出来的涡旋可以存活很久。图示的涡旋被监测追踪了将近两年

（参考Richardson, Strong, and Knauss, Journal of Physical Oceanography, 3, 1973）

密集的水文观测和高精度的卫星观测，为我们很好地呈现出了湾流的结构。卫星资料除了能够描述这种间歇性生成涡旋的大尺度大弯曲结构，同样能够刻画出冷暖流，以及沿着湾流北侧温度锋面的多种波状运动。

在佛罗里达海峡可以最好地测量湾流流量，其西侧为佛罗里达的边界，而东侧为巴哈马群岛，湾流正好处于其中，其短期的变率相当可观，能够达到季节变化 10% 的量级（图 7.6）。而在湾流的下游，虽然其流量更大，但是由于缺乏数据，并不能很好地刻画其变率；但是，如同佛罗里达流一样，湾流的流量变化同样是短期、年际以及季节等多重时间尺度信号交叠在一起的。

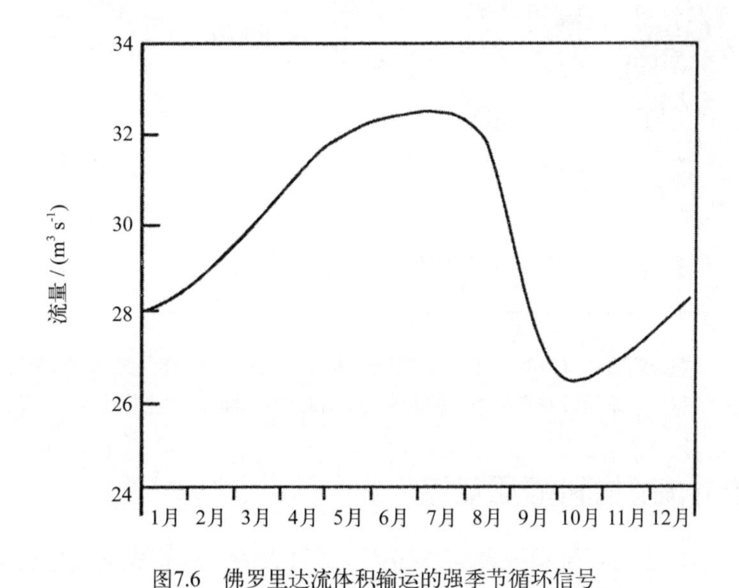

图7.6　佛罗里达流体积输运的强季节循环信号

夏季比冬季高出15%～20%（参照Schott, Lee and Zantopp, Journal of Physical Oceanography, 18, 1988, and Molinari, Johns, and Festa, Journal of Physical Oceanography, 20, 1990）

如何将佛罗里达流从湾流中分离出来，再估测湾流的流量是定义湾流的一个重要问题。如图 7.2 中湾流边界所示，从哈特勒斯角顺流的流量能够达到 100×10^6 ～ 150×10^6 $m^3\ s^{-1}$，但在湾流主轴两侧仍有大量的回流会干扰流量的计算，如果将回流从湾流流量的计算中剔除，那么湾流系统的净流量约为上述估算量的 2/3 甚至更少。

虽然黑潮在很多方面都与湾流十分相像，但是仍有一个十分显著的区别：经典的黑潮路径是双峰的。伊豆 - 小笠原海脊正好垂直于黑潮主轴，自 30°N 向北延伸至陆地，其中存在数个深度大于 1 000 m 的通道。由于它的存在，在黑潮流经此海脊之前，会在 138°E 附近产生大的弯曲（图 7.7）。一旦黑潮形成强烈的弯曲，其形态会维持几年的时间。黑潮从一种形态转变为另外一种形态的驱动力可能是南向流动的冷水（亲潮）的变化，或者是与 ENSO 事件相关的信风转换。

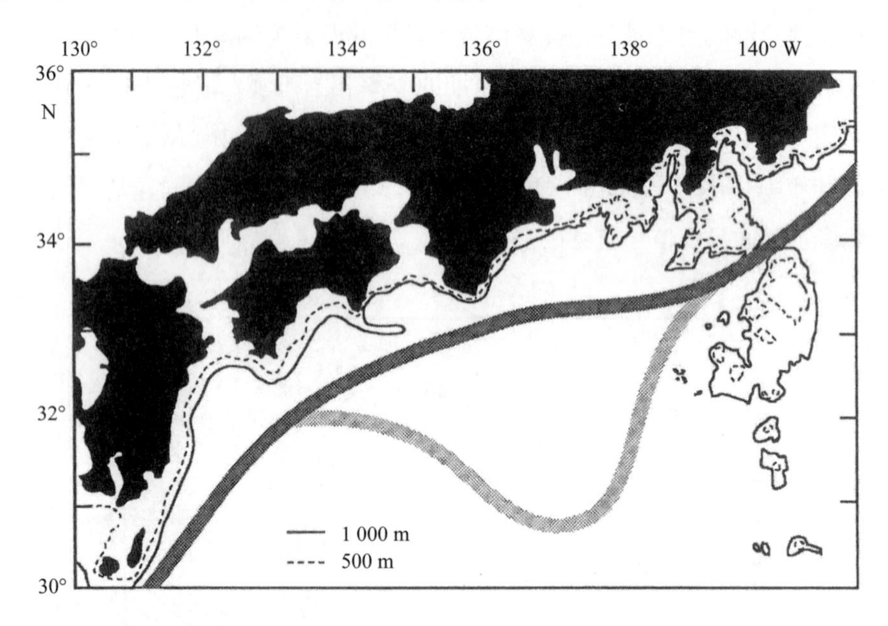

图7.7　黑潮流经小笠原海脊，仅有数个通道深度达到1 000 m。此海脊上游，黑潮可以发展出两个截然不同但稳定的路径。从一种路径转变到另外一种需要几个月时间。黑潮同样也能通过32°N以南的海脊流出

7.2　东边界流：加利福尼亚流

图 1.9 显示主要的环流系统大部分都可以通过大的反气旋式环流进行描述，然而，组成环流系统的不同洋流分支之间存在很大差异。例如，湾流、黑潮这些西边界流，流幅窄、流速大、深度大且边界清晰。而在大洋东侧的洋流，如加利福尼亚流、秘鲁寒流和本格拉寒流，都是流幅宽、流速慢、深度小，且伴随着较多涡旋和逆流，离岸边界难以界定，一些学者更倾向于将这些东边界流表述为加利福尼亚流系、秘鲁流系等。

这些东边界流里面，拥有最多观测数据的便是加利福尼亚流系。加利福尼亚流在任一给定的时间、地点的流速跟平均状态都差异巨大。无论是瞬时或者一个季节，甚至季节平均的流场图，均不会呈现出简单的方向一致的流动，而是表现为一系列大的涡旋叠加在宽阔、缓慢、向赤道的流动上面（图 7.8）。相似的情况也发生在其他东边界流上。沿岸流十分复杂，特别是沿岸上升流，通常是决定水体特征来源以及局地环流的主导因素（见第 11 章）。

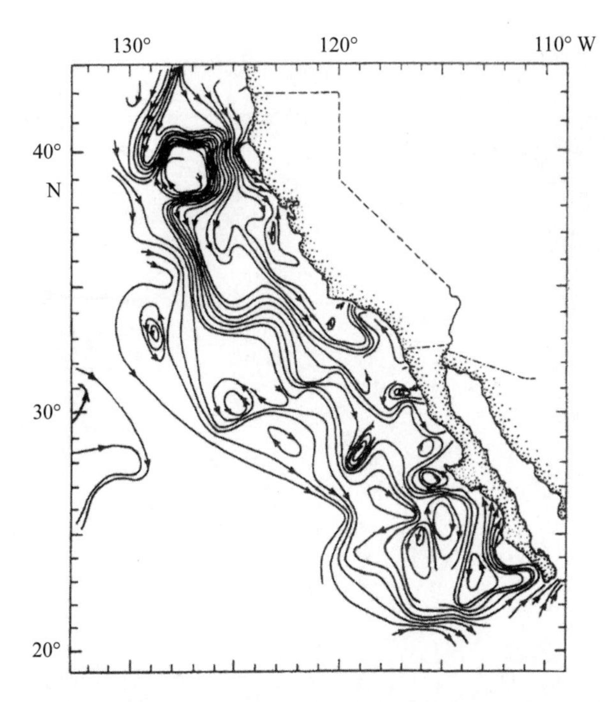

图7.8 时间平均的东边界流也能够显示出复杂的模态，例如这张9月的加利福尼亚流的表层流分布。线条表示通过温、盐计算得到的地转流的形态，空间上线条越是紧密，流场越强

（参考Hickey, Progress in Oceanography, 8, 1979）

在全年大部分时间及大部分流域上，南向流动的加利福尼亚流近岸一侧有北向逆流存在。这个逆流通常以潜流形式存在，其流速最大发生在陆架坡折和陆坡上。加利福尼亚潜流流幅很窄（70 km 量级），且流速较大。有记录显示持续的流速能够超过 0.25 m s^{-1}，加利福尼亚潜流会形成次表层的次中尺度涡旋，且在海洋内部向西漂移。在 34°N 交叉点北侧，同样存在一支极向流动的洋流，这支早已被人熟知的洋流称为戴维斯流。

在其他东边界流系统中，也会观测到相同的表层或次表层逆流。图 7.9 展示了三种可能的逆流机制。图 7.10 是秘鲁外侧强上升流期间断面上的温度分布情况，显示出等密面向海岸方向延伸，这是上升流的显著特征，能够产生图 7.9 所示的地转逆流，这样的向极潜流在秘鲁寒流系统中已被观测到。

虽然逆流（表层和次表层）在所有的东边界流系统中非常普遍，但是可以预期这些逆流在细节方面是千差万别的，这主要是由于控制这些逆流的驱动力是风场、洋盆尺度上的压力梯度、海底地形以及海岸线形状，而这些要素在东边界流系统中的每一支中都是不一样的。比如，深地中海溢流影响着葡萄牙和西班牙外侧的潜流。

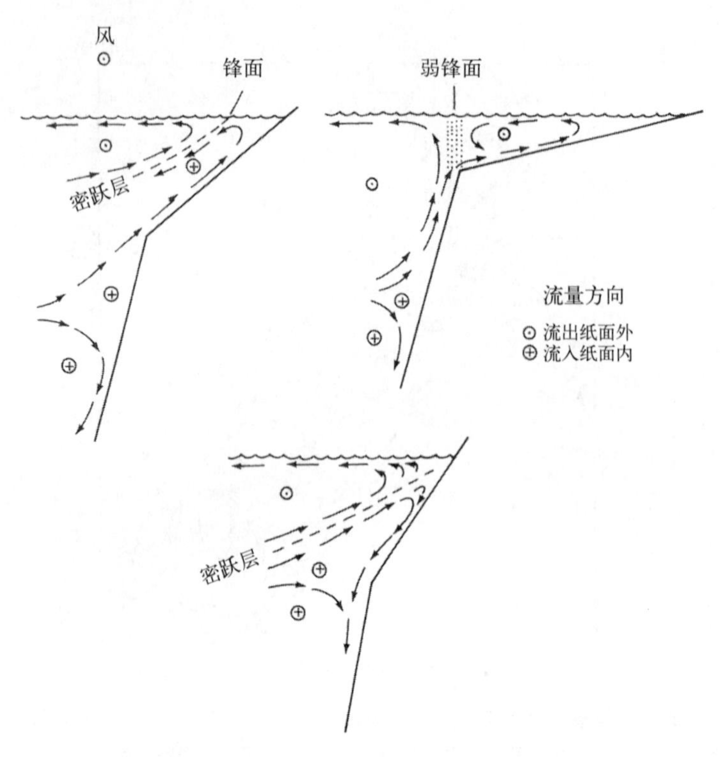

图7.9　多种沿岸上升流系统的示意图

在北半球，离岸埃克曼输运利于沿岸上升流的产生

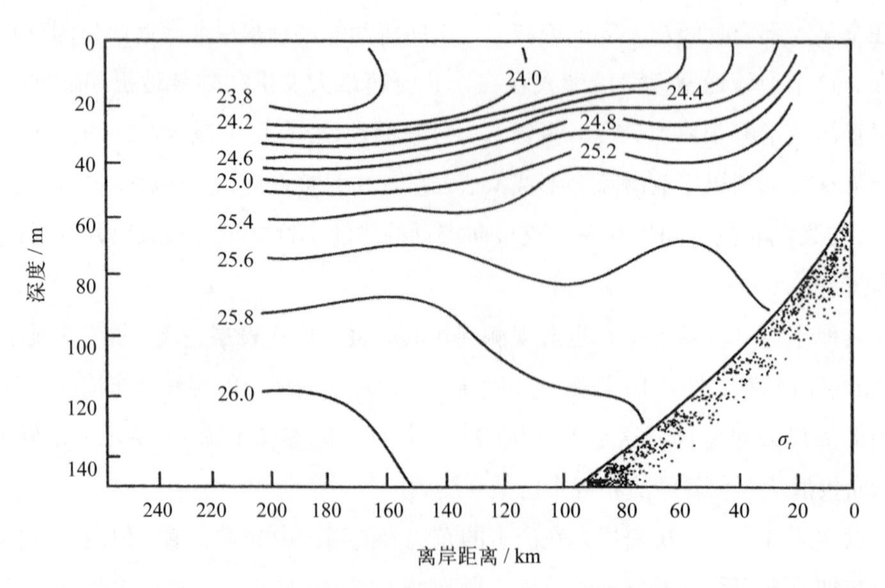

图7.10　秘鲁外海上升流情形下典型的断面分布

等密度面的扩展与逆流潜流是一致的（如图7.9）

（参照Gullen and Calienes, in Coastal upwelling, American Geophysical Union, 1981）

7.3 赤道流系

认识热带大洋环流最简单的方法就是将其看成信风系统对应的产物，在大西洋和太平洋大部分区域，北半球盛行东北信风，南半球盛行东南信风。热带辐合带即处于这两个信风系统之间的风速较弱且风向多变的区域，将两个半球的信风系统分隔开，它位于 3°—10°N，被认为是气候意义上的赤道。

赤道主要流系能够很好地反映出风场系统的空间分布，信风下方对应着向西流动的南北赤道流，分别是南北半球反气旋洋流的组成部分（图 1.9），在这两支宽阔的西向流之间是一支流幅相对窄（300 ~ 500 km）的东向流——赤道逆流。图 7.11 所示的流系在大西洋中部以及太平洋分布最为显著。而在洋盆边缘，信风以及赤道流系统都更为复杂。

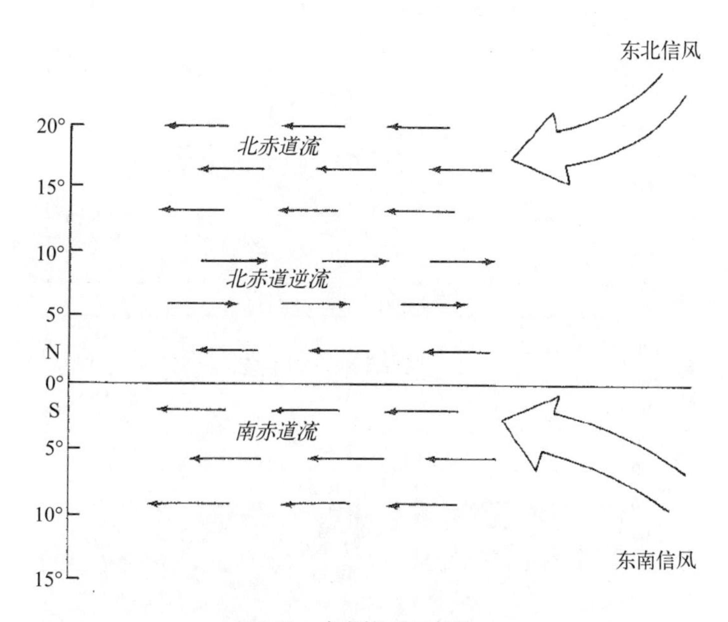

图7.11　赤道流系示意图

通常，北（南）赤道流位于东北（东南）信风下方。赤道逆流在热带辐合带向东流动

热带海域的特征是表层为混合充分的暖水和急剧变化的温跃层。在之前的章节中讲到了可以使用简单的两层海洋理论来实现对热带海洋的模拟，由于温跃层的高稳定性，很少有垂向混合能够穿越温跃层从一个深度层进入另一层。因此，表层生物生产力十分旺盛而营养物质被大量消耗。氧气在温跃层以下几乎耗尽，在此深度上，有机物氧化并沉入海底，图 7.12 很好地刻画了磷酸盐和氧气的深度梯度。

赤道流系大多局限在混合层，平均流速为 0.3 ~ 1.0 m s^{-1}。温跃层之下，流速明显减弱。这些赤道流系接近准地转平衡，且温跃层的斜率也与两层海洋理论模拟得到的上层海洋地转流一致（比较图 6.5 和图 7.12）。顺流看，在北半球，温跃层向右下侧倾斜，而在南半球，温跃层向左下侧倾斜。虽然赤道上纬度的正弦值为 0，科氏力在赤道上没有水平的分量。但在赤道附近半度范围内，使用地转近似也是有效的。

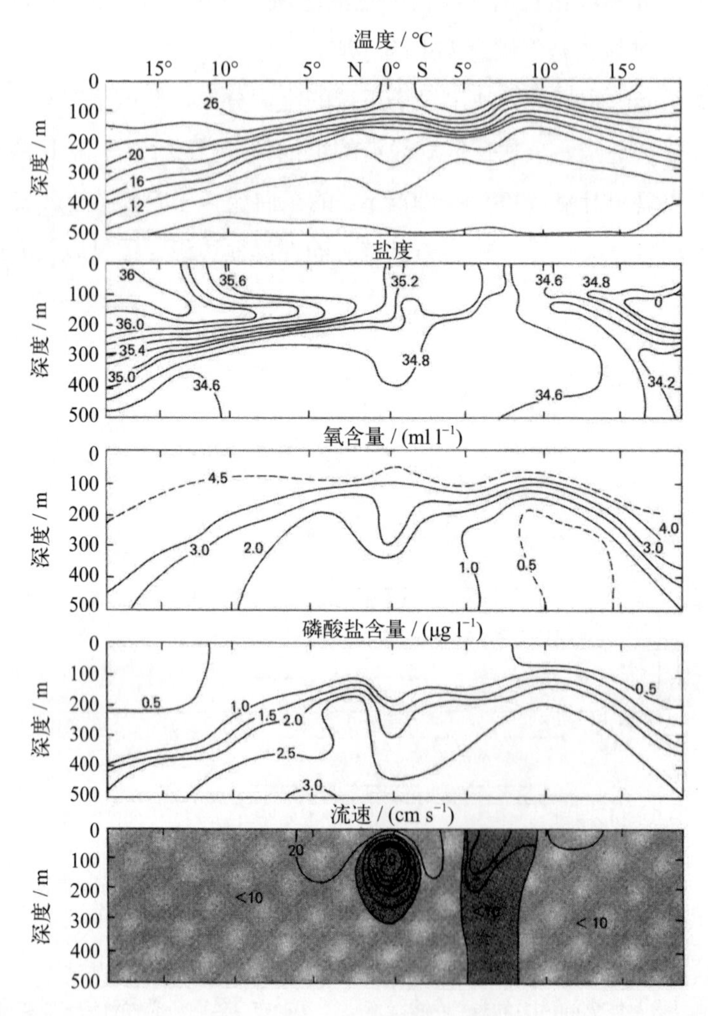

图7.12　从上至下为太平洋140°W断面上温度、盐度、氧气、磷酸盐和流速分布。温跃层以上的混合层中，海水富氧而磷酸盐含量低，温跃层以下，氧气和磷酸盐含量的分布出现反转，高盐盐舌向赤道延伸，温跃层的梯度与被5°—10°N范围内的逆流（局限在混合层之内）分成的南北两支赤道流一致，赤道潜流及其对温跃层的影响在赤道位置清晰可见

（参考Knauss, in The Sea, vol, II, Wiley Interscience, 1963）

赤道上，在温跃层深度上，存在一个向东的次表层流系——赤道潜流，或者称为克伦威尔流，抑或称为平洋赤道逆流。如图 7.12 和图 7.13 所示，由于图片的垂向放

大效果，赤道逆流形同牛眼状。实际上，赤道逆流更像一个薄丝带，约有 200 m 厚、300 km 宽，最大流速能够达到 1.5 m s^{-1}（约 3 kn）。流的中心通常处于温跃层中，正好位于或者非常接近于赤道，这就意味着，赤道潜流的中心深度在混合层较浅的大洋东侧约为 50 m 或者更浅，而在混合层较深的大西洋以及太平洋西部，潜流的中心深度可达 200 m 或者更深。

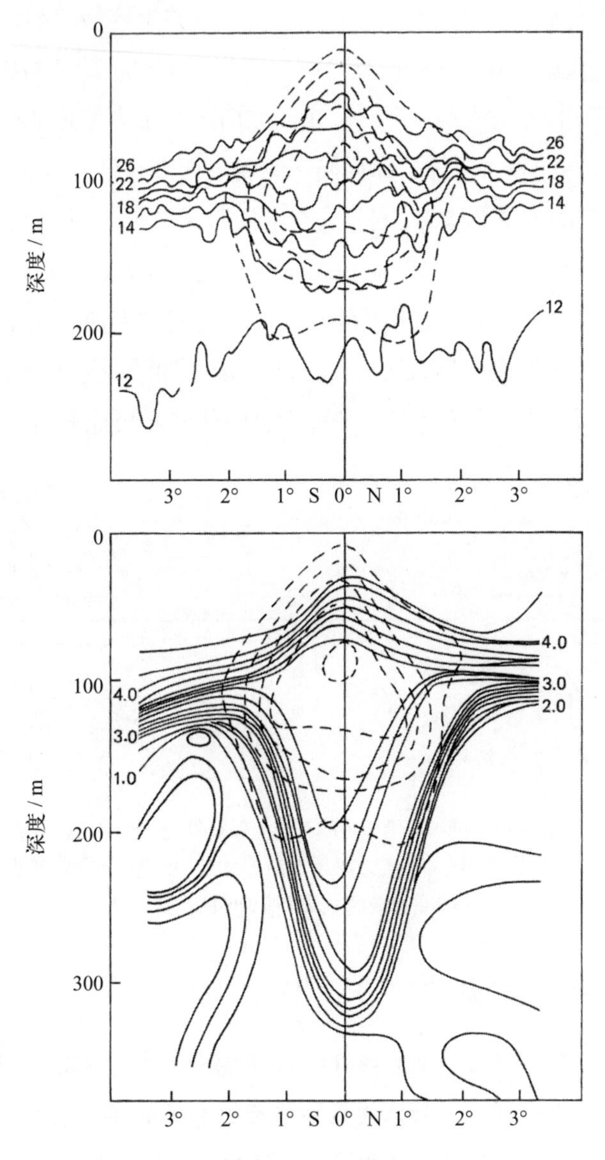

图7.13　140°W上的太平洋赤道潜流示意图

上图可以看到等温线（单位：℃）的分布，下图能够看到氧气含量等值线（单位：ml l^{-1}）的分布。流速使用短划线表示，间隔由外部的0.25 m s^{-1}到中间的1.5 m s^{-1}不等（参照Knauss, Deep-Sea Research, 6, 1959）

赤道潜流通常对应温跃层的扩展以及海水特性如氧气等的混合（图 7.13）。热带大部分区域温跃层内氧气以及磷酸盐垂向梯度显著，但在赤道潜流附近要变弱很多。可以看出温跃层的分布，与地转平衡产生的潜流是一致的。赤道潜流与赤道逆流间隔大约有 300 km（图 7.12）。

通过第 6 章节“大洋环流基本概念”中一系列概念的阐述，南北赤道流以及赤道逆流可以视为风致环流。克伦威尔流（赤道潜流）则并不容易理解。有两个特征能使我们将其归为大洋环流一类。首先，克伦威尔流位于赤道，此处科氏力为 0，水体应依照“水往低处流”的原理流动，因此，东西方向上的压力差是维持这支流的重要原因（图 7.14）。在大西洋和太平洋，海面向东倾斜（西高东低）。太平洋的平均斜率为 5×10^{-8}，这个倾斜是由东风维持的，它将表层水体顺风堆积，使得海表面高度倾斜（西高东低），并伴随着温跃层东西向的倾斜以及西部混合层加深，的确是压力差维持赤道潜流；其次，地转效应决定着沿赤道的东向流相对稳定而西向流不稳定。如果一支东向流受到来自赤道北部或南部的扰动，受科氏力的影响，会驱使这支流重新回到赤道位置，然而，当西向流偏离赤道时，科氏力会驱使其向极地方向移动。

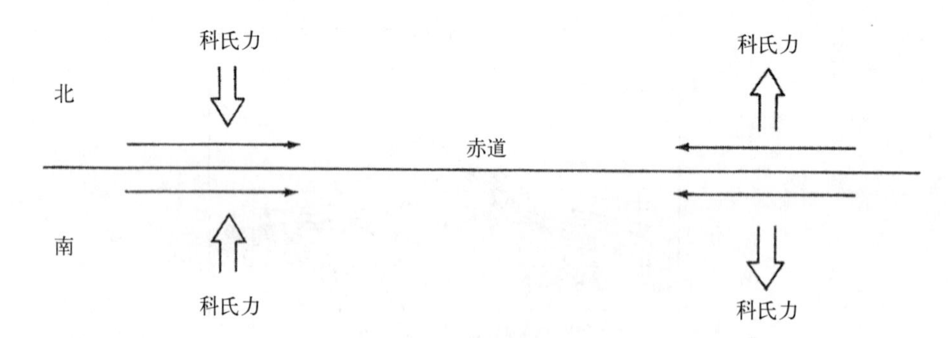

图7.14　由于位涡守恒原理，科氏力能够使沿赤道的东向流保持稳定。如果流离开赤道，科氏力能够驱使这支流重新向赤道附近。而对于西向流，科氏力则会使流不稳定。如果这支流偏离赤道，那么科氏力的作用将驱使这支流进一步向极运动[17]

7.4　厄尔尼诺和南方涛动

之前的图片和文字描述了赤道流系的平均态特征，但平均态并不能够长期维持，在太平洋平均态基础上的扰动，被认为是能够支配不仅是赤道太平洋，甚至是整个热带和温带的天气形态的年际变率，这个现象称为 El Niño Southern Oscillation（ENSO 或

17　科氏力引起的向极运动一方面会引起海水辐散，导致赤道上升流，另一方面，可贡献于副热带流涡过程。——译者注

者 El Niño，译为厄尔尼诺）。几个世纪前，厄尔尼诺已经被人类所认知了，平均意义而言，最显著的特征表现为南美西海岸附近 12 月风场的转变，海表增温，以及秘鲁和智利的强降水发生。

在南美西海岸所发生的一切并不是独立事件，厄尔尼诺起源于热带西太平洋，相隔约有几千千米之远。在热带西太平洋，人们发现了世界海洋中最暖的水体，其混合层深度为 50 ～ 100 m，表层水温约为 29℃，包含的面积与整个澳大利亚相当。每隔数年，东南信风减弱，使得赤道东太平洋附近上升流减弱，导致海表面温度升高（彩图 5）。当信风强而赤道东部海域表层海水海温低于平均时，称之为 La Niña（译为拉尼娜），相反则为厄尔尼诺，这种年际变率能够对全球产生大尺度的大气转变，而不仅仅局限于赤道区域的增暖或者降温。

历史表明，没有哪两个厄尔尼诺事件是一样的，其发生也没有严格的周期性。暖池东移的时间各不相同，而其回撤的时间也不相同，这种东移每隔 2 ～ 7 a 不规则发生，且厄尔尼诺事件的强度（通常采用赤道附近的海表温度定义）区别也是很大（彩图 10），越来越多的证据显示厄尔尼诺事件能够影响一些温带地区的降水形态以及印度季风。1982—1983 年暖池向东延伸横跨整个太平洋，使得南北美洲西岸发生了 20 世纪最为严重的局地天气灾害。

早有共识表明，海洋和大气是相互作用的系统，且对同一扰动的响应时间差异巨大（大气通常是几天到几周，而海洋通常为月到年）。除了年际变化的厄尔尼诺变率外，更长周期的大气 / 海洋变率也已被观测到。太平洋年代际振荡（PDO）就是比厄尔尼诺周期更长变率的例子。更好地理解这些耦合系统的机制并且用以预测未来的气候状态一直是气象学家和海洋学家的共同目标，而理解厄尔尼诺以及其他大气 / 海洋耦合事件或许就是获取这种能力的关键。海洋和大气是拥有正反馈循环的相互作用的系统。如果风场减弱，积压在西太平洋的暖水可以向东流动。相反，暖池东移导致了东南信风的减弱。很明显，风场的一些扰动对于厄尔尼诺的建立是十分必要的，基于此建立的模型能够提前 1 年预报厄尔尼诺。

7.5 南极绕极流

地球的地理分布表明海洋环流能够绕着全球流动而不被大陆截断的只有在南极洲北部的南大洋，其北侧与非洲南部、南美和澳大利亚衔接。这支流被称为南极绕极流，它是受盛行的西风驱动的，对全球海洋环流和水体质量输送都至关重要（见第 8 章）。

其他主要洋盆的连接点包括：(1) 俄罗斯和阿拉斯加之间的白令海峡（100 m 或者更浅），它有效地阻隔了大西洋和太平洋之间通过北极的水体交换；(2) 澳大利亚北侧连接印度洋和太平洋的印尼贯穿流（ITF）区域。

德雷克海峡，位于南美和南极大陆之间，宽约 800 km，将近 3 000 m 深，是大西洋与太平洋之间的南极绕极流以及其他水体运动的狭窄通道。南大洋并没有严格的物理边界，但是，基于锋面位置，其北侧边界通常被认为是 40°S 的亚热带锋面。南极绕极流由盛行西风驱动。通过温盐断面可以看到，南极大陆和 57°S 北部的等温线和等盐度线的斜率均显示出东向的地转流（图 7.15）。德雷克海峡距离海底 50 m 处平均流速超过 0.1 m s^{-1}，流速向东，涡致流速可超过 0.7 m s^{-1}。南极绕极流上方的西风（40°—60°S）强度和旋度被认为是埃克曼抽吸的驱动力，它能够将深层海洋水体重新带入表层。当南极绕极流流经德雷克海峡时，由于海峡的收紧作用，南极绕极流宽度向北延伸到合恩角所在的纬度上。

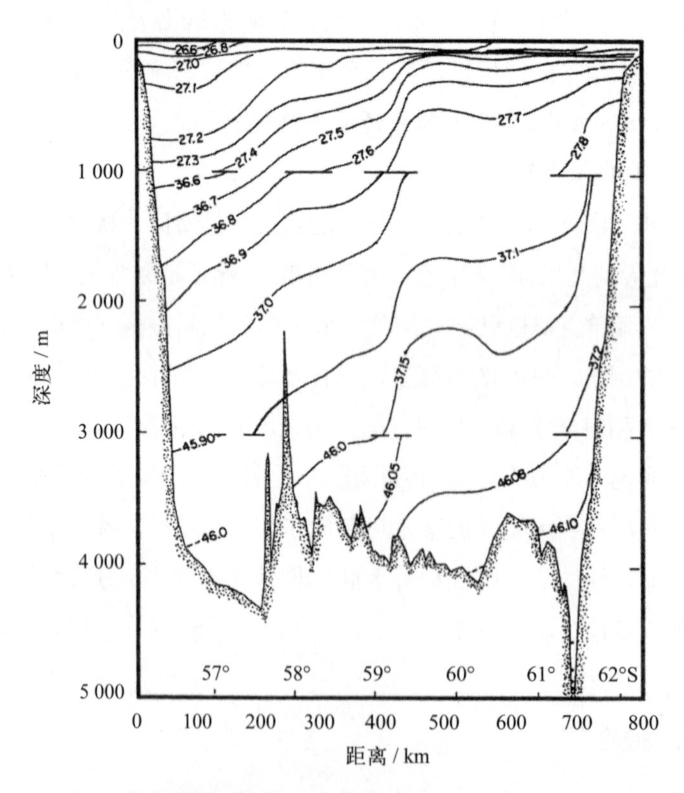

图7.15　横跨德雷克海峡断面的等密面斜率可以很好地指示出南极绕极流的形态

可以看出，它可以一直延伸至海底

（参照Nowlin and Klinch, Reviews of Geophysics, 24, 1986）

从图 7.16 显示的海底地形引起的流场分布也能够看出流可以一直延伸至海底。这是因为当海流流入南大洋浅的海脊以及海底高原时，流的曲线向赤道弯曲。当海流流入深的海域时，流的曲线向极地弯曲。假设南极绕极流达到海底，这正与依据位涡守恒所得的曲率相符［方程（5.32）］。伴随着水柱变厚，科氏参数也需要增加（向极弯曲）。而随着水体变薄，科氏参数也需要减小。

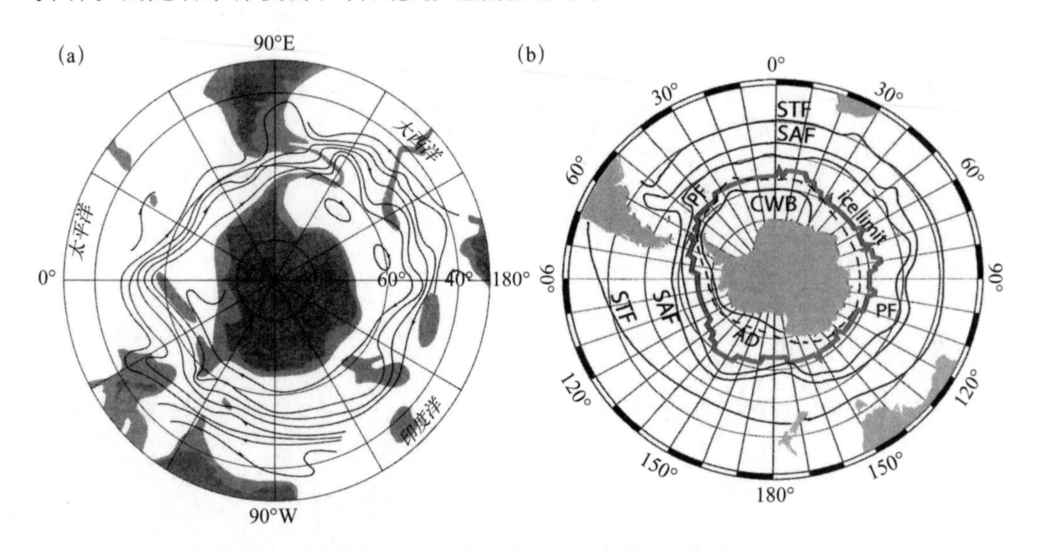

图7.16 (a) 环绕南极的南极绕极流示意图

阴影区域表示水深低于3 000 m的海域，等值线表示水深的变化，在位涡守恒条件下，流能够达到海底；(b) 南大洋表层水体的纬向结构显示出近似的海洋锋面位置，STF为亚热带锋；SAF为亚极地锋；PF为极地锋；AD为南极辐散带；CWB为大陆水体边界。冬季海冰范围由灰色线表示

[Tajahashi et al. 2012. The changing carbon cycle in the Southern Ocean. Oceanography 25 (3):26-37]

由于南极绕极流能够向下延伸到底，推算其流量需要水文断面（计算斜压部分），底部压强测量（计算正压部分）以及流速计量（将两部分结合起来），在 800 km 宽的德雷克海峡已经积累了部分观测资料。这些观测表明，南极绕极流大部分动能都集中在小于 100 km 的涡旋上，平均流在几周的时间内可以变化将近 1/3，但没有明显的季节循环信号（图 7.17）。

在德雷克海峡观测到的大涡旋，在太平洋另一侧的新西兰海域也被发现，一般认为，决定南极绕极流流速和流量的强迫场首先是风场施加在海面的风应力抵消掉海底摩擦力的损耗剩余的能量。南极绕极流的北部边界大致与南极极锋区重合，通常称为南极辐合带，这个辐合带将南极与亚南极水体一分为二，这可以通过海表温度的梯度以及从南极向赤道延伸的冷水带北侧终端位置（图 7.18）加以分辨。极锋的位置会发生迁移，其宽度和结构也会相应改变。另一些与南极绕极流并行的锋面也被观测到。强射流状的流系通常伴随着这些次级锋，虽然这些锋面区域只占据南极绕极流典型流域不到 20% 的面积，但南极绕极流约有 75% 的输运与这些锋面区域有关。

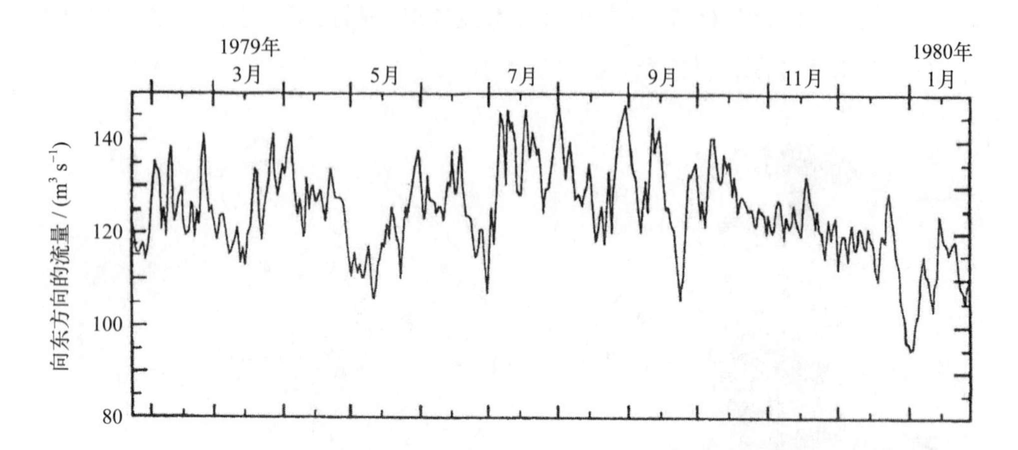

图7.17　基于直接流观测和水文数据得到的德雷克海峡总体流量，反映了短期变率对流量变化的贡献，以及中尺度涡的重要作用

（参照Nowlin and Klinch, Reviews of Geophysics, 24, 1986）

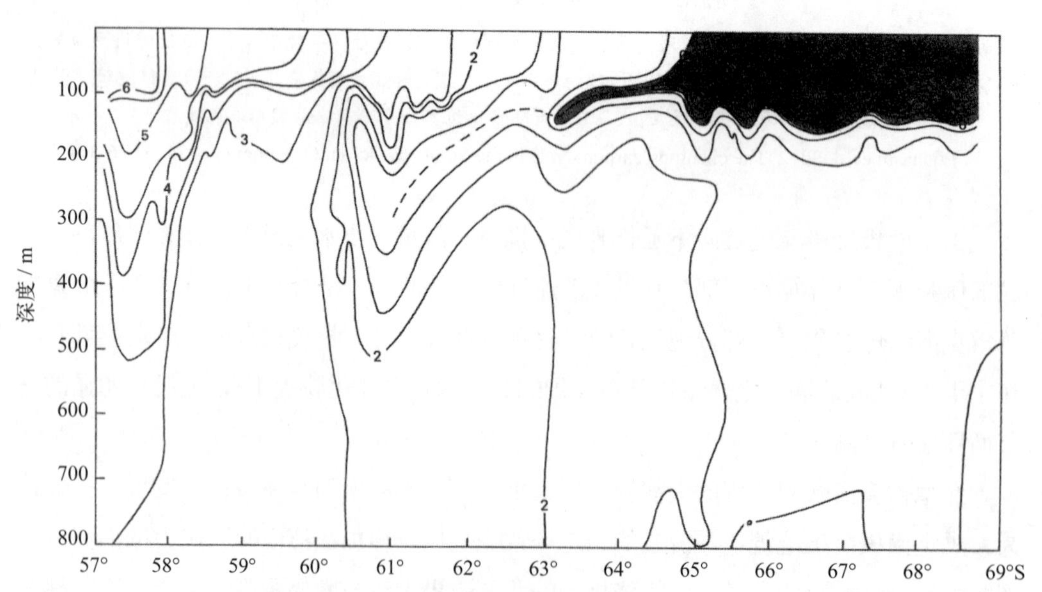

图7.18　60°S极锋的表层显示出海温（℃）相对快速的变化，同样显示出次表层海温最小值向赤道延伸的终点

（参照Gordon, in Antarctic Oceanography I, Antarctic Research Series, vol. 15, American Geophysical Union, 1971）

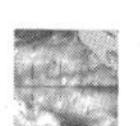

7.6 印度洋洋流

由于印度洋洋盆形状以及其风场的特殊性，其主要风致环流与大西洋、太平洋的是截然不同的。印度洋的北部边界不超过 25°N，北印度洋被分离成了两个大的海盆——阿拉伯海和孟加拉湾；且没有像大西洋和太平洋那样在东边界固定、不透水的海岸线。风场的差异在形成其特殊的风生环流上具有更重要的作用，北印度洋被季风控制，风向半年反转一次（图 7.19；彩图 11），这就导致了印度洋风生环流在很多方面都与大西洋和太平洋大相径庭。

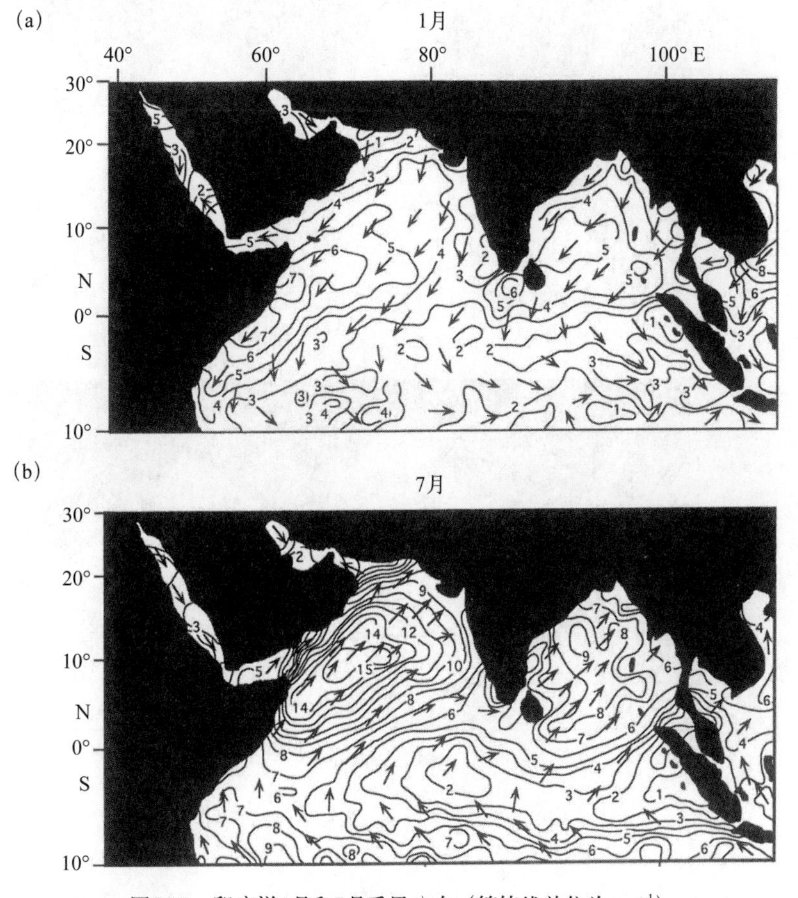

图7.19　印度洋1月和7月季风分布（等值线单位为$m\ s^{-1}$）

（参照Hasenrath and Lamb, Climatic Atlas of the Indian Ocean, University of Wisconsin Press, 1979）

印度洋最与众不同的流是索马里流，它是北印度洋的一支西边界流，最大流速超过 $3.5\ m\ s^{-1}$，流量超过 $60 \times 10^6\ m^3\ s^{-1}$。全年中这支流只有部分时间出现，尤以 6—

9 月西南季风盛行时最为显著。而在 12 月到翌年 2 月，当东北季风达到峰值时，这支流不复存在（图 7.20）。像索马里流这样能在年变化尺度上建立和消亡的流非常特殊，这与我们对其他主要西边界流的认知是相左的，其中主要原因是索马里流位于低纬度（其在 10°N 离开海岸）且十分浅（仅局限于上层 200 m），而传统的西边界流位于中纬度地区，向下能够延伸几千米深，这是需要数年而不是数月才能建立起来的。

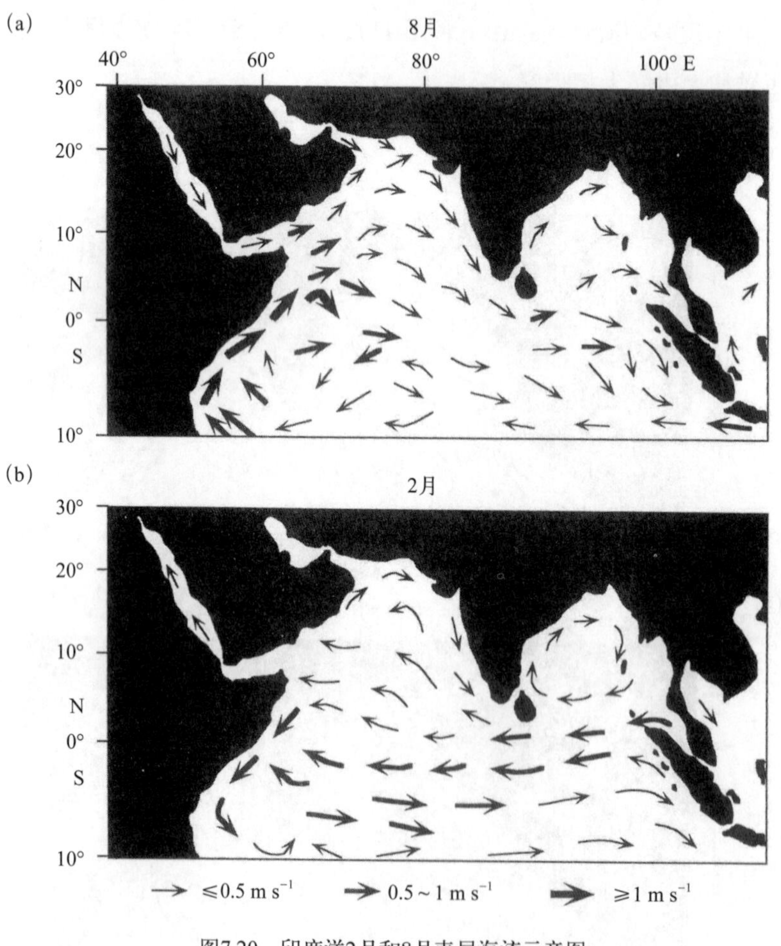

图7.20　印度洋2月和8月表层海流示意图

印度洋赤道区域的风场与大西洋和太平洋的风场也差异巨大，不仅是风场的方向随着季风改变，而且在全年大部分时间里，风向主要是经向风而不是纬向风，这都与大西洋和太平洋不一致。11 月到翌年 3 月，风主要是北风，而在 5—9 月则主要是南风（图 7.19）。在 8°S 南侧常年存在西向流动的南赤道流，这支流在南风季风时要比北风季风时强，同样，赤道逆流也是全年存在的。与太平洋和大西洋不同的是，

这支赤道逆流存在于赤道南侧，而不是北侧。在赤道北侧，海表直接受季风的影响。北赤道流随着季节反转，从 11 月到翌年 3 月向西流动，而在其他时间向东流动。印度洋赤道潜流的证据是不完全确定的，但清楚的是沿着赤道的纬向流随着季节以及经度变化，且结构特别复杂，特别是当东西向的海流相互交错时候（图 7.21）。通过海表面温度的季节变化能够看出，阿拉伯海和孟加拉海强烈的季风变率，是造成强烈的上升流间断发生的主要原因（图 11.9）。

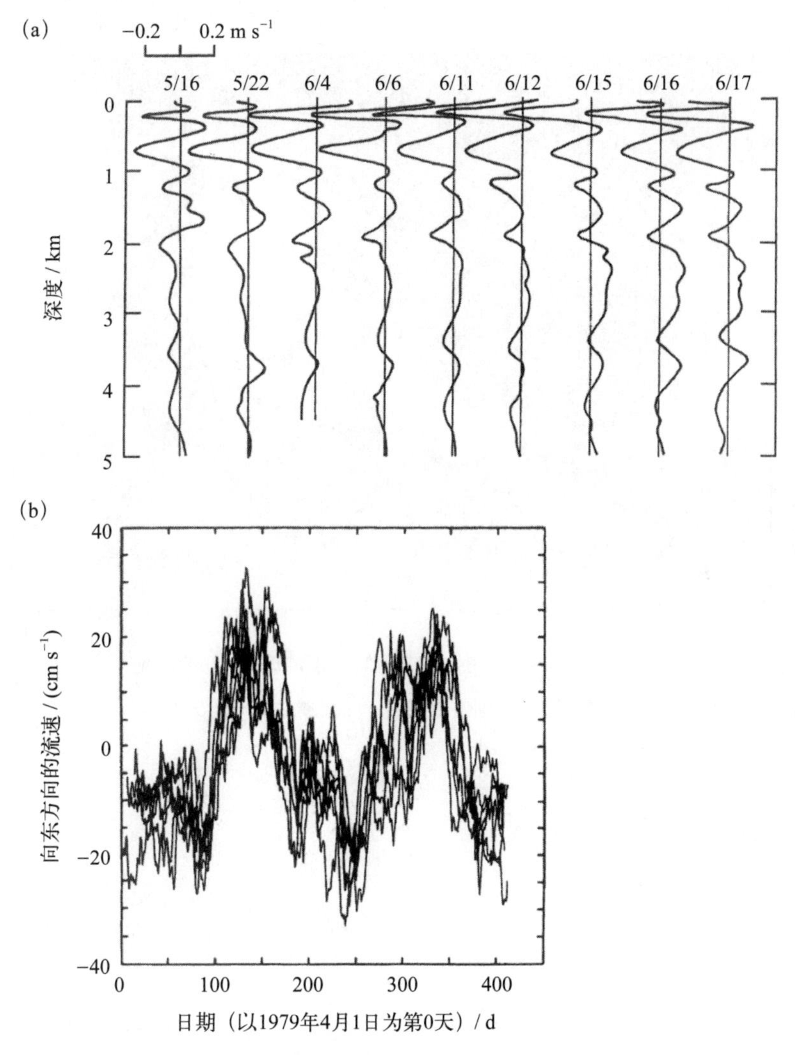

图7.21　印度洋赤道海域海流复杂结构的例子

（a）53°E断面上的垂向结构（参照Luyten and Swallow, Deep-Sea Research, 23, 1976.）；（b）赤道750 m处沿西印度洋（47°E和59°E之间）1 300 km延伸的7个测站400天期间洋流向东分量的变化

（参照Luyten and Roemnich, Journal of Physical Oceanography, 12, 1982）

印度洋没有典型的东边界流，如加利福尼亚流、秘鲁寒流或者本格拉寒流等，或许这是因为没有一条延伸的岸界将印度洋和南太平洋分开。南印度洋有一支西边界流——厄古拉斯流，它与巴西暖流以及其他西边界流有很多相似之处，但是有一点区别巨大：它在离开海岸之前就从西部陆地边界分离出来。当离开非洲最南端时，它会自行弯曲（图 7.22；彩图 1）。这股反射回流一年会发生多次，形成反气旋式流环漂移至南大西洋，这些流环是水体从印度洋进入南大西洋的重要来源。

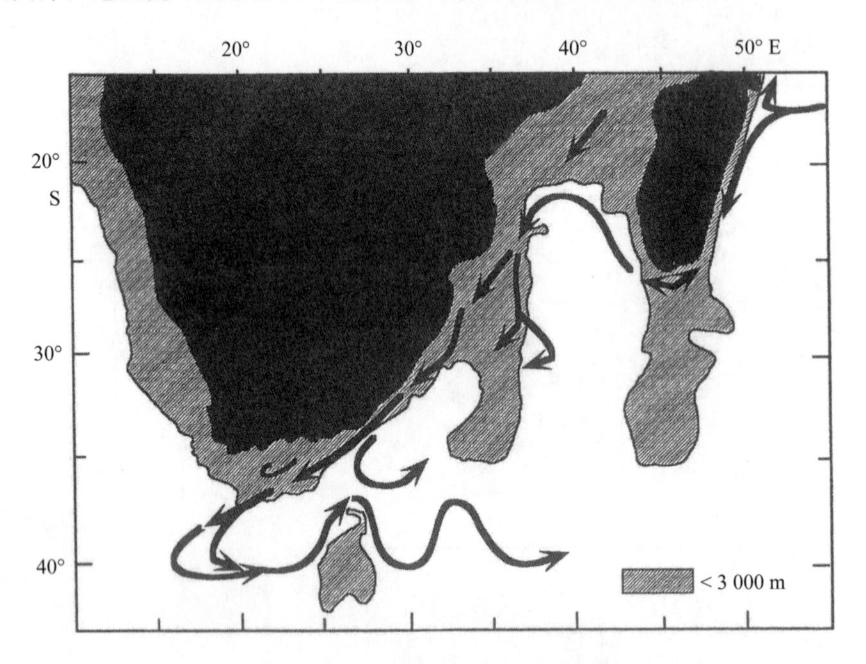

图7.22　西边界流厄古拉斯流延伸至非洲海岸后反射回流

大的涡旋通常在非洲南部破碎，并慢慢移动至南大西洋

8 温盐分布

本章我们将探讨从底层水的形成到海面环流特征等一系列的海洋过程，这些研究对象都有助于解释观测到的海洋温度和盐度结构。如同第 7 章一样，我们并不试图做到完美无缺，但是我们尽量涵盖决定着温盐结构的最主要的海洋特征。在讨论完第 9 章和第 10 章的海浪和潮汐后，我们将在第 11 章中讨论一些半封闭海区、近岸以及浅水过程的特殊特征，在这些区域，海浪、潮汐以及海洋环流和混合对观测到的温盐结构有着重要的影响。

8.1 经向翻转环流

在主要风生环流以下的环流通常称为热盐环流，因为决定其环流特征的主要影响因素是密度的分布，而密度的分布则受温度和盐度的影响。更为精确的描述应该包含第 7 章描述的表层流向深层的渗透，而更加完整的概念应将热盐环流作为整个经向翻转环流的一部分，后者可以阐述全球水体的运动。如第 1 章中的描述（图 1.12），描述经向翻转流的最简单的方式是将洋盆（如南北大西洋）看作切开的半个洋葱，这个洋葱的每一层对应着一条等 σ_t 线（严格来讲是等 σ_θ 和 σ_Θ 线）。极区低温高盐高密水体下沉达到最深的深度，稍低纬度的轻一些的水下沉进入中层。海洋中实际发生的过程要复杂得多，但是通过对等密度面（或近似等密面）上的温盐进行详细分析，便常常能够推测出深海水体的“流动”特征。“流动”加引号，主要是因为这样的分析通常无法决定这些水体是如何被输送的（是通过稳定的环流、涡旋、扩散还是多种机制共同作用的结果），且不能回答水体平衡的维持机制，以及流速特征。一个鲜明的例子就是追踪从地中海进入大西洋的溢流。虽然地中海海温比主要的几个洋盆都高（~ 13℃），但因其盐度很高（~ 38 S_P），因此其密度更大。这些高温高盐水通过直布罗陀海峡流出地中海后开始下沉；但是在下沉的过程中，这些溢流水会与北大西洋低温低盐低密的水体混合。混合过程会在 1 000 m 上下的深度上达到平衡，高盐水体的核心会向北大西洋延伸（图 8.1）。

如想要对高盐水延伸了解更多（如下沉的水体在离开地中海后是向北还是向南弯

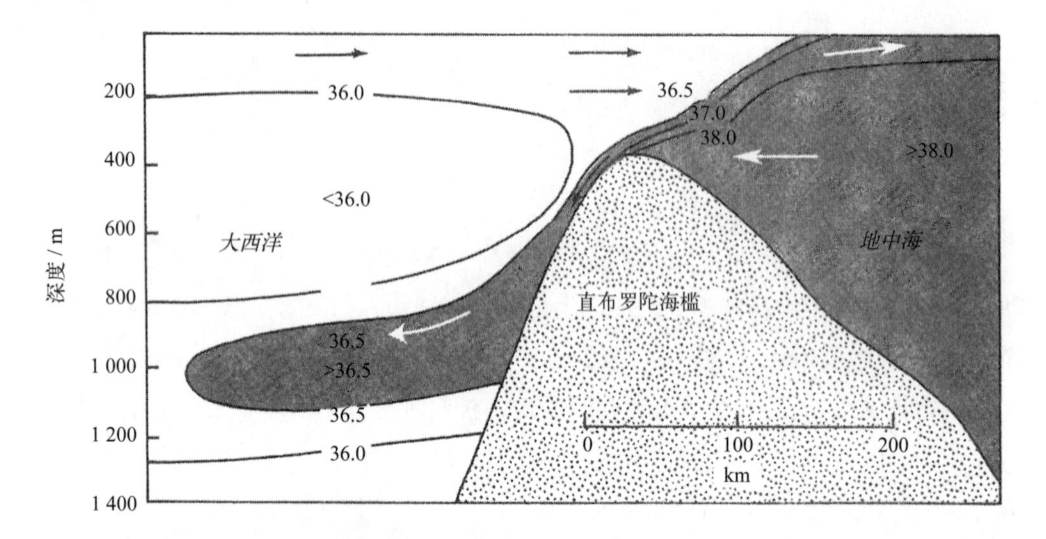

图8.1 高盐高密的地中海水通过直布罗陀海峡流入北大西洋，并在下沉过程中与周边的低温低密的水体混合，在1 000 m深处达到密度平衡

曲等），必须对从直布罗陀海峡出发分散到各个角度上的大量垂直剖面进行比较，或者沿着水体扩散最快的等密度面绘制单个水平截面图。地中海的高盐水在北大西洋中能够十分清晰地表示出来，因此可以使用一系列方法进行水体的示踪（图 8.2）。然而，我们需要十分小心地推测水体的运动，即便从图 8.2 这种水体运动看起来十分明显的图中。如果缺乏其他的信息支撑，完全可以认为高盐度的地中海核心水是一个静止的水池，而两侧是向东流动的低盐水。随着拉格朗日漂流浮标（SOFAR、RAFOS 和 Argo）以及卫星高度计的发展，我们对于次表层流尤其是丰富的次表层涡旋场的观测能力得到了显著的提升。

一个更微妙的分析涉及流入到南北大西洋的低温高密的水体。从挪威海流入北大西洋的水体大部分穿过丹麦海峡的众多通道和从冰岛到苏格兰的海脊，而拉布拉多海是另外一个来源。流入南大西洋的南极底层水（AABW）的主要来源位于威德尔海和罗斯海。图 8.3 是等位温面（θ=1.3℃）上的盐度分布，其中来自挪威海的流和来自威德尔海并沿南大西洋海盆西部运动的南极底层水都清晰可见。然而，源自极地的水的盐度异常变化范围仅有 0.02 S_P，而地中海溢流的盐度异常变化范围能够达到 0.1 S_P。因此，当通过温度、盐度或者诸如溶解氧和硅之类的守恒或者半守恒属性的异常来推算流场的分布时，尤其需要小心。一张简单的二维图可能有误导性，且如果展示方法不恰当，有可能得出错误的结论。

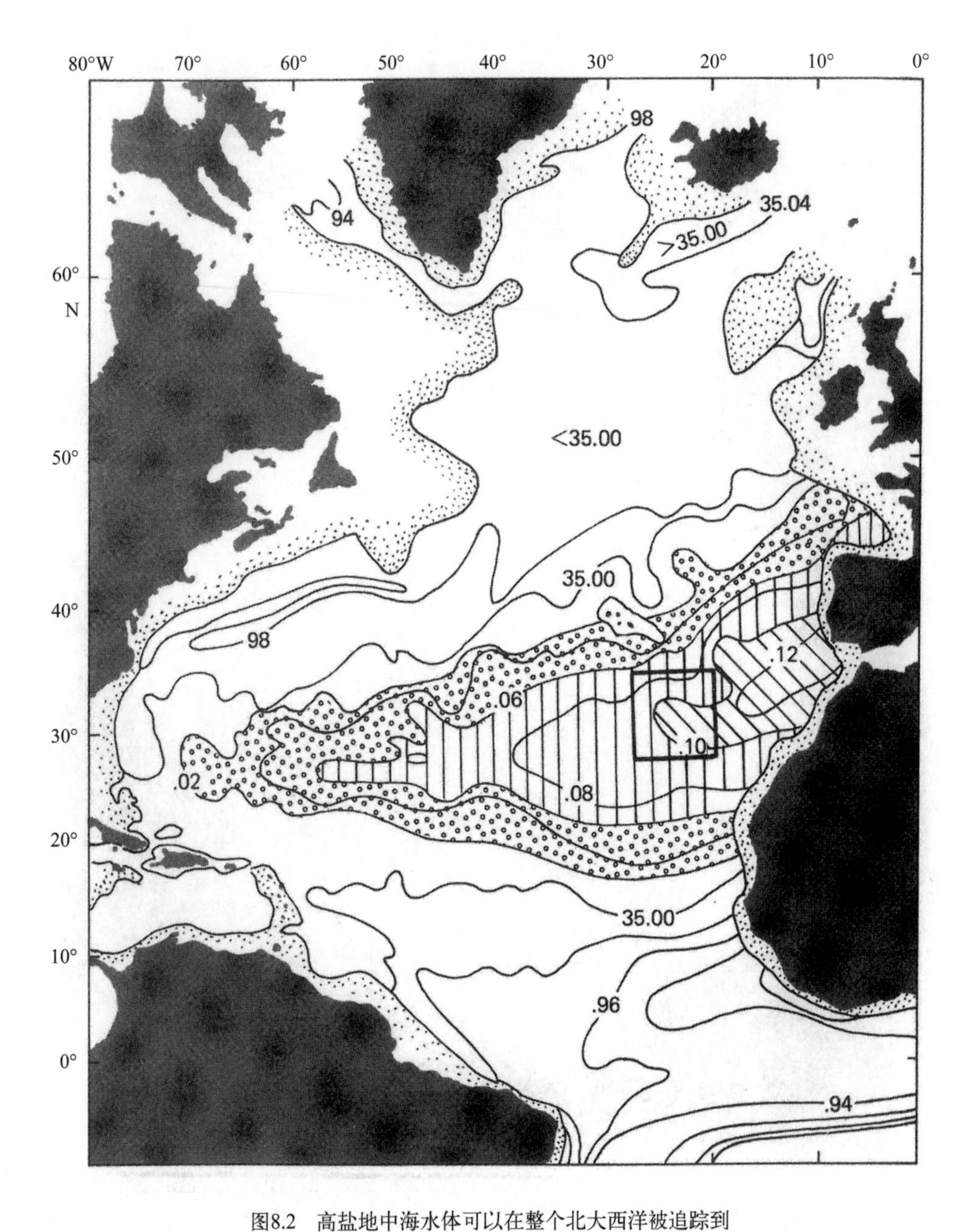

图8.2　高盐地中海水体可以在整个北大西洋被追踪到

图为4°C等位温度面上的盐度分布。图中方框所示范围的盐度具体信息分析见图8.4

（根据Worthington and Wright, North Atlantic Atlas, Woods Hole Oceanographic Institution Atlas Series, V01. Ⅱ, 1970）

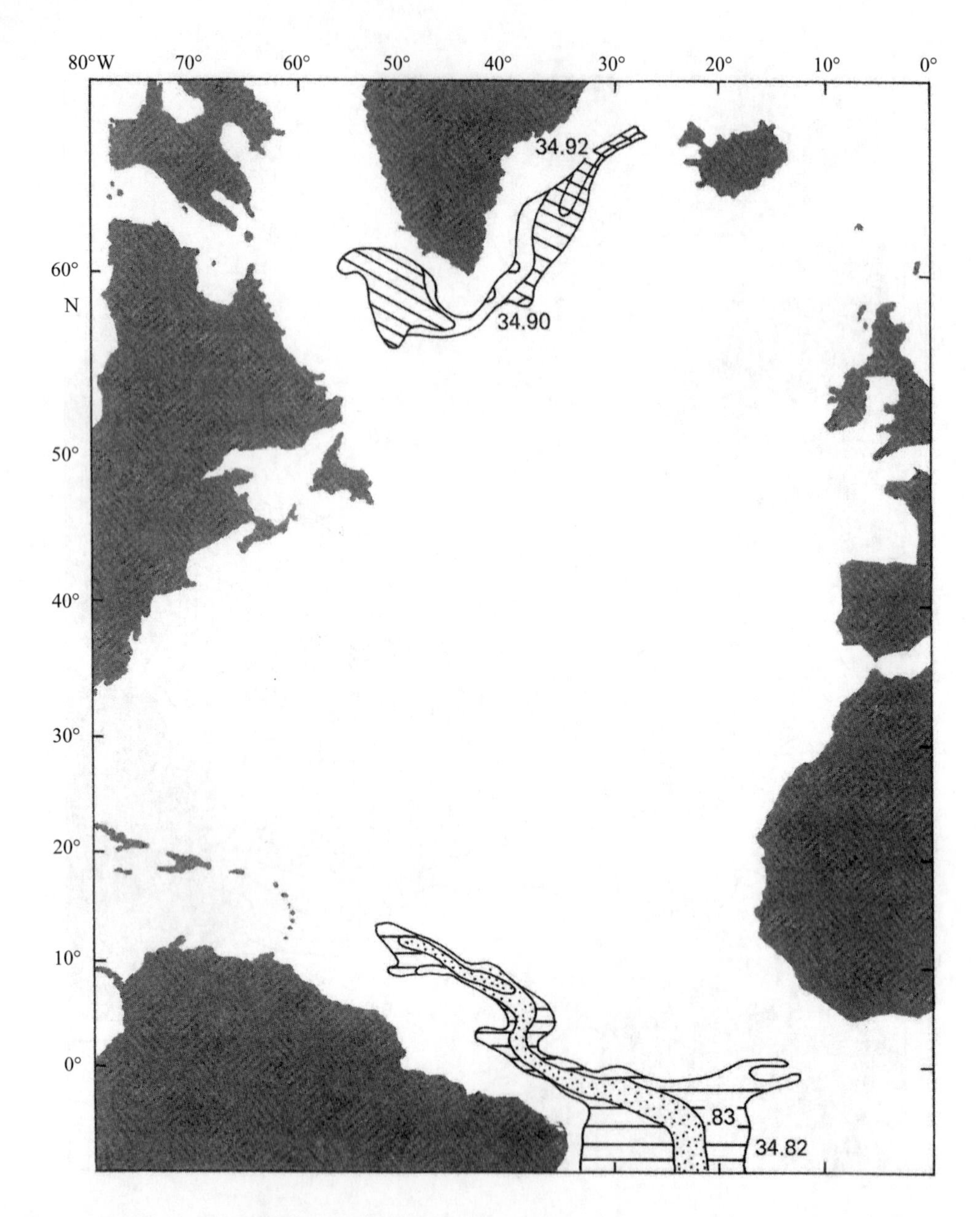

图8.3　通过对大西洋深层微小盐度差异的仔细分析，揭示了南极底层水（AABW）从南部传来、挪威海海水通过丹麦海峡向南流动。图为1.3℃等位温面上的盐度分布，深度大约在4 000 m

8.2 地中海溢流

在类似图 8.2 对地中海溢流特征的核心分析中隐含了一个假定，即从地中海流出的高温高盐水舌在扩散和平流作用下维持着稳定状态。因此，可以在公式（4.17）的平衡态形式的基础上，通过一系列的近似来估算平流和扩散项的相对重要性。一种最简单的方法是用水平扩散来平衡稳定的东向平流：

$$u\frac{\partial S}{\partial x}=A_h\left(\frac{\partial^2 S}{\partial x^2}+\frac{\partial^2 S}{\partial y^2}\right) \tag{8.1}$$

更详尽的解决方式是允许垂向扩散，以及引入更为复杂的速度场。每种解决方法都可以通过对流速以及涡扩散系数等做适当调整，使之与地中海溢流的观测图吻合。甚至在忽略平流项的情况下，可以让涡扩散系数成为局地湍动能的函数并允许其在空间上变化，这样仍可获得较好的符合度。因为没有反面证据，人们常假设这种包含了平流、扩散项等的简单模型能够很好地再现观测所示的特征。

当地中海溢流流出直布罗陀海峡且开始向西扩散后，它产生许多大的反气旋式流环。这些长生命周期的流环主要位于次表层，直径约为 100 km，厚度约 800 m，中心集中在 1 000 m 水深处，俗称“地中海涡”。这些涡偶尔会靠近海山并破碎；但如果没有碰到障碍物，它们可以维持两年以上。有研究推测约有 25% 的地中海溢流水由“地中海涡”携带，且在任一时刻约有 5% 的地中海溢流存在着“地中海涡”。由于这些流环在表面没有信号，这种推测存在较大不确定性。图 8.4 展示了在这个区域的一个航次中发现的三个“地中海涡”。

“地中海涡”对于地中海溢流的特征具有重要影响。公式（4.17）的各种解法可能确实可以较好地描述地中海溢流的盐度平衡，但是这种简单的模型并不能够解释那些对特征分布有贡献的更为复杂的过程（图 8.2）。正如此处关于“地中海涡”的分析所揭示的，涡旋在海洋中十分普遍，且对海洋环流以及温度、盐度以及能量的分布具有重要作用 。

8.3 海底地形影响温盐分布

海底地形对深海温盐特征也起到十分重要的作用。例如，德雷克海峡能够有效地阻止绝大多数威德尔海底层水流入太平洋。同理，北极的深层水没有一个通道可使其进入太平洋。最为引人注目的是，红海和地中海等边缘海盆的水体特征与开阔大海洋

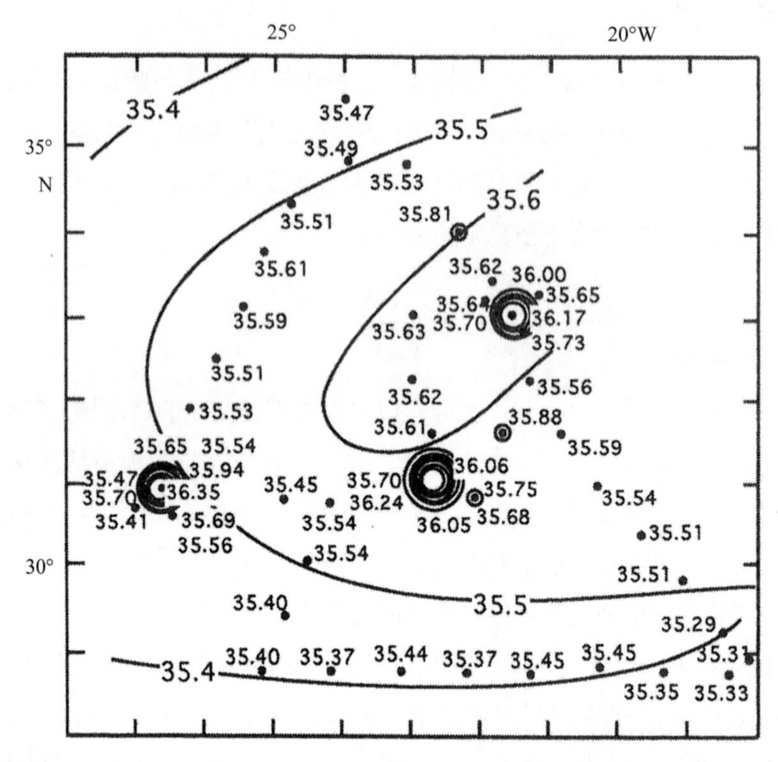

图8.4　直布罗陀海峡口外（即图8.2所示区域）27.7℃等位温面上盐度场分布

在该区域的走航观测中观测到3个“地中海涡”并进行了加密观测，在另外3个站点中发现了异常高盐现象（圆圈标志），这或许也与“地中海涡”有关，但是由于观测时间的局限，并没有深入研究

（参照Armi and Zenk, Journal of Physical Oceanography, 14, 1984）

的水体特征有很大的不同，这是因为较浅的海槛将其与开阔大洋分开，从而限制了的水交换。

Wust 于 1936 年首次提出 20°S 纬度带的东、西侧大西洋底层水相差 2℃ 的现象是由海底地形造成的。东大西洋的底层水被沃尔维斯海脊和大西洋中脊限制住。赤道北侧东大西洋低于 1.5℃ 的水体只有一小部分能够从西大西洋流出并穿过罗曼什断裂带到达大西洋东部（图 8.5）。对等深面上（等密面更佳）温盐差异的分析是我们研究深海洋盆内或洋盆间底层流动的基础。因此，人们可以用这种方法追踪通过向风海峡进入加勒比海四个海盆的流，以及印度洋和太平洋之间的印尼贯穿流。有海脊或者海底高原等显著的海底地形的地方，其影响也可以体现在温盐分布和环流形态的空间差异上，然而这种差异很少像图 8.5 所示的那么大。

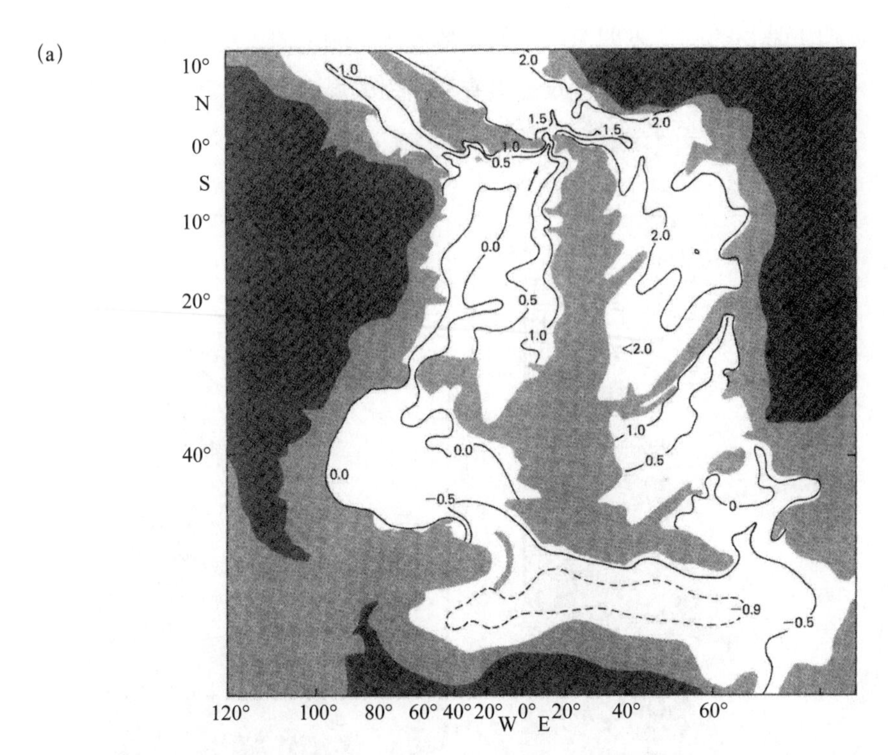

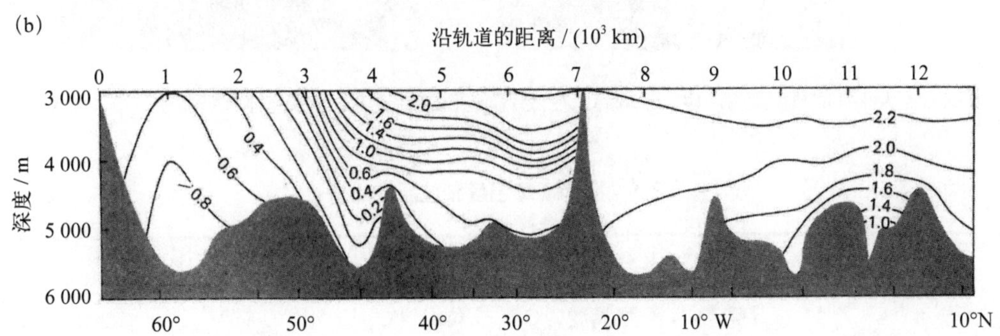

图8.5 (a) 南大西洋4 000 m以深的海底温度 (℃) 分布; (b) 大西洋东部南—北方向上的温度剖面

海底地形对温度分布的影响显而易见，20°S南部的沃尔维斯海脊的阻挡作用十分明显，同样明显的还有自西向东经罗曼什断裂带穿越大西洋中脊的海流（参照Wust, Deutsche Atlantische Expedition [the Meteor Expedition], vol.6, part 1, 1936）

人们也能通过与海底地形有关的特征分布获得其他推论。太平洋周边有许多又长又窄又深的海沟，菲律宾附近的棉兰老海沟就是一个典型代表，其深度超过 10 000 m，比周边临近洋盆深将近 6 000 m。所有深海沟都有海温数据可用，在每一处海沟，最低温度都等于或接近海槛处的温度。海槛之下的温度升高（图 8.6 和表 8.1），这种升温至少在一阶近似下是绝热的，表明海沟中的水体有统一的来源。深水海沟中的溶解氧含量与周围水体相当，这表明在海盆尺度上有相当强的混合过程，否则海沟中的生物活动和消亡过程将消耗氧气而导致溶解氧减少。

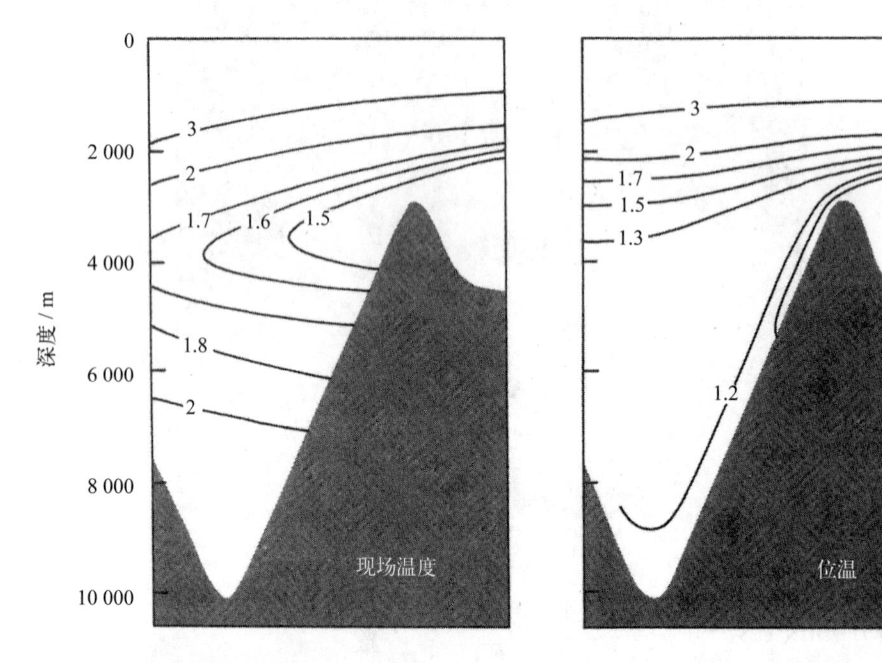

图8.6　在太平洋的典型深海沟中，现场温度在低于海槛深度后上升；位温基本保持不变（单位：℃）

表8.1　海沟现场温度和位温的比较

深度 / m	盐度 / ‰	温度		密度	
		现场温度 / ℃	位温 / ℃	σ_t	σ_θ
1 455	34.58	3.20	3.09	27.55	27.56
2 470	34.64	1.82	1.65	27.72	27.73
3 470	34.67	1.59	1.31	27.76	27.78
4 450	34.67	1.65	1.25	27.76	27.78
6 450	34.67	1.93	1.25	27.74	27.79
8 450	34.69	2.23	1.22	27.72	27.79
10 035	34.67	2.48	1.16	27.69	27.79

资料来源：引自Pickard, Descriptive Physical Oceanography, Pergamon Press, 1975.

8.4 水团生成

南极底层水、地中海、挪威海溢流水等深层和中层水的温盐分布特征通常是由水体生成地的表层条件以及下沉过程中与周边水体的混合过程决定的。位温和盐度是保守量，也就是说，海洋内部没有明显的热和盐的源或汇。表层盐度是由表层的蒸发、降水、结冰、融冰，以及河流输入之间的平衡决定的，而海温则是由上层 100 m 以内的热收支方程中的各项决定的（见第 3 章）。水体一旦离开边界层（表层或者底层），它的温度和盐度就是固定的，只有通过不同温盐特征的水体之间的混合才能发生改变。从海洋底部进入海洋的热量不到表面的 0.1%，某些地方可以有很大的局地热源，例如海底热液口和火山等，这些都能提高周围水体的温度。一些特定的化学示踪物，如 ^{3}He，也能够在海洋内部被释放，这种局地化的热量、离子和物质的输入可以且已经被用来识别局部水团，并以类似地中海水的方式追踪它的运动。

海洋中密度最大的水体并不一定是最冷的，但一定是盐度最大的，密度最大的水体通常出现在蒸发强的区域，例如地中海和红海。然而，这些高密度的水体不能够填满深海洋盆，而是如之前所讨论的，只有相对较小的一部分溢出直布罗陀海峡并与周边的水体混合，从而稀释水体盐度并减小其密度。这部分水体在 1 000 m 深度达到密度平衡并向四周扩散（图 8.1 和图 8.2）。南极底层水和挪威海溢流水等底层水的形成与结冰有关。

在第 3 章的“海冰和盐跃层的形成”小节中讨论过，海水结冰后盐分会分离，从而提高周围未结冰水的盐度。关于结冰过程对深层水形成的作用，目前仍然存在许多令人困惑的问题，其中最重要的问题包括如何实际观测该过程。例如，南极底层水的源头应该位于威德尔海冰层下方的某处，此处出现的水温为 −0.4℃、盐度为 34.66 的水体显然是多种水温在 0.5 ～ −1.9℃、盐度在 34.5 ～ 34.7 的水体混合后的结果。源自威德尔海的低温低盐水体在向北移动的过程中被加热且盐度增大（图 8.3），但是它的特征足够清晰，以至于可以被追踪直至其穿越赤道、沿北大西洋西部海底向北移动。

北太平洋没有深层或底层水生成，即便白令海每年冬季都会结冰。这主要不是因为阿留申海脊阻止北极深层水自白令海进入北太平洋，因为仍有多个通道可供海水通过。北太平洋缺乏深层水生成的主要原因是白令海的表层海水盐度太低，因此即便结冰，冰下海水的盐度也不足以推动底层水。印度洋和太平洋的底层水通常称为“太平洋公共水”，主要是由南极底层水和南极绕极流附近多种水体混合形成的，生成后这些水体在 2 500 m 深度上向北进入印度洋和太平洋，分布在 2 500 m 以深。

8.5 水团特征

人们已经做了许多尝试来描述水团的特征，并以此将水团与其源区联系起来。南极底层水起源于威德尔海，低盐的南极中层水起源于南极辐合带，北大西洋深层水起源于拉布拉多海以及挪威海。人们有时确实可以确定一个相隔半个地球之外的水团的起源，这反映了水体沿着等密面移动要比垂直混合容易得多。如果垂向对流在海洋水体混合中起到主要作用，追踪几千千米之外的水体将会变得非常困难。

区分不同水体的最传统的方法是使用温度－盐度图（T−S 图）。在任一特定区域，将从近表层到海底的温度与盐度关系画在一张 T−S 图上，则此图具有独特且可再现的特征（除季节性温度变化占主导的上层 100 m 外）。在海洋给定区域内的所有数据都处于某一个特定的范围内，其中表层的变率要强于深层（图 8.7）。通过对曲线形状的观察，可以很好地区分不同的水团。图 8.8 所示的 T−S 图涵盖了全球不同区域的温盐观测结果所在的范围。

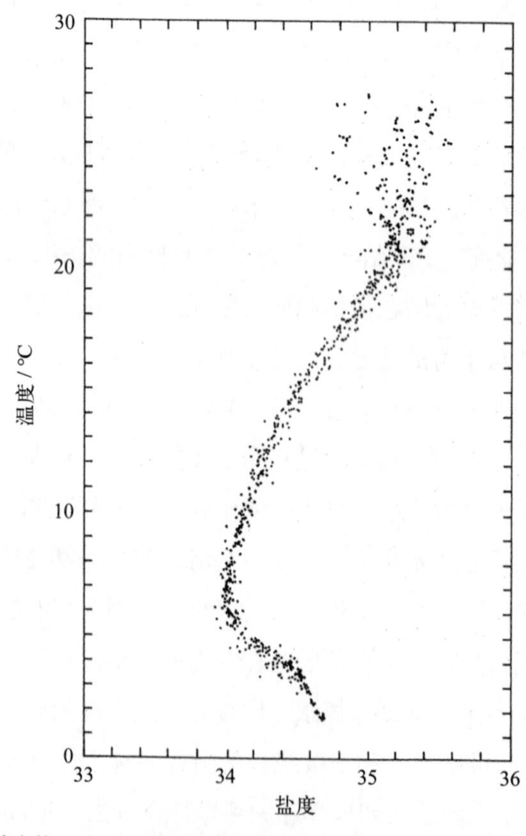

图8.7　对于给定的区域，温盐数据都会落在给定的范围内。水深越深，曲线越紧密。此图刻画的是北太平洋

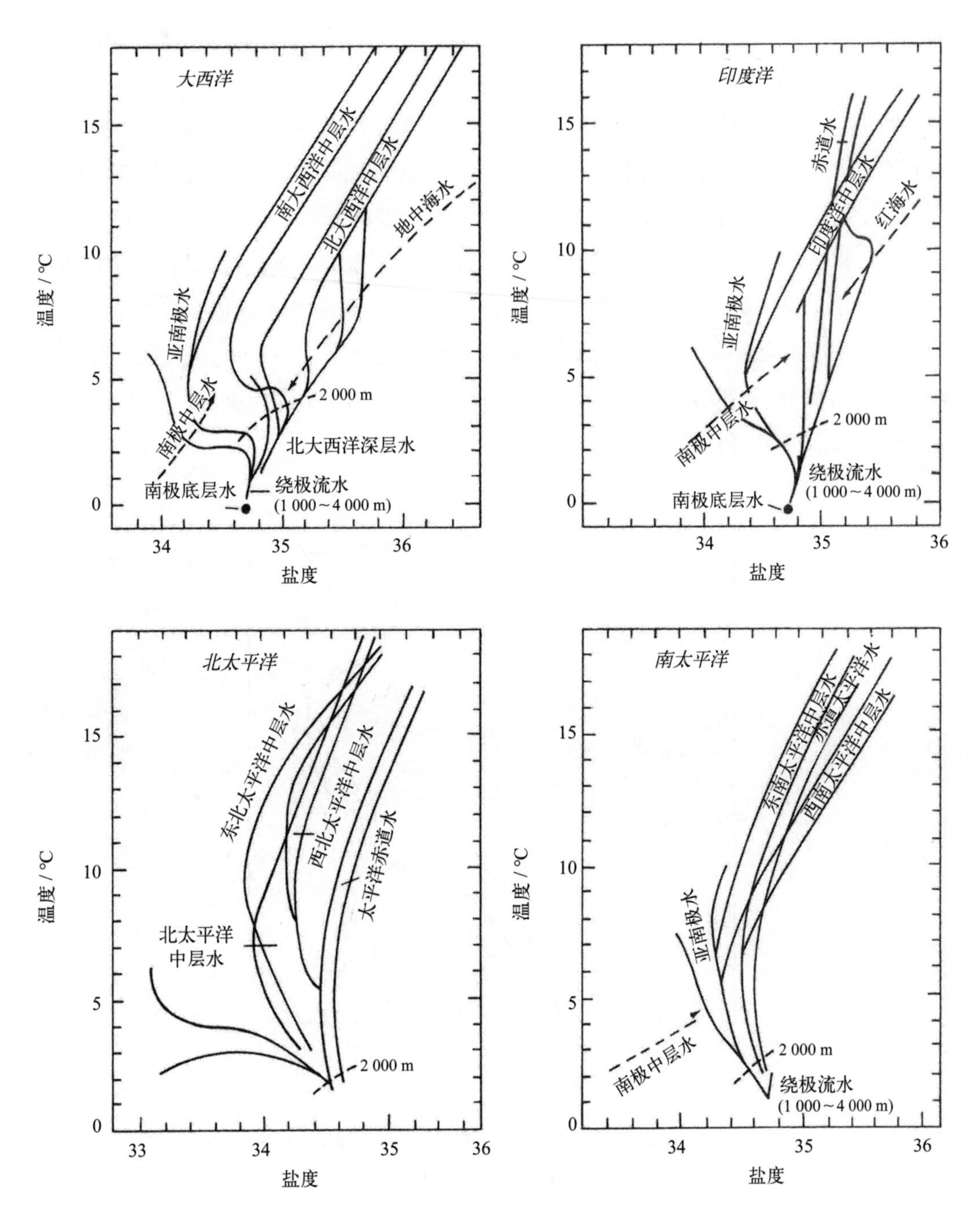

图8.8 全球海洋的温度和盐度示意图

（参照Sverdrup, Johnson, and Fleming, The Oceans, Prentice Hall, 1942）

随着 TEOS-10 的引入，T–S 图将被 $\Theta-S_A$ 图代替。2010 年以前的学术文献使用 T–S 或 $\theta-S$，而最近的文献将使用 $\Theta-S_A$ 图。

大西洋深水的温盐特征与太平洋的差异巨大，显示出更强的变率，而太平洋的深水特征十分均匀。这主要是由于太平洋的深水的来源是相同的，其温盐特征都是源自南极绕极流附近的强混合。另一方面，大西洋的深水则有多个来源，包括南极底层水、地中海海水以及拉布拉多海和挪威海等，这四处深水来源处的温盐特征是不同的。同样是挪威海水体，流经丹麦海峡的和流经冰岛 – 苏格兰海脊的水体也存在微小差别。这些差别在两个大洋的深水 T–S 图中能够生动地表现出来（图 8.9）。虽然太平洋的体积为大西洋的两倍还多，太平洋却没有像大西洋一样有多处深水来源，因此太平洋深水的 T–S 曲线相比大西洋更加紧凑。

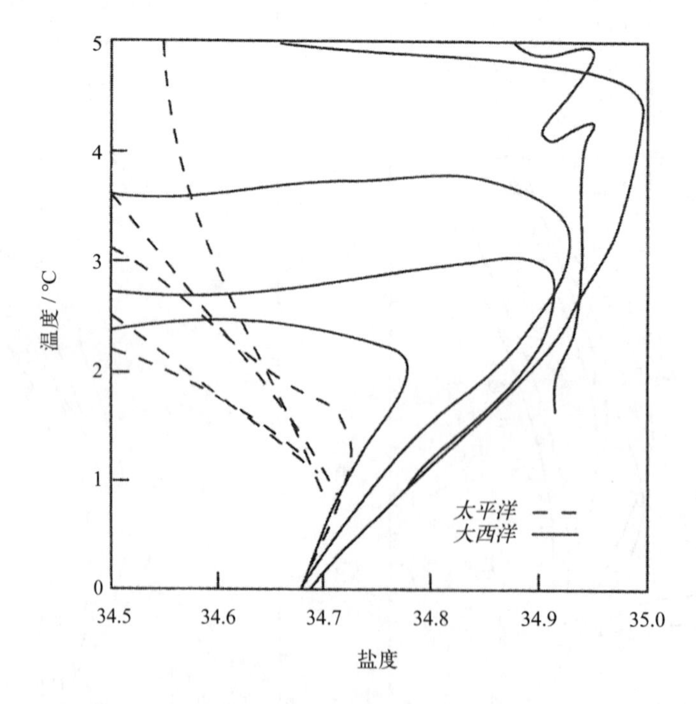

图8.9 扩展的T–S图，显示出大西洋深层水相对于太平洋深层水更强的差异性。观测站分布于各大洋50°N—40°S的范围内

另一种有效区分海洋水体的方法是构建二元直方图，正如 Montgomery 和他的同事以及 Worthington 所做的。这个方法也突出了大西洋和太平洋之间的差别：描述太平洋 50% 的水体只需要 5 个等级即可，然而描述体积小得多的大西洋 50% 的水体却需要 11 个等级（图 8.10），相关的一些区别总结在表 8.2 中。

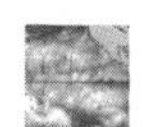

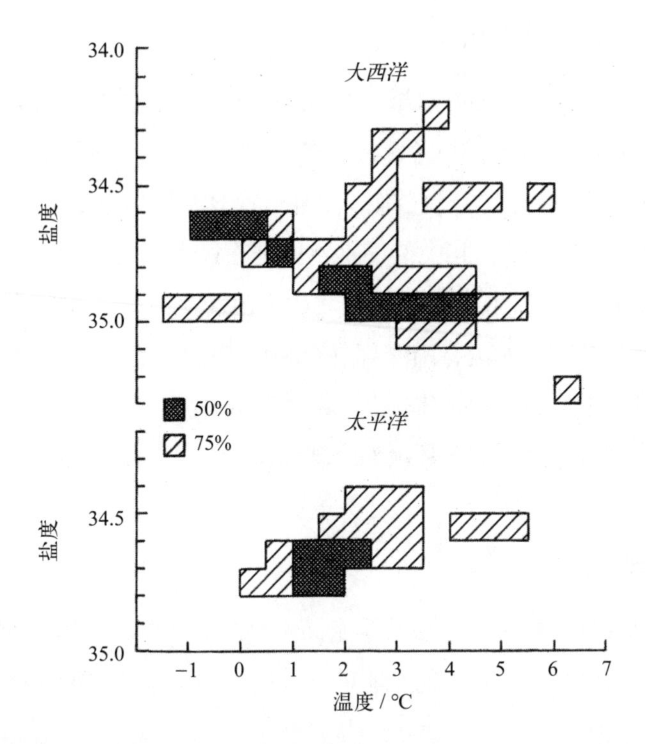

图8.10 在此二元直方图中，需要使用11个等级来解释大西洋50%的水体特征（需要43个等级来解释75%）。对于太平洋而言，虽然其体积为大西洋的两倍，只需要5个等级来解释50%，20个等级来解释75%

（参照Montgomery, Deep-Sea Research, 5, 1958）

表8.2 全球大洋的温度、盐度分布

大洋名称	平均值	下四分位数		中位数	上四分位数	
		5%	25%	50%	75%	95%
位温 / °C						
太平洋	3.36	0.8	1.3	1.9	3.4	11.1
印度洋	3.72	−0.2	1.0	1.9	4.4	12.7
大西洋	3.73	−0.6	1.7	2.6	3.9	13.7
全球	3.52	0.0	1.3	2.1	3.8	12.6
盐度 / ‰						
太平洋	34.62	34.27	34.57	34.65	34.70	34.79
印度洋	34.76	34.44	34.66	34.73	34.79	35.19
大西洋	34.90	34.41	34.71	34.90	34.97	35.73
全球	34.72	34.33	34.61	34.69	34.79	35.10

资料来源：引自Montgomery, Deep-sea Research, 5, 1958.

8.5.1 世界海洋环流综合视角

本书中的海洋是指全世界的区域洋盆及其边缘海，如果将目前为止呈现的所有材料压缩成海洋环流的概念图，并考虑将所有平均态的细节划入一张图片，则在彩图 12 和彩图 13 中有良好的展示。在这些概念图中，全球海洋通过南大洋相连，大西洋、印度洋和太平洋都是“邻海”。其中的深水水体是南极底层水（主要生成于威德尔海和罗斯海）和北大西洋深层水（主要通过北冰洋溢流生成，拉布拉多海也有贡献）。多个局地过程，包括扩散、对流、沿底部混合和埃克曼抽吸等，共同推动了这些水体向三个大洋的深层和中层水域的转化。通过将次表层海流的概念图与表层环流(图 1.9)结合在一起，可以为研究经向翻转环流对全球海洋的贡献奠定基础。

8.6 垂向混合

前面的章节已经反复强调过，沿着等密面水平的混合要比跨等密面的垂向混合强烈得多。然而，垂向混合仍然是不能忽略的，其中，四个不同的物理过程需要注意。

8.6.1 对流翻转

深水形成最简单的概念是重的水体在海洋深处置换轻的水体。如果水体的密度足够大，它将一直下沉到海底，如果不够稠密，则会停留在与其密度相当的某一深度上。然而，正如我们已经了解到的，即便这个简单概念也不是完全直观的。从直布罗陀海峡溢出的地中海高密度海水并没有一直下沉到海底，而是不断与低密度水体混合，并在 1 000 m 深处停滞，而不是下沉到 5 000 m 深处。海水如果要下沉到海底，其流速必须大到一定程度以便保证周围较淡水体的稀释作用不会占主导，且垂向的密度梯度必须接近于零，使得即便下沉的水体与周边水体混合，其密度仍然足够大到可以达到底部。这种对流翻转只在很少的区域间歇性发生，也显然不是每年都发生。在大多数情形下，我们对于这个过程的了解主要来自推测而不是通过直接的观测（参见第 11 章中一个明显的例外就是关于法国南部地中海冬季的寒冷强风的讨论）。

有关对流翻转过程导致的结果有一个特殊的例子，即北大西洋氚的分布。氚是大气中的一种天然放射性同位素，由宇宙射线与氮相互作用形成，半衰期为 12.3 年。在 20 世纪 60 年代中叶，由于在陆面上开展的一系列核武器试验导致了大气中氚的含量增长了 30 倍，后来核武器试验禁试条约在大约 5 年的时间内结束了氚向大气的排放。氚与氢有着相似的化学特性，因此，氚化的水气以及氚化的雨水进入了海洋表面。

图 8.11 刻画了氚在进入大气 10 年和 20 年后在北大西洋的分布。在最北侧，氚已经被输送到了底部，且沿着海底向南被输送到 40°N，在北部海域上千米深的海水中都能够发现氚的影踪，这可能主要是垂向和水平混合的作用导致的结果。但是在热带海洋，只有少数的氚能够突破稳定的热带温跃层而达到深海中。另外，北太平洋的深海中未发现氚，从而也证实了北太平洋没有深层水的形成源区。

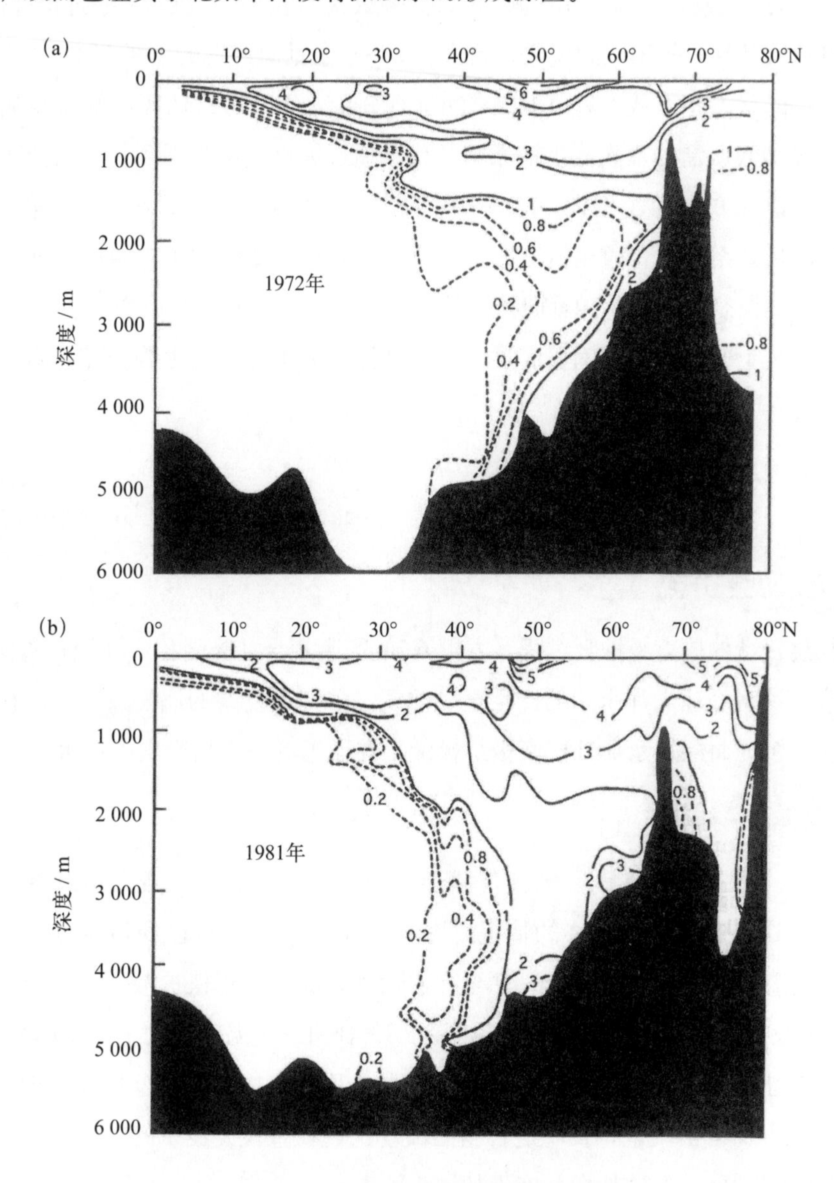

图8.11　1972年和1981年北大西洋断面上氚的分布

这是20世纪60年代初人类向大气中大量排放氚的结果。显然，氚已经下沉至大西洋深层水中

（参照Ostlund, Journal of the Marine Research Institute, Erykjavik, 9, 1985）

8.6.2 扩散和平流

我们已经知道，即便垂向流速和垂向涡相关的参数要比水平方向的值小好几个量级，但是它们并不是 0，总有一部分水体通过垂向扩散和垂向对流混合起来。如第 6 章中讨论的，埃克曼抽吸是风场驱动的埃克曼输运辐合和辐散导致的，进而产生穿越埃克曼层的垂向流动。通过使用公式（6.23）和公式（6.25），可以对上述过程进行估算。如果忽略飓风以及一些相似的现象，公式（6.25）中垂向速度的量级在 1 ～ 10 m a^{-1}。

在稳定的状态下，从方程（4.17）的垂直分量入手，可以估算出维持观测的平均温度－深度曲线所需的垂直涡扩散系数。代入通过埃克曼抽吸得到的垂向流速，估计的垂向涡扩散 A_z 的量值范围在 10^{-4} ～ 10^{-3} m^2 s^{-1}。然而，仍需要认清，这样得到的垂向流速和涡扩散系数的“通用值”并不足以完全解释观测到的垂向温度梯度。有限的观测结果表明控制垂向流速和垂向扩散的物理过程有着复杂的时空变化。

海盆尺度上，通过计算南极底层水到印度洋和太平洋深层水的转变，估计扩散系数（A_z）的平均值约为 $10^{-4}m^2s^{-1}$。

$$A_z \frac{\partial^2 T}{\partial z^2} = w \frac{\partial T}{\partial z} \tag{8.2}$$

8.6.3 大尺度上升流

南极绕极流的埃克曼抽吸过程（方框 6.2）产生辐合（锋面和下降流）和辐散（上升流）区，这对全球大洋水团的产生至关重要。伴随着复杂的涡旋场，水团在等密面上浮露和潜沉，将深层水提升至南极绕极流，并通过混合作用产生中层水。

8.6.4 双扩散：盐指

试想一个没有湍流的两层海洋，两层之间的温盐差异相对较大但对密度的影响互相抵消，以致位密差异较小的情况［图 8.12（a）］。第 4 章已经讨论过，热量的分子扩散率是盐的 100 多倍，因此，热量在界面处能比盐度更快扩散。在这个狭窄的界面，分子扩散导致密度分层变得不稳定［图 8.12（b）］。高温高盐的上层水体将会下沉，而低温低盐水体将会上升，这种形式的垂向混合称为双扩散。通过量纲分析、实验室观测以及实际海洋的验证，发现这种垂向流动出现在直径几厘米的“管子”里，因此称之为盐指。通常，这些盐指长度不超过 1 m。

这种双扩散过程是由密度比 R_ρ 决定的。其中，

$$R_\rho = \frac{a}{b}\left(\frac{\frac{\partial T}{\partial z}}{\frac{\partial S}{\partial z}}\right) \tag{8.3}$$

式中，a 和 b 分别是热扩散和盐收缩系数［公式（2.1）中定义］。盐指在 $1<R_\rho<(k_Q/k_S)$ 时发生，其中 k_Q/k_S 是分子热扩散系数和盐扩散系数的比值，其量级约为 100。当 R_ρ 接近 20 时，盐指最为强烈。

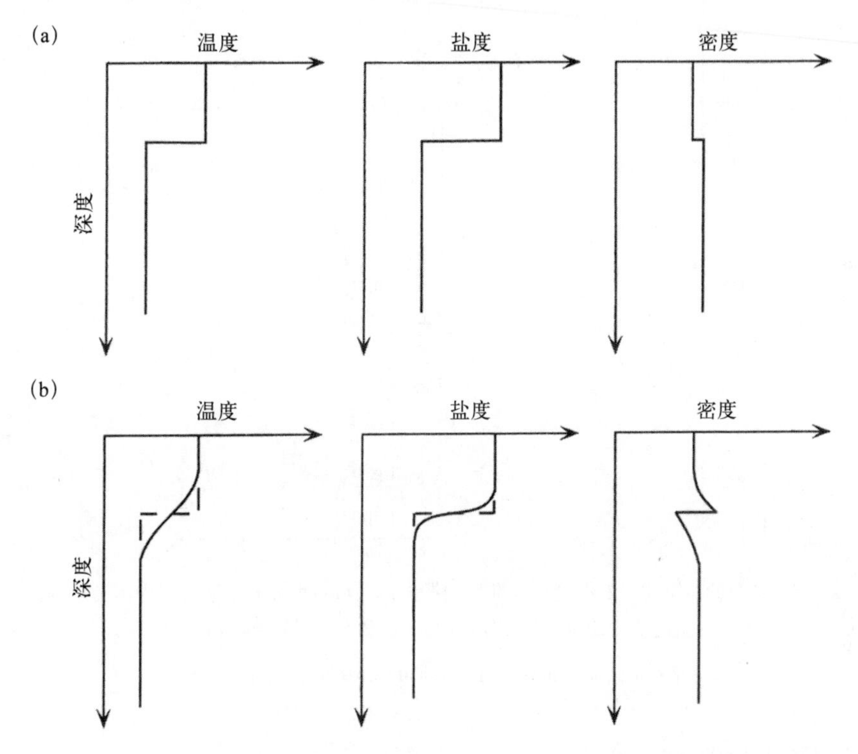

图8.12　双扩散引起垂向不稳定示意图

(a) 高温高盐水层的密度大体与低温低盐水层的密度一致；(b) 由于热量扩散的速度约为盐度的100多倍，密度分布变得不稳定

双扩散现象被认为是一种非常重要的海洋过程。如图 8.8 的 T–S 图所示，盐度在中层随着深度增加而减小这一现象在除了极区以外的其他海区都是成立的。据推测，在约 90% 的大西洋以及 65% 的印度洋存在适合盐指发生的 R_ρ。在强盐指区域，据推测由垂向涡参数定义的垂向混合可能是其他内区大洋的 10 倍还多。有人认为，这种双扩散过程比传统的沿等密面混合能更好地解释强盐指区域 T–S 关系的分布特征。如图 8.13 所示，盐指现象发生时温度结构呈阶梯状，阶梯处的强梯度导致盐指的发生，而盐指导致的不稳定引发对流混合，使水层混合均匀。

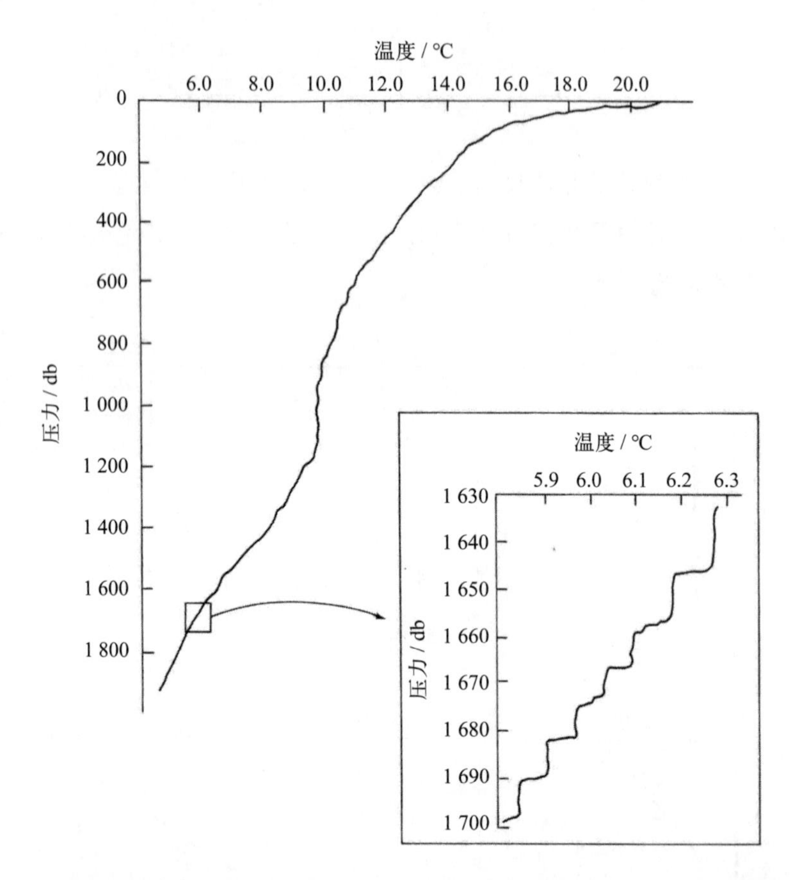

图8.13　陡峭的、阶梯状的温度梯度在地中海溢流区域温度分布的嵌入图中清晰可见。温度变化的每一级小于0.1℃，且深度上间隔大约10 m

（参照Magnel, Journal of Physical Oceanography, 6, 1976）

8.7　深层西边界流

虽然目前对深水的起源和特征有了一定的了解，但是对于水体通过何种过程来填充整个深水洋盆还知之甚少。是通过像表层流一样的深层流，还是通过一些慢的混合和扩散过程，使得热量和盐通过涡扩散传输到别的地方而不会引起净的水体输运？还是通过涡旋活动？所有这些机制都很重要，但是每一个过程的相对重要性尚未理清。

已知在所有大洋中沿着西边界的深层有可以测量到的向赤道的海流，在某些情况下，这些海流对于大洋热量和盐输送起到重要的作用。即便没有直接的海流观测，这些深层西边界流也可以通过温盐分布图推测出来，例如，图 8.3 中的南极底层水和挪威海溢流水。图 8.14 显示了南太平洋新西兰外海的一个剖面，从中能够看到更多的证据。图中等温线的倾斜意味着存在水平压强梯度，通过对这个剖面的地转流计算，可以发现

海底存在向赤道的流，流速能够达到零点几米每秒，体积输运约为 $15\times10^6\ m^3\ s^{-1}$。南大西洋和印度洋的西边界同样能够观测到类似的分布特征，表明深层西边界流似乎是普遍存在的，观测到的流速可达到 0.05 ~ $0.1\ m\ s^{-1}$ 量级，平均流速可能会比这个量级小得多。

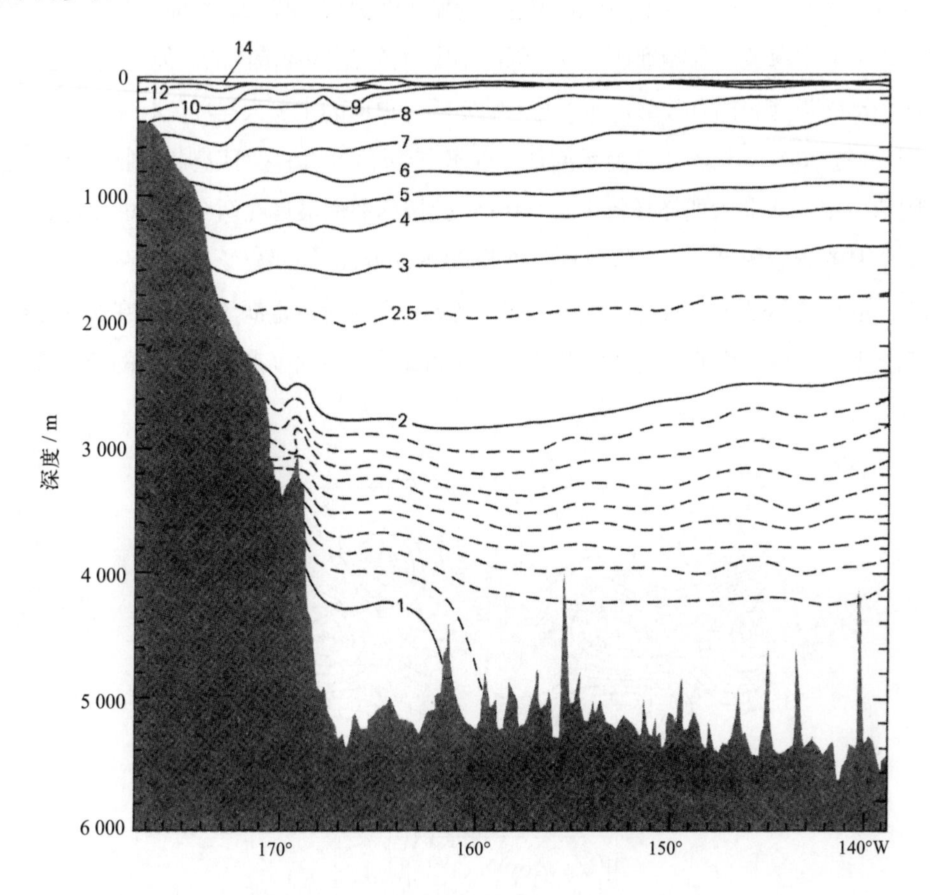

图8.14　南太平洋43°S西边界处能够看到低于1.2℃的低温水体。考虑地转和水团的特点，这种深层冷水应该是向赤道流动的

（参照Warren, in Scientific Explorations of the South Pacific, National Academy of Science, 1970）

有人认为南北方向上的平流主要是由深层西边界流引起的，而东西向的深层运动则主要是由湍流扩散造成的，但这些猜想还未得到完全证实。在建立深层环流理论时的一个主要问题就是我们没有足够的直接观测来判断深层环流从何处回归海表。深层水的源地只有少数几个且被人所熟知。然而，那些自海表下沉的水体一定需要别处的水体进行补充，现在不清楚这种向上层的返回运动是否只局限在几个区域，例如，南极绕极流附近的亚极地锋面区域，还是在广泛的区域缓慢发生且难以被检测到。

8.8 中尺度涡[18]

从太空中看浩瀚的海洋，那些清晰的、已被命名的海流，如湾流、南太平洋赤道流等，只占海洋表面面积的 50% 以下。这并不意味着这些大的反气旋式环流中的水体是静止的。有时，人们在这些洋流中测得的流速可能跟主要海流一样大。然而，在这样一个环流中不太可能用海流计观测到连续四五天的稳定海流。这些环流内的动能可能会比较大，但是这些动能是与湍涡有关的，而不是与稳定的、单向的主要大洋环流有关。

图 8.15、图 8.16 和图 8.17 显示的是在远离主要洋流的海区可以观察到的环流形态，其中图 8.15 显示了北大西洋环流中心 500 km^2 范围内海面坡度在两个月内的变化。三幅相隔 1 个月的流场图显示了一个特征长度为 20 ~ 100 km 的涡旋场。在这两个月的时间间隔内，涡旋场不是稳定的，虽然从一个月到另一个月对给定涡流的跟踪在这一分析中并不完全明确，但它们的运动非常缓慢，这些涡旋通过海面高度梯度产生的地转流达到 0.2 m s^{-1}。

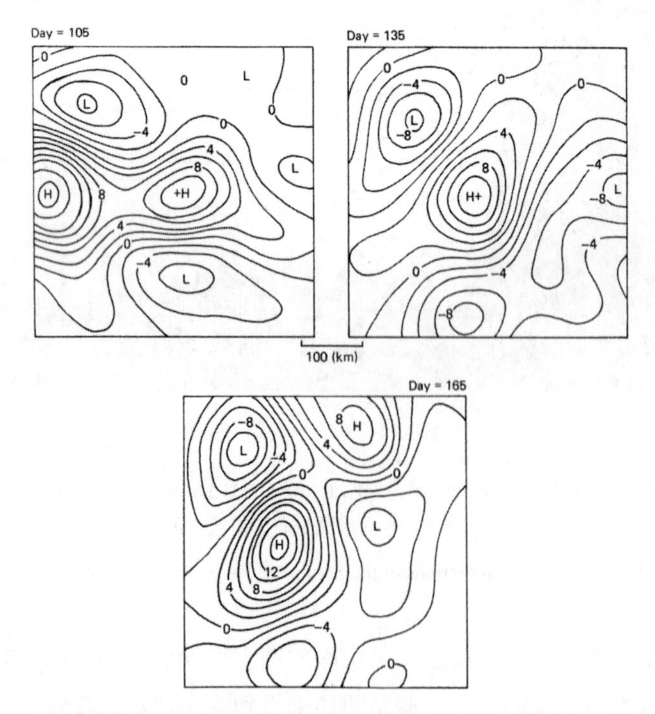

图8.15　北大西洋中部（28°N，69°W）150 m深度上水平压强梯度的缓慢变化。虽然这个区域在60天的时间里都被高压反气旋涡控制，但是细节上有很大的变化

（参照McWilliams, Journal of Physical Oceanography, 6, 1976）

18　中尺度涡，严格来说不甚严谨，应该称之为具有准地转平衡运动，且水平尺度为几十千米到百千米的涡旋。——译者注

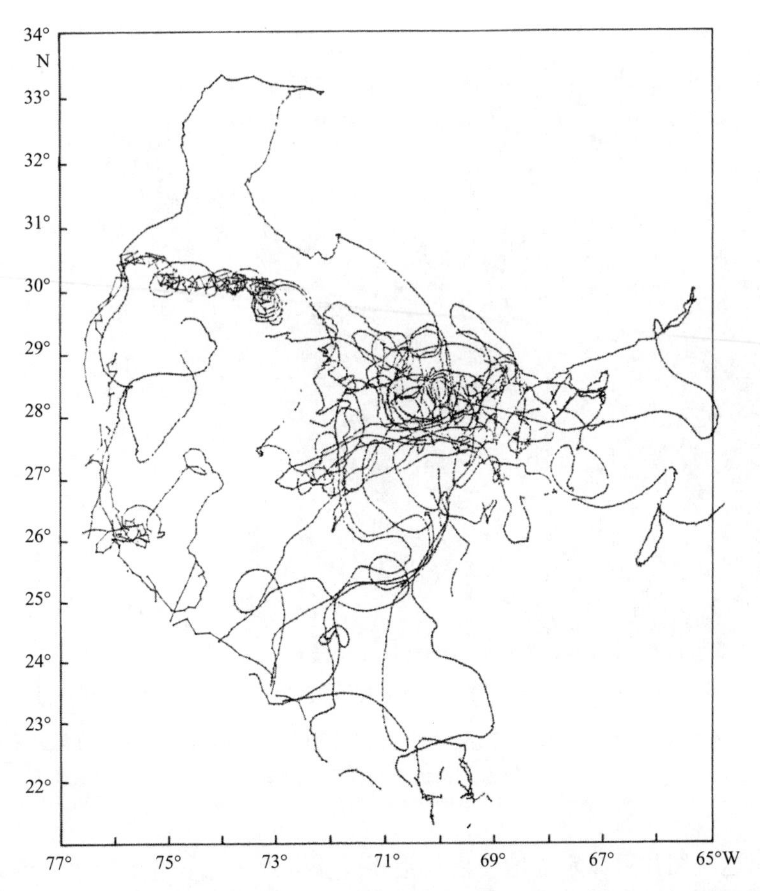

图8.16 28°N，69°W附近48个SOFARF浮标1972年11月到1974年12月的轨迹。这些仪器漂浮在水深1 500 m处，其中每一个点表示一天的位置，因此，点和点间距大表示运动速度快。尽管一些浮标在短时间内会一起运动，但是整体上几乎是随机的

（参照Rossby, Voorhis, and Webb, Journal of Marine Research, 33, 1975）

图 8.16 显示了 48 个悬浮漂流浮标在两年时间内的漂移路径，这些浮标的设计重量正好可以使其稳定在 1 500 m 深度上。因此，他们就像单个的海水微团一样在这个深度层上移动。所有浮标都在同一时间同一海域释放，随后它们向四周散开且每个浮标的运动路径都不一样，但是总体而言都缓慢向西移动，证实了涡旋在北大西洋这一区域向西漂移的理论结果。然而，在向西缓慢的运动上叠加着随机的涡旋场，其动能是平均流的几倍。图 8.17 拍摄于国际空间站，水面的波纹显示出十分复杂的远离主流系的涡旋结构，其中的线条被认为是表面辐聚的区域，标志着涡旋的边界。在这些辐合处汇集了表层的杂质，这抑制了小的波动，并在反光度中显示出必要的对比度（见第 9 章中关于毛细波的讨论）。类似的图片也在其他主要水体处经常拍到（彩图 14）。

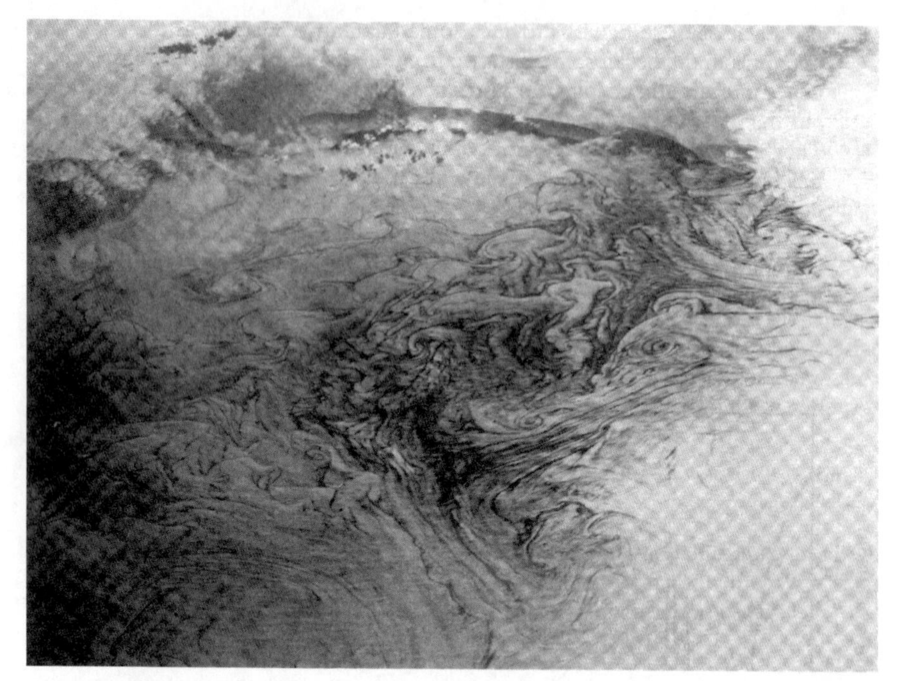

图8.17　国际空间站的1名工作人员在飞行到北美洲东部上空时拍摄的圣劳伦斯湾的密集涡旋

水面反射显示，在爱德华王子岛以北浅水区有一团相互关联的涡旋存在，这些涡旋由海湾里复杂的海流产生（图片拍摄于2016年9月4日）

从上面这些图片可以定性地观察到主要洋流以外区域涡旋的变化。观测证据显示涡旋的时空尺度范围很广，但是能量最大的涡旋空间尺度为 20 ～ 200 km，时间周期为 7 ～ 70 d，流速为 0.04 ～ 0.4 m s^{-1}。在这种时空尺度范围内罗斯贝数很低，涡旋流速与地转流速高度近似。量化这种流动特性的一种方法是将海流计固定在锚定浮标上，并将观测到的海流作为时间的函数进行关联，这一过程称为频谱分析。如果没有涡旋，且海流绝对稳定，则所有能量的频率会变为 0，周期无限大。如果海流与半日分潮（12.4 h）有关联，所有的能量都在每小时 0.08 次的频率范围内。对海流计观测结果进行相关谱分析可以发现能量分布在所有频率范围内。图 8.18 是一个典型的例子，表现出动能随着频率增加而减小并出现两个峰值，一个是在半日潮的频率上，另一个是对应着 19 h 的惯性周期［公式（6.2)］。需要长达两年以上的连续观测才能将平均流从像北大西洋那样的多涡旋的海流中分离出来。

涡旋在本书中已经反复提及，彩图中也提供了海洋涡旋的清晰展示，但关于涡旋生成机制的更深层次的讨论不是本书重点。从概念上来讲，涡旋的发展有两种能量来源。在水平流速梯度大但是垂向剪切相对小的区域，高流速区的动能可以通过涡旋的

生成转移到低流速区。例如，流入相对静态的区域之内的急流，其正压不稳定性导致涡旋形成并向其传递动能。相反，在垂向和水平剪切都很强的区域，浮力势能可以通过斜压不稳定转化为动能，引起涡旋的生成。

第 7 章讨论的湾流流环以及本章讨论的地中海溢流引发的“地中海涡”显示出高度的垂向一致性，即在涡旋内的不同深度上的流速、流向高度相关。在图 8.15 和图 8.16 的周期更为短暂的涡旋中同样能够发现垂向相关的特征。涡旋具有多种能量来源，包括湾流及其他类似洋流的弯曲、海流流过复杂的海底地形时产生的湍流，以及沿岸流和上升运动（彩图 17）。最强的涡旋位于强的西边界流附近。

总而言之，虽然像湾流以及秘鲁寒流这些已被命名的洋流已广为人知，这些主要流系外的区域的研究仍然十分重要。这里有许多从这些主要流系脱离出的流环，且其本身具有十分复杂的涡旋结构。尽管除了一般的统计意义外很难对它们进行描述，但值得注意的是，由于这些流环内的面积很大，与这些区域有关的动能与主要洋流的动能相当。

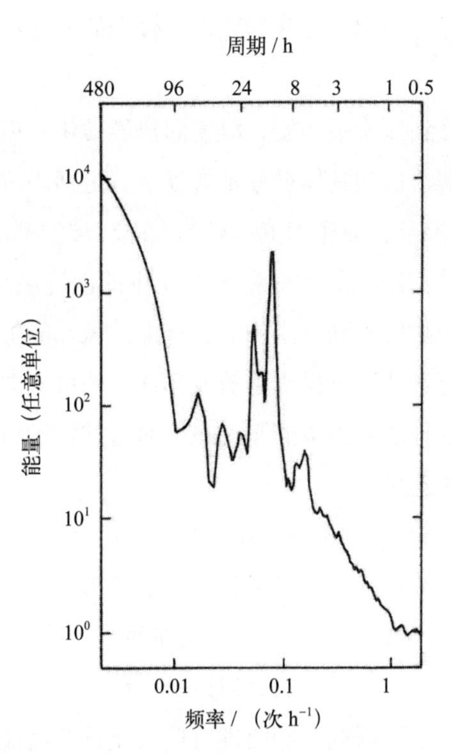

图8.18　北大西洋（39°N，70°W）150 m处海流观测结果的双对数坐标动能密度谱。在所有频率上都有能量分布，且随着频率增加能量减小，能量在12.5 h和19 h出现峰值，分别对应着半日分潮和惯性周期

（参照Webster, Deep-Sea Research, 16, suppl, 1969）

8.9 微结构：能量耗散

在过去的半个多世纪里，海洋学显著的发展在于仪器测量的发展，这使得观测更细微的海洋结构成为可能。通过这些观测，我们对特定的海洋过程有了更深入的了解。

8.9.1 流速微结构：能量耗散

海洋处在不停地运动中，包括潮汐、表层波动、大洋环流、内波、涡旋、埃克曼运动等，维持这些现象的能量来源是太阳辐射、风，以及太阳和月亮的引力（针对潮汐）。由于海洋并不会随着时间而变得更加扰动，我们可以假定海洋得到能量的速率与失去能量的速率相等，当然能量的源和汇并不一定要完全一样。由于能量守恒，海洋的动能主要是通过海洋底摩擦和内部黏性耗散转化为热能。

普遍认为从动能转化为热能的过程发生在非常小的尺度上（几厘米甚至更小），其转换率存在空间变化。例如，大多数潮汐能量在高潮位的浅海区耗散掉，如爱尔兰海和白令海。海浪的动能在靠近岸边破碎后能量耗散。海山以及大洋中脊对于一些内波的能量耗散也起到同样的作用。温跃层处由于较大的速度梯度和密度梯度，也是另一种动能的汇。

海洋的动能如何转移到厘米级涡旋，以便向热能转化？所有看过海滩上波浪破碎的人都能对此有直观了解，但其具体过程足够复杂（包括与波浪破碎产生的气泡相关的浮力过程），本书不会涉及。而像湾流这样的大洋环流的动能转变则没有那么直观，虽然可能通过彩图 2 中湾流边缘的涡旋和图 1.11 中的涡旋脱落看出这一过程的开始。湍流理论要求将海洋的动能转移到更小的涡旋尺度。风场能够建立几千千米量级的反气旋式环流，但是这种能量是通过抛出湾流流环这样的机制向下传递的，而流环又可以分解成更小的涡旋。这种能量串级的概念在下面这首打油诗中有很好的体现，其作者是著名的流体力学家理查森：

大涡的流速喂饱了小涡
小涡喂饱了更小的涡
如此传递下去
直到黏性耗散为止

对于处于所谓惯性子域的涡旋，即比拥有巨大能量的湾流流环小，但比厘米级别（分子变形起作用的尺度）大的涡旋，这种能量串级遵循柯尔莫戈洛夫“负三分之五”定律：

$$E = c_k \omega^{-5/3} \tag{8.4}$$

式中，E 是湍动能，ω 是涡旋的频率，c_k 是耗散率的函数。柯尔莫戈洛夫能量耗散的一个例子是图 8.18 中的高于潮频率的频段。“负三分之五”定律在整个海洋的惯性范围内都适用，c_k 在不同区域之间有所不同。

8.9.2 温度精细结构

随着能够准确、连续地记录温度和盐度剖面的仪器的使用，海洋中从几厘米到几十米的温盐结构被揭示出来。几厘米量级的温度结构通常称为微结构，主要与黏性混合有关（见第 4 章）。比微结构大一些的称为精细结构，通常温度的精细结构也伴随着盐度的结构，因此二者能够相互补偿，导致密度与深度的关系曲线是连续而平滑的。在海洋中，这种精细结构在特定程度上似乎无处不在，但其变幅通常不会像图 8.19 中的一样大。

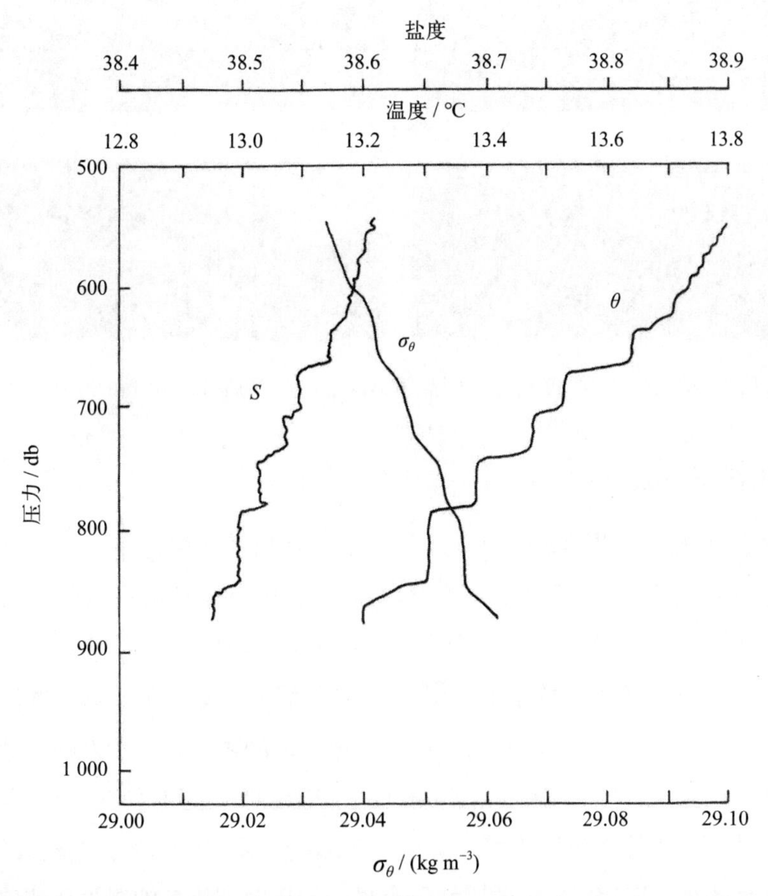

图8.19　温度阶梯状结构通常与盐度阶梯同时发生，两者倾向于相互补偿抵消，使得密度曲线相对光滑

（参照Molcard and Williams, Memories de la Societe Royale des Science de Liege, 7, 1975）

图 8.19 所示的不连续性隐含着水平分层，可以通过搅拌来解释（见第 4 章的“搅拌和混合”）。因为水平搅拌比垂向的高几个量级，当不同类型的水体在水平方向上混合时，有时会出现明显的垂直梯度。还有其他一些机制也可以解释精细结构，包括底摩擦、海浪和内波破碎产生的湍流等（图 8.20，彩图 15）。

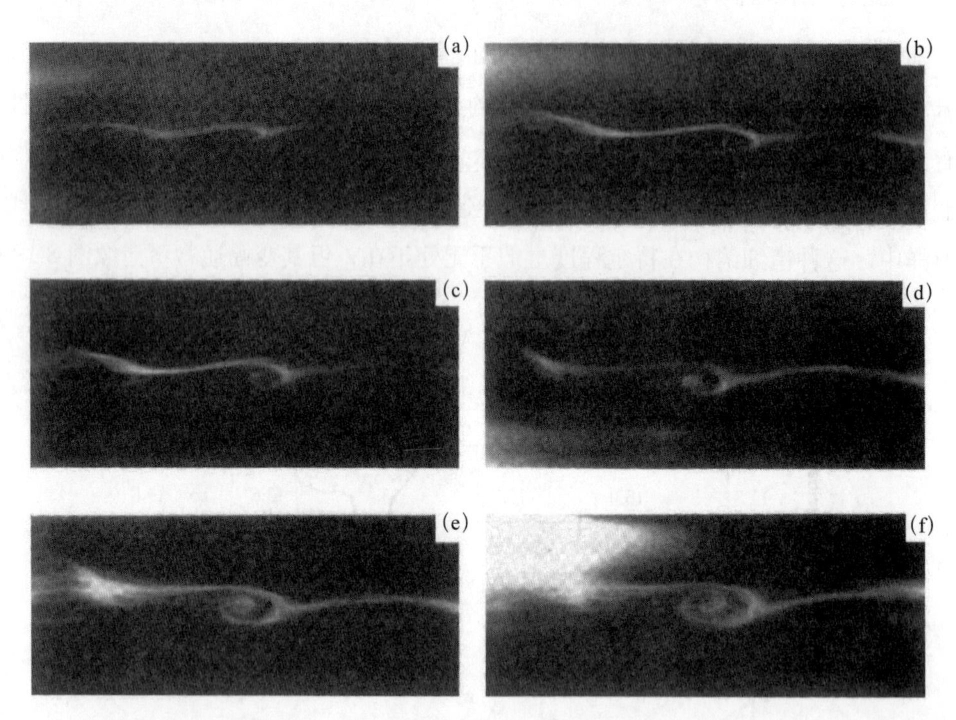

图8.20　靠近马耳他的地中海水深50 m处内波生成和破碎示意图（每隔2 min拍摄的照片），波高为0.3 m

8.10　朗缪尔环流

风在水面上吹拂可以形成海浪以及与风呈一定角度的埃克曼流，有时还可生成朗缪尔环流（根据朗缪尔在 1938 年的发现命名）。朗缪尔环流在海面上表现为与风向近乎平行的辐合线，观测表明两者之间的夹角约为 15°，偏向风向右侧（仅针对观测所在的北半球）。朗缪尔环流的形态是一系列涡旋，单个水质点的顺风运动呈螺旋状（图 8.21）。观测表明，这些涡旋是非对称的，沿顺风方向看去顺时针的涡旋要大于逆时针的涡旋。这种环流在湖泊和海洋中都有观测到。科学家在马尾藻海进行了大量的朗缪尔环流观测（包括朗缪尔最早的观测），漂浮的马尾藻向辐合区移动，提供了引人注目的视觉证据。大量的观测研究显示，风向变化后朗缪尔环流能够快速响应，例如，在其中一次观测中，风向变化 45° 后，环流的调整时间少于 10 min。

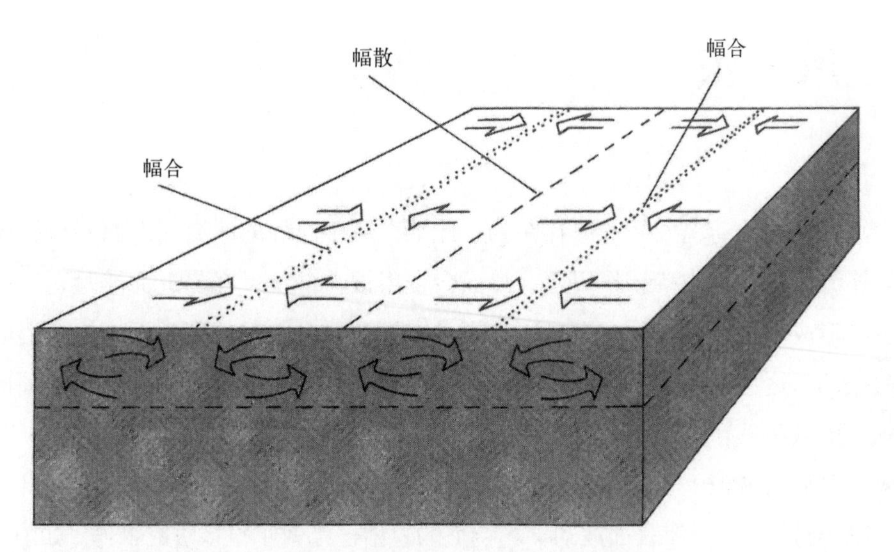

图8.21 在朗缪尔环流中，辐合带对应下方的下降流以及底部的辐散带，随后上升，与此同时沿辐合线向下游移动，最终的结果是水质点的螺旋状轨迹

关于朗缪尔流环的深度和空间间隔存在一定争议。流环的宽度通常要比深度大几倍，深度受到混合层深度以及水体稳定性的调控。很明显，如果混合层足够深，流环的宽度是风速的函数。例如，通过观测得知，在海洋中 $L=5W$，L 是两条朗缪尔环流之间的距离，W 是风速。而流环的深度受到混合层深度的强烈制约，因此在浅的混合层中（比如，湖泊），宽度并不能达到 $5W$。在上升流和下降流区域进行的观测显示下降流的流速较大，约为风速的 1%，也就是说 6 m s^{-1} 的风速能够产生 0.06 m s^{-1} 的垂向流速。

9 风 浪

水表面的波动现象是普遍存在的，比如，风平浪静的池塘和湖面能被微风吹起阵阵涟漪，在风的持续作用下，海面会变得波涛汹涌，在靠近海滩时，海浪还会破碎形成浪花。无论是在港口还是湖泊中，在风暴之后的海平面可能会形成缓慢的振荡，这也是一种波浪，和潮汐有点类似。波浪最基本的两个参数是周期和振幅。微风在平静的湖面上所产生的波一般具有 1 cm 的波高和 1 s 或者更小周期。海滩上破碎的波浪一般以米计，周期为 6 ～ 12 s。港湾的波动周期以分钟计，潮汐则以小时计。关于海表面波动平均特征的总结已经做了很多研究工作。如图 9.1，水平轴为频率 ω，其中（$\omega=2\pi/T$，T 为波周期），竖轴是波幅的平方，是对波能的一种度量。图 9.1 显示，4 ～ 12 s 范围内的波动能量比较明显，这一事实对于经常冲浪和出海的人都是比较熟悉的。其他值得特别关注的是全日潮和半日潮。不过，也要注意周期从 1 s 到甚至超过 1 d 的水波。

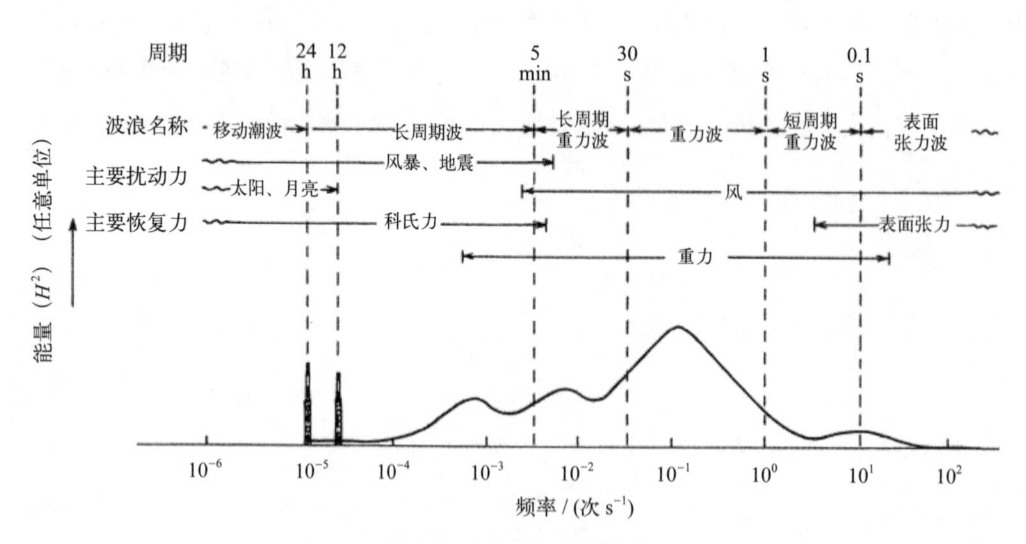

图9.1　表面波能量的估算

12 h和24 h左右的潮汐亦被列出。大部分能量是4～12 s的风生浪

（Kinsman, Wind Waves, Prentice Hall, 1965）

9.1 波的基本特征

波浪的基本参数包括波周期（T）、波长（λ）、波速（C）和振幅（a）。如图 9.2 所示的一个正弦波形，其波长为两波峰之间的距离。波高（H）为垂直方向上从波峰到波谷之间的距离，是振幅的两倍。波周期是两个连续的波峰经过同一点的时间。因此，波速可以表示为

$$C=\frac{\lambda}{T} \tag{9.1}$$

通常用波数表征波长，用角频率表征周期：

$$\kappa=\frac{2\pi}{\lambda}, \quad \omega=\frac{2\pi}{T}, \quad C=\frac{\omega}{\kappa} \tag{9.2}$$

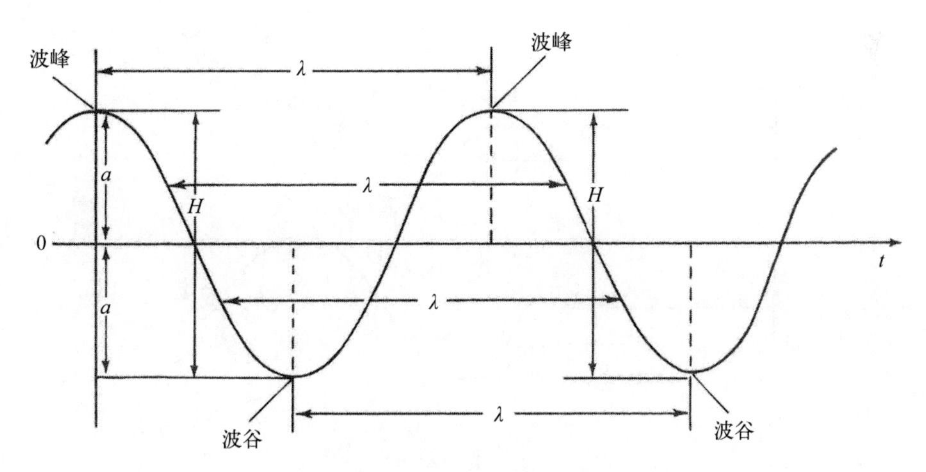

图 9.2 正弦波的一部分波面

其中，波高定义为振幅的两倍

波的运动一般分为两种：波浪自身的运动和水质点的运动。你可以拿一段绳子，然后用手腕在一端晃动，则产生一个沿着绳子的波动向前传播（图 9.3）。波形沿着绳子移动，但在水平方向上绳子没有移动任何距离。这与波浪相似，水波的波形则沿着水面移动，但水质点停留在原地。当波浪经过时，漂浮在水面上的软木塞会上下摆动，但它不会随着波浪的前进而沿水面移动。因此，区分波浪运动（波的运动）和水本身的运动（水质点的运动）是十分必要的[19]。

19 关于波的运动与水质点运动比较贴切的成语解释为随波逐流。水质点可以随波而动但不发生位移，但可以随流产生输运从而发生位移。——译者注

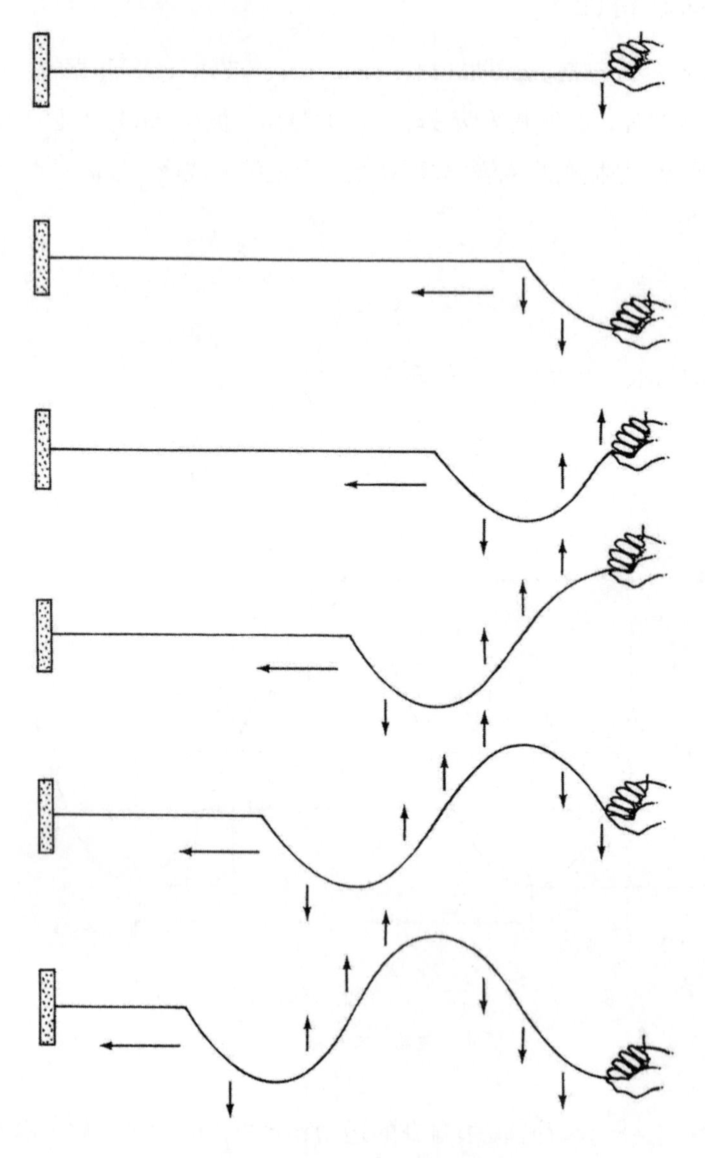

图9.3　以绳子为例的波动示意图

从上至下，波动向前传播，但绳子本身并不向前移动

大部分观测到的风生浪的特征可以通过假设海浪是简单正弦波（图 9.2）的组合来解释。如果假设波长远大于波高（海洋的合理假设），且唯一外力为重力，则可以推导出波速、波数和水深（h）之间的关系（推导见方框 9.1）。

$$C^2 = \frac{g}{\kappa}\tanh \kappa h \tag{9.3}$$

方框 9.1 小振幅波动方程

从运动方程开始，方程（5.28）中只考虑压力梯度力和重力，也就是说，忽略了摩擦力和科氏力项。

$$\frac{\partial V}{\partial t}+\left(V\cdot\nabla\right)V=-\frac{1}{\rho}\nabla p+g \tag{9.1'}$$

考虑均匀不可压缩流体的连续性方程，公式（4.10）可表达为

$$\nabla\cdot V=\frac{\partial u}{\partial x}+\frac{\partial v}{\partial y}+\frac{\partial w}{\partial z}=0 \tag{9.2'}$$

假设运动是无旋的，也就是说，没有摩擦力：

$$\nabla\times V=0 \tag{9.3'}$$

基于这个假设，我们可以引入标量速度势 Φ，定义为

$$\begin{gathered}V=\nabla\Phi\\ u=\frac{\partial\Phi}{\partial x}\equiv\Phi_x,\ v=\frac{\partial\Phi}{\partial y}\equiv\Phi_y,\ w=\frac{\partial\Phi}{\partial z}\equiv\Phi_z\end{gathered} \tag{9.4'}$$

重写连续性方程（9.2′）

$$\nabla^2\Phi\equiv\Phi_{xx}+\Phi_{yy}+\Phi_{zz}=0 \tag{9.5'}$$

对于 x–z 平面上的二维流动，它变为

$$\nabla^2\Phi=\Phi_{xx}+\Phi_{zz}=0 \tag{9.6'}$$

也可以重写公式（9.1′）的 x 和 z 分量，即 Φ：

$$\begin{gathered}\Phi_{xt}+\Phi_x\Phi_{xx}+\Phi_z\Phi_{xz}=-\frac{1}{\rho}p_x\\ \Phi_{zt}+\Phi_x\Phi_{xz}+\Phi_z\Phi_{zz}=-\frac{1}{\rho}p_z-g\end{gathered} \tag{9.7'}$$

可以看出，公式（9.7′）是以下各项对 x 和 z 的导数：

$$\Phi_t+\frac{1}{2}\left(\Phi_x^2+\Phi_z^2\right)=-\frac{p}{\rho}-gz+\text{constant} \tag{9.8'}$$

或者，对于标量速度 $\tilde{v}^2$，其中 $\tilde{v}^2=u^2+w^2$，

$$\Phi_t+\frac{1}{2}\tilde{v}^2=-\frac{p}{\rho}-gz+\text{constant} \tag{9.9'}$$

注意，运动方程的积分形式是伯努利方程的一种形式，这对于稳态流动是很常见的：

$$\frac{1}{2}\tilde{v}^2=-\frac{p}{\rho}-gz+\text{ constant} \tag{9.10'}$$

基于公式（9.6′）和公式（9.9′），现在可以直接来看小振幅波动方程（图 9.1′）。

$$\Phi_{xx}+\Phi_{zz}=0$$

$$\Phi_t+\frac{1}{2}\tilde{v}^2=-\frac{p}{\rho}-gz+\text{constant}$$

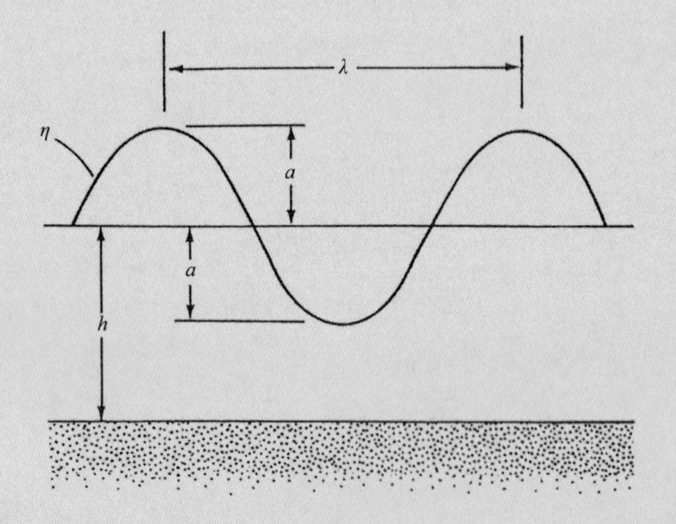

图9.1′

给出固体底部和自由表面的边界条件。对于 $z=-h$，

$$\Phi_z=0 \tag{9.11'}$$

简单来说，就是底部是水平的，因此在 z 方向没有流动。在自由面，$z=\eta$，我们有以下条件：

$$\begin{aligned}\Phi_z&=\eta_t+\Phi_x\hat{\eta}_x\\ \Phi_t+\frac{1}{2}\hat{\tilde{v}}^2+g\eta&=0\end{aligned} \tag{9.12'}$$

第一个条件表示自由表面是连续的。第二个来自公式（9.9′），表示自由面上没有压力梯度或其他应力，且表面上的空气压力可以忽略不计。如果满足小振幅假设，即波振幅远小于波长，则公式（9.12′）中带有“^”的两项与其余项相比足够小，因此可以忽略。在上述条件下，自由表面的两个边界条件可以合成为一个边值方程：

$$\Phi_{tt} + g\Phi_z = 0 \tag{9.13′}$$

基于边界条件，可以给出公式（9.6′）的具体解。其中一个可能的解是振幅为 a 的正弦波，它是水深的函数：

$$\Phi(x,z,t) = a(z)\sin(\kappa x - \omega t) \tag{9.14′}$$

根据公式（9.6′）：

$$a_{zz} - \kappa^2 a = 0 \tag{9.15′}$$

公式（9.15′）的一种解是

$$a(z) = A\cosh\left[\kappa(z+h)\right] + B\sinh\left[\kappa(z+h)\right] \tag{9.16′}$$

结合公式（9.16）和公式（9.14′）我们得到

$$\Phi = \left\{A\cosh\left[\kappa(z+h)\right] + B\sinh\left[\kappa(z+h)\right]\right\}\sin(\kappa x - \omega t) \tag{9.17′}$$

应用边界条件公式（9.11′）和公式（9.13′）到通解公式（9.17′）。底边界条件要求 $B=0$，自由表面边界要求：

$$\omega^2 \cosh(\kappa h)\sin(\kappa x - \omega t) = g\kappa\sinh(\kappa h)\sin(\kappa x - \omega t) \tag{9.18′}$$

由于波的相速度可以写成：

$$C = \frac{\omega}{\kappa} \tag{9.19′}$$

则

$$C^2 = \frac{g}{\kappa}\tanh\kappa h \tag{9.20′}$$

$C^2 = \frac{g}{\kappa}\tanh\kappa h$ 双曲正切关系可以进一步简化，当 κh 很小（小于 0.33）时，$\tanh\kappa h$ 约等于 κh。当较大（大于 1.5）时，$\tanh\kappa h$ 近似为 1。将这些近似值代入公式（9.3）得出：

$$C_s^2 = gh \tag{9.4}$$

$$C_d^2 = \frac{g}{\kappa} \tag{9.5}$$

式中，下标 s 和 d 分别代表浅水波（shallow water waves）和深水波（deep water waves）。这两个近似值的意义如图 9.4 所示。要使公式（9.4）的误差保持在约 5% 的范围内，波长必须至少是水深的 20 倍。要使公式（9.5）的误差保持在 5% 以内，波长必须小于水深的 4 倍。对于中等长度的波长，必须使用公式（9.3）。在海洋中，大多数风生浪可以被描述为浅水波或深水波。一个比较常见的现象是，周期为 6 ~ 12 s 的大波从离岸区的深水波转变为近岸的浅水波，然后在海滩上破碎。重要的是，波周期始终是保持不变。波的速度、高度和长度可能会改变，但波周期不会改变。

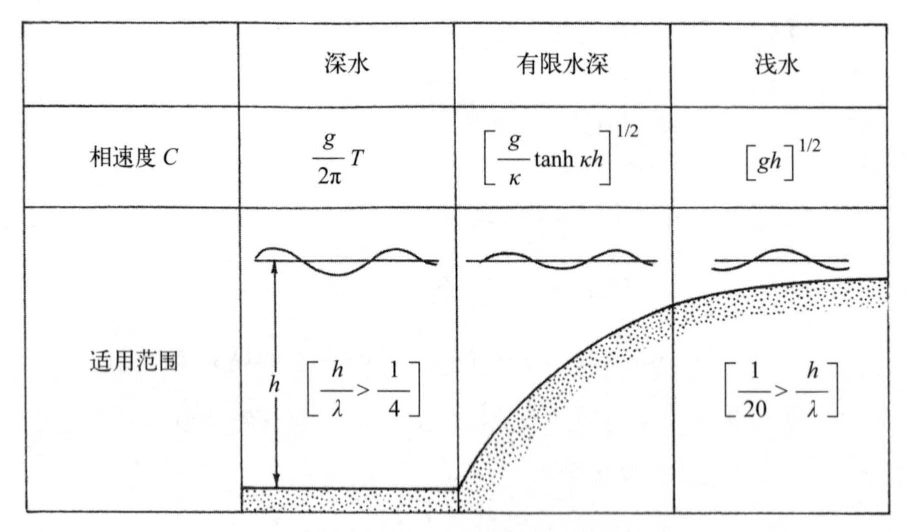

图9.4　基于水深波长比定义的深水和浅水波条件

深水波和浅水波的特征是不同的，浅水波的速度与波长或波周期无关，主要受水深影响。水深越大，波传播得越快。而深水波的速度与水深无关，主要由波长和周期决定[20]。只要水深足够大（波长不超过水深的 4 倍），波速和其他参数就与水深无关。综合公式（9.5）和公式（9.1）给出：

$$\begin{aligned} C_d &= \frac{g}{2\pi}T \approx 1.5T \text{ m/s} \\ \lambda &= \frac{g}{2\pi}T^2 \approx 1.5T^2 \text{ m/s} \end{aligned} \tag{9.6}$$

20　这里可以解释为什么面朝大海时，感受到海浪运动是平行于海岸线而来。——译者注

一种形象的描述深水波与浅水波关系的方法是考虑如果深水波的波长和周期增加，深水波将会发生什么？当水深达 4 000 m 时，以波周期为 10 s 为例，根据公式 (9.6)，波长约为 150 m，速度约为 15 m s^{-1}，这显然是深水波。如果周期为 20 s，波长约为 600 m，波速约为 30 m s^{-1}，这仍为深水波。直到周期达到 100 s，此时波速约为 150 m s^{-1}，波长约为 15 km 为止，它一直是一个深水波。当其周期为 4 min 时，此时为浅水波。波速大约为 200 m s^{-1}，波长接近 50 km。如果波周期增加到 10 min，那么波长将达到 120 km，但波速会保持在 200 m s^{-1}。当浅水波"触底"：其波速由水深决定，水越浅，波传播越慢。满足浅水波临界条件时的波速是表面重力波能达到的最大波速。简单正弦表面重力波波速、周期和水深之间的关系如图 9.5 所示。

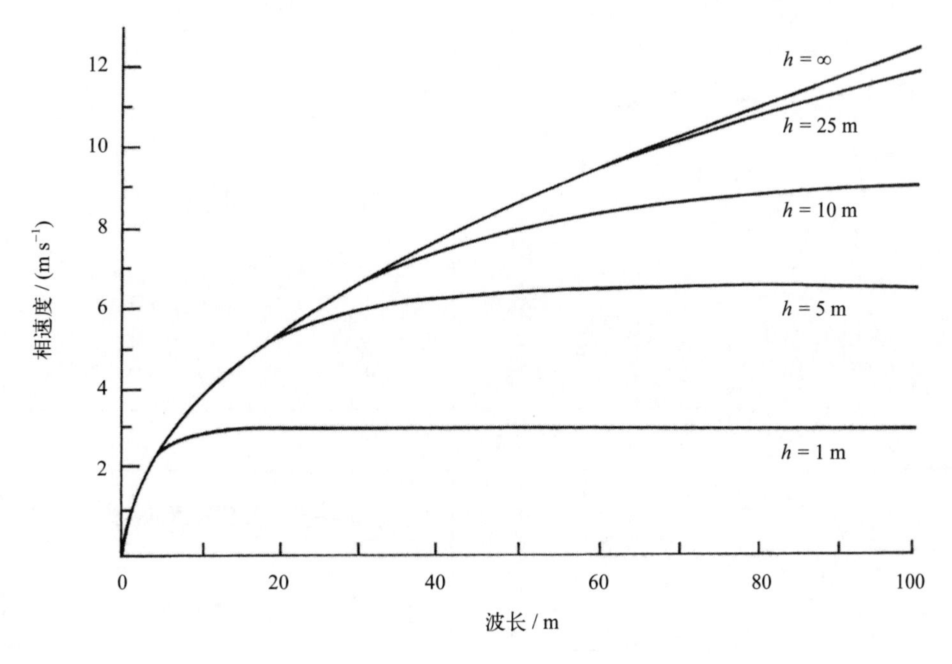

图9.5 波速与水深和波长之间的关系

对浅水波而言，水深决定波速。需要说明的是，尽管波长和相速度存在一定的关系，对浅水波而言，群速和相速度是一致的

9.2 水质点运动

深水波与浅水波除了波速不同，其他特征也有差异。图 9.6 展示了水质点运动的特征。首先对于深水波而言，单个水质点以一个随水深增加半径减小的近似圆形轨迹做圆周运动，在水表面，半径（r）与振幅（a）相同，质点速度$\bar{v} = (u^2 + w^2)^{1/2}$ 是圆的

周长除以波周期。在水面下方存在压力差(Δp)，等于波传播经过时的静压力(hydrostatic pressure）的变化。

$$r = a\mathrm{e}^{-kz}$$
$$\bar{v} = \frac{2\pi}{T} a\mathrm{e}^{-kz} \tag{9.7}$$
$$\Delta p = a\rho g\mathrm{e}^{-kz}$$

式中，指数关系代表着这些参数将随着深度的增加而迅速减小。如果水深 z 等于波长的一半，则半径、质点速度和压力差将减小到其表面值的 4%。

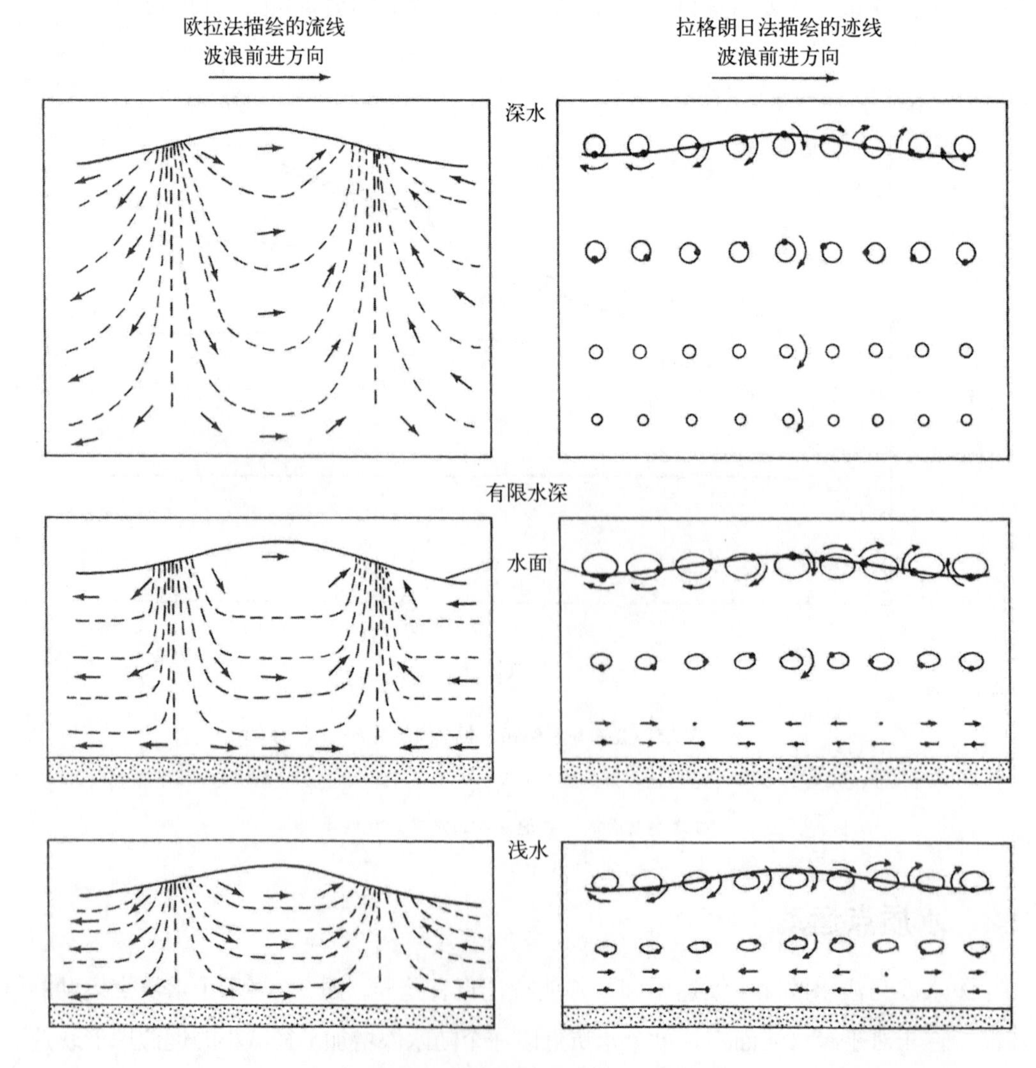

图 9.6　深水、有限水深、浅水波的流线和轨迹

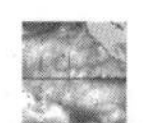

浅水波的情况与深水波不同，水质点轨迹近似椭圆，短轴的长度等于水表面的波幅，并随水深线性减小，直到水底部时短轴为零，此处水质点做水平运动。而长轴则是水深、波长和振幅的函数，不随水质点位置变化。压力差只是与静压的差，也不随垂向位置改变。表 9.1 给出了深水波和浅水波相关参数的精确公式。

表 9.1　深水波和浅水波的相关参数对照

	深水波	浅水波
表面位移 (η)	$a\cos(\kappa x-\omega t)$	$a\cos(\kappa x-\omega t)$
相速度 (C)	$\dfrac{gT}{2\pi}$	$\sqrt{gh}$
粒子速度分量 (u, w)	$u=\omega a e^{-\kappa z}\cos(\kappa x-\omega t)$ $w=\omega a e^{-\kappa z}\sin(\kappa x-\omega t)$	$u=\dfrac{\omega}{\kappa}\dfrac{a}{h}\cos(\kappa x-\omega t)$ $w=\omega a(1-\dfrac{z}{h})\sin(\kappa x-\omega t)$
压力差 (Δp)	$\rho g a e^{-\kappa z}\cos(\kappa x-\omega t)$	$\rho g a\cos(\kappa x-\omega t)$
粒子椭圆路径的 半长轴 A 和半短轴 B	$A=B=ae^{-\kappa z}$	$A=\dfrac{a}{\kappa h}$　$B=a\dfrac{h-z}{h}$

在海洋中潜水的人会比较清楚，一旦潜到水面以下，波浪运动的影响在大多数情况下会迅速减弱。那么，他们此时经历的就是深水波，水质点运动速度呈指数衰减。与之不同的是，如果在足够浅的水中潜水，那会体验到明显的浅水波运动，在这种情况下，它们将在水质点水平运动的影响下在底部来回漂移，而此时水质点运动不会随着水深增加而减小。

9.3　波能和波的色散

波能（E）分为势能（与水质点偏离平衡位置的距离有关）和动能（与水质点运动有关）。深水波和浅水波皆适用，

$$E=\frac{1}{8}\rho g H^2=\frac{1}{2}\rho g a^2 \tag{9.8}$$

波能的单位用单位表面积的能量来表示。因此，在 1 km^2 的区域中，波高为 1 m 的波的能量约为 1.2×10^9J。

速度与频率有关的波称为色散波。深水波是色散波，而浅水波不是。考虑两个周期稍有不同的波列相互叠加，如图 9.7 所示，得到的包络线显示了波处于相位同步的区域（此时波能最大），另外，包络线由于波列的相位不一致而分隔（分隔处波高和波能量最小）。

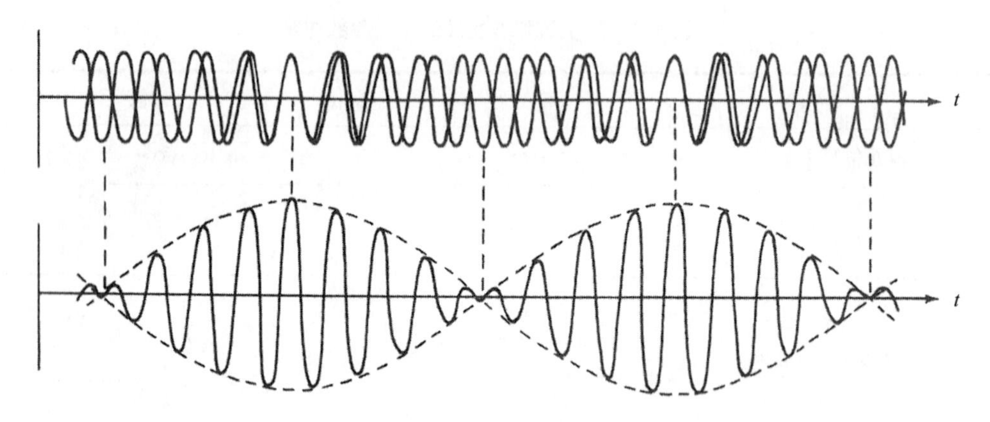

图9.7　两个波列相互作用示意图

除非两列波有着相同的波速，两个振幅相近但周期不同的波列形成“敲击”的情形

如果两个波列以相同的速度传播，那么产生的包络线，对应于相位同步和相位不一致的最大值和最小值也会以相同的速度运动。然而，如果波浪以不同的速度移动，两个波相位同步和相位不一致的地方会改变（图 9.8），包络线中最大波高的地方以不同于任一单独波列的速度传播。因此，波能量的传播速度不同于单个波列的相速度。包络线的速度称为群速度。对于具有深水表面重力波特征的色散波，可以表示为

$$v=\frac{1}{2}C_d \tag{9.9}$$

浅水波不是色散波，波群速度与相速度相同，即

$$v=C_s \tag{9.10}$$

一旦得出结论，图 9.8 中包络线的速度为

$$v=\frac{\Delta\omega}{\Delta\kappa}=\frac{\partial\omega}{\partial\kappa} \tag{9.11}$$

正如单个波的相速度是 $C=\omega/\kappa$（推导见方框 9.2）。

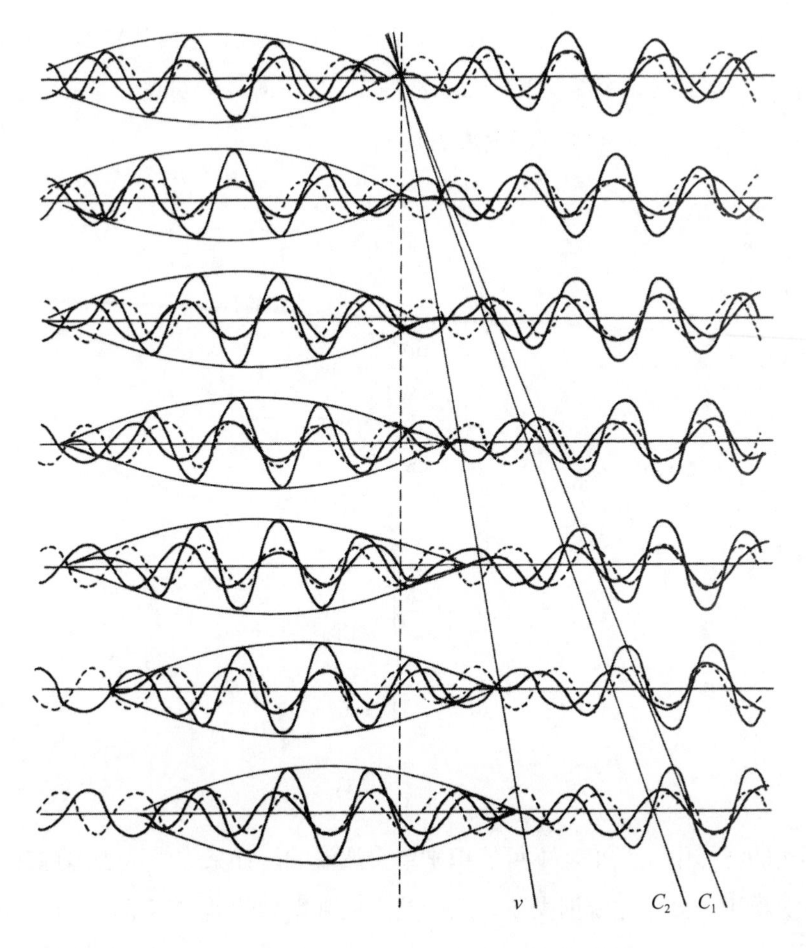

图9.8 两个波幅相近但波长和波速不同的波序列，单个波以不同的波速传播，而波节点则以群速传播，深水条件下群速是相速的一半

方框 9.2 群速度

考虑两组振幅（a）相同但波长略有不同的正弦波的叠加。自由表面方程就是这两个波面方程的和：

$$\eta = a\sin(\kappa x-\omega t)+a\sin(\kappa' x-\omega' t) \tag{9.21'}$$

也可以被写作：

$$\eta = 2a\cos\left[(\kappa-\kappa')\frac{x}{2}-(\omega-\omega')\frac{t}{2}\right]\sin\left[\left((\kappa-\kappa')\frac{x}{2}-(\omega-\omega')\frac{t}{2}\right)\right] \tag{9.22'}$$

如果（$\kappa-\kappa'$）很小，那么余弦项随 x 缓慢变化，由此产生的自由面是一系列正弦波，其振幅从 0 到 $2a$ 逐渐变化。两个连续的最大值或最小值之间的距离为 $2\pi/(\kappa-\kappa')$，两个连续的波谷通过之间的时间为 $2\pi/(\omega-\omega')$，这个新的缓变波动信号在自由面上的相速度是组合波的群速度。其速度表达式为

$$v=\frac{\omega-\omega'}{\kappa-\kappa'} \tag{9.23'}$$

取微分为

$$v=\frac{\mathrm{d}\omega}{\mathrm{d}\kappa}$$
$$v=\frac{\mathrm{d}}{\mathrm{d}\kappa}(\kappa C) \tag{9.24'}$$

对于深水和浅水表面重力波：

$$v_d=\frac{1}{2}\left(\frac{g}{\kappa}\right)^{\frac{1}{2}}=\frac{1}{2}C_d \tag{9.25'}$$

$$v_s=(gh)^{\frac{1}{2}}=C_s \tag{9.26'}$$

在真实的海洋中，几乎是不可能识别单个波浪的。如果你尝试去追踪某个波的运动，你会发现不一会儿它就消失了，原因是人们观察到的其实不是同一周期的单个波列，而是由一系列周期稍有不同的波列叠加而成的包络线。由于能量的传播比单个波慢，人们看到的是一个波似乎慢慢消失，而另一个波似乎在它后面形成。另一方面，当波进入浅水时，群速度和相速度是相同的。一个冲浪者选择乘着破浪向岸滑行，不必担心他的浪会消失，因为在这之后又有新的波浪形成。

波能以不同于相速度的速度传播的概念并不容易理解。下面的例子经常被用来使其形象化。让深水波中的波能在随相位速度移动和根本不动之间均等分配。因此，平均值以相位速度的一半进行能量转换。想象一下，一个非常长的波浪水槽，一端产生简单的谐波。为了便于记住，我们假设每一个波都有一定的能量 $E/2$。当波浪沿着水槽传播时，每一个波浪将以相位速度的一半前进，并且留下一半。前四个波之后的能量分布如表 9.2 所示。可以发现有一小部分能量以相速度移动，但作为补偿，会有另外的能量传来。此时，在第四个波产生后关闭造波机。能量包线向两边传播，但总能量以相速度一半的速度向前移动（表 9.2）。

表9.2 波能为时间和与造波机距离的函数

持续时间（周期）	与波发生器的距离（波长）[a]								传播时总能量 (*E*/2)
	1	2	3	4	5	6	7	8	
1	1/2								1
2	3/4	1/4							2
3	7/8	4/8	1/8						3
4	15/16	11/16	5/16	1/16					4
5	15/32	26/32	16/32	6/32	1/32				4
6	15/64	41/64	42/64	22/64	7/64	1/64			4
7	15/128	56/128	83/128	64/128	29/128	8/128	1/128		4
8	15/256	71/256	139/256	147/256	93/256	37/256	9/256	1/256	4

[a]启动造波机，产生四次深水波后关闭。表中展示了每一个波的能量。

资料来源：部分根据Kinsman, Wind Waves, Prentice Hall, 1965。

9.4 波谱与充分成长风浪

任何在湖面或海洋上观察过风浪的人都知道它们不是简单的正弦曲线，如图 9.7 和图 9.8 所示。海洋的表面是辽阔无际的，波浪通常来自不止一个方向。它们会产生高高隆起的波峰，有时还会破碎。海洋表面呈现出几乎是随机的“丘陵”和“山谷”模式（图 9.9）。即使是假设在一维的海面上，想找到一个简单的正弦波形也不是那么容易（图 9.10）。那么，一个简单的正弦波如何能很好地再现真实海洋中的波浪呢？真实波浪的特性是否与正弦波的特性相似？

真实的波浪和正弦波在细节上有显著的差异，但是正弦波（或者更准确地说，正弦波的组合）确实能高度近似再现了真实海浪的许多特征。图 9.7 是一个简单的例子，说明了用两个振幅相似的波可以产生什么。熟悉傅里叶分析的读者应该知道，即使是最复杂的函数，也可以通过按振幅和相位排列的正弦波组合而成。任何复杂表面的形状（图 9.10），在原理上可以通过不同高度、相位和周期的一系列简单正弦波相加来构造。因此，海洋表面的形态可以用具有合适的周期和振幅的一系列正弦波的组合谱来表征。并且最重要的是，假设该谱的每一部分都具有前文所述正弦波的相速度和质点运动特性，并且这些波分量不相互作用，而是相互独立地运动。

图9.9 类似正弦曲线型的海表波面

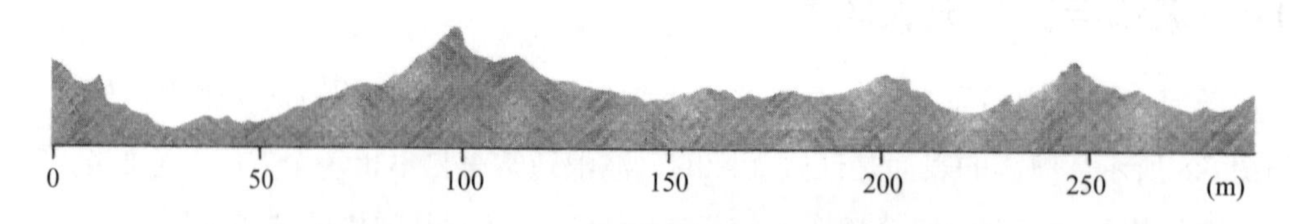

图9.10 基于图9.9中表面波的立体图刻画表面波动的形态

比重构海洋表面波形更有价值的是使用正弦波的频谱来估计波形的总能量，如图 9.10 所示。能量场的构建可以通过频谱分析来完成,即不同周期（或者更恰当地说，不同的波频率）子波的能量（波高的平方）相加。波高和周期随着风速、风时和风区长度而变化。风吹的时间越长，波浪就越高。风速为 12 kn 的风吹了几个小时就会形成波浪，并且开始发生破碎。风速达到 50 kn 时，风会把浪头吹离海面，而风速达到 100 kn 时，会很难分辨海气界面。对于任何给定的风速，都有一个平衡点，在这个平衡点上，风传递给波浪的能量等于波浪通过破碎或其他摩擦而损失的能量，这称为充分成长风浪，可以用特征波谱来描述（图 9.11）。大部分能量集中在一个相对狭窄的频率范围内。随着风速的增加，特征周期会发生变化，从 20 kn 风的 8 s 左右到 40 kn 风的 16 s 左右。当然，平均波高也随着风速的增加而增加。

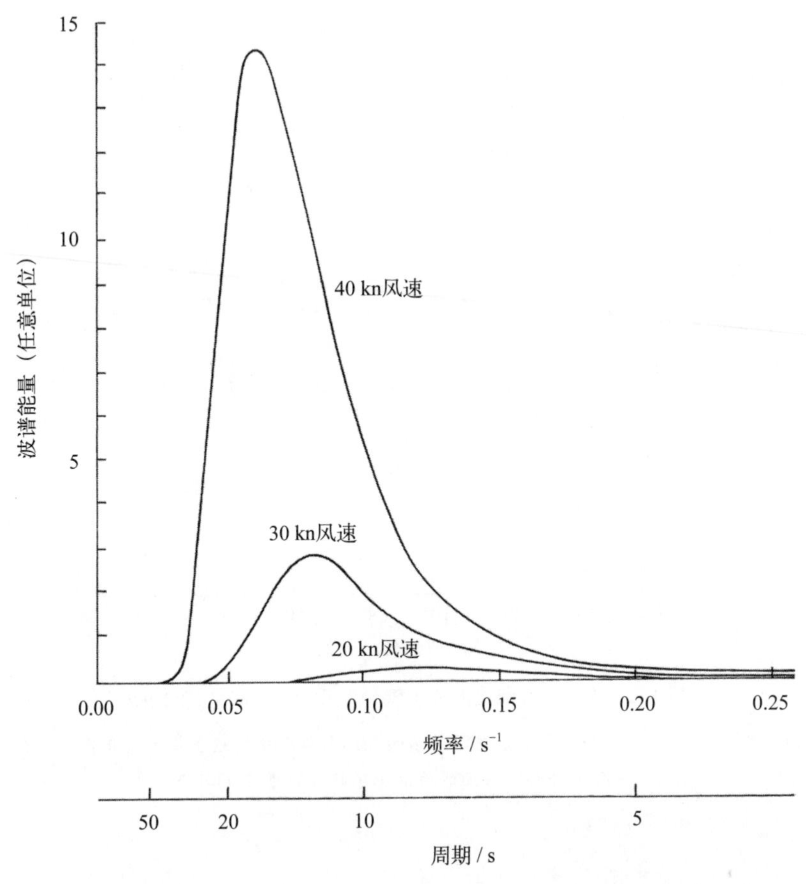

图9.11　风速在20 kn、30 kn和40 kn时充分成长的海浪理想波谱

有关频谱曲线的理论和经验的结合可以确定充分成长海浪的其他统计特性(图 9.11)，比如，将波高表示为风速或波浪总能量的函数（即图 9.11 中曲线面积积分的函数)。而在真实海洋中，人们观察到的大多数波浪都不是充分成长的。风必须在相当长的一段时间内，在相当大的范围内平稳地吹，才能使波浪充分成长。强风比微风需要更长的时间才能形成一个充分成长的波浪。强风也需要比微风更长的风区。如果风区不够长，则在波有机会充分成长之前，波可能会传播出生成区域。图 9.12 是一个图表，描述了形成一个充分成长的波浪所需的最短时间和风区。幸运的是，对于那些出海的人来说，很少会遇到风速 50 kn、风区超过 1 500 mile、持续时间为 3 d 的风暴。有史以来可靠记录的最高波浪为 34 m。对于未充分成长的波浪，图 9.11 曲线下的面积较小，也就是说，波浪没有那么高，并且存在低频（长周期）界限，平均波周期较短（图 9.13）。

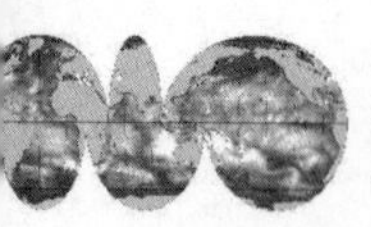

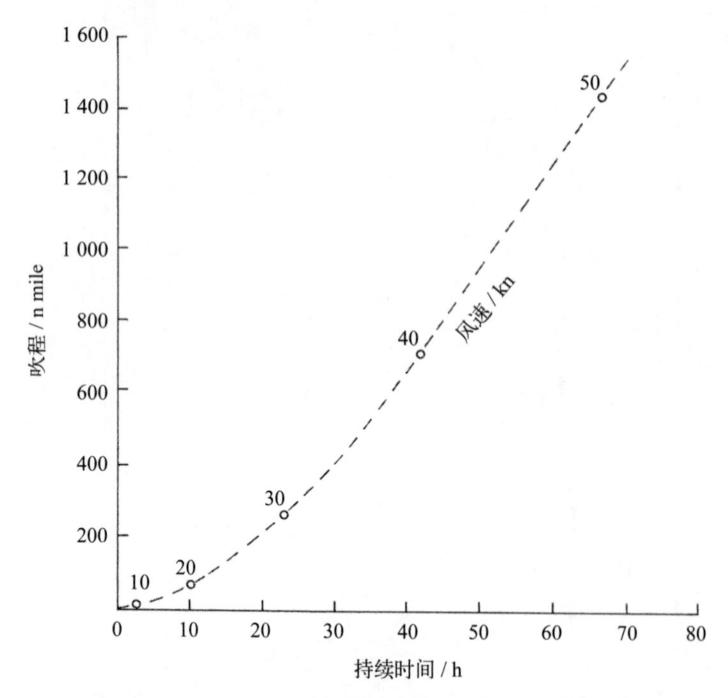

图9.12　充分成长海浪的最小风区和风时与风速之间的函数

例如，30 kn风至少在约300 n mile的风区条件下持续吹约24 h才能形成充分成长的海浪。达不到任何以上一个条件时，海面的海浪都不能算是稳定的状态

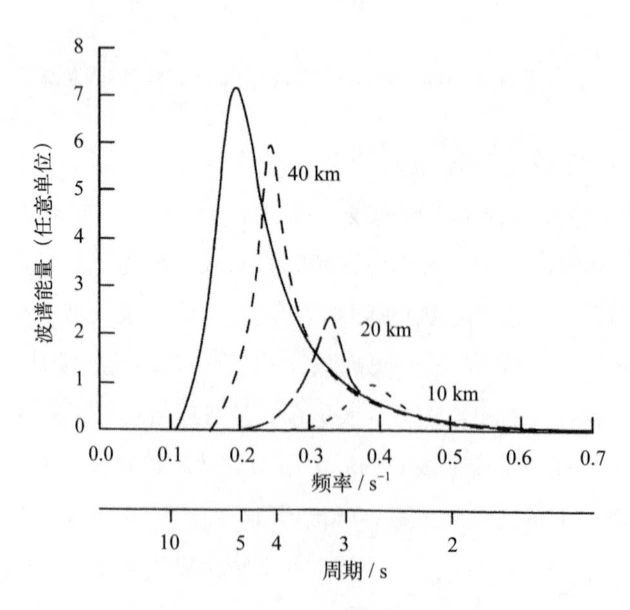

图 9.13　风区和波能关系

当风区长度达不到海浪充分成长的条件时，波高（或波能）较小，最大波高的波周期亦会偏小（频率偏大）。在这个例子中，风速为7 m s^{-1}，波谱充分成长（实线），以及风区为40 km、20 km和10 km的情况

值得注意的是，经仔细观察后估计得到的平均波高比精确仪器观测的平均波高要大一些，这些仪器观测的数据是图 9.11 和图 9.13 的基础。观察得到的平均波高更接近仪器的有效波高，即前 1/3 大波的平均值。显然，观察者在估计自己的平均值时，通常不自觉地剔除了较小的波动。

9.5 斯托克斯波和毛细波

9.5.1 斯托克斯波

虽然一个简单的正弦波，或这类波列的组合，对于表征海洋表面重力波是很有用的，但必须注意，这类模型都是基于波高远小于波长的假设近似。对于波高较大的波浪，可以用斯托克斯波来模拟海洋表面，尤其在考虑波浪破碎问题时特别有用。有着长长的波谷和尖尖的波峰的摆线斯托克斯波，有时能反映更真实的海面波动（图 9.14）。方框 9.1 中对小振幅正弦波的推导也可以用于小振幅斯托克斯波，结果差别不大。深水斯托克斯波的相速度为

$$C^2 = \frac{g}{\kappa}\left(1+\pi^2\delta^2\right) \tag{9.12}$$

式中，$\delta=H/\lambda$。对于典型的海浪 $\delta=1/20$，因此，在高度近似下，斯托克斯波的相速度与公式（9.5）中的正弦波的相速度相同。

(a)

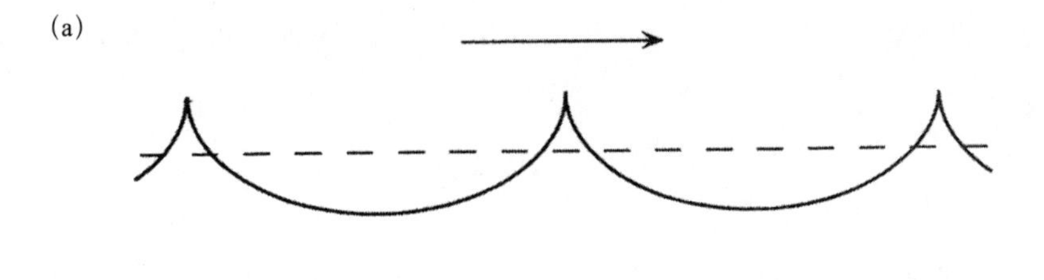

(b)

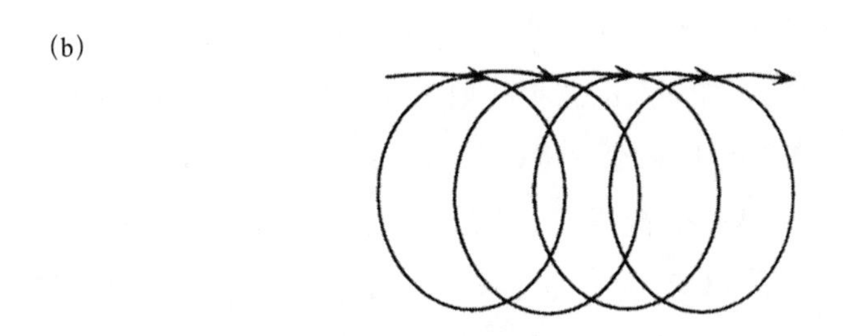

图 9.14 （a）余摆线的斯托克斯波比正弦曲线更好地代表海表面特征；（b）斯托克斯波条件下，海表面会发生微小的物质净输移

斯托克斯波和正弦波之间更显著的差异在于质点运动［图 9.14(b)］。斯托克斯波作用下，水质点会产生沿波浪传播方向的净位移，从而产生了水流，水流流速 u^* 的表达式为

$$u^* = \pi^2 \delta^2 C e^{-2\kappa z} \tag{9.13}$$

对于周期为 6 s，δ 值为 0.05，$u^* \equiv 0.25\ e^{-2\kappa z}\ m\ s^{-1}$，表面流速随深度会迅速下降。在半波长（约 28 m）深时，流速只有 $4 \times 10^{-4} m\ s^{-1}$。

合理的近似条件下，斯托克斯波的浅水表达式为：

$$C^2 \cong gh\left(1+\frac{H}{2h}\right) \tag{9.14}$$

在除极浅水的多数情况下，它都可以简化为公式（9.4）。当波的质点速度超过相速度时，波就会破碎。即

$$\frac{u}{C} > 1 \tag{9.15}$$

当波高与水深之比超过 0.7 时，波浪通常会发生破碎。

9.5.2 毛细波

风吹向湖面或海面的第一个作用就是形成小的表面张力波，或称为毛细波。每当风吹起时，这些波就会叠加在较大的波浪和涌浪上。风停了，它们几乎立刻就消失了。由此而得名。如果空气 - 水界面的曲率半径只有几厘米，那么趋向于使表面积最小化的表面张力（使表面变平坦）和重力是相当的，这也是表面张力波的由来，简单来说表面张力波的恢复力是表面张力。对于长度小于 5 cm 的波，公式（9.5）必须包括此附加恢复力：

$$C_d^2 = \frac{g}{\kappa} + \frac{\kappa}{\rho}\varsigma \tag{9.16}$$

式中，ς 是表面张力。表面张力波或毛细波与表面重力波有非常不同的特征。与重力波相比，毛细波越短，传播越快（图 9.15）。重力波和毛细波都是色散波，但对于毛细波，波群速度大于相速度。因此，如同新的波不断地在波列的前面形成，而在波列的后面则不断消失。公式（9.16）中波的最小速度为 0.22 m s^{-1}，波长为 1.7 cm。

人们必须仔细观察海洋表面才能看到毛细波，它们几乎总是存在的。它们叠加在风驱动产生的重力波上，通常只有约 1 cm 高，很少超过 1 cm 长。虽然不容易看到，但它们是海洋表面的一种结构特征。海洋很少出现镜面的情况。海面的表面粗糙度并不是较大的、容易识别的表面重力波的结果，而是由非常小的波引起的。几厘米的毛细重力波与波长小于 1.7 cm 的纯毛细波叠加在大波上，使海面呈现出粗糙的褶皱状。

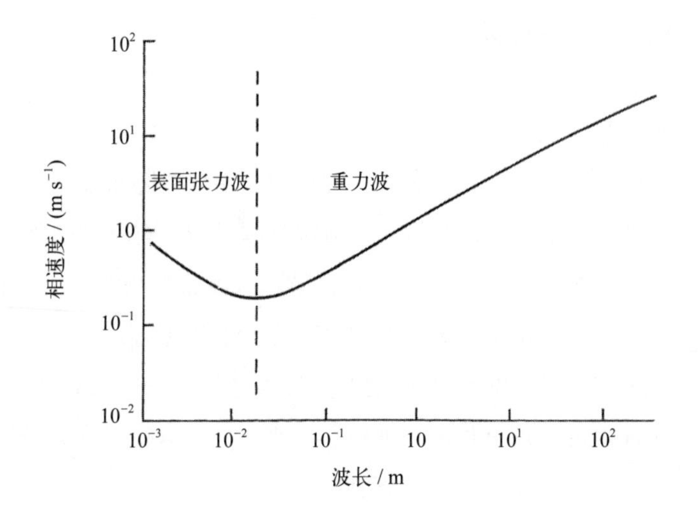

图 9.15　相速度和波长关系

对于波长小于1 cm的表面波，波速由表面张力决定。波长大于0.1 m的表面波基本上是重力波。而介于这两者之间的波动则称为毛细重力波

那些偶尔出现海面光滑、像镜子一样的区域是没有小波浪的区域。这些表面的光滑可能是风不足以使海面产生波纹的结果，但表面光滑也可能是由石油或其他物质导致的，它们改变了表面张力，并且快速地耗散掉小波的能量（毛细重力波以及纯毛细波）。表面光滑的例子有时可以在河流或河口区域、开阔大洋中表面洋流发生辐聚时可以看到。当水聚集在水面上时，它必须下沉，但是水面上的漂浮物会在辐聚区汇集（图 9.16）。因此，汇聚区也是表面漂浮物质（如石油和其他有机物）的浓缩区。在表面光滑区域内，涌浪的高度和周期与在光滑区域外的相同，但由于没有非常“小的波浪”而产生的视觉效应常常使表面光滑区域内的波高看起来比周围水域中的波高更小。

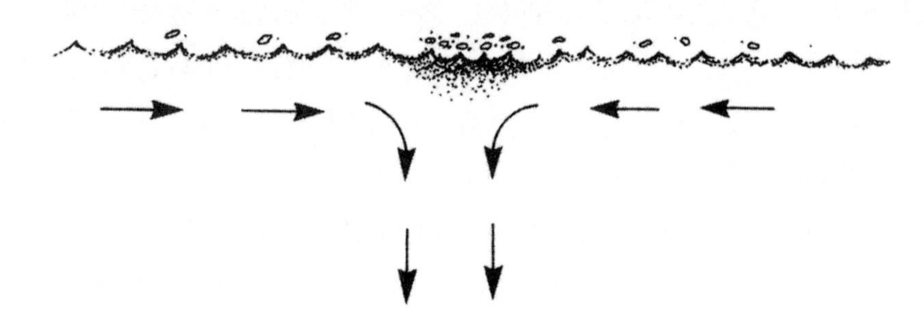

图 9.16　海表呈现光滑特征机理示意图

海洋的表面总漂浮着一些有机物，这些物质常沿着辐聚线发生汇聚，从而减小表面张力。这些表面张力的减弱和快速变化减少了毛细波和毛细重力波的产生，因此，这些辐聚区的海表呈现镜面或者较光滑的特征

9.6 波的形成、传播和耗散

9.6.1 波的形成

观测发现，风会在水上产生表面波。一片平坦、平静的海面或湖面在强风吹起后几分钟内就会变得波涛汹涌。风越刮越大，海况就越复杂，有时会被称为高海况。风停了，海水开始慢慢平静。从上述简单的定性解释过渡到严格的定量解释并非易事。人们认为，波浪的产生主要是由压力的变化（类似于雷诺应力）引起的，而压力的变化又是由风吹过粗糙的、晃动的水面引起的。尽管自从 Ursell 在 1956 年指出“风在水面上吹过，产生波浪的物理过程尚不明确”以来，已经取得了许多进展，但是这种能量从风到水转移的具体过程还没有完全了解。

并不是没有人提出看似合理的机制，而是没有一个机制允许以观察到的速度形成表面波。例如，20 kn 的风可以在几个小时内形成 1 m 高的波浪，尚未提出任何机制可以解释这种快速增长。最近的各种尝试都是基于湍流过程，通过风速和局部气压的波动与海洋表面粗糙度分布的耦合，将能量从风传递到海洋。而问题在于，很难仔细测量粗糙海面上的风和气压的波动。因此，理论和观测之间的一些分歧可能只是观测误差。

9.6.2 波的传播

频谱分析不仅仅是统计归纳复杂波形的一种方便快捷的方法，它提供了将海洋中观察到的海浪与理想化的波动之间联系起来的方法。尽管与真实的情况有所不同，我们确实可以基于这种方法，对波动离开生成区域后的情况做出一定的预测。对于一个相当合适的近似值，我们可以假设图 9.9 和图 9.10 中的复杂海域确实由简单周期正弦波的组合组成，并且这些波以深水波的相速度和群速度传播。在适当考虑沿途的有限摩擦损失的情况下，我们可以随时将各种谱分量相加，得到一个与观测海面的统计特性非常接近的波浪谱。这种数学技巧相当有效，因为从谱的一部分到另一部分的能量转移相对较少；几乎没有波与波的相互作用。

要正确地进行这样的分析则需要更多可用的信息。因此，得出了一系列的经验关系。假设距海岸 2 000 km 的一场风暴产生了一个与图 9.11 中 30 kn 的风相当的充分成长的波浪。当风暴离开生成区时，会产生一定量的绕射。根据经验，有效波高减小的比率为

$$H = H_0 \cos\theta \tag{9.17}$$

因此，在与风暴的正下方位置成 30° 角时，有效波高约为传播方向上观测到的波高的 85%（图 9.17）。在没有明显的风的情况下，人们在风区之外所能观察到的只是风暴引起的海面缓慢的起伏。摩擦耗散确实存在，而且，短周期波比长周期波衰减得更快。因此，能量谱会轻微地向长周期移动。

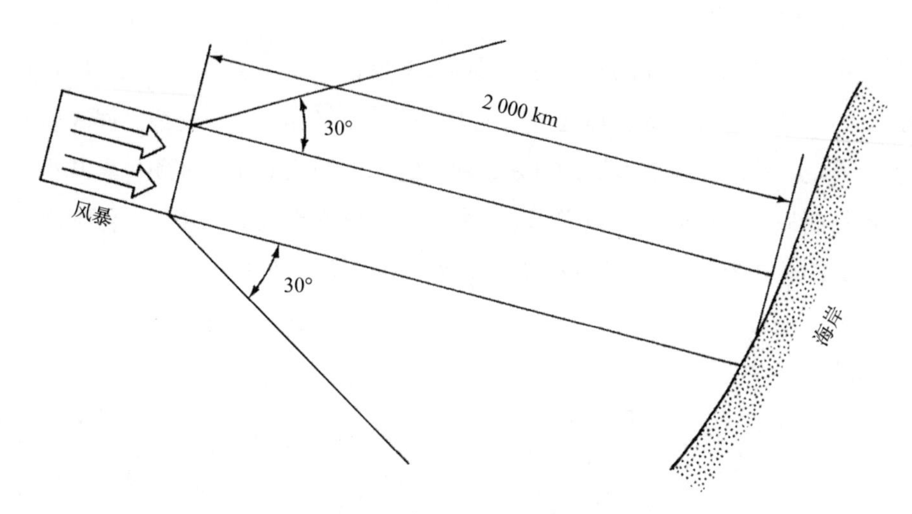

图 9.17　波浪离开风暴生成区，发生绕射扩散示意图

在风暴生成区下风区轴线成30°角处的涌浪波高约为风暴下风区轴线位置的85%

图 9.11 中的所有有效子波的波长都比开放海域的深度小，这意味着它们是深水色散波，谱中不同成分的能量以不同的速度传播。周期越长，传播越快，也越快到达海岸。能量以波群速度而不是相位速度传播。因此，根据公式（9.5）和公式（9.9），海岸附近的一个波高仪将在离开生成区约 40 h 后开始记录 18 s 的波，波高将以厘米为单位计，需要一个非常好的滤波器才能看到这样的小振幅波叠加在寻常的可能是 1 m 左右的波浪运动上。然而，在这些早期的“先兆波”之后 32 h，风暴产生的强涌浪将传播到海滩上，并将发生破碎。

一个极端的例子是从南加州追踪南极洲的风暴。Munk 和他的同事们通过观察色散波的稳定到达追踪到风暴的起源地在 10 000 km 以外，第一次到达的周期超过 20 s，高度以毫米为单位。Munk 的成就和研究被电影“波跨越太平洋”（1967 年）所记载。

9.6.3　波的折射

除了由于高频选择性衰减引起的频谱轻微变化外，在靠近海岸之前，涌浪几乎不显著变化。随着水深的减小，离岸越来越近的波浪不再是深水波。最终，这些浅滩足以导致浅水波的形成，并发生波浪的折射。假设浅水波传播到海滩上，海滩上有一个离岸沙嘴（海岬状）和一个湾形区。由于群速度为 $(gh)^{1/2}$，所以与沙嘴相邻的波相对于深水中的波速会减慢，而湾形区深水波移动得更快。波峰线不再与海滩平行。此外，随着波的减速，因为波的周期没有变化，波峰之间的距离减小，如果速度降低，根据公式（9.1）波长必须减小。

假设在波浪向海岸传播的某一时间段内没有摩擦损失或绕射，可以画出垂直于波峰的正交线，也就是波向线。在这种情况下，两个波峰和两个正交线之间区域的平均能量保持不变。然而，随着波浪的减速，波峰之间的距离减小，面积也将减小。波高增加，单位面积的平均能量必须增加。叠加在波峰之间距离的缩短导致沙嘴附近正交线之间距离的进一步减小和湾区正交线之间距离的增加（图 9.18）。

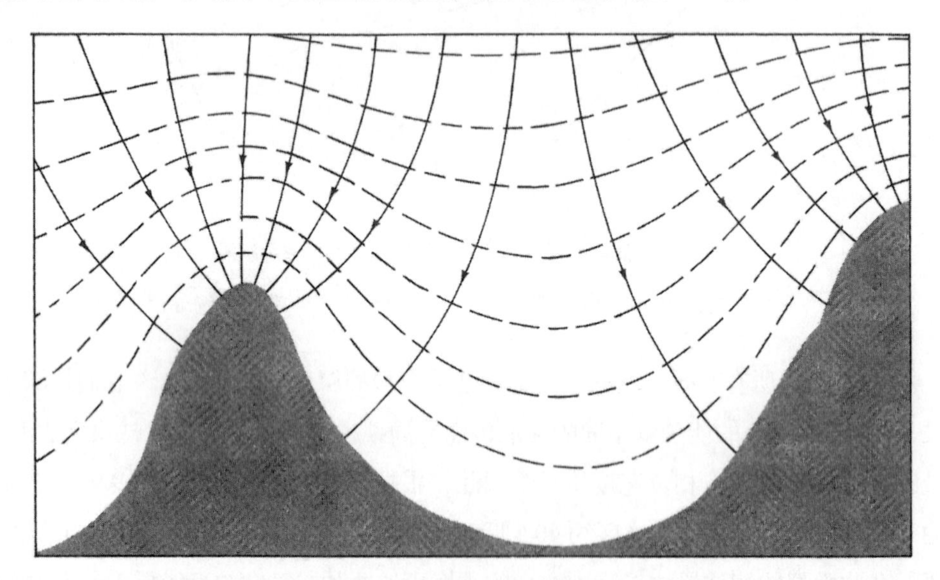

图9.18　波浪传播至浅水区时波速减小，且会发生折射（虚线为水深等值线），假设邻近的波峰线（带箭头的实线）之间的能量不变，则波高在湾区附近减小而在海岬位置附近增大

另一种较为形象的描述方法是用能量流来刻画。穿过两个正交线的能量必须是常数，并且简化为

$$\nu El = \text{constant} \tag{9.18}$$

式中，l 是正交线之间的距离。如果正交线之间的距离保持不变，E 随波群速度的减小而增大。如果距离变宽，相同的能量流从较宽的距离间移动，只要波群速度保持不变，就会导致波高减小。相反地，当正交线收敛时，波群速度保持不变时，波高增大。

9.6.4 波能耗散

随着波浪越来越靠近海岸，波长减小，波高增加。当波高（波幅的两倍）与水深之比在 0.7 ~ 0.8 时，波浪变得不稳定并破碎。破碎波的波高与风暴的强度及其与海岸的距离有关。然而，局部地形也会引起平均破碎波高的扰动，在沙嘴附近破碎波高比在湾区破碎波高要高。

了解风暴的位置和强度，以及当地地形的细节，可以预测风暴产生的波浪的到达时间和大概强度。局部地形在决定风暴的影响方面起着重要的作用。例如，主导能量为 6 s 周期的波的风暴将错过图 9.19 中陆地点的背风面，然而，有 10 s 周期的波浪，会充分地感受到底部，可以在点周围折射到背风海岸。最后，需要知道的是，风暴产生的波浪往往能传播很远。南加州夏季缓慢而猛烈的拍岸浪可以溯源到 10 000 km 外南大洋的风暴。

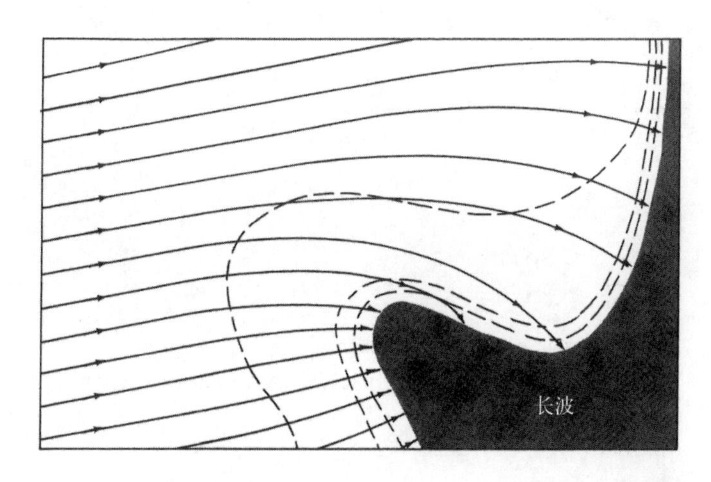

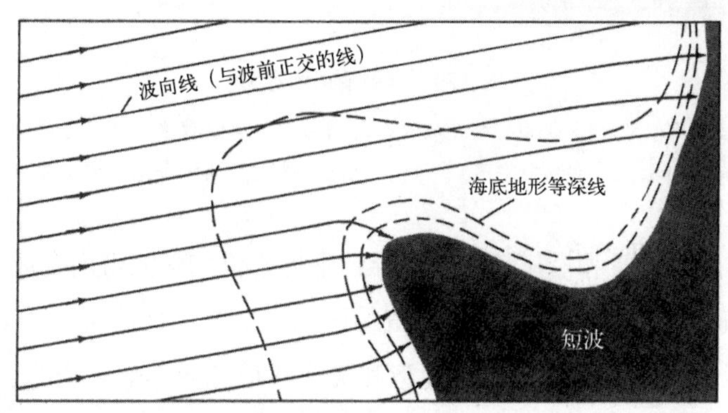

图 9.19　短波和长波在背风处的变化示意图

为了预报波浪在海岸附近的破碎情况，有必要知道离岸区域的地形和波浪。该例子中，背风处对短波有较好的掩护作用（下图），而长波则可以通过地形引起的折射向背风处传播（上图）

9.7 沿岸流和裂流

考虑一条长长的、笔直的海岸线，有一个缓坡的海滩，还有一系列在近岸区破碎的波浪。一旦波浪破碎，破碎带内会有相当数量的水向海岸输送。如果岸上的水位不上升，这些水最终会通过破波带返回。如果波浪以一定角度传播至海滩，则会产生沿波浪方向流动的沿岸流；如果波浪与海滩平行破碎，则沿岸流通常是对称的（图 9.20）。在这两种情况下，陆地地形的一些异常点、离岸的障碍物和海堤等都会使图 9.20 中的简单情况复杂化。

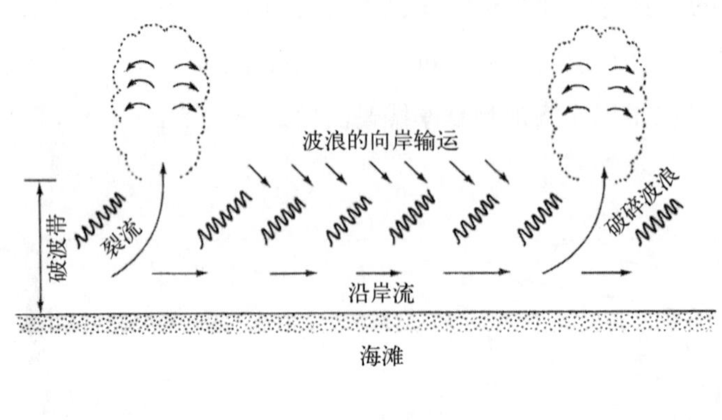

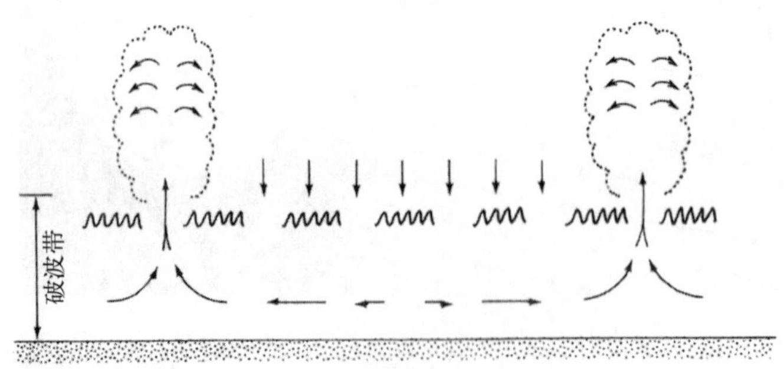

图 9.20 水体输送示意图

破碎波将水体输送至海岸，而水体则必将经过破波带返回海洋。通常破波输送是沿着海岸的，且会形成裂流。在平直海岸的裂流通常均匀分布。有时，破波带造成的涌水会生成边缘波（见第10章）

破碎波、波传播动量和沿岸流的组合导致平均水位和破波带内合成压力场的变化。一般来说，低压区是指破碎波低于平均值的区域（如图 9.18 所示，在湾区附近）。在这些区域，会形成裂流。因此，底部地形和海岸线形态会影响裂流的位置。在没有这种海岸不均匀性的情况下，裂流的位置和间距可能在某种程度上与沿海滩传播的“边缘波”有关（见第 10 章）。裂流之间的尺寸通常是破波带宽度的 2 ～ 8 倍，曾观测到 3 kn 左右裂流，将水通过破波带带向大海。

10 潮汐和其他波动

前一章仅限于讨论由风驱动的表面波浪，本章中，我们将简要介绍潮汐以及其他几种读者可能不太熟悉的波动。本章将从三种浅水波开始：海啸波、假潮和边缘波；然后，讨论科氏力起主导作用的波；最后，我们将讨论内波和潮汐。

10.1 海啸

海啸是长周期浅水波中最壮观和最具破坏性的一种海洋灾害。事实上，几百年前人们就发现海啸是由海底地震产生的，但幸运的是，并非所有的水下地震都会引发海啸。海啸和潮汐除了都是浅水波外几乎没有共同之处，但在 1950 年以前的一般文献和科技文献中，海啸波通常都被称为潮波，后为避免混淆，将其称为海啸。在远离地震源的地方仍可感受到海啸的影响，海啸的波高有时可超过 6 m，带来巨大的损失，例如，1896 年的日本海啸造成约 27 000 人死亡，2011 年 3 月的日本东北地震及其引发的海啸在日本北部造成约 18 000 人死亡，而 2004 年 12 月的印度洋海啸造成约 228 000 人死亡。海啸预警系统是存在的，但只有 1/10 左右的大型海底地震会造成显著的破坏，而在某特定地区发生破坏性损坏的可能性则远小于 1/10。

大多数海啸与地壳运动直接相关，引起剧烈海底地壳运动的浅源地震会引发海啸，而同等强度但未伴随海底移动的地震并不会产生海啸；强烈的深源地震会造成水下崩塌，进而激发海啸。海底运动可能引发向各个方向传播的表面波，但波动能量的传播并非各向同性，在地壳运动的影响下，其在某些方向上的传播更为显著。因此，即使知道地震发生的位置以及可能存在的地壳运动仍不足以准确预测发生重大破坏的区域。

海啸属于浅水波，因此通过给定地震发生位置（通常在几分钟内通过全球地震台站网提供），以及震源与任何指定地点之间的海水深度，便可预测海啸从震源传播到该地点的时间。事实上，太平洋的平均深度就是 1855 年巴赫通过各种验潮仪记录的海啸到达时间反算出来的。

海洋的平均深度约为 4 000 m，这意味着海啸以速度$\sqrt{gh}$移动时，其速度约为 200 m s^{-1}（450 n mile h^{-1} 或 400 kn）。因此，在阿拉斯海湾活跃地震带处的阿留申海沟附近发生的海啸只需不到 5 h 便可到达夏威夷。当进入浅水区时，海啸的速度将会减慢。在 100 m 深度处，其速度约为 30 m s^{-1}，传播到 50 m 深度处时，其速度将减小到 22 m s^{-1}。

在不考虑摩擦力的情况下，能量通量是守恒的，也就是说，vEl 是常数［公式（9.18)］。单位表面积的波能与波高的平方成正比，而群速度和波长与水深的平方根成正比，因此，很容易证明水深与波高的四次方成反比。由此可知，当波动在 20 m 水深中发生破碎时其波高为 15 m，而在水深为 4 000 m 时，其波高仅略大于 5 m。然而，当波浪进入非常浅的水域时，会损失大量的能量，观测数据亦表明波高与水深的一次方（而非四次方）成反比。如果假设波动的特征周期为 10 min，则其在深水中的波长约为 120 km，从而导致海面坡度约为几千分之一。

目前还不清楚为什么海啸在某些地方造成的破坏比在其他地方更大。除了与震源的距离、局部折射效应和震源脉冲的聚焦作用等因素有关之外，也有人认为，广阔的大陆架在其中发挥着重要的作用，其既可以作为波动的反射层将大部分能量传回大洋，也可以通过海底摩擦吸收海啸能量。此外，较浅的大陆架也能捕获波浪能量。不管是什么原因，在大陆架广阔的海域，发生重大海啸破坏的事件是比较罕见的[21]。

10.2 假潮

湖泊或港湾水位的缓慢变化称为假潮。假潮是一种浅水驻波，人们最熟悉的假潮是在浴缸中产生的那种连击波。在自然界中，有多种方式可以激发假潮。在湖泊中最常见的一种情况是暴风雨经过时，风将湖内的水推至下风端，使得下风端水位较高。风停后由风引起的应力也随之消失，由于水位不平衡，在重力作用下，湖面就开始发生振荡。

为了理解假潮的物理机制，首先来考虑水质点在驻波中的运动。在波节处，水质点完全沿水平方向运动；在波腹处，其沿垂直方向运动；而在其他位置时，水质点既有水平也有垂直运动分量（图 10.1)。接下来考虑发生在一个两端封闭的简单海峡中的振荡，其简单模型如图 10.2 所示。从图 10.2 中可以看出，振荡具有波动的特性，其波长是海峡长度的两倍。边界处为波腹（即垂直运动仅发生在海峡的尾端），很显然，该振荡仍然是一个浅水波。此处略去关于这个公式的严密推导，仅用下式即能满足需要：

21　从这个角度来看，我国东海陆架为我们提供了一个相对安全的海啸屏障。——译者注

$$C = \frac{\lambda}{T} = \frac{2l}{T} = \sqrt{gh}$$

$$T = \frac{2l}{\sqrt{gh}} \tag{10.1}$$

如果知道了海峡的深度（h）和长度（l），便可计算出振荡周期。公式（10.1）和图 10.2 显示的是在海峡中间只有一个波节的情况。亦可增加波节，并且可用如下更一般的公式来表示：

$$T = \frac{2l}{n\sqrt{gh}} \tag{10.2}$$

这里，$n = 1$，2，3，…，代表波节数。

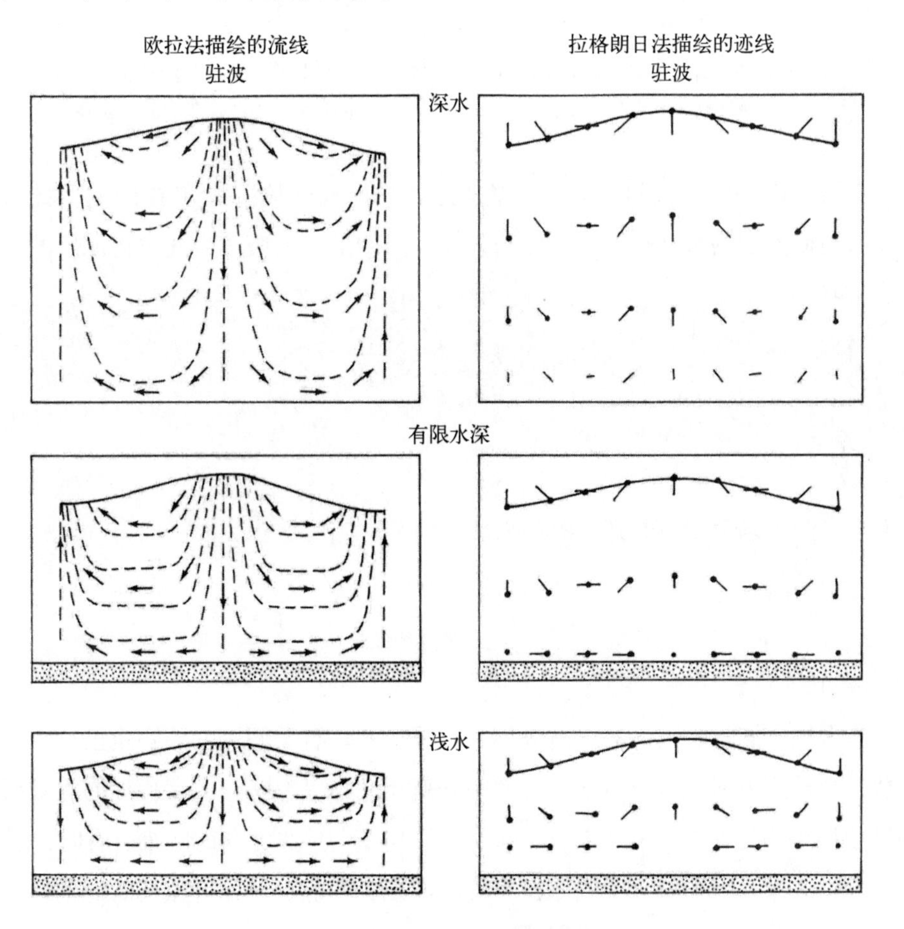

图10.1　假潮物理机制示意图

在驻波中，质点在波节处沿水平方向运动，在波腹处则沿垂直方向运动。图中表明中间为波峰，末端为波谷。半个周期后，末端处为波峰，中间为波谷。在波峰和波谷之间的波节处，水质点只有水平运动而没有垂直运动

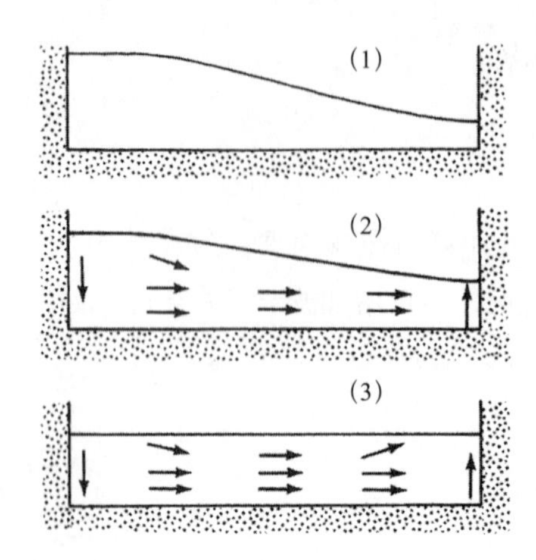

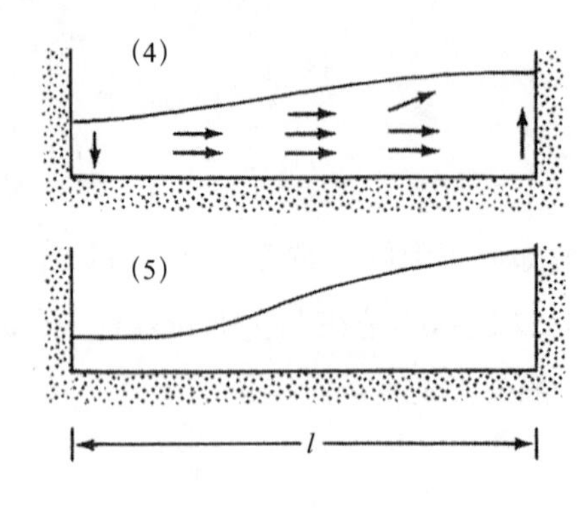

图10.2　假潮状态演示图

由于边界处不可能有海水通过，封闭海盆中的假潮在海盆两端均为波腹，因此海盆必须具有半个波长的长度。假潮经过半个周期的传播，（1）和（5）中波峰和波谷的位置将发生互换

接下来考虑一个一端封闭、另一端为连接外海的开放海峡（图 10.3）。此时，边界条件必须使海峡的敞开端有一个波节，而在封闭端为波腹。由此可得海峡的长度为波长的 1/4：

$$C=\frac{\lambda}{T}=\frac{4l}{T}=\sqrt{gh}$$
$$T=\frac{4l}{\sqrt{gh}} \tag{10.3}$$

对于有一个以上波节的开放海峡来说，则有

$$T=\frac{4l}{n\sqrt{gh}} \tag{10.4}$$

式中，$n=1$，3，5，…。

知道海峡、湖泊和港湾的固有周期是很重要的，有关假潮的问题也已有大量的文献记载。当港湾中海底地形多变、宽度与长度相比不可忽略，或者预期的假潮振幅不再满足小振幅假定时，公式（10.1）和公式（10.3）则需要进行修改。有时，已经建成的小港湾的固有周期接近于此处盛行的涌浪或者其他自然强迫振荡的周期时，港口将持续处于振荡状态，这将严重影响停靠船舶的稳定性。在岛屿之间和其他半封闭海区曾观察到过类似于假潮的振荡，然而，正如下一节所讨论的，并不是所有这类海平面的振荡都是假潮。

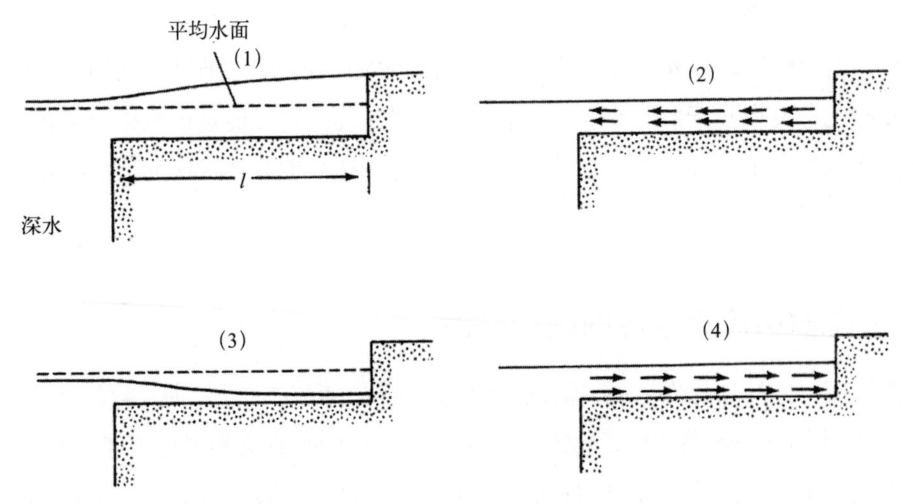

图10.3　一端开口的狭窄海盆中的假潮示意图

对于发生在一端开口的狭窄海盆（例如，海湾）中的假潮，其边界条件为在海湾与海洋相连处为波节，封闭端为波腹，这意味着海盆是波长的1/4。当波峰开始下降时，水从海盆中流出，而当波谷开始增长时，水位上涨

10.3　边缘波

沿平行于海洋和湖泊岸线传播的波动叫作边缘波。它们可以在极端天气模式下被激发，比如，当有飑线经过或者飓风沿着离岸几千米的地方移动时，能够激发边缘波，其特征相速度即受海底坡度影响的深水波的相速度。边缘波可视为被地形捕获的波，其沿岸传播时的速度可以通过下式计算：

$$C^2 = \frac{g}{\kappa}\sin i \tag{10.5}$$

式中，i 是海底坡度，通常为 $10^{-2} \sim 10^{-4}$。边缘波和深水波相速度之间的唯一差异即海底坡度项，然而，海底坡度通常比较小，所以它们的相速度比相应的深水波的相速度要小得多（1% ~ 10%）。与深水波的情况一样，边缘波的速度是波长的函数，因而属于频散波，其群速度是相速度的一半。此外，边缘波的振幅在岸界处最大，且在垂直于岸线的方向向海迅速衰减，即

$$a = a_0 e^{-\kappa x} \tag{10.6}$$

式中，a_0 是边缘波在海岸线处的振幅，x 是垂直于岸线方向的距离。边缘波的所有能量基本上都集中在距离海岸一个波长的范围内。

目前尚不清楚边缘波有多普遍，但飑线经过时产生波高超过 1 m 的边缘波的情况

却是少见的，几乎没有边缘波可以达到这样的高度。破碎波堆积在岸滩上的水可能会产生很小的边缘波。此外，压力计可以观测到一到几分钟内的波动，其所测得的近岸处的波能比在离岸几百米的地方大得多，有学者认为，这可能是由振幅为厘米量级的边缘波造成的。也有人认为，海滩产生尖状形态与边缘波驻波（例如，被捕获在两个陆地地形之间的波）有关。

10.4 考虑科氏力效应的超级长波

前文所讨论的均为周期小于惯性周期 12 $h/\sin\theta$ 的波动，且罗斯贝数较高（见第 5 章）。当波动的波长和周期变长导致罗斯贝数趋近于 1 时，则必须考虑地球自转的影响，主要包含三种波动：开尔文波（Kelvin waves）、惯性重力波（inertia gravity waves）、罗斯贝波或者行星波（planetary waves）。

当波动所受的其他力较小而科氏力比较重要时，波动的周期必须至少达到几个小时，这必定是第 9 章讨论过的浅水波中的一种。在不考虑科氏力的情况下，在密度均匀的海洋中沿 x 方向传播的简单浅水波满足简化的力的平衡，就平底海洋而言，水平压力梯度与公式（5.10）中的海面坡度和连续方程［公式（6.15）］的积分成正比，即

$$\begin{aligned}\frac{\partial u}{\partial t}&=-g\frac{\partial\eta}{\partial x}\\ \frac{\partial\eta}{\partial t}&=-h\left(\frac{\partial u}{\partial x}\right)\end{aligned}\tag{10.7}$$

通过联立方程组（10.7）可以消除 u，从而形成一个简单的波动方程：

$$\frac{\partial^2\eta}{\partial x^2}=\frac{1}{C^2}\frac{\partial^2\eta}{\partial t^2}\tag{10.8}$$

式中，C 是浅水波波速，表达式为

$$C=\sqrt{gh}\tag{10.9}$$

加上科氏力项后则不再是一个一维方程组，此时方程组（10.7）变成：

$$\begin{aligned}\frac{\partial u}{\partial t}&=+fv-g\frac{\partial\eta}{\partial x}\\ \frac{\partial v}{\partial t}&=-fu-g\frac{\partial\eta}{\partial y}\\ \frac{\partial\eta}{\partial t}&=-h\left(\frac{\partial u}{\partial x}+\frac{\partial v}{\partial y}\right)\end{aligned}\tag{10.10}$$

这便是开尔文波和惯性重力波的控制方程，二者在海洋中都起着重要的作用。

10.4.1 开尔文波

开尔文波是平行于固定边界（比如较宽的海峡或者海岸线）传播的、具有长周期和小振幅特性的波动。由于科氏参数在赤道附近改变符号，因而赤道也可以看作开尔文波的边界。在波的传播方向上，其解与公式（9.4）中的非频散浅水波的解相同。波动沿南北方向传播，沿着波向的质点速度如表 9.1 所示。然而，波动在横向（x）上满足地转平衡。由于海面存在一定的坡度，边界处的波幅（η_0）将随着离开海峡岸界距离的增加呈指数衰减（图 10.4）：

$$\begin{aligned}\eta &= \eta_0 \exp\left(-fx/\sqrt{gh}\right)\\ &= \eta_0 \exp\left(-x/R_d\right)\end{aligned} \tag{10.11}$$

式中，$R_d = \sqrt{gh}/f$ 是罗斯贝变形半径，其在开阔大洋中为 2 000 km 的量级，在浅海则是 300 km 的量级。在此处则是能否观察到开尔文波的横向距离的一个量度（方框 10.1）。

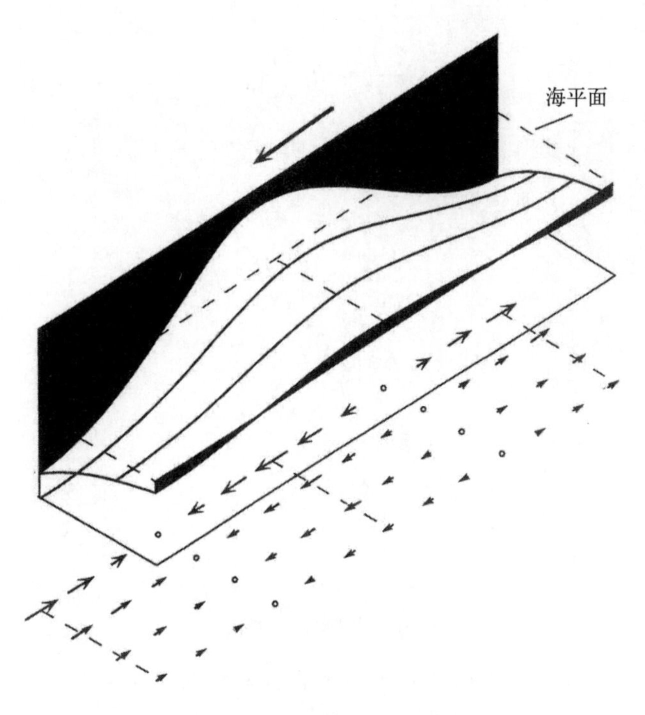

图10.4 开尔文波传播示意图

对于沿海峡传播的开尔文波，（a）沿着平行于海峡的方向（即波动传播的方向）满足浅水波的受力平衡［公式（9.4）］；（b）垂直于波动传播方向满足地转平衡［公式（6.5）］。根据公式（10.11）可知，最大振幅出现在海峡侧边缘，且随着离开海峡岸界距离的增加呈指数形式减小

方框 10.1　开尔文波

从控制方程（10.10）出发，即

$$\begin{aligned}\frac{\partial u}{\partial t}&=+fv-g\frac{\partial\eta}{\partial x}\\ \frac{\partial v}{\partial t}&=-fu-g\frac{\partial\eta}{\partial y}\\ \frac{\partial\eta}{\partial t}&=-h\left(\frac{\partial u}{\partial x}+\frac{\partial v}{\partial y}\right)\end{aligned}\tag{10.1'}$$

假设垂直的海峡为南—北走向，在海峡边界处，东—西方向的流速分量必定为零。正如开尔文所做的那样，我们可以猜测，如果边界处没有东—西方向的流速分量，则波动中任何地方都不会有东—西向的流速分量，因此方程（10.1′）变为

$$\begin{aligned}fv&=g\frac{\partial\eta}{\partial x}\\ \frac{\partial v}{\partial t}&=-g\frac{\partial\eta}{\partial y}\\ \frac{\partial\eta}{\partial t}&=-h\left(\frac{\partial v}{\partial y}\right)\end{aligned}\tag{10.2'}$$

通过将第二个方程对 y 求导和第三个方程对 t 求导，我们可以得到 y 方向上的浅水波动方程和 x 方向上的地转平衡：

$$\begin{aligned}\frac{\partial^2\eta}{\partial y^2}&=\frac{1}{C^2}\frac{\partial^2\eta}{\partial t^2}\\ fv&=g\frac{\partial\eta}{\partial x}\end{aligned}\tag{10.3'}$$

其中，

$$C=\sqrt{gh}$$

公式（10.3′）的通解为

$$\eta=\eta_0\cos\left(\kappa y-\omega t\right)\mathrm{e}^{-\frac{fx}{C}}\tag{10.4'}$$

式中，η_0 是海峡边界处的波动振幅。当面向波动的传播方向时，海峡的边界在北半球位于右侧（在南半球位于左侧）。随着离岸距离的增加，波动的振幅呈指数形式减小。

当面向开尔文波传播的方向时，北半球的最大振幅总是在右侧（南半球则在左侧）。因此，在一个封闭的海盆中，开尔文波在北半球沿逆时针传播，在南半球则沿顺时针传播。在赤道处，开尔文波在南北半球均沿赤道由西向东传播，最大振幅位于赤道，且在赤道以北和以南呈指数形式衰减。

开尔文波通常与潮汐有关。当半日潮波沿英吉利海峡向东传播时，其在海峡右岸（法国）的波高比左岸（英国）高出好几倍。如图 10.5 所示，欧洲北海内存在一个复杂的逆时针旋转潮波系统。

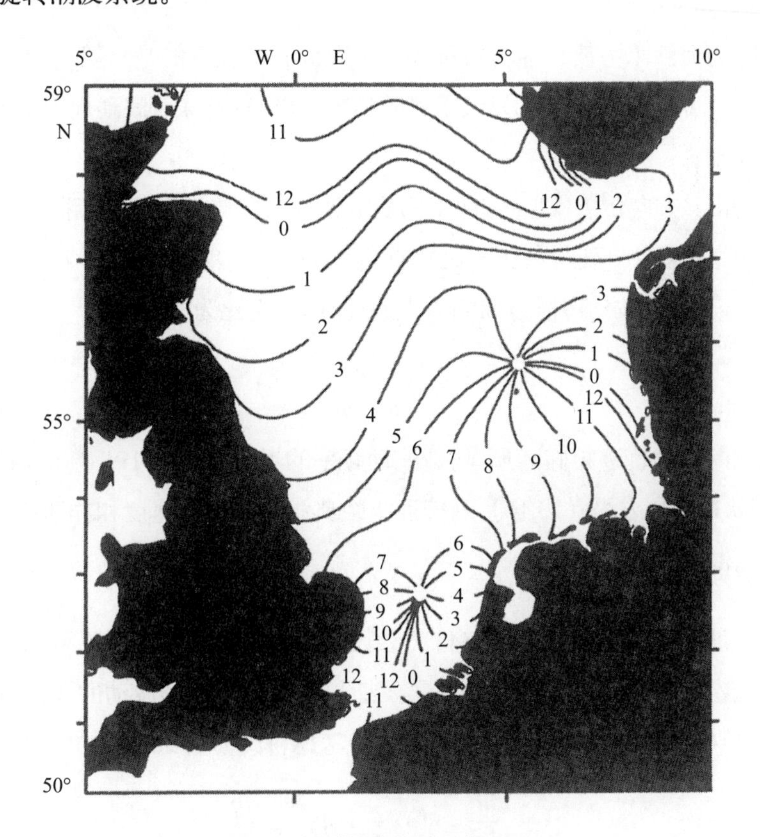

图10.5 欧洲北海潮波示意图

北海的半日潮包含来自北部的行进潮和南部的两组逆时针旋转潮波。实线代表高潮相对于格林尼治标准时间的发生时刻（单位为小时）

10.4.2 惯性重力波

公式（10.10）的波动解不像公式（10.7）那样简洁（此处忽略具体推导过程），此时的波速为

$$C_i = \frac{\sqrt{gh}}{\sqrt{1-\left(\frac{f}{\omega}\right)^2}} \tag{10.12}$$

与第 9 章中的浅水波不同，此时的相速度是频率的函数，因此，此时的波动属于频散波。群速度可表达为如下形式：

$$v_i = \sqrt{gh}\sqrt{1-\left(\frac{f}{\omega}\right)^2} \tag{10.13}$$

这种波动即为惯性重力波，通常被称为庞加莱波。需注意的是，第二个平方根符号下若要为实数，则需波动频率（ω）大于科氏参数（f），这意味着波动周期小于公式（6.2）中的惯性周期。

若波动沿 x 方向传播，则 x 方向上的质点速度与经典浅水波的相同(表 9.1)。但是，如果波动频率足够小，使得科氏力比较重要，此时会出现平行于波峰的横向质点运动，横向速度（v）与沿波动传播方向的质点速度（u）之比为

$$\frac{v}{u} = \frac{f}{\omega} \tag{10.14}$$

水质点的运动轨迹为椭圆形，随着波动频率的增加，方程（10.14）的右侧趋近于零，而方程（10.12）和方程（10.13）则接近于经典浅水波的相速度和群速度。

10.4.3 罗斯贝波

开尔文波和惯性重力波在忽略科氏参数随纬度的变化的情况下可以得到很好的描述，而科氏参数随纬度的变化则决定了罗斯贝波的生成。该波动的控制方程和假设条件与公式（10.10）中的相似，只是需要额外考虑科氏参数随纬度的变化，即

$$\begin{aligned}\frac{\partial u}{\partial t} &= +\left(f_0+\beta y\right)v - g\frac{\partial \eta}{\partial x}\\ \frac{\partial v}{\partial t} &= -\left(f_0+\beta y\right)u - g\frac{\partial \eta}{\partial y}\end{aligned} \tag{10.15}$$

此处，科氏参数分为两项，一项是波动处于平衡状态时所处纬度处的定常科氏参数（f_0），另一项则是在南 / 北方向离开平衡位置距离为 y 时所产生的扰动项 β。

除了毛细波之外，重力是本章和最后一章所讨论的波动的主要恢复力。然而，对于海洋和大气中的罗斯贝波或行星波，恢复力并不是重力，其质点运动发生在水平面内，而非垂直面内。

对于任何类似于波浪的运动或振荡运动，如波浪、弹簧或摆锤等，其恢复力都会随着距平衡位置距离的增加而增加。对于一个向西运动的质点，βy 项提供了必要的恢复力，其中 y 是质点在南北方向上与其平衡纬度（f_0）之间的距离。

罗斯贝波概念化的另一种方法是根据位涡守恒 $(\xi+f)/Z$（见第 5 章“涡度”）。现考虑一个厚度为常量 Z、相对涡度 ξ 为零的水柱，其所处位置的科氏参数为 f_0。如果该水柱向北移动，科氏参数将增加，为了保持位涡守恒，该水柱的负相对涡度必须增加。同样地，如果水柱向南移动，则需增加正相对涡度以平衡科氏参数的减小（图 10.6）。

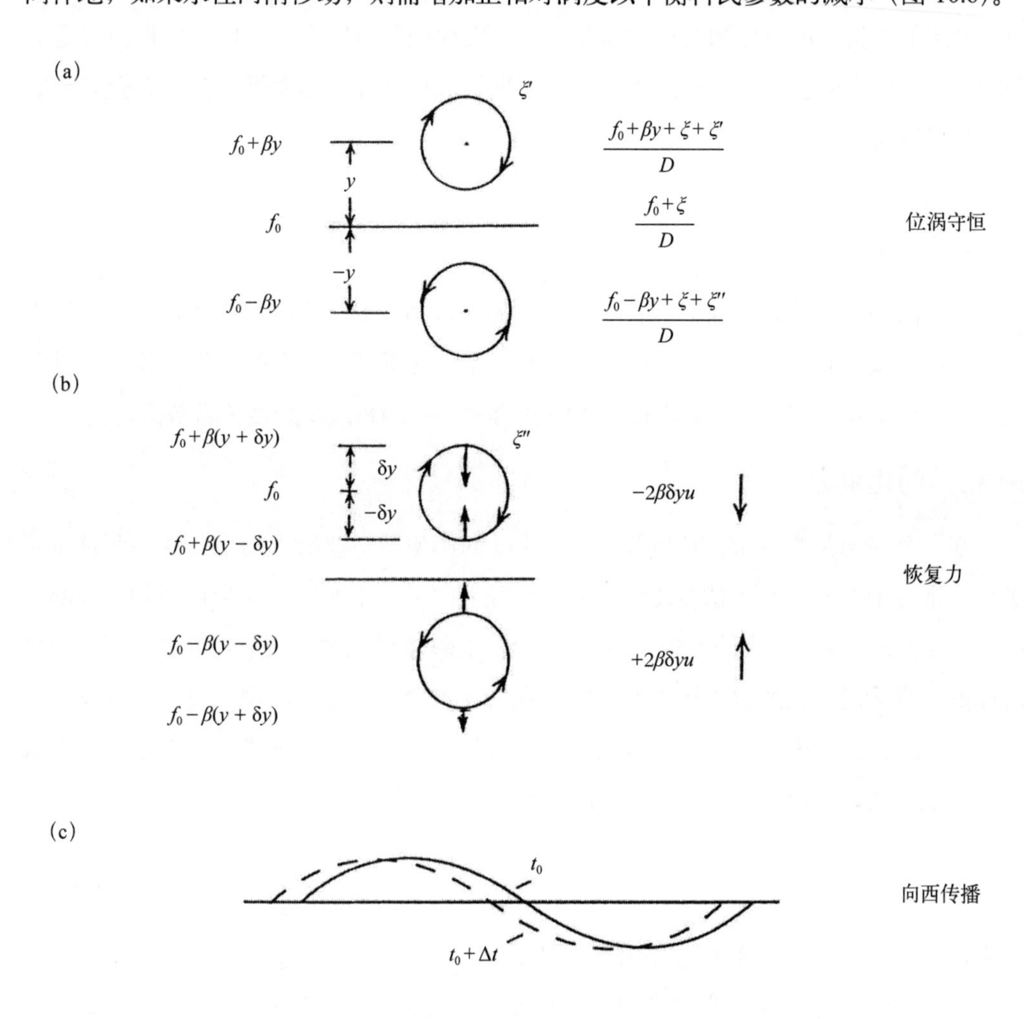

图10.6　罗斯贝波生成示意图

(a) 为保持位涡守恒，从平衡位置f_0被扰动的定常厚度的水柱在平衡位置以北表现为负相对涡度（ξ'），在平衡位置以南则表现为正相对涡度（ξ''）。(b) 科氏力对相对涡度变化的影响驱使水柱回到平衡位置f_0处。距离平衡位置越远，恢复力则越大。(c) 科氏力对相对涡度的影响所产生的周期性运动使波动向西传播罗斯贝波的周期比惯性周期长，其相速度总是有一个向西的分量。与我们所讨论过的其他波动相比，罗斯贝波表现出一些比较特别的属性。一列向西传播的罗斯贝波的相速度可由下式计算：

$$C_R = -\frac{\beta}{\kappa^2 + \frac{f^2}{gh}} \tag{10.16}$$

这意味着周期是波长的函数，即波长越短，周期越长。然而，尽管相速度总是有一个向西的分量，群速度和波动的能量却既可以向西又可以向东传播，罗斯贝波是周期达到一天以上的波动的主要形式，部分罗斯贝波传播速度非常慢，需花费数月至数年的时间横跨海盆。

10.5 内波

在前面关于波动的讨论中，我们均假设海洋是均匀的，密度没有变化，且连续性方程可由公式（4.10）表示。然而，在物理海洋学的研究中，有些过程必须考虑垂向微小但却很重要的密度差异。在接下来的内容中，我们将改变密度为常数的假定。

10.5.1 约化重力[22]

在一个横向为几厘米、长度为大约 1/3 m 的小型塑料波浪水槽中，注入两种不同颜色、密度稍有差异的无黏性流体。如果轻轻地倾斜一下水槽，就会在两种流体的界面上产生波动。再继续倾斜一点，波动就会发生破碎。在这样一个装置中，可以看到流体的缓慢运动。在波浪水槽里发生的过程同样也会发生在海洋里，波动可以发生在将两层不同密度的海水分开的温跃层处，但是波动及其破碎（如果发生的话）与海表面的波浪相比，速度更为缓慢，这与约化重力（g^*）有关，即

$$g^* = g\frac{(\rho_2 - \rho_1)}{\rho_2} \tag{10.17}$$

在海洋中，$(\rho_2 - \rho_1)/\rho_2$ 的典型取值范围是 0.001 ~ 0.003。

在第 5 章中，压强梯度力可用倾斜水面表示 [见公式（5.10）和图 5.3]。这个推导过程中隐含着一个假设，即倾斜海面上方的流体（即空气）密度很小，可以忽略不

22 约化重力（reduced gravity）模式的推导详见《海气相互作用导论》（海洋出版社，2020），附录 B（第 291 页）。——译者注

计。用两种流体重新进行推导（如需帮助，请参阅第 6 章中关于马居尔方程的讨论），如图 10.7 所示，公式（5.10）变为

$$\frac{1}{\rho}\frac{\partial p}{\partial x}=g^{*}i_{x} \tag{10.18}$$

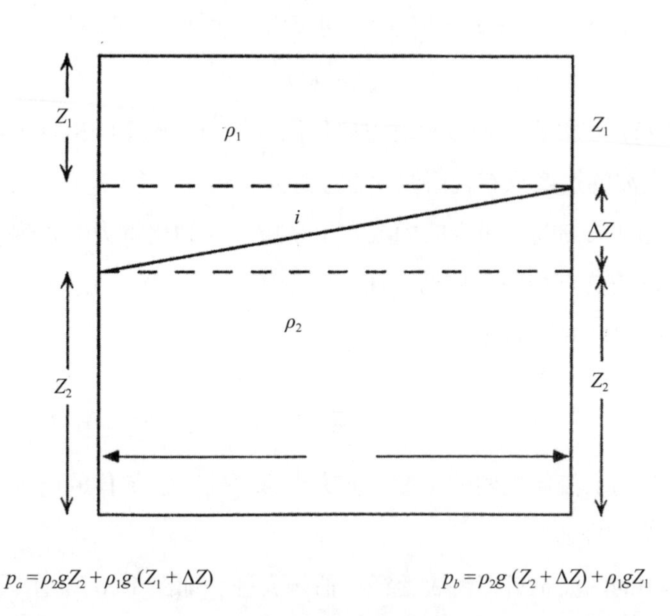

图10.7　与图5.3相比，水槽底部的压力差为 $\rho_b-\rho_a=(\rho_2-\rho_1)g\Delta Z$

由于受到约化重力的作用，在给定坡度的界面处压强梯度力减小，正如沿着两种流体界面处重力波的恢复力也减小。由于与给定界面坡度相关的力减小，所有加速度都会减小，因此，与约化重力有关的运动都是缓慢的。

10.5.2　两层海洋中的内波

考虑一种理想化的简单情况，如图 10.7 所示，假设两层海洋中流体的密度分别为 ρ_1 和 ρ_2，两层的厚度分别为 h_1 和 h_2，波动一般沿着边界形成，其通解是

$$C^{2}=\frac{(\rho_2-\rho_1)}{\rho_2\coth\kappa h_2+\rho_1\coth\kappa h_1}\left(\frac{g}{\kappa}\right) \tag{10.19}$$

方程（10.19）是波动方程（9.3）的一种广义形式。注意，如果 $\rho_2\gg\rho_1$，比如，将水的密度与空气密度相比，公式（10.19）简化为

$$C^{2}=\frac{g}{\kappa}\tanh\kappa h_2 \tag{10.20}$$

公式（10.20）与公式（9.3）一致。如果 h_1 远小于 h_2，则分母中的第二项比第一项小，公式（10.19）可以写为

$$C^2 = \frac{g^*}{\kappa}\tanh \kappa h_2 \tag{10.21}$$

亦与公式（9.3）一致。如果分母中的第二项比第一项小，则又可写作

$$C_s^2 = g^* h_2 \tag{10.22}$$

公式（10.22）在形式上与浅水波方程相似。然而，由于约化重力项的存在，相速度大大降低。内波的速度只有表面波的百分之几。

目前已观测到波高为几十米的内波，但是由于受约化重力的影响，如此大振幅的内波的能量却仅为具有相同振幅的表面波能量的百分之零点几。与公式（9.8）相比，在两层海洋系统中，内波的能量为

$$E = \frac{1}{2}\rho g^* a^2 \tag{10.23}$$

同样地，当两层流体之间的密度差异太大以至于上层流体的密度可以忽略时，上式即可变为公式（9.8）。

两层海洋中的内波也可在海表面产生信号表征。如图 10.8 所示，波动质点的运动会引起表面的辐聚和辐散，由其产生的与波峰平行的表面带斑（见第 8 章“朗缪尔环流”）经常被观测到发生向岸的移动，特别是在生物活动丰富的近岸水域，这能使得油漂浮在水面上。

内波通常可以通过卫星观测到，一个典型例子是在地中海溢流附近，由于存在较强的盐跃层，此处能较好地满足两层海洋的近似。在两层海洋（图 10.8）的浅水波解中，水平质点速度之比与两层流体的深度成反比，而表面振幅（b）与界面振幅（a）之比与两层流体的密度差近似成正比，即：

$$\begin{aligned} &\frac{u_2}{u_1} = \frac{h_1}{h_2} \\ &\frac{b}{a} = \left(\frac{h_1 + h_2}{h_2}\right)\left(\frac{\rho_2 - \rho_1}{\rho_2}\right) \approx \frac{\rho_2 - \rho_1}{\rho_2} \end{aligned} \tag{10.24}$$

虽然由两层流体中的内波所产生的海洋表面的斜率变化非常小，但已足以产生一种可以从太空识别的反射模式。

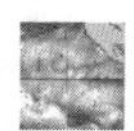

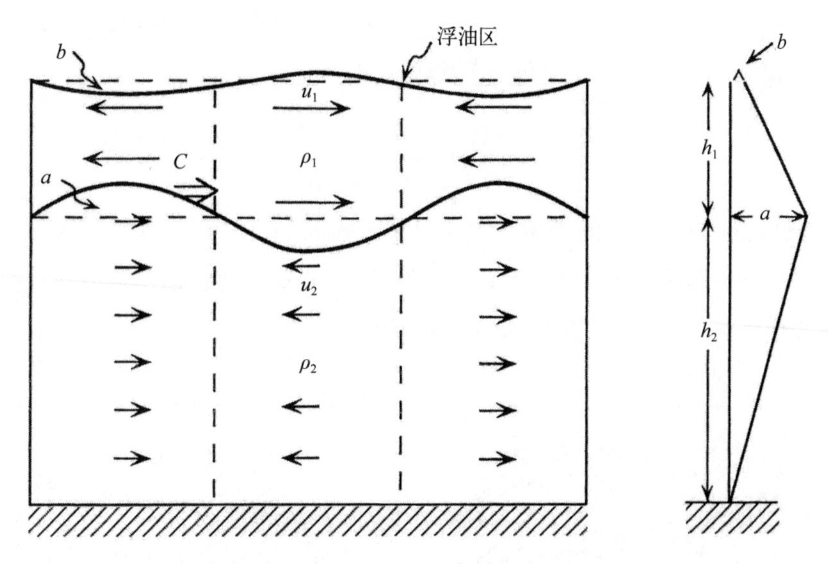

图10.8 两层海洋界面上形成的浅水波示意图

波动的振幅随着距界面处距离的增加而线性减小，但在自由面处其值不为零。平行于波峰的辐合线会使表面变光滑

10.5.3 层化海洋中的内波

两层海洋的近似有助于对许多内波特性进行概念化，在很多情况下这是一种很有用的近似，例如在峡湾或其他具有明显密度跃层的独立海盆中。然而，真正的海洋并非两层海洋，而是连续层化的，内波可以在水柱内的任何地方发生。内波的最短周期受浮力频率［即 Brunt-Väisälä 频率，$N=(gE)^{1/2}$，见第 2 章的“稳定性”］的限制，可以产生比 Brunt-Väisälä 频率慢的振荡，但不能产生比其快的振荡。因此，除了在密度跃层特别强的地方，内波的周期通常是以小时而不是以分钟来测量的，而且在海洋中没有任何地方存在以秒为周期的内波。最重要的是，在连续层化的海洋中，内波并非只能沿水平方向传播，而只需在沿着波动传播的路径上存在密度梯度。即使当波动以近乎垂直的方向传播时，重力恢复力仍然存在一定的分量和贡献。

许多内波的周期足够长，以至于科氏力的影响是不能被忽略的，这属于惯性重力波中的一种。如公式（10.12）所示，内波的频率必须小于浮力频率（N）而大于惯性频率（f）。此处不对波动特征进行详细推导。在连续层化的海洋中，波动传播的角度与频率有关。实际上，更难想象的是群速度与相速度传播方向不一致的概念。对于这类惯性重力内波，群速度与相速度的垂向分量互相垂直（图 10.9）。当波动频率接近于 Brunt-Väisälä 频率时，波动的能量（也就是群速度）趋向于沿垂直方向传播。当频率逐渐减小并接近于惯性频率时，波动的能量趋向于沿水平方向传播。当波动的频率为 ω 时，其群速度与水平面的夹角由下式给出：

$$\tan^2\theta = \frac{\omega^2 - f^2}{N^2 - \omega^2} \tag{10.25}$$

式中，θ 是群速度与水平面的夹角。由此可见，内波频率越高，群速度与水平面的夹角越大。当波动的频率达到 Brunt-Väisälä 频率时，波动的能量沿垂直方向传播，当波动的频率为惯性频率时，群速度沿水平方向传播。

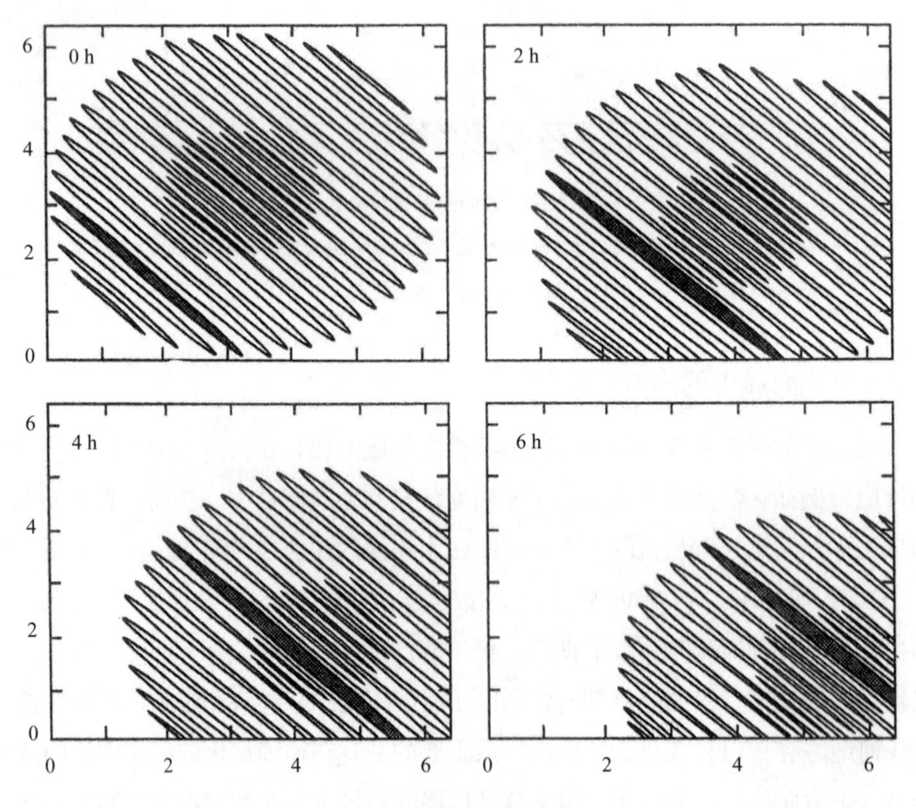

图10.9　内波能量传播示意图

高斯波包中波高（即波能）的分布由波高的等值线来表示，具有双倍等值线的大波位于波包的中心。由间隔为2 h的连续图可以看出，内波的能量（由波包定义）向右下方传播。单个波的相速度可以通过标记深色波（垂直于波峰）的运动来追踪，其发生向右上方的移动，可见，单个波的相速度与群速度的传播方向成直角

目前，已经发现了多种内波的生成机制，包括洋流流经复杂海底地形以及移动风暴系统所造成的气压变化。有证据表明，海洋中大部分内波的能量都集中在惯性频率和潮汐频率附近。

10.6 引潮力

太阳和月球相对于地球表面各点位置的变化会带来各点所受万有引力的差异，潮汐就是由这种差异所引起的。万有引力与两物体质量的乘积成正比，与它们之间距离的平方成反比。为了简单起见，现考虑月球对地球表面上位于地－月连线上的两点 a 和 b 的影响（图 10.10）。在地－月万有引力和二者绕共同旋转轴旋转所产生的离心力之间存在着一定的平衡。请注意，这种平衡是在地球和月球之间进行的，与地球自转无关。

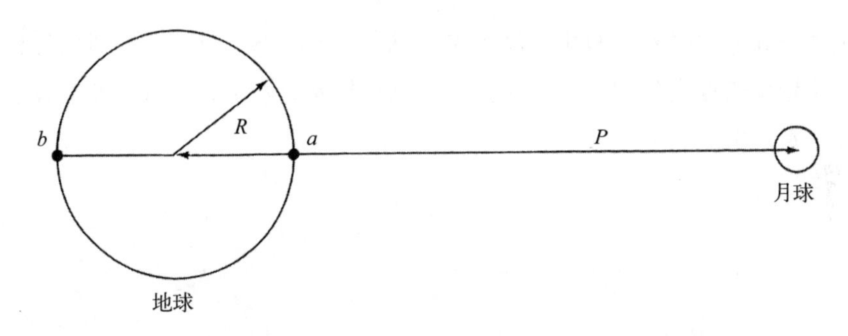

图 10.10 月球与地球上a点和b点之间的关系

见公式（10.26）至公式（10.31）

虽然地球上各点所受的离心力相同，但其所受万有引力却稍有差别。例如，质量为 M 的月球对位于 a 点、质量为 m 的质点所产生的万有引力为

$$F_a = G\frac{mM}{(P-R)^2} \tag{10.26}$$

式中，G 是万有引力常数，P 是月球到地球中心的距离，R 是地球的半径。a 点的离心力为

$$F_c = G\frac{mM}{P^2} \tag{10.27}$$

因此，在 a 点存在以下关系式：

$$F_a - F_c = G\frac{mM}{(P-R)^2} - G\frac{mM}{P^2} \tag{10.28}$$

上式可以转化为

$$F_a - F_c = (GmM)\frac{2PR - R^2}{P^4 - 2P^3R + P^2R^2} \tag{10.29}$$

由于 $P \approx 60R$，所以

$$F_a - F_c \approx (GmM)\frac{2R}{P^3} \tag{10.30}$$

对 b 点进行同样的论证，可得

$$F_b - F_c \approx -(GmM)\frac{2R}{P^3} \tag{10.31}$$

因此，a 点和 b 点所受的力大小相同但方向相反，这个力与月球的质量成正比，与距离的三次方成反比。

除了 a 点和 b 点之外，对于地球表面上其他的点来说，求解三角形则稍显复杂，但若要计算地球表面上任何一点的引潮力，其原则都是相同的。图 10.11 展示了引潮力的矢量分布概况。

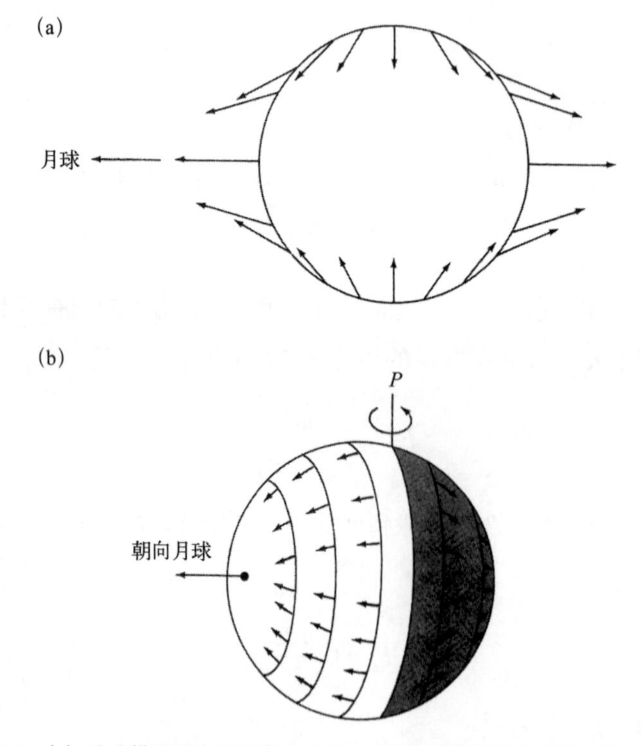

图10.11 (a) 地球横切面上总引潮力分布；(b) 地球表面上引潮力的水平分量

太阳的质量大约是月球质量的 2.5×10^7 倍，但其与地球的距离是地 – 月距离的 400 倍。将以上所述的质量和距离代入公式（10.30）或公式（10.31）可以看出，月球产生的引潮力是太阳所产生的引潮力的两倍多。引潮力仅为地球引力的九万分之一，其沿地球表面的水平分量可引起水体的移动［图 10.11(b)］。

10.7 平衡潮理论与潮汐动力学理论

潮汐中最简单的概念是平衡潮。在缓慢旋转且完全被海水覆盖的地球上，引潮力与由海面倾斜所产生的压强梯度力相平衡（图 10.12），并引起海面的上升与下降。平衡潮的潮高可以计算出来，太阳潮最大潮高为 0.55 m，太阳潮为 0.24 m，在朔月和望月的条件下，两者相结合可产生 0.79 m 的最大潮高。平衡潮的概念最早是由牛顿提出的，它解释了为什么最大潮汐（大潮）通常发生在朔月和望月，而小潮则出现在上弦和下弦时。虽然潮高普遍比平衡潮理论所预测的要大，但大、小潮潮高之间的比值却跟预测的相差不大。然而，观测到的潮汐相位并非与理论完全一致，例如，当朔月或望月发生时，地球上任何地方都会出现大潮，而事实并非如此。

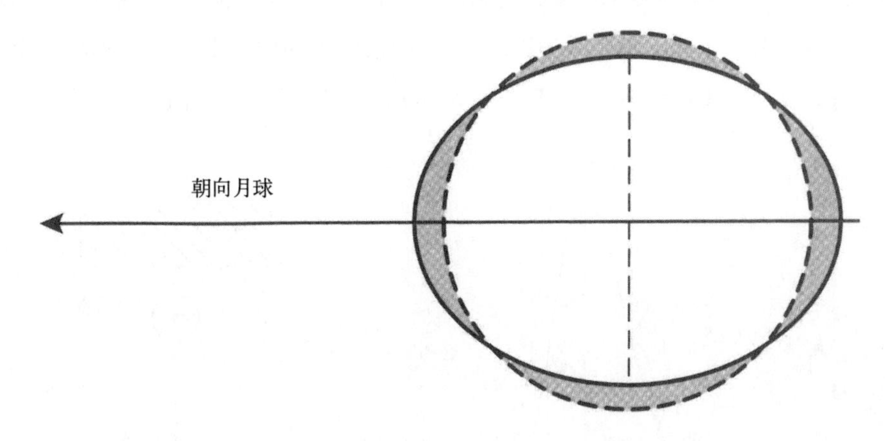

图10.12　基于水球假设下的潮汐平衡理论分布

虚线代表没有潮汐的地方，实线表示有引潮力作用的地方。此处潮汐的效应被做了夸大处理，月球产生的潮高大约为0.55 m

拉普拉斯是第一个提出潮汐动力学理论的人，在这个理论中，潮汐被视作是由周期性变化的引潮力所驱动的波动。如果地球上所有地方都被深度相同的海水覆盖，那么这个问题就好处理得多。然而对于真实的海洋和海底地形来说，问题往往更加复杂。问题的本质是如何将一个已知的周期性驱动力与一系列相联通的海盆结合起来，毕竟每个海盆都有自己的固有频率和摩擦特性。

现在考虑下面的例子，假设在赤道处有一条狭长的海峡环绕着地球，并且忽略太阳的影响，那么月球引潮力便产生了一个以两个波峰和两个波谷围绕地球移动的波动（类似于图 10.12 中的平衡潮汐）。每个波峰都将停留在地 – 月轴线上，因而将在大约 12 h 内绕地球运行一半的距离（更准确地说是 12.4 h，这与月球绕地球运行的轨道有关）。这些都是浅水波，波速为 450 m s^{-1}，由浅水波的速度为$\sqrt{gh}$可以计算出海峡的深度应为 21 km，才可以维持该速度的波动。

如果海峡的深度为 21 km，那么波动的自由周期就等于驱动力的周期，二者发生共振。在周期性驱动力的作用下，海峡内的潮波会越来越大，其大小只会受到水中、海峡两侧和底部摩擦的影响。而事实上并不存在这样一个与周期性驱动力共振的环绕地球的海峡。潮汐固有频率约为 12.4 h 的海盆并不多见，而芬迪湾附近的沿海地区便为其中之一，其所产生的 15 m 潮高是世界上最大的潮汐。

将一个装置的固有周期的响应与不同周期的驱动力的响应联系起来是力学机制中的一个经典问题，考虑一个周期为 4 s 的振子去驱动一个固有周期为 6 s 的负重弹簧时所发生的现象。弹簧会以 4 s 的周期振荡，但振幅较小。如果振动周期为 5 s，弹簧也将以 5 s 的周期振荡，此时振幅会稍大一些。如果振子的周期是 5.5 s，振幅则会更大。当然，当振子的周期为 6 s 时，二者将以 6 s 的周期发生共振（图 10.13）。

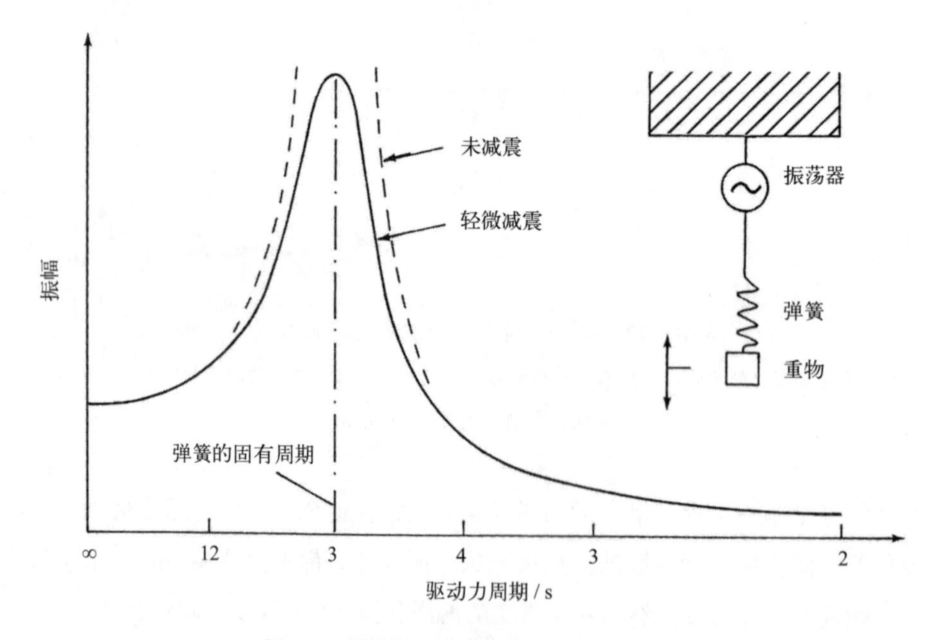

图10.13　弹簧与周期性驱动力的运动示意图

弹簧将随周期性驱动力的周期发生振荡，当振子的周期接近弹簧的固有周期时，弹簧振动的振幅将增大

海洋的平均深度约为 4 000 m，具有该深度的海峡的固有周期对应于速度约为 200 m s^{-1} 的自由浅水波。周期为 12.4 h 的潮汐驱动力将产生一个周期为 12.4 h 的波动，其传播速度约为 450 m s^{-1}，但高度仅为 6 cm。图 10.14 显示了世界各地验潮站观测到的潮高。在开阔海域里，潮高约为 1 m 的量级。

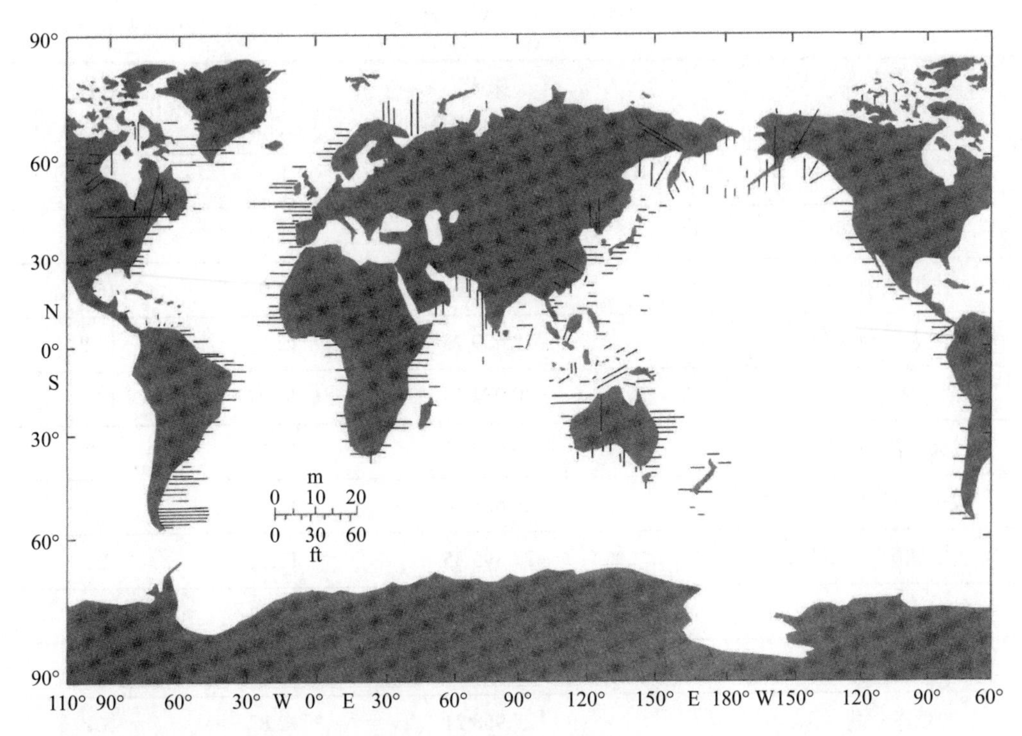

图10.14 全球海洋的潮差示意图

10.8 海洋潮汐

有些地方对海洋潮汐已经进行了几个世纪的系统性观测。1870 年，开尔文通过将潮汐的高度和相位与太阳和月球的运动相联系对潮汐进行了精确的预报。只要将大约1 年的潮汐观测数据输入计算机，该方法就能得到很好的结果（开尔文的潮汐预报机是一台模拟计算机，全世界的水文局都在使用，直到1960年左右才被数字计算机取代）。自 1776 年拉普拉斯提出潮汐问题以来，科学家们一直致力于基于第一定律（拉普拉斯方程）进行潮汐预报。由于对海盆形状的刻画更为详细，辅之以高性能计算机的发展，潮汐图的精度已经越来越高，但潮汐表仍然是利用开尔文介绍的方法或通过对其方案的改进来制作的。

太阳和月球的位置及运动是非常明确的信息，据此可以确定引潮力，其最简单的表现形式为一系列的周期函数，表 10.1 给出了主要的谐波。由于受局地效应的影响，如风和大气压力，潮高有明显的变化，在编制潮汐表时除了最重要的项外，其他所有的项都忽略了。在任何地点，使用 8 个分量就足以包括高达 90% 的潮汐作用，表10.1 中所列出的潮汐分量几乎能满足所有的需求。

表10.1　主要的潮汐分量

分潮名称	符号	速度（°/ 平均太阳时）	周期（太阳时）	系数比 M_2=100
半日分潮				
主要太阴潮	M_2	28.984 10	12.42	100.0
主要太阳潮	S_2	30.000 00	12.00	46.6
较大太阴椭圆潮	N_2	28.439 73	12.66	19.2
太阴太阳半日分潮	K_2	30.082 14	11.97	12.7
较大太阳椭圆潮	T_2	29.958 93	12.01	2.7
较小太阴椭圆潮	L_2	29.528 48	12.19	2.8
太阴椭圆二倍潮	$2N_2$	27.895 35	12.91	2.5
较大太阴出差潮	ν_2	28.512 58	12.63	3.6
较小太阴出差潮	λ_3	29.455 63	12.22	0.7
变移分潮	μ_2	27.968 21	12.87	3.1
全日分潮				
太阴太阳全日潮	K_1	15.041 07	23.93	58.4
主要太阴全日潮	O_1	13.943 04	25.82	41.5
主要太阳全日潮	P_1	14.958 93	24.07	19.4
较大太阴椭圆潮	Q_1	13.398 66	26.87	7.9
较小太阴椭圆潮	M_1	14.492 05	24.84	3.3
小太阴椭圆潮	J_1	15.585 44	23.10	3.3
长周期分潮				
太阴半月分潮	M_f	1.098 03	327.67	17.2
太阴月分潮	M_m	0.544 37	661.30	9.1
太阳半年分潮	S_{sa}	0.082 14	2 191.43	8.0

开尔文的方法用法如下：收集需要制作潮汐预报表地点处大约 1 年的潮汐记录，通过调和分析，确定不同周期的分潮对此处潮汐的贡献。一旦确定了不同分潮的相对振幅和相位的关系，就只需要使用标准天文表来计算该地点未来的潮汐。图 10.15 给

出了一天中潮汐的变化。

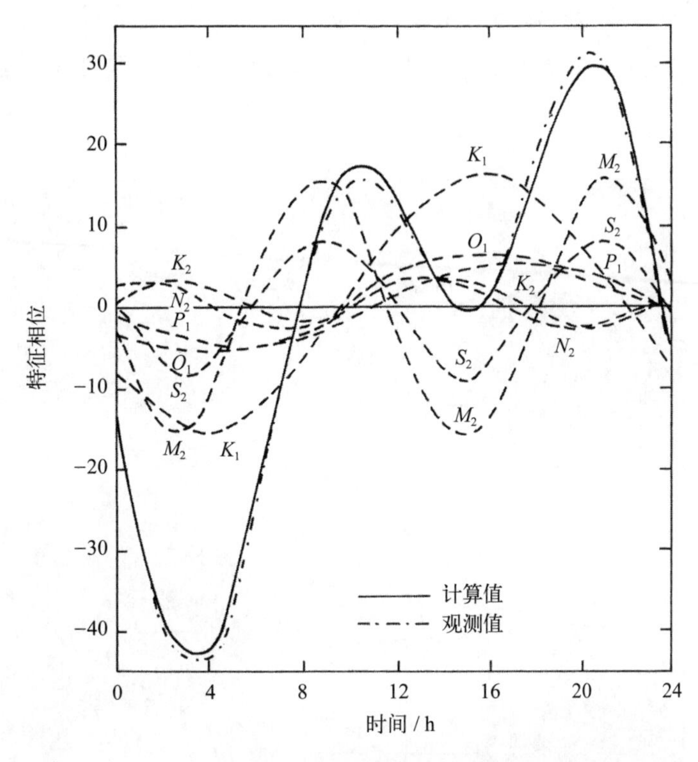

图10.15　潮汐变化曲线示意图

把加权函数应用于各潮汐分量（M_2、K_1和K_2等）并加进特征相位，便可计算出预期的潮汐变化曲线

以上所介绍的方法在有潮汐记录的沿海或岛屿台站对潮汐的预报效果较好，在开阔大洋中，这些潮汐记录必须满足海盆中的拉普拉斯解。图 10.5 和图 10.16 显示了欧洲北海和大西洋中的半日潮。实线代表高潮时（单位为小时），以月球经过格林尼治子午线的时间为准。北大西洋中以逆时针的旋转潮波为主导，该旋转潮波与从南大西洋向上移动的行进潮波有关。旋转潮波的旋转中心被称为无潮点，此处的潮高为零。北海中包含从北而来的行进潮波和两个旋转潮波。旋转潮波按照开尔文波的形式逆时针行进。每个分潮的无潮点和相位的分布各不相同。

在卫星高度计数据出现之前，如图 10.5 和图 10.16 所示的潮汐模型只能基于有限的数据进行验证。一般而言，沿海岸线存在足够的数据，但遗憾的是，除了几个岛屿站之外，在大洋内部没有任何数据资料。现在，卫星搭载的高度计能够测量地球表面相对高度的变化，误差在几厘米以内，可以为验证现在以及将来所有潮汐模型提供必要的数据。科学家在发展精确的潮汐理论模型时所面临的问题是多样的，必须以某种方式考虑带有海山的、形状逼真的海盆，海山将部分潮汐能量转化为具有潮汐周期的内波（即内潮），并需考虑潮汐能发生耗散的方式及位置。有证据表明，潮汐的能量耗散主要发生在潮汐较强的浅水海域，例如，白令海和大不列颠及澳大利亚周围的海域。

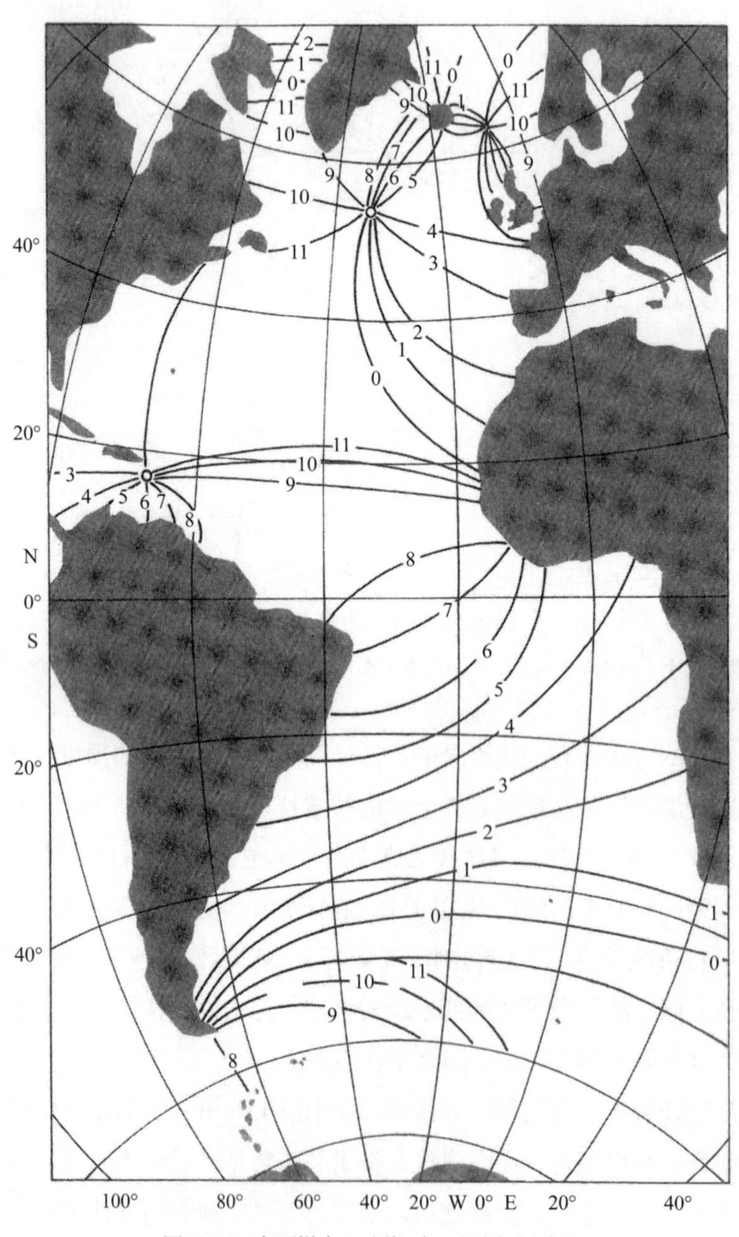

图10.16　大西洋半日分潮（M_2分潮）示意图

大西洋中的M_2半日分潮是由北大西洋逆时针旋转潮波和从南大西洋向北传播的行进潮波组成。与图10.5类似，图中数字代表高潮时（单位为小时）

潮汐预报表在预报海平面时比较实用，但具体到某一天时，推算值和真实值之间可能存在一定的差异。这种差异在河口或其他半封闭区域比在开阔海岸处更为明显。局地风场的影响会带来推算潮高的变化，其在海湾和河口处引起几十厘米的潮高变化的现象较为常见，而其他变化则往往是由大气压所引起的。由反变气压计效应可知，大气压力降低 1 mb，海平面将上升 1 cm。由于暖水的体积比冷水大，夏季海水受热后通过热膨胀效应就可导致中高纬度地区海平面上升约 0.1 m。最后，主要洋流的变化亦可引起海平面的改变。研究指出，海平面在几个月时间内的变化超过 0.5 m，这可能是由澳大利亚东海岸洋流方向和强度的改变所引起的。

10.9 潮流

一般来说，在靠近海岸时，潮流会变得更强，且潮流在局部环流中扮演着越来越重要的角色。例如，在发生部分混合的河口，潮流的强度至少是非潮流流速的 10 倍。开阔海域里潮流强度一般为 0.02 ～ 0.05 m s^{-1}。然而，许多证据表明具有潮周期的间歇性内波运动可产生比其本身大几倍的周期性流。

如图 10.17 所示，表层潮流是旋转的，在一个完整的潮周期内，水质点沿着不规则的椭圆轨迹运动。若要预报潮流的振幅、长短轴之比和旋转方向，则需要对潮汐本身有更为详尽的了解。当潮汐从外海向海岸线传播时，椭圆的长轴通常会倾向于与海岸线平行；也就是说，除了靠近海湾和河口入海口处，潮流主要是平行于海岸线。

随着水深的减小，潮流趋向于越来越强，浅水波中水质点的最大水平速度（表 9.1）为

$$u = C\frac{a}{n} \tag{10.32}$$

由于$C = \sqrt{gh}$，则有

$$u = a\sqrt{\frac{g}{h}} \tag{10.33}$$

因此，即使波幅（a）是恒定的，潮流也会随着水深的减小而增加，不过，在海底地形复杂的地区也有例外。

最后，在世界某些海域中，海域的固有频率接近于潮频率，此时的潮流会比正常时更强，引潮力则会激发产生具有潮周期的驻波，芬迪湾就是最著名的例子。由于浅水中潮汐振幅增大、浅水潮波质点速度增强、潮周期假潮的产生等原因，潮流在近岸

海域总动能中所占的比重越来越大。然而，在没有观测的情况下，在任何给定海域内通常都无法确切知道潮流的作用。对潮流进行一系列的观测，并结合潮位的变化，就可以用与推算潮位类似的方式来推算潮流。

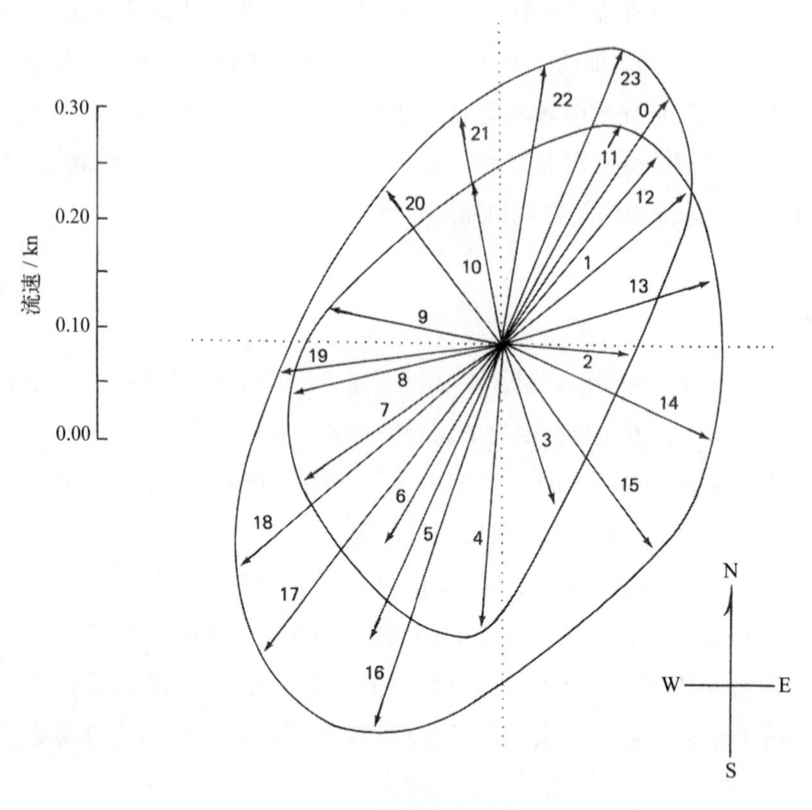

图10.17　潮流椭圆示意图

在24 h潮周期内具有两次高潮和低潮的典型潮流，潮流的强度和方向在大潮和小潮之间会有所不同

11 近海和半封闭海

本章主要讨论有关近海和半封闭海中的几个现象及对应的外部条件和过程。与外海相比，虽然近海和半封闭海仅占全球海域的一小部分，但其海温、盐度、环流特征均存在更大变化，尤其在离岸相对短的距离内会出现大的变化。因此与外海相比，近海和半封闭海更具独特性。例如，

（1）沿岸岸线和离岸地形对近海环流影响很大。如挪威的边缘岛屿、夏威夷的很多离岸浅水区、智利和秘鲁外几英里宽的大陆架以及阿根廷外的可延伸 200 km 的浅陆架均对近岸环流有强烈影响。

（2）75% 海域的盐度范围是 34 ~ 35 S_P。最高和最低极值均出现在近海海域和半封闭海域。如低于 20 S_P 的盐度出现在亚马孙河口外 200 km 处。亚马孙河对大西洋近表层盐度的影响范围可以追踪到河口外最低盐度距离的几倍远。而高达 40 S_P 的盐度出现在整个红海。红海只有有限的淡水径流，同周围水体（印度洋、地中海）进行有限的混合，并与上层大气进行高速率蒸发和有限降水交换。

（3）有时近海的环流可能受离岸过程所控制。例如，墨西哥暖流可控制佛罗里达近海环流直至其到达哈特勒斯角的离岸区域。但这种现象在美国和加拿大近岸以北区域并不显著。

11.1 河口对流

河口是一个与外海自由交换的半封闭水体。在这里，海水被来自陆地的淡水稀释。考虑一个有限宽度的淡水河流，底层是海水而不是沉积物［图 11.1（a）］。河流里海水水位在海平面上，河水顺流流入大海，这是河口的基本要求。如果河水和下面海水之间没有湍流混合，则各作用力相互平衡的运动方程［方程（5.28）］对于笔直、相对狭窄的河口将简化为顺流的压强梯度力和摩擦力之间的平衡：

$$\text{压强梯度力} = \text{摩擦力} \tag{11.1}$$

定义河流为具有恒定密度的东西向流，公式（5.21）中摩擦项选取最简化形式，则得到河流作用力平衡：

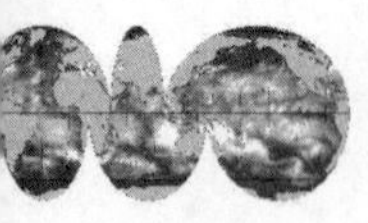

$$gi = -Ju \tag{11.2}$$

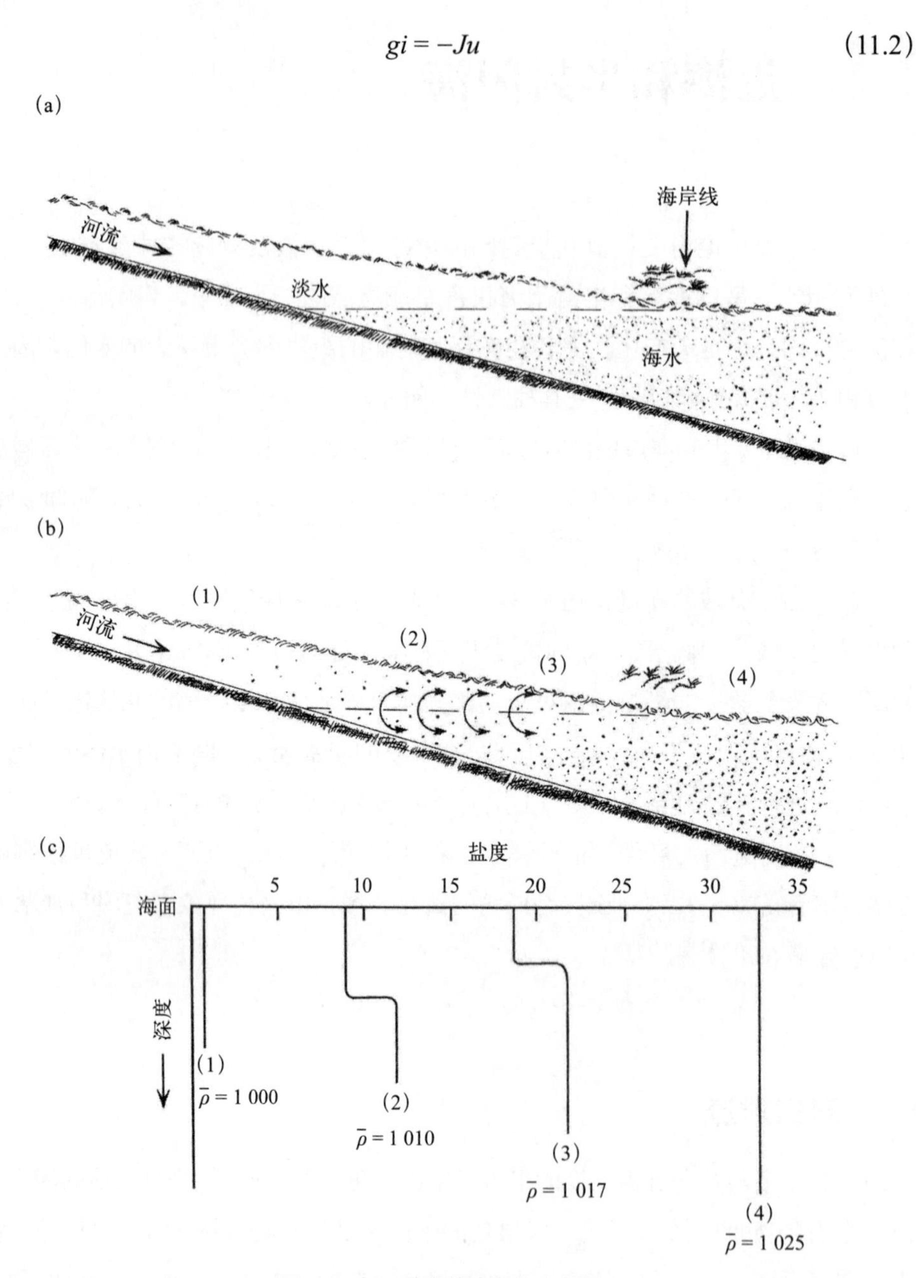

图11.1 河口入海盐度变化示意图

（a）无混合时，进入海洋的河流底部会有海水，河流的深度比海平面高；（b）有混合时，海水向上运动而淡水向下运动，造成（c）所示的盐度分布

但底部海水的存在会导致淡水和海水界面出现湍流混合。部分海水会向上运动而淡水会向下运动。河水穿过盐水楔变得更咸，盐度沿顺流方向下降，盐水楔的盐度降低［图 11.1（b）］。淡水和海水混合的结果之一是河口底部出现净入流而表层出现净

出流（穿过且高于河流）。该输运可以是河流淡水输运体积的几倍，其定量关系可以由第 4 章中的简单守恒观点来解释。定义河口上层和下层的体积输运和平均盐度如图 11.2 所示。如果河流的体积输运为 R，则公式（4.21）和公式（4.22）可以写为

$$\begin{aligned} T_o &= T_i + R \\ T_o S_o &= T_i S_i \end{aligned} \tag{11.3}$$

求解 T_i 和 T_o，得到

$$\begin{aligned} T_o &= R\frac{S_i}{S_i - S_o} \\ T_i &= R\frac{S_o}{S_i - S_o} \end{aligned} \tag{11.4}$$

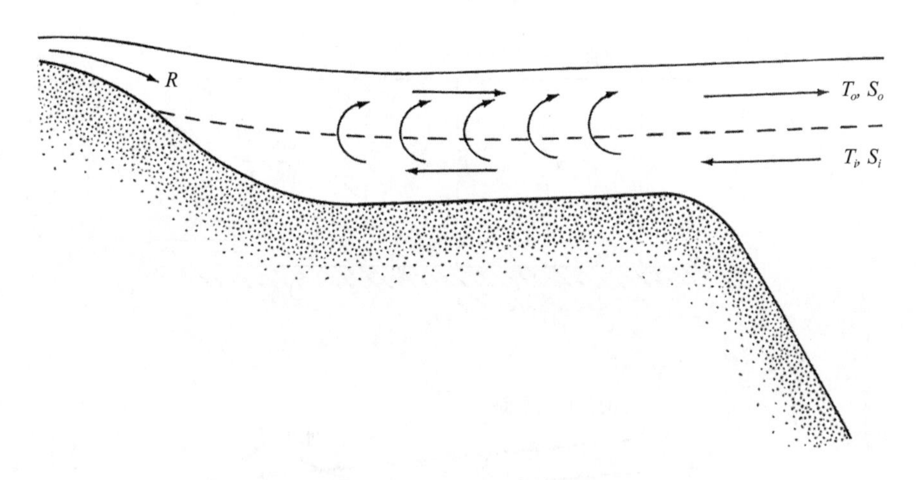

图11.2　河口区盐度平衡示意图

如公式（11.3）和公式（11.4），混合过程使盐分进入河口底部并沿河口顶部流出，并形成沿河口底部的净向上流动和沿表层离开河口的增强流动（水体体积比河流本身流动更大）

当河水流量守恒，层化变弱（垂向混合更强，盐度梯度更弱），则上、下层的输运会增加。即更强的垂向混合会导致上层更多的水体向海输运。因此，为保证盐度守恒，底层必然有更多的水体向岸输运。

守恒观点对描述净河流流动是非常重要的。但它不能解释两层流动是如何维持的。下面考虑两个极端示例。第一个是简单的两层系统：河流淡水在静止的盐水楔上方向海运动。向海的河流流动由河流坡度维持，由于在盐水楔上没有水平压强梯度，就要求在界面上存在小的反向坡度（第 6 章“马居尔方程”）。这里用公式（11.2）中简化的线性摩擦项来平衡该坡度导致的压强梯度。流动和压强梯度如图 11.3（a）所示。

假定第二个例子具有完全的垂向混合。盐度（和密度）从表到底是均匀的且沿逆流方向降低［图 11.3（b）］。如果此时忽略海面坡度，表层的水平压强梯度是零，随水深线性增加。公式（11.2）所示的海面坡度的替代压强梯度和流速也随水深线性增加，如图 11.3（b）所示。

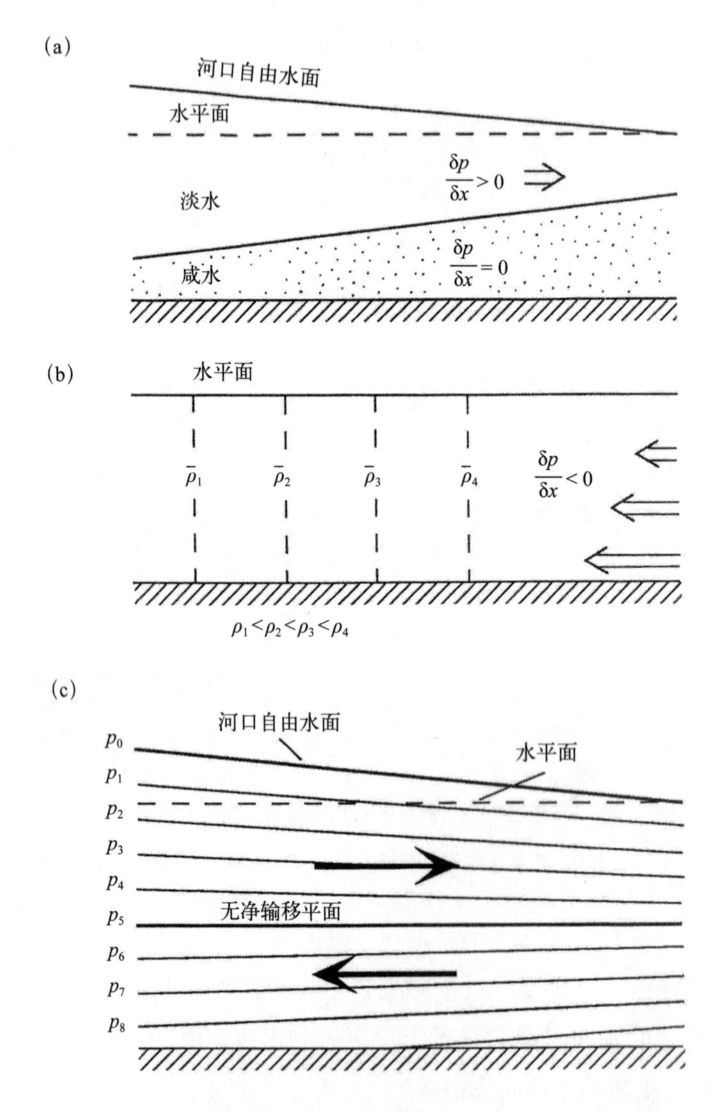

图11.3 （a）河流淡水在稳定的海洋层上方流动，流动限制在上层。（b）垂向混合“水平面”河口，密度沿向海方向增加。水平压强梯度（和逆流速度）随深度增加。（c）为（a）和（b）的综合，如等压线所示，表层是向海流动、深层是向河口流动

综合考虑上述的两个简单示例：水平压强梯度驱动表层的顺流和底层的逆流［图 11.3（c）］。在真实河口中，方向的改变同时伴随着盐度跃层。在两层模型中盐度

的向上混合通常会产生正反馈。混合过程会降低理查森数（*Ri*）。理查森数是密度梯度和剪切速度的无量纲比值，可以度量层化流体中的垂向混合。理查森数越小，垂向混合的趋势越大。

$$Ri=\frac{-\dfrac{g}{\rho}\dfrac{\partial\rho}{\partial z}}{\left(\dfrac{\partial u}{\partial z}\right)^{2}} \tag{11.5}$$

这里要求负号来保证理查森数是正值。因为下方的盐水楔具有逆流速度，出流的河水和盐水楔上入流的水体之间的水平剪切会增强。因为盐度向上混合，垂向密度梯度降低。这两种作用均会使理查森数降低并使垂向混合增强。如果理查森数低于0.25[23]，沿两流体界面产生的剪切波会变得不再稳定而破碎，从而显著增强底层至上层的盐水输运。在该过程没有被充分理解前，工程师曾为了航行将流入一大型河口的第二大河流转向。他们相信增加的流动会避免水道淤塞进而降低清淤成本。但事实刚好相反，河流结合后增强的向海流动增加了垂向剪切，进而使海水与表层的混合以及向河口的流动都有所增加。结果，泥沙淤积率和清淤成本反而会增加。

11.2 河口类型

河口可以根据垂向层化程度分类，河口中水的性质不同，从高度层化到充分混合后没有或很小的垂向盐度梯度（图 11.4）。决定河口类型的因素包括：地形（底部和近岸）、潮流和河流流量。主要受地形控制的河口类型示例有峡湾型河口（浅滩可有可无）。它通常高度层化［图 11.4（c）］，且淡水在接近均匀的深盐水层上方流出。决定河口类型的最简单但非常重要的要素是潮流（一个涨潮周期内流入河口的平均海水输运量）和河水流量（同样周期内河流淡水的输运量）的比值。当该比值较低时，经常会出现强层化的盐水楔河口［图 11.4（d）］。当比值增加时，河口层化减弱，会出现弱层化的部分混合河口［图 11.4（b）］。当潮流产生的垂向混合增强时，垂向盐度梯度完全消失，会出现完全混合河口［图 11.4（a）］。每个河口是唯一的。图 11.4 的广义分类可以进一步细化为更多的分支，并随河水和潮流的改变而在时间上变化。例如，河口混合可以在大小潮周期内改变，或在春季和冬季河流径流下有差异。三种河口广义分类的观测数据显示潮流与河水流量的比值是可以估计的：盐水楔的比值≤ 1 ；部

23 理查德森数一般以 0.25 为阈值。——译者注

分混合的比值范围约为 10 ~ 10^3；完全混合的比值≥ 10^3。

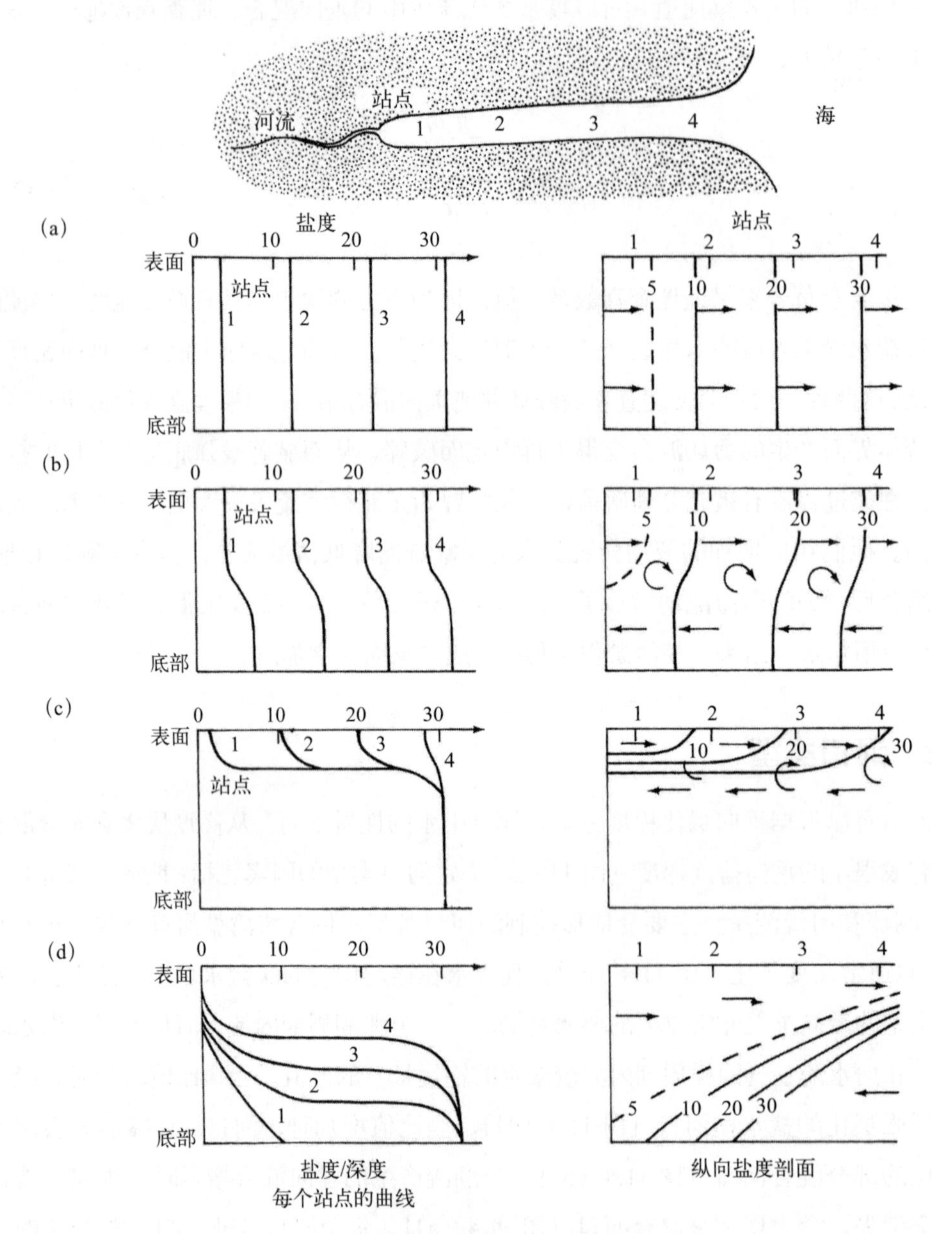

图11.4　经向盐度分布和导致的净流动特征

(a) 完全混合河口；(b) 部分混合河口；(c) 峡湾型河口；(d) 盐水楔河口

典型的盐水楔河口示例有流入墨西哥湾的密西西比河。除了潮流和河水的低比值外，沿岸地形也有利于形成盐水楔河口。如密西西比河的河口在接近海洋时没有明显扩大。

典型的部分混合河口示例有美国东海岸的所有大型近岸海滨平原，例如纳拉干西特湾和切萨皮克湾（其中詹姆士河研究较多）。典型的部分混合河口在接近海洋时会扩大，河口宽度和深度的比值一般超过 100。而与之形成对比的是，典型峡湾型河口的宽度和深度比约为 10。

典型的完全混合河口示例有英国的塞文河。当潮流混合足够抵消垂向层化时，河口会完全混合或垂向均匀。这种河口一般较浅。控制完全垂向混合河口流动的驱动力更难解释。如果没有垂向盐度梯度，公式（11.4）中的二维结构难以解释完全混合的河口情形。对于没有垂向盐度梯度的完全混合河口，盐度分布和流态必须存在一些侧向变化。

11.3 河口环流

在河口，地球旋转的影响不能完全忽略。在广义河口中，在北（南）半球中河口的出流会靠近右(左)边界来向海流动。因此,通常会出现侧向水平盐度梯度,在北(南)半球河口的右侧（左侧）的水体更淡。因为河水倾向于向河口的右侧流动，在北半球落潮时河口右侧更强而左侧更弱（南半球相反）。在没有强沿岸流的情景下，当出流抵达外海时，在北（南）半球河流和河口的出流曲线会向右（左）打弯。最终，如果河口流动是地转流，则在表层和广义河口的交界处通常会出现相同特征的横切面坡度(图 11.5)。

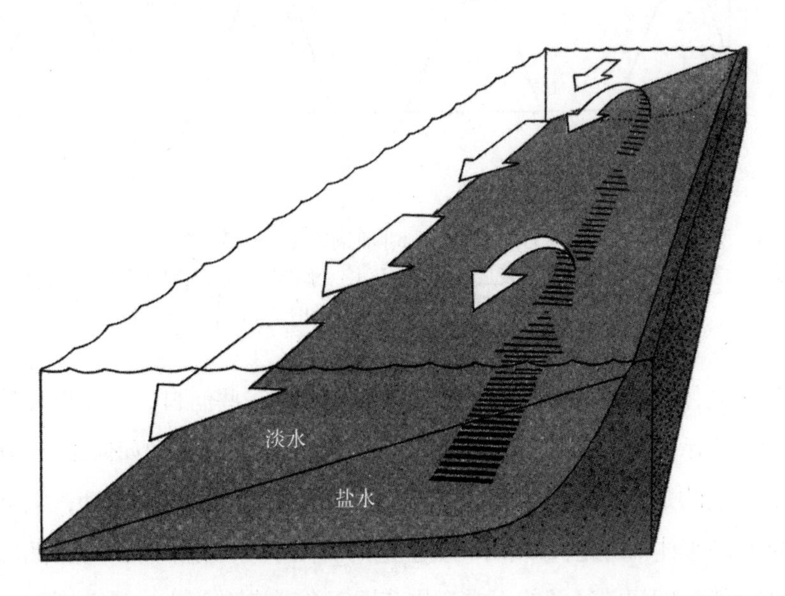

图11.5 在广义河口中，科氏力的影响导致的左（北半球）界面的坡度。该坡度在南半球相反

叠加在之前讨论的稳定的重力流之上的是潮流和局地风生流。潮流流速通常比净流速大一个量级。在纳拉干西特湾，典型的潮流振幅约为 0.2 ~ 0.5 m s^{-1}，移除潮流后平均向海流速约为 0.05 ~ 0.15 m s^{-1}。平均的对流和潮流结合后会导致深度上的位相偏移。表层落潮马上发生且比盐跃层下方的流动时间更长（图 11.6）。

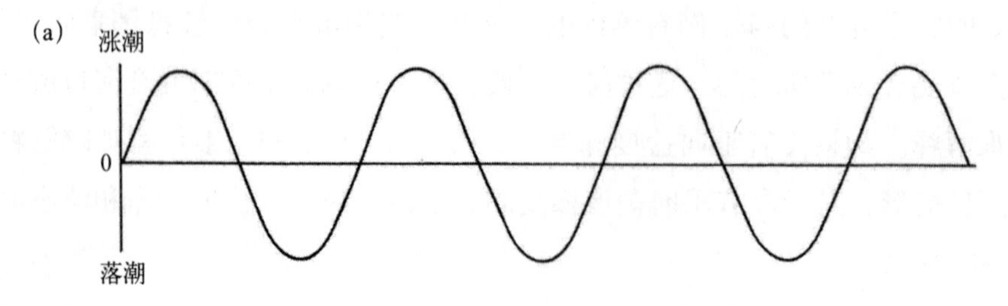

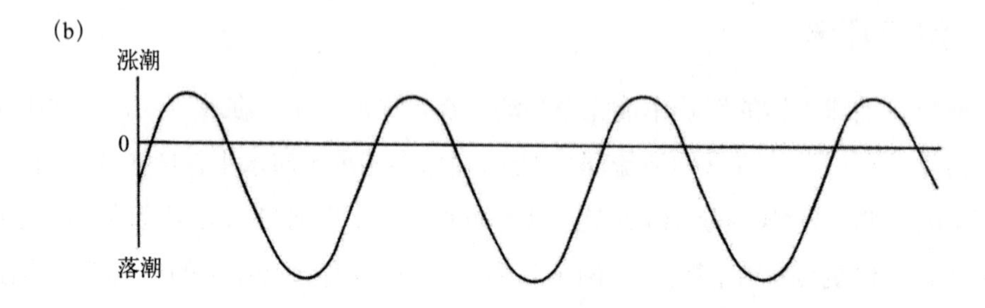

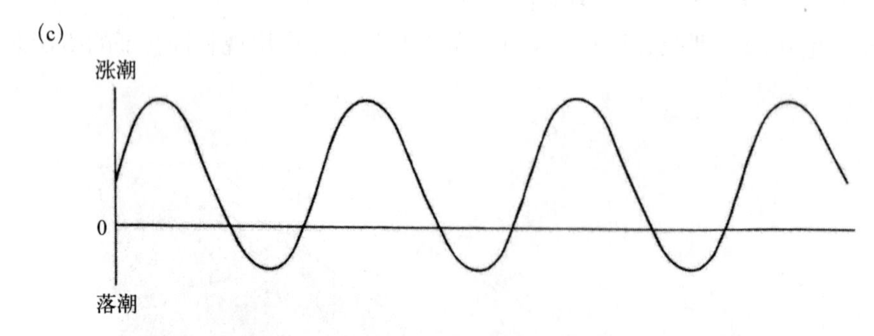

图11.6 （a）没有任何净流动时，理想化的12.4 h半日潮的正弦曲线。在上层叠加净向海流动（b）和在下层叠加逆流（c）导致落潮比表层涨潮时间更长、涨潮比下层落潮时间更长，同时存在位相偏移。例如，在（b）中，表层的落潮比（c）中开始更快

风场的日变化可以导致潮平均流的明显偏移。在一些河口，需要很长时间的观测来区分图 11.4 所示的稳态对流和风生流。图 11.7 是展示河口流动如何复杂的典型示例。叠加在半日潮上的是一个受局地天气控制的周期约几天的不规则流动，它可以扰动流入和流出河口的水体。因此，必须对几个星期的流做平均才能揭示图 11.4 和公式(11.4)所示的平均对流。即河流径流的正常变化范围不会对净对流产生显著影响。河口的层

化［公式（11.4）的分母］会自我调节来适应河流径流的变化。

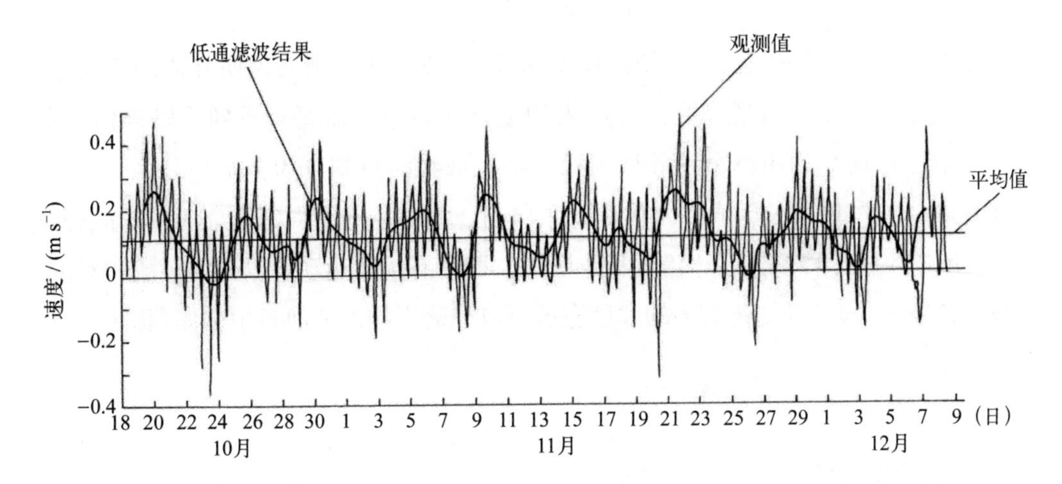

图11.7 纳拉干西特湾瞬时流速示意图

瞬时速度一般受潮流控制。在纳拉干西特湾的示例下，潮流的最大速度约0.4 m s^{-1}，叠加在潮流上的是主要受风场条件控制的缓慢改变的平均流（低通滤波）。它会使湾内的水体重新分布，因此影响水平压强场。其中，全部3个月周期的平均流速为0.1 m s^{-1}。

（参照Weisberg，Journal of Maritime Research，34，1976）

11.4 河口冲淡时间

对污染物的关注使人们开展了许多工作来理解河口污染物的混合及滞留过程。但不是所有的污染物都可以被认为是水分子而忽略其化学特性。许多金属离子，例如铜和锌，在 pH 值约为 5.5 的河水中是可以溶解的，但在到达海洋前（pH 值约为 8.7）会被沉降出来。因此，此类金属在河口沉积物中的浓度可能相对偏高。

对于在河口中路径和水分子运动相似的污染物，计算混合率和冲淡时间是有意义的工作。最简单的方式（至少原则上没问题，但有时难以用高分辨率资料佐证）是利用进入河口的淡水通量和淡水体积来计算河口的冲淡时间（第 4 章）。淡水通量一般是进入河口的河流流量，淡水体积的计算公式为

$$V_{fw} = V_e \frac{S_o - S_e}{S_o} \tag{11.6}$$

式中，S_o 是河口外近岸海域的盐度，S_e 是河口内体积加权平均盐度，V_{fw} 和 V_e 分别是淡水体积和河口体积。根据公式（4.24），河口冲淡时间为

$$\Xi = \frac{V_e}{R}\frac{(S_o - S_e)}{S_o} \tag{11.7}$$

第 4 章中的完全混合水体“箱式模型和混合时间”中的所有说明都适用于这里。在混合缓慢且几乎不可能完全混合的大型复杂河口中，需要一系列手段来估算混合。其中一种便是利用单个潮周期内粒子路径来将河口划分为多个小分区。完全混合假设局限在单个分区内的水体中，利用集合平均，进而得到整个河口的混合时间。但所有类似手段都是基于隐性稳态假设，即所有水体运动可以分为潮流和对流。如图 11.7 所示，与天气变化有关的非稳态流可以显著影响部分河口中水体(和污染物)的输运。

11.5 近海过程

除受到海岸线和水深变化等诸多外部条件的影响而产生的独特性外，近海物理海洋学也有一些共性特征。例如，在大部分近岸海域占主导地位的是潮流。如第 10 章所示，正压潮流随水深减少而增加［公式（10.33)］。即使在潮振幅和外海没有显著差异的陆架上，潮流也是大洋的 5 ~ 10 倍。此外，摩擦过程也会在近岸海域起到相对较大的作用。20 m 的埃克曼层可以是外海的边界条件，但它在陆架上却代表了至少 20% 的水深。另外，海底地形在决定近海动力过程时也会起相对较大的作用。同时，与大洋不同的是，近海环流更多地受到瞬时风场的影响。水越浅，反应越直接。当沿着离岸方向接近大陆架边缘时，风和流的一致性会逐渐减弱。

11.5.1 河流影响

陆源淡水会使近海海域的盐度低于外海（图 11.8)。大型河口的河流影响可以延伸到几百千米外。因为淡水输入随季节和年份不同，近岸海域盐度分布随之变化。冲淡水在表层导致盐度跃层，可以增加水体的稳定性，进而抑制垂向混合并增强季节性温跃层。在中纬度近岸海域，夏季和冬季海表温度会出现较大季节变化的一个重要原因就是其季节性温跃层叠加在河流导致的盐度跃层之上。较浅的混合层在同样的海表热通量下会导致更强的海温变化。河流贡献了海洋水循环的 10%（见第 4 章“全球水量和盐度平衡”)。几乎所有河流输运都经过大陆架进入大洋。但是，该离岸输运相比于潮流和风生过程导致的近海环流过程是小量。

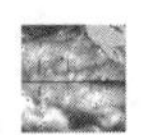

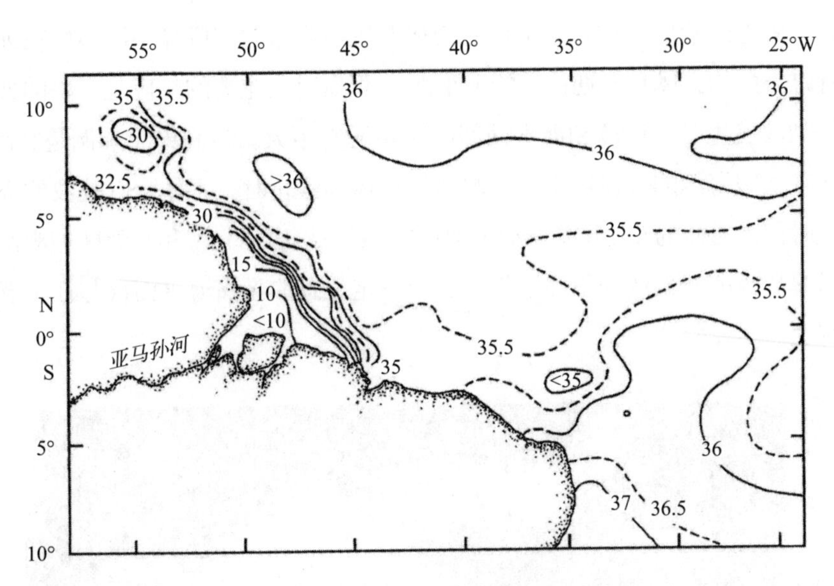

图11.8 河流径流对近岸海域表层盐度的影响示意图

亚马孙河出流影响范围可以超过1 000 km

（参照Neumann, Deep-Sea Research, 16, 1969）

11.5.2 上升流

在上升流区域（例如，海盆东海岸），上升流往往是决定性的近岸过程。最大的上升流出现于风与海岸平行时，而非离岸时[图 6.10(a)]。一个典型示例是在阿拉伯海，季节性风场分布随季风改变（图 11.9 和彩图 11）。随着西南季风的出现，因索马里外海在 4—7 月的上升流表层海温显著降低。除物理意义外，上升流的重要性还体现在：深处的冷水可以通过上升流将营养盐带到真光层，进而被浮游植物吸收。因此，上升流区域是生物多样性的显著区域。世界重要渔场均对应上升流，如秘鲁渔场和中国的舟山渔场。

这里仍然需要强调平均态和个体事件的差异。图 6.11 和图 11.9 是上升流对东太平洋和印度洋平均表层海温影响的典型示例。但单个上升流事件（彩图 17）不是简单的线性过程。海底地形、水体层化、局地海流、非稳态风场和海岸线形状均会使简单稳态的上升流理论显著复杂化。因此，没有两个上升流事件是完全一样的，也没有对单个上升流事件相同的生态响应过程。

11.5.3 陆架波

在浅水近海环流系统中有多种波，如驻波、沿岸波、开尔文波和行星波等。许多波是对大气强迫的响应，如陆架水体对变化的风场分布的响应等。许多住在近岸的人在看到特定方向的强风时会期待高的海平面。但有时其主要的响应是一些陆架波的产生。当陆架波发生时，风场和海平面间的关系通常不大。最简单的示例是驻波：风场会使水体在狭窄海湾的一侧堆积，当飓风通过风场停止时，水体会以驻波的周期来回切换一段时间。吉尔的《大气海洋动力学》[24]一书中给出了北海和其他区域观测到的更复杂的风暴导致的陆架波的很多示例。其中特定位置的最高海平面仅与该位置观测到的风场有关。

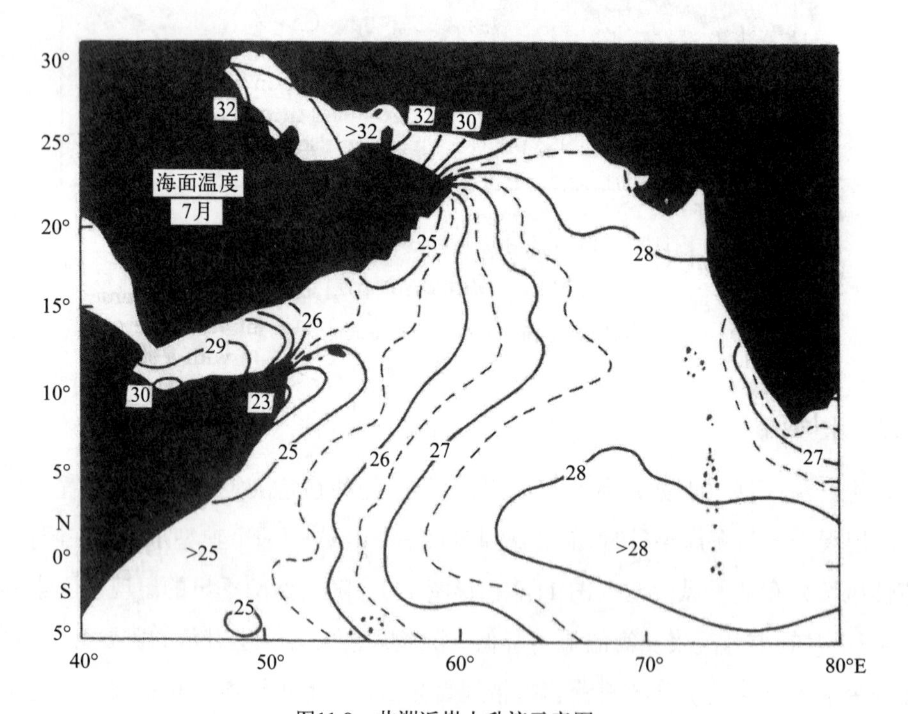

图11.9　非洲近岸上升流示意图

阿拉伯海稳定的西南季风导致了非洲近岸显著的上升流，降低了阿拉伯海近岸的表层温度（单位：℃）（可参见图7.20）

11.5.4　科氏力的作用

在对科氏力的起源及相关讨论中（第5章）使用的是无限广阔海洋的假设，忽略了海岸线的影响。假定一个密度恒定的海洋具有笔直的南北垂直边界和沿边界的南北压强梯度（图11.10），受梯度方向控制，应该会存在进入或离开边界的地转流，进而干扰边界法向无流的条件。

24　*Atmosphere-Ocean Dynamics* by Adrian E. Gill, 1982.——译者注

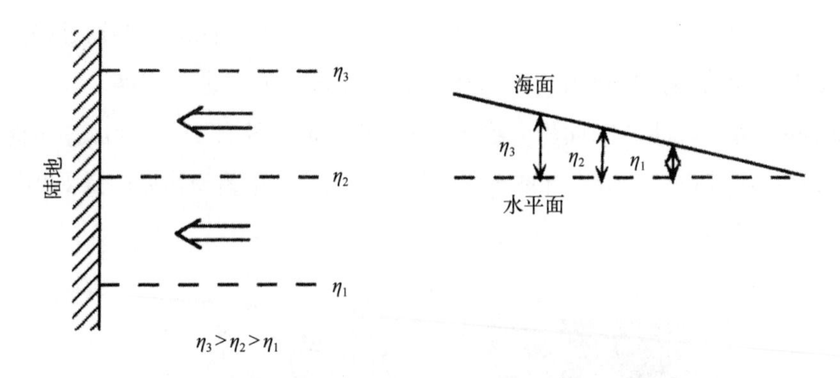

图11.10 在南北边界上海平面存在坡度（南端低），简单的地形会要求在边界上存在入流（北半球）

那么在地形起作用之前需要距离边界多远？基于多种缩放参数，需要到达相同的罗斯贝变形半径［公式（10.11)］。对于一个 100 m 深的密度恒定的正压近岸海域，答案是：

$$R_d=\frac{\sqrt{gZ}}{f}\equiv\frac{\sqrt{10\times100}}{10^{-4}}\cong300\ (\text{km}) \tag{11.8}$$

对于地转速度限制在上层 Z_1 的两层正压海洋，R_d 相应减小，则向海的罗斯贝变形半径可以适用第 6 章的地转方程，但向岸时必须谨慎使用。

11.6 半封闭海域

目前，半封闭海域的定义都是人为的、尚未统一的。这些定义的共同点是与主要开放海域有一定程度的隔离，但隔离程度有很大差异。有与外海密切连接的北海和黄海，也有与外海有限连接的黑海和红海。这些隔离的半封闭海域一般有比主要海域低得多（如黑海）或高得多（如红海）的盐度。

海底地形通常对半封闭海域的海洋特性起决定性作用。许多半封闭海域很浅，如北海，具有近岸海域的很多特性：强的潮流和瞬时风生流。其他半封闭海域，如地中海、加勒比海 - 墨西哥湾（也被称作美国地中海），具有被海脊分隔的深海盆。理解半封闭海域的特性分布需要首先检查该区域的海底地形。

11.6.1 北冰洋

虽然北冰洋通常被认为是海洋，许多地理学家仍认为它是大西洋的延伸。且关于其边界也没有普遍的共识（表 1.3 和表 1.4）。 这里认为北冰洋通过窄且浅的白令海峡

（宽 85 km，深 45 m）与太平洋之间进行有限交换，与北大西洋主要通过格陵兰和斯堪的纳维亚之间的弗拉姆海峡（宽 450 km，深 3 000 km）进行交换。以白令海峡和弗拉姆海峡为界，北冰洋的面积大约为 9.5×10^6 km^2（图 11.11）。北冰洋可能是类似大小的海域中研究最少、最没有被充分理解的。但近些年因为其战略意义和气候变化问题[25]被广泛关注。

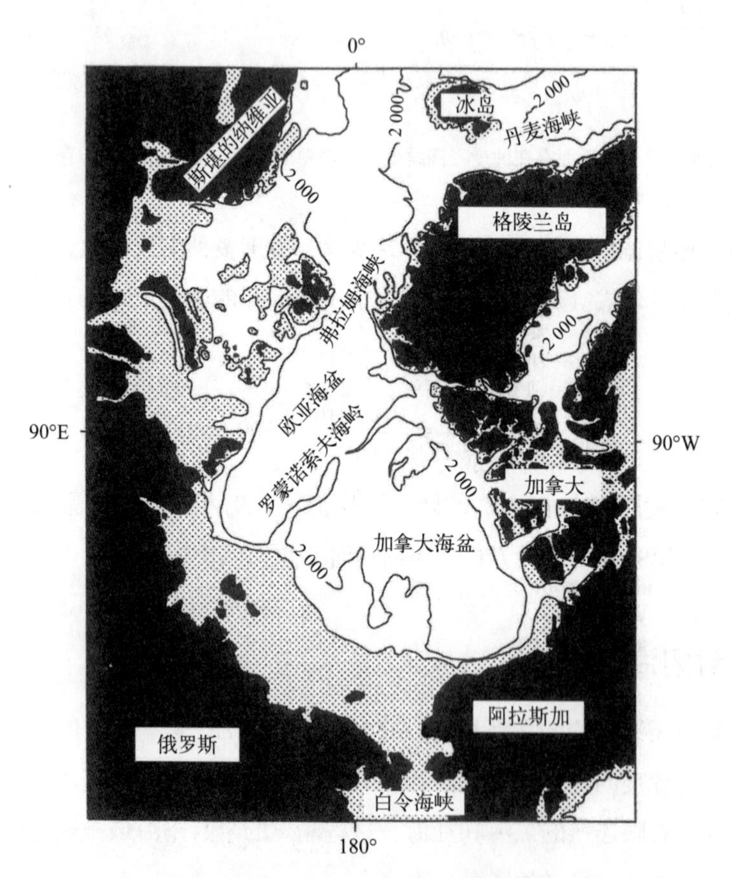

图11.11　北冰洋海底地形的一般廓线。深度低于200 m的宽广陆架标注了点状。深度低于2 500 m的罗蒙诺索夫海岭将北冰洋分为了两个深海盆，每个海盆的水深都超过4 000 m

由于北冰洋的高质量观测资料分辨率较粗，其环流和混合过程尚未被充分理解。1/3 的北冰洋很浅（低于 200 m），其他水域被罗蒙诺索夫海岭（深度低于 2 500 m）分成两个海盆（图 11.11）。加拿大海盆的平均表层流动是沿顺时针方向运动的，它通过格陵兰东部的弗拉姆海峡流出北冰洋，平均流速约为 0.01 ~ 0.03 m s^{-1}。这些表层离开的水体会由深层的温暖大西洋水来代替。

25　由于海冰和太阳短波辐射反照率的反馈关系，北极地区变暖是全球变暖的几倍，又称为北极放大效应。——译者注

因为北冰洋中部被海冰覆盖（大部分约 3 ~ 5 m 厚），控制海气热量和动量交换的过程与其他海洋区别很大。例如，由于反照率高（约 50% ~ 70%），几乎所有从太阳吸收的能量都被用于加热和 / 或融化冰盖。因为北冰洋水体几乎没有蒸发（即使是夏季），其平均潜热通量要显著低于感热通量。而在其他海域，潜热通量通常是感热通量的几倍[26]。

即使在隆冬季节，北冰洋中也会存在小范围的薄冰区和无冰的开阔水面。冰盖处于持续的运动中。当冰盖聚集在一起形成压力脊时（可延伸至海表面以下 10 ~ 20 m）也会分开，留下 10 ~ 1 000 m 的狭窄冰间湖。尽管无冰的开阔水面或薄冰区仅占冬季北冰洋中部表层的很小部分，但其海 - 气间的热通量能比相邻的冰盖高 1 ~ 2 个量级。在盛夏季节，海冰覆盖面积降低为冬季海冰范围的 40%，在近些年甚至已经降为 22%。

对于海冰覆盖的北冰洋，人们可能会假定海面下方水体海温接近冰点温度。但事实并非如此。在北冰洋很多区域约 300 m 水深处存在一层来自北大西洋的暖水（超过冰点 3℃）。如果该水体到达表层，冰盖将会迅速融化。但实际上并不会发生。因为在该温暖水体之上有一层很冷但盐度很低的淡水体（图 11.12）。该淡水有好几个来源，其中一个是陆地的淡水径流。流入北冰洋的河流贡献了等同于 35 cm 的降水量。所有淡水来源一起形成了 100 m 厚的低盐水，覆盖在北冰洋表层（图 11.13）。因为冰盖抑制了蒸发，北冰洋每年会接收到比蒸发高约 9 cm 的降水量。最终，相当一部分淡水会从低盐的白令海经过白令海峡流入北冰洋。

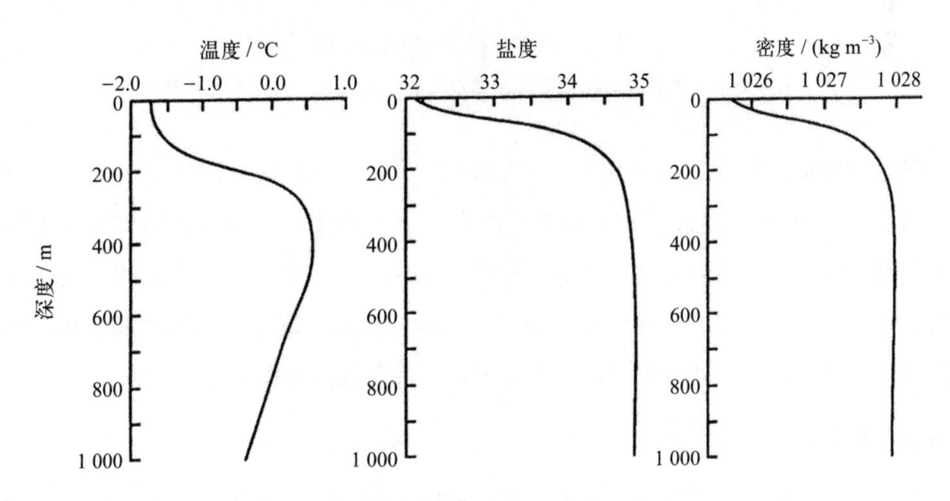

图11.12　北冰洋典型的海温、盐度和密度剖面图

与大部分海域不同的是，密度跃层主要受盐度而非温度跃层控制（图11.18所示的黑海是类似的示例）

26　前文已有介绍，感热通量与潜热通量的比值又称为鲍文比（Bowen ration）。——译者注

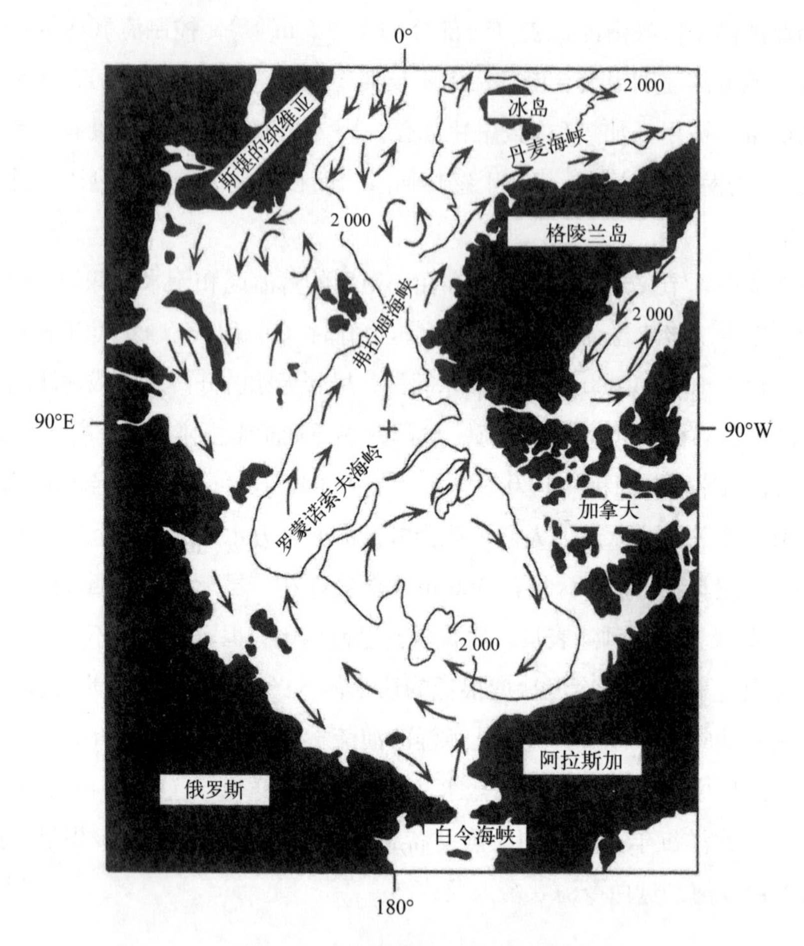

图11.13　北冰洋表层平均流示意图

大部分通过弗拉姆海峡表层离开的水体会由通过海峡的底层流补偿

海冰的形成过程在“海冰和盐跃层的形成”（第 3 章）中介绍过。大部分海冰盐度范围在 2 ~ 20 S_P。当大气和水体温度改变时，老海冰会交替融化和结冰，加强其盐水浸出过程，最终导致老海冰具有低盐度。如第 3 章所示，海冰的形成是构成盐度跃层的有效途径。低盐的海冰停留在表层，高盐的盐水下沉与下面的水混合从而增加其盐度。在夏季，当海冰融化时，淡水会促进形成前面所说的低盐表层水。

11.6.2　地中海

与北冰洋类似，地中海被最大深度约 400 m 的海脊分为东西两部分。海脊区域从意大利的尖部到西西里岛再到突尼斯（图 11.14）。与北冰洋不同，地中海是一个被广泛研究的水体。地中海既热又咸，蒸发超过了降水和河流径流之和。在 200 m 以深，

整个地中海的十分之一水体海温约 13.5℃、盐度约 38.5 S_P。该高温高盐水体的溢出流（outflow）很容易在整个北大西洋被追踪到（图 8.2）。

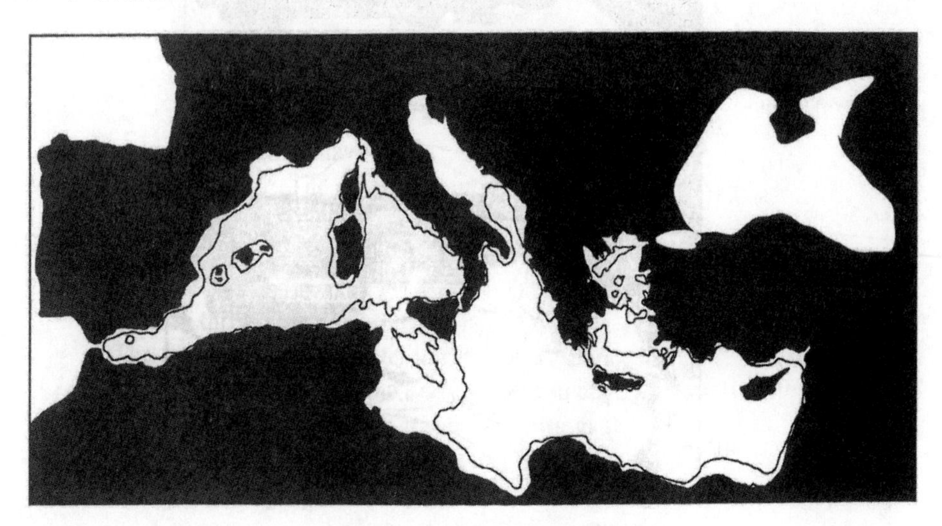

图11.14 地中海地形示意图

在意大利和突尼斯之间深度低于500 m的海脊将地中海分为水深均超过2 500 m的两大海盆。图中显示为500 m等深线

作为最原始箱式模型的示例，直布罗陀海峡横切面深约 300 m、宽 12 km。该狭窄水道存在显著的斜压流动，是连接地中海和大西洋的唯一通道[27]。虽然地中海东部和西部深水区的海温和盐度特性相似，但这些深层水体的主要来源是不同的。地中海东部的深层水体来源主要是亚得里亚海，而地中海西部的深层水体来源则是法国南海岸外的区域。在深层对流出现的区域，表层水体充分冷却，混合水体会下降到约 2 000 m 水深。在适宜的气象和海洋条件下，深层对流会迅速建立，但每次可能只持续几天。

深层对流开始的必要气象条件是密史脱拉风[28]（Mistral wind），即寒冷干燥的气团向南越过欧洲形成进入地中海的强风。寒冷干燥的强风使海气湍流通量（潜热通量加感热通量）显著增加。在密史脱拉风期间，地中海净热损失预计超过 500 W m^{-2}。深层对流产生后形成的海洋浅温跃层可将高盐水带到海表面。有些类似区域需要与深层对流过程区分开来。如在地转平衡作用下，涡流中心的温跃层产生的凸起也可将高盐水带到表层［图 11.15（a)］。

27 关于地中海的水平衡和热收支问题，详见《海气相互作用导论》（海洋出版社，2020），第 146 ~ 150 页。——译者注

28 前文第 8 章提到的地中海风，此处音译为密史脱拉风，以表达此风为自陆地吹向地中海的寒冷干燥强风。——译者注

(a)

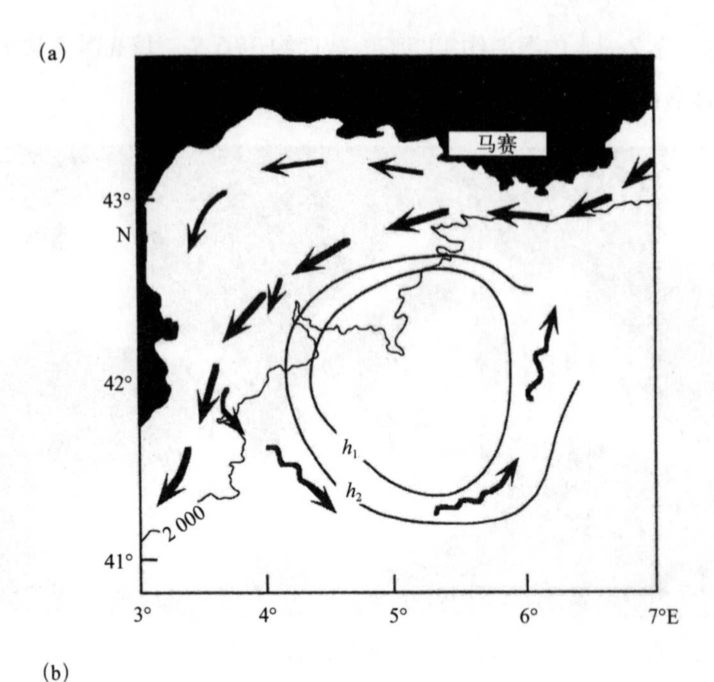

(b)

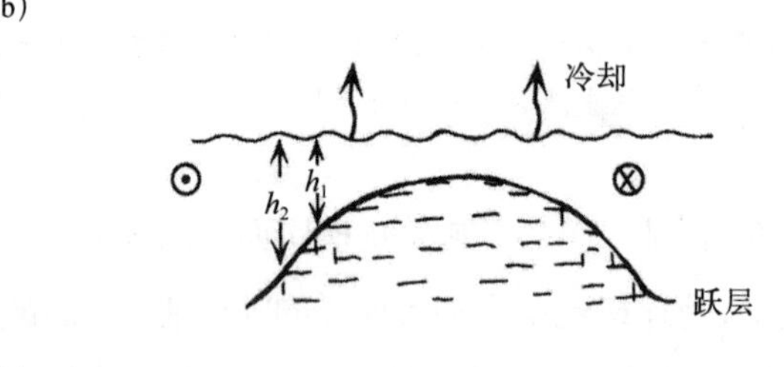

(c)

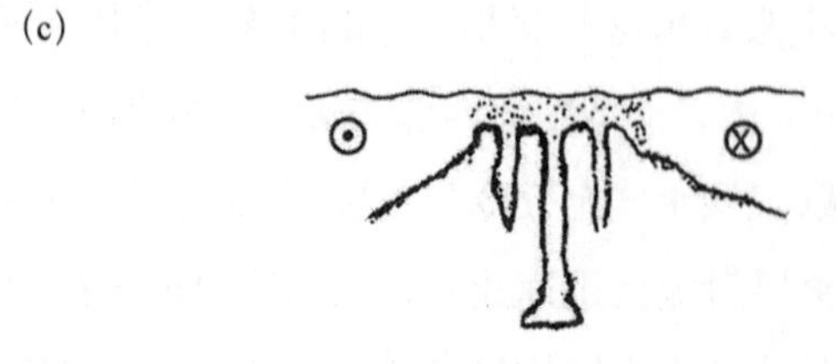

图11.15　密史脱拉风期间，地中海表层水体冷却过程示意图

(a) 在冷却的水层厚度最小时，深层对流可以发生。(b) 在法国南部海岸，受地形影响，长期存在的气旋式涡旋会造成相对较浅的混合层。(c) 虽然对流高值可能达到100 km量级，实际发生在羽状锋中的对流直径小于1 km

一旦强对流开始，对流高值时直径可能会达到约 100 km，但单个上升流或下降流水体一般只有几千米。在这些水体内，观测到的下降流速约 5 cm s^{-1}。上升流速度小于下降流，但也可以超过 1 cm s^{-1}。对流周期可能持续一周，但对流的形状和细节可能随时间改变。一旦地中海的密史脱拉风停止或减弱，则较少的高密度水会输运到对流区域的表层。据推测，没有深层对流发生的时间可以是数年，也可能在每个季节

出现几个周期。北大西洋深层水体的形成一直被长期关注和研究（第 8 章）。人们相信北大西洋深层水体的形成与法国近岸的深层对流类似。只是前者比后者更难以观测。

11.6.3 黑海

在北冰洋等区域，淡水输入超过蒸发，通常被称为稀释海盆。在地中海等区域，蒸发超过河流和降水的淡水输入，被称为浓缩海盆。黑海是稀释海盆，深层缺氧，密度跃层以下富含氧的表层水体不能充分更新，使海表持续降雨带来的有机物氧化。一旦溶解氧用尽，化学过程会变为硫酸盐还原，则黑海的深层海盆会充满臭鸡蛋味的氢化硫。具有 $50 \times 10^4\ km^2$ 表面的黑海是世界上最大的持续性缺氧海盆。

但情况并不总是这样。在上一个冰河时期，海平面显著更低，黑海是一个大型淡水湖。但在 5 000 ～ 7 000 a 前，海平面上升，黑海通过博斯普鲁斯海峡与马尔马拉海进而与地中海相连（图 11.16）。该海峡长（约 30 km）、窄（在某些点少于 1 km）且浅（平均深度 60 m，马尔马拉海的进口处为 32 m）。约 300 $km^3\ a^{-1}$ 的地中海水通过博斯普鲁斯海峡进入黑海，约是较淡的黑海水（盐度低于 19 S_P）进入地中海的 2 倍（图 11.17）。

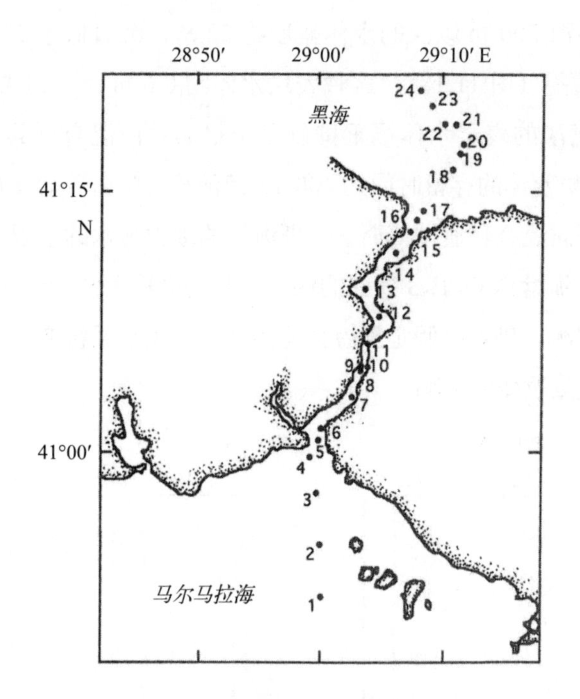

图11.16　黑海连接外部大洋的通道示意图

通过狭窄的博斯普鲁斯海峡进入马尔马拉海和地中海，进而通过直布罗陀海峡进入北大西洋。

图中数字代表图11.17中观测站

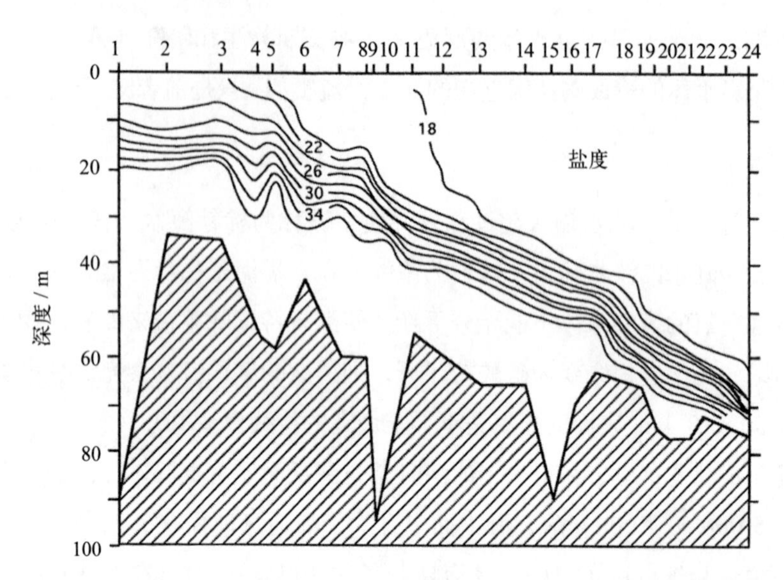

图11.17　博斯普鲁斯海峡中尖锐的盐度跃层将地中海的高盐水与黑海中较淡的表层水区分开来

（参照Latif et al., Deep-Sea Research, 38-2a, 1991）

在通过海峡向斜坡下输运时，地中海海水是更淡更低温的黑海水体体积的 3 倍以上。因此填充于黑海 200 m 以深的水体盐度约 22 S_P，海温低于 9℃。该水体被相对更淡的表层水体覆盖（图 11.18）。这种表层水体约 0.6 m a^{-1}，主要由河流和降水减去蒸发量构成。更淡的表层水体严重抑制了下层的垂向混合（其垂向速度非常小，约 3.5 m a^{-1}）。深层水体的存留时间约 400 a。河流输入的营养盐支撑表层水体的生物生产力。有限的垂向混合和通过博斯普鲁斯海峡的地中海水的有限更新，构成了缺氧海盆的必要条件。海盆内 O_2/H_2S 界面的深度范围是 80 ~ 200 m。虽然在界面和深层缺乏长期的系统观测，仍可以假定黑海会受到气候和生态系统变化的影响，比如受到进入黑海的河流流量改变的影响。

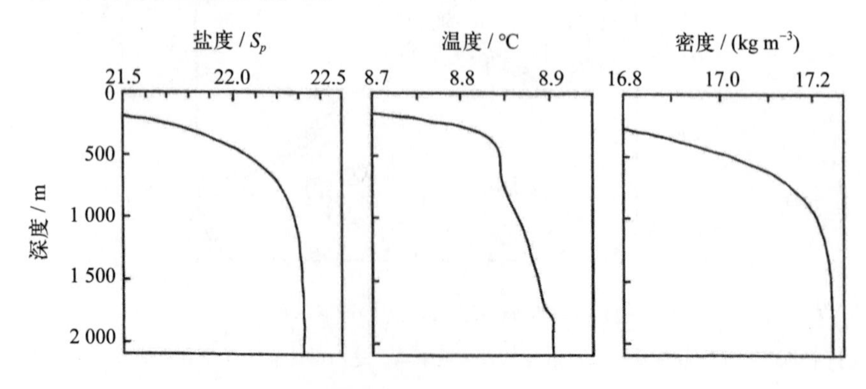

图11.18　黑海中典型的海温、盐度和密度剖面图

12 海洋声学和光学

海洋对所有形式的电磁波都是相对不透明的，从相当长的无线电波到短的紫外线。仅有的一点透明窗口存在于可见光谱中，但即使在那里，与大气层的传输相比也很差。在抵达地球表面的太阳光中，即使是最透明的海洋也只有少于1%的阳光深入到100 m，因此，如果想要在一定距离上传输信息，电磁波不是个好的选择。

相对电磁波等，声波在海洋中的传播比在大气中更加容易透过。在夏威夷附近引爆的几磅TNT炸药可以被旧金山附近的水下接收器（一种水听器）监测到；几百磅TNT炸药在澳大利亚附近爆炸时所辐射的声信号，穿过南大洋、进入大西洋，在百慕大附近被水听器监测到。

海洋生物善于利用声音，人类利用声音在水下通信、追踪潜艇、测量海洋深度和底层沉积物的厚度、发现鱼群、观测海洋动态变化过程。除此之外，声音也被应用于各种海洋学仪器，如水下信标、中性浮力模拟器，以及用于传送这些仪器的数据等。但是，利用声音的难度不能被低估。声学仪器一般体积更大、功率要求更高、信息带宽更窄，声波设备的选择和灵活性远远低于无线电或雷达。但原则上，大气中电磁波的几乎所有技术用途在海洋中都可以利用声音实现。

12.1 水下声学相关定义

由于水下声音在许多领域的重要性，科学家和工程师花了更多的时间和使用更复杂的设备来研究它，而不是海洋中的任何其他物理现象。这样一来，我们对水下声音有了一定的认识。我们将从一些定义开始。

12.1.1 声强

如果海洋真的是不可压缩的（正如我们讨论关于环流、波浪和其他海洋动力过程中所假设的那样），就不会有声音了。从工程的角度来看，水是可压缩的，声音是由流体的周期性疏密而产生的，这形成了在常态静水压下的小压力波动Δp。声强I与压力波动的平方成比例：

$$I = \frac{(\Delta p)^2}{\rho c} \tag{12.1}$$

其中，ρ 是密度（kg m^{-3}），c 是声速 (m s^{-1})。声能以声速进行传播，传播过程中伴随着能量传播，声强是单位时间通过垂直于声波传播方向的单位面积的能量，用来度量能量流密度，单位是 W m^{-2}。在本章，令 $p=\Delta p$，公式（12.1）变为

$$I = \frac{p^2}{\rho c} \tag{12.2}$$

声压的变化范围很大,从低于 10^{-3} N m^{-2}（低于人耳能听到的压力）到高于 10^5 N m^{-2}（相当于大气压）不等。强烈的声能会导致气泡的形成（空化）。

12.1.2 声级和分贝

因为声强的数值范围很大，通常使用分贝（dB）这一无量纲量来讨论。使用分贝时，要求定义参考强度或参考声学声压。分贝阈上的声强被称为声级（**SL**），定义为

$$\mathbf{SL} = 10\log\frac{I}{I_{ref}} = 20\log\frac{p}{p_{ref}} = 10\log\mathbf{I} \tag{12.3}$$

其中，log 是以 10 为底的对数。乘数因子 10 是因为用的单位是分贝，而不是最初的声级单位贝。声级改变 3 dB 等同于声强变化 2 倍，声级增加 10 dB 等同于声强增加了一个量级。

当 **I** 在公式（12.3）中以粗体显示时，声强是无量纲量，用的是强度与某参考强度的比值，大气和水下声学的参考声压是不同的。因此，受参考声压的影响，相同的声学强度会导致不同的声级，有时会导致混淆。表 12.1 给出了当声压为 1 Pa，采用 3 种常用的参考声压（大气、早期水下声学、水下声学），得到的声级。目前水声学中使用的参考声压是 1 μPa 或 1×10^{-6} N m^{-2}，其中，1 Pa=1 N m^{-2}。对于同样的水下声强，新的声级（*SL*）比旧的大 100 dB。

表12.1　分贝与声学强度的关系是参考压力的函数

	p_{ref} / μPa	p / Pa	**SL** / dB
大气	20	1	94
水体（早期）	1×10^5	1	20
水体（当今）	1	1	120

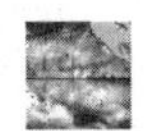

12.1.3 频率

音高通常依据频率来度量，人耳可以听到高达 15 000 ～ 18 000 Hz 和低至 20 ～ 50 Hz 的声音，其中 1 Hz 是 1 cycle s^{-1}。假设声速是 1 500 m s^{-1}，记住声波的波速是波长与波周期的比值（或者波长乘以波的振动频率），则典型的水下声学频率和波长是：频率为 10^2 Hz、10^3 Hz、10^4 Hz 和 10^5 Hz 时，波长依次为 15 m、1.5 m、15 cm 和 1.5 cm。

12.2 声速剖面：深海声道轴

海洋中声速随压力、温度和盐度变化，平均声速近似等于 1 500 m s^{-1}（或 5 000 ft s^{-1}），比大气中声速快 4 ～ 5 倍（图 12.1）。声速随温度、盐度、压力的增加而增加，其中，以温度的影响最显著，对三者的依赖关系通常用经验公式来表示，一个精确的经验公式是包括 48 个常数的 TEOS-10 方程，在精度要求不太高时，可以使用比较简单的经验公式，例如，

$$c = 1\,449 + 4.6T - 0.055T^2 + 0.000\,29T^3 + (1.34 - 0.010T)(S - 35) + 0.016Z \quad (12.4)$$

式中，T 是温度（℃），S 是盐度，Z 是以分巴为单位的水深，c 是声速（m s^{-1}）。使用深度变化代替压力变化，通常认为每下降 10 m 水深近似增加一个大气压的压力。

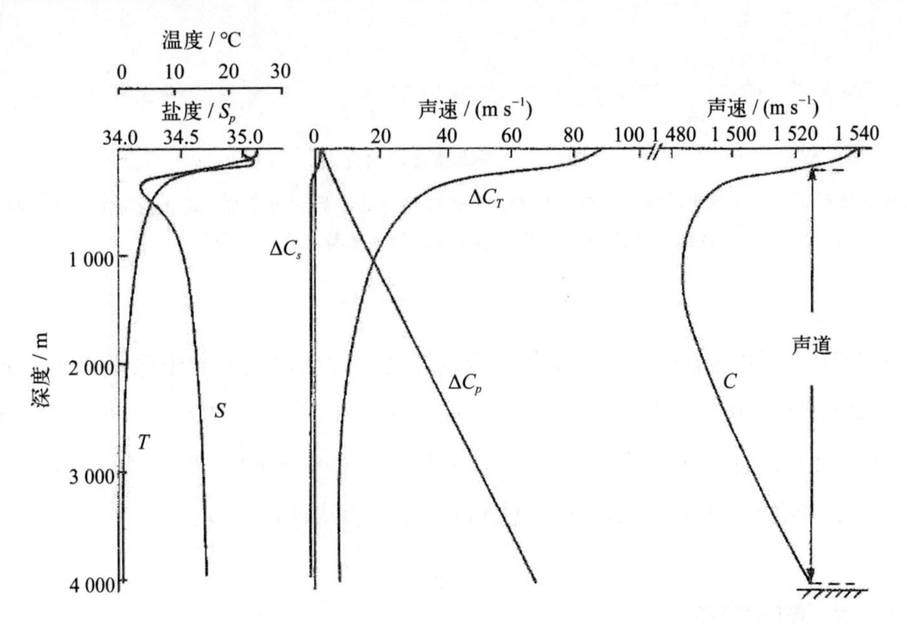

图12.1 受温度和压力控制的典型声速剖面

其中，第一个子图显示太平洋中典型的温度（T）和盐度（S）剖面。第二个子图显示变化的海温（ΔC_T）、盐度（ΔC_s）、压力（ΔC_p）导致的声速变化。第三个子图显示声速剖面（C，深海声道轴深度约为1 000 m）

除了一些极地区域（例如，北冰洋中具有几乎恒定的温度剖面），几乎所有声速剖面在某一深度都有一声速最小值。近海表面时，声速变化主要受温度梯度控制。温度随深度的增加而急剧变小，导致声速变小。该深度范围被称为温跃层。在温跃层之下，温度和盐度随深度缓慢变化，声速主要受压力的影响，压力随深度增加，导致声速随深度增加，该深度范围被称为等温层。在温跃层和等温层之间，存在声速极小值，被称为深海声道轴（图 12.1）。由于声线总是弯向声速小的方向，因此，有一部分声能保持在声道轴附近，不存在海底或海面反射损失，可实现超远距离传播（图 12.2）。

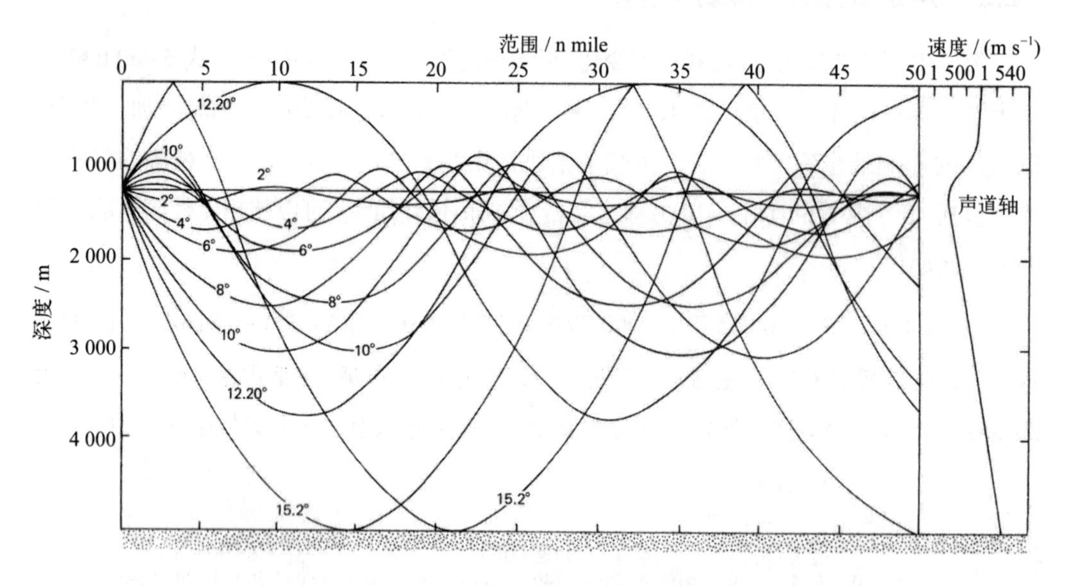

图12.2　声传播路径示意图

在理想情形下，声源位于深海声道轴，由于声线始终向声速小的方向弯曲，避免与海底海面接触，造成声传播损失，有一部分声能持续保持在声道轴附近

曲线上的角度代表出射角

声道轴深度比较稳定。它的轴深从极地纬度的近地表到葡萄牙海岸的近 2 000 m 不等。更典型的深度是 700 m。当声源和接收器都位于声道轴附近时，声源约为 200 dB，相关信息可传播半个地球。由于某些种类的鲸的声音已经被远距离记录下来，人们推测它们也利用深海声道轴的良好传播特性进行交流。

12.3　声传播损失

在自动回声测深技术出现之前，人们通过从船上投放少量 TNT 炸药并测量回声时间来计算海洋水深。假设在距离声源 1 m 处的声强为 100 dB。要接收来自约 2 000 m 深

海底的回声，接收器的灵敏度需要多大?

声源向四周辐射能量。假设声速在该海域中是恒定的，并且散射或吸收不会造成声音能量损失（即没有声音衰减）。如果声能在各个方向上都是以相同速度传输，并且没有衰减，那么通过一系列由立体角对着的膨胀球壳，总能量是恒定的（图 12.3）。

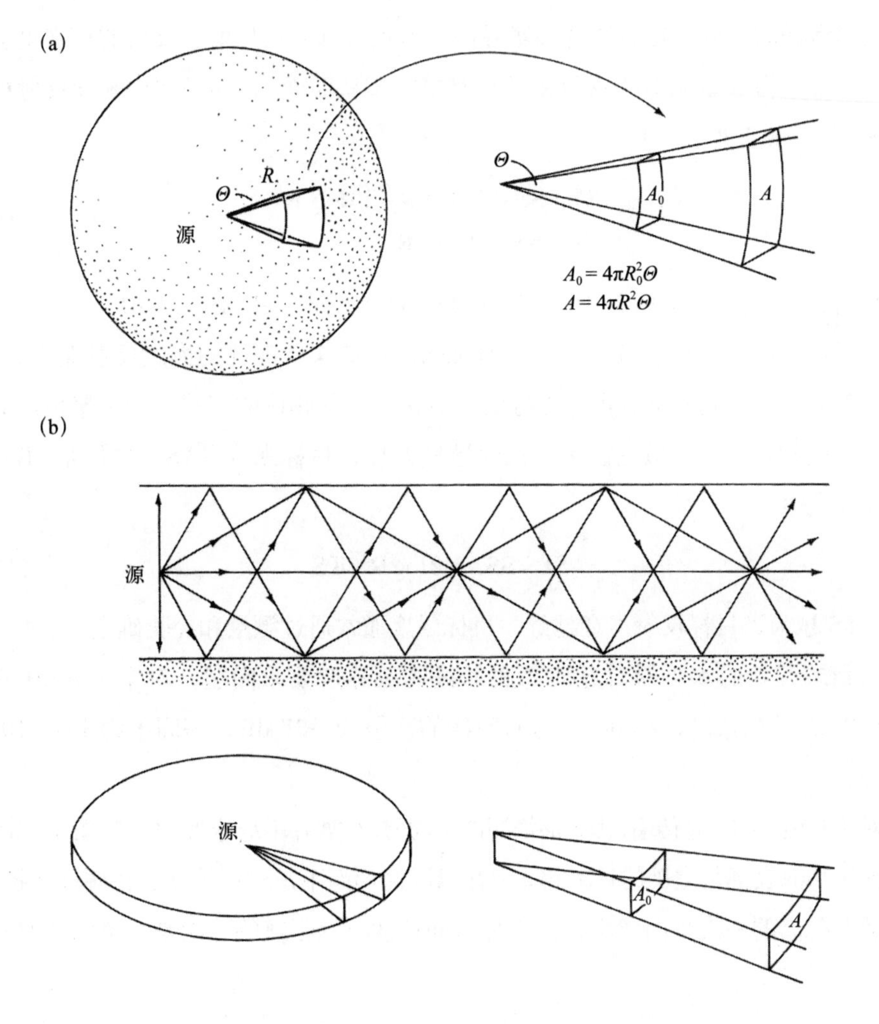

图12.3 （a）在球面扩展中，面积A与A_0的比值随距离R和R_0的二次幂增加。（b）在圆柱形扩展中，面积A与A_0的比值随距离R和R_0的一次幂增加

$$4\pi\Theta R^2\mathbf{I} = 4\pi\Theta R_0^2\mathbf{I}_0$$
$$\frac{\mathbf{I}}{\mathbf{I}_0} = \frac{R_0^2}{R^2} \tag{12.5}$$

使用公式（12.3）以分贝形式重写为

$$10\log \mathbf{I} = 10\log \mathbf{I}_0 - 20\log\frac{R}{R_0}$$
$$SL = SS - 20\log \mathbf{R} \tag{12.6}$$

其中，log **I** 为零。在上述例子中 20 log **R** 是传输损耗（**TL**）。

到达海底的部分声音会通过海底界面，但也有部分被反射。反射的声音也会呈球状扩散。如果海底是完美的反射镜且具有单位横截面面积，声源级 **SS** 和反射声音的声级 **SL** 相关关系为

$$\mathbf{SL} = \mathbf{SS} - 20\log \mathbf{R} - 20\log \mathbf{R}$$
$$\mathbf{SL} = \mathbf{SS} - 40\log \mathbf{R} \tag{12.7}$$

如果 **SS** 在 1 m 处的声源级为 100 dB，距离 2 000 m 时，**SL** 是 −32 dB。

当然，不同海底反射效果不同，坚硬的沙底比柔软泥泞的海底反射能力好得多。与小的鱼群相比，大的鱼群也是更好的反射镜。一些物体的形状是为了聚焦反射的声音，另一些则是为了分散它。为了反映这些差异，目标强度（**TS**，单位是 dB）一般被加入公式中：

$$\mathbf{SL} = \mathbf{SS} - 40\log \mathbf{R} + \mathbf{TS} \tag{12.8}$$

其中，**TS** 越大，目标反射声音越好，目标强度通常通过测量和经验确定。

回到最开始的水听器对返回海底射线的敏感度要求问题，对于 100 dB 的声音和 −5 dB 的目标强度，2 000 m 返回声线的声级为 −37 dB，等同于约 1.4×10^{-2} μPa 的压力。

对于长距离的声音传输，因为海洋深度不均匀，扩展并不是球形的。在图 12.3(b) 中，如果海底和海表都是完美的反射镜，声音以圆柱形而不是球形扩展。在圆柱形扩展中，强度随着距离的一次幂而减小，而不是球面扩散时随距离的二次幂。单向和双向传输损耗是

$$\text{单向传输损耗：}\mathbf{SL} = \mathbf{SS} - 10\log \mathbf{R}$$
$$\text{双向传输损耗：}\mathbf{SL} = \mathbf{SS} - 20\log \mathbf{R} + \mathbf{TS} \tag{12.9}$$

圆柱形和球形扩展是理想示例，正如可以预期的那样，在真实海洋中会更加复杂。但一般规律是，如果传输距离与海洋深度相比很短，传播损失约随距离的平方改变（球

形扩展）。如果与海洋深度相比，距离较长，声音会被海表和海底反射（图 12.3），和 / 或在到达海表或海底前停留在深海声道轴中。对于如图 12.2 所示的在达到海表或海底前被折射的声波，通过界面处没有能量损失，传播损失接近距离的次幂（圆柱形扩展）。

12.4 声吸收和散射

虽然海洋对声波是相当透明的，但也不是完全透明的。声波既被吸收又被散射，两者之和称为衰减。吸收主要是由水的分子特性引起的，并随着频率的平方而增加。散射主要是由海洋中缺乏均匀性造成的：温度微结构、气泡、浮游生物和其他颗粒物质。忽略散射的作用，假设所有的衰减都是由吸收造成的，就可以近似于海洋中的声音衰减，但在吸收较弱的极低频率和散射显著的近表面层除外。在高度近似的情况下，声音的衰减遵循比尔定律，即每单位长度的能量损失与存在的能量成正比：

$$\frac{\mathrm{d}I}{\mathrm{d}R} = -jI \qquad I = I_0 \mathrm{e}^{-jR} \tag{12.10}$$

以分贝的形式，

$$10\log \mathbf{I} = 10\log \mathbf{I}_0 - 10\,jR\log \mathrm{e} \qquad \mathbf{SL=SS - jR} \tag{12.11}$$

其中，吸收系数 $\mathbf{j} = 10\,j\log \mathrm{e}$，它的单位是（dB/m）。

在较宽的频率范围内，吸收系数随频率的平方而增加：

$$\mathbf{j} \approx \omega^2 \tag{12.12}$$

在海水和淡水中，吸收是海温、盐度和压力的函数；但对于任何给定的温度和压力，淡水的吸收要比海水小得多。海水中的额外衰减损失与 $MgSO_4$ 和 $B(OH)_3$ 引起的离子弛豫现象有关。$MgSO_4$ 的效应在所有频率，最高约 100 kHz。$B(OH)_3$ 的效应在低于 1 kHz 时（图 12.4）。初步估计，声音散射与波长无关，约为 3×10^{-3} dB km^{-1}。因此，散射仅在非常低的频率，即 100 Hz 或更低的频率，对声音的衰减起作用（图 12.4）。作为比较，10 kHz 声音在轻微湿润的空气中（相对湿度 40%）的衰减约为 160 dB km^{-1}；在海洋中，相同频率的衰减损失约 0.05 dB km^{-1}。

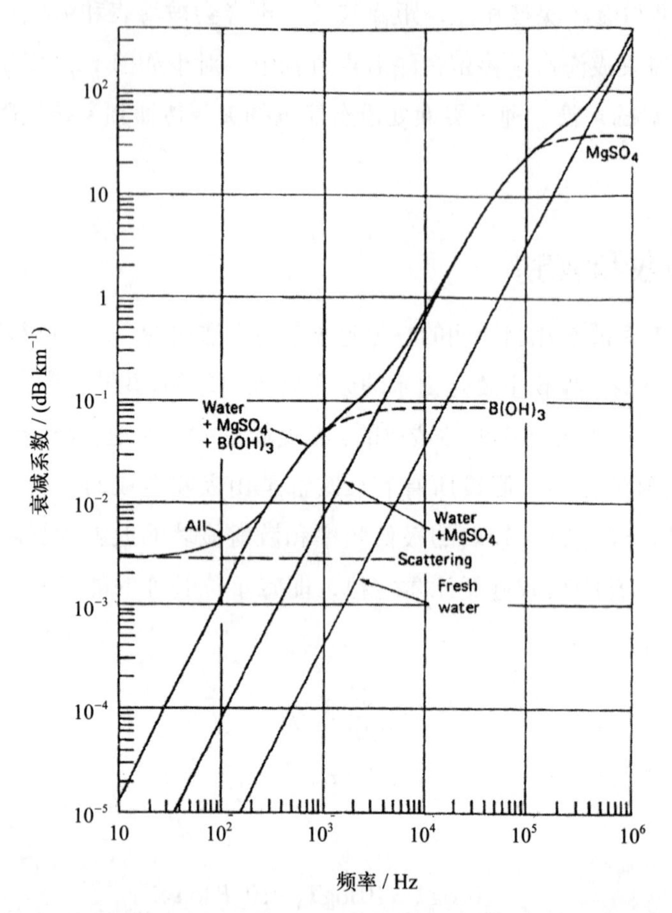

图12.4　与淡水相比，在典型海洋条件下的声音衰减是频率的函数。请注意，在频率大于500 Hz时，基本上所有衰减都是吸收引起的。在该图中，假定的散射值为3×10^{-3} dB km^{-1}，散射在频率大于约200 Hz时对衰减作用不大

（参照Apel，Principles of Ocean Physics，Academic Press，1987）

12.5　水下噪声

任何听觉问题的本质是，接收到的声级必须足够大，才能听到。听力可以通过人耳或专门设计的听觉设备来实现。通常情况下，听力问题的本质不是接收到的声信号的大小，而是同时听到的背景噪声。两个人之间的对话可以在空房间内低语进行，但同样的对话在聚会中可能需要呼喊才能听到，声音必须足够高（信噪比高），才能在背景噪声中被听到。任何试图在吵闹的聚会上接收无线电广播的人都知道，信息的理解不需要信号 100% 高于背景声。即使声信号低于聚会的平均背景噪声级，严谨的倾听者通常也会理解谈话的要点。同样的，即使海图上的噪声级看起来会高于来自底部

的反射信号，通常也可以在记录回声探测器上辨别出标记海底的线。在两种情况下，信号信息都足够冗余，只需要偶尔让所需的信号级高于噪音级，就可以拼凑信息。

水下噪声主要有几个来源。海表面风、海流通过底部、破碎波和降水等在海洋中产生声音。此外，还有生物噪声，例如，每年的特定时间，在美国东海岸近岸地区，黄鱼会淹没大部分其他声音。海豚具有独特的声学定位系统，通常是高频，因此会迅速衰减。另一方面，一些鲸使用低频声音来交流，这些声音会传输长距离。最后，还有人类制造或人为来源的声音，例如，船只的螺旋桨噪声、回声测深仪和来自其他仪器的声学信号发送装置等。图 12.5 给出了海洋中一些噪声来源和噪声级。

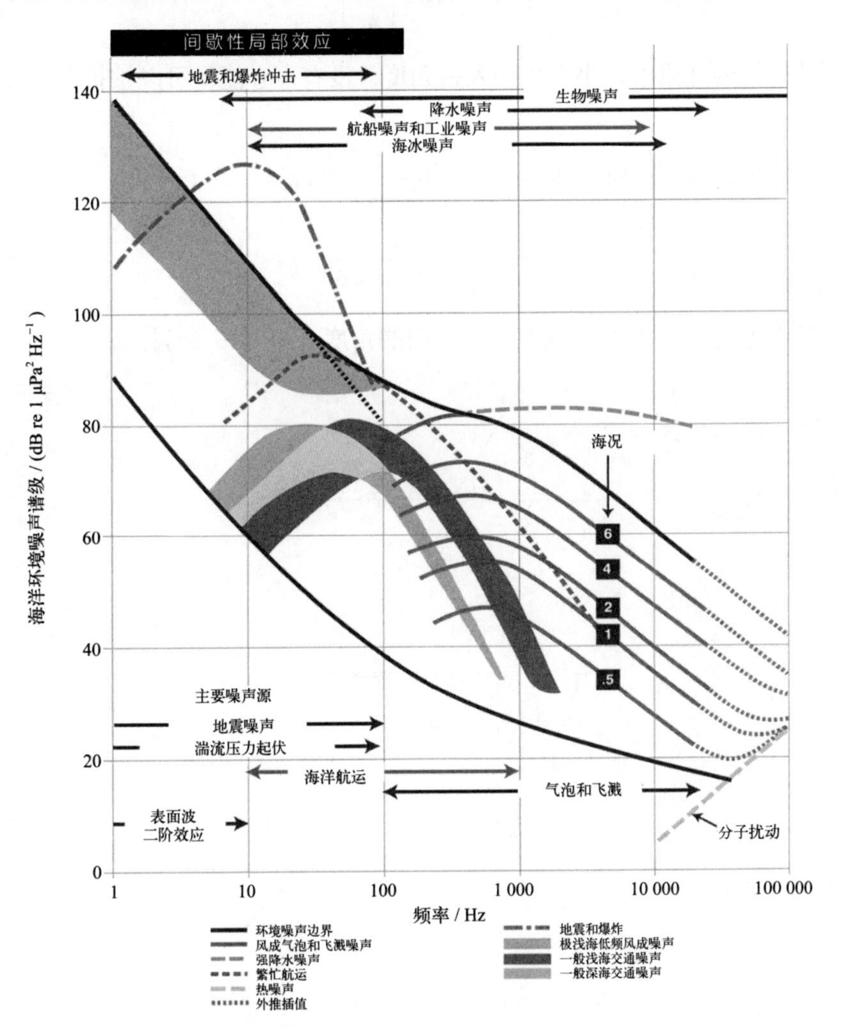

图12.5 黑实线代表海洋中环境噪声的上限和下限。风成噪声级与风速有关。强降水和繁忙航运可以引起较强的背景噪声

12.6 声折射和反射

由于声音的速度在海洋中不是恒定的，所以声音射线遵循弯曲的路径。其关系遵循斯涅尔定律，该定律将不同声速层界面的出射角联系起来：

$$\frac{c_1}{c_2} = \frac{\cos\phi_1}{\cos\phi_2} \tag{12.13}$$

利用这一基本关系，假设 $\phi_1 = 0$ 处可以得到能量与界面平行的临界角：

$$\phi_c = \cos^{-1}\left(\frac{c_2}{c_1}\right) \tag{12.14}$$

在声速较慢的介质中，小于 ϕ_c 的入射角度，没有声音能量可以被折射到高声速层［图 12.6（b)］。

另外，在恒定的声速梯度 dc/dz 下，声线为一个圆弧，其半径为

$$r_c = \frac{c_0}{(dc/dz)\cos\phi_0} \tag{12.15}$$

式中，ϕ_0 是在速度 c_0 下声音射线在水平方向的角度［图 12.6（c)］。

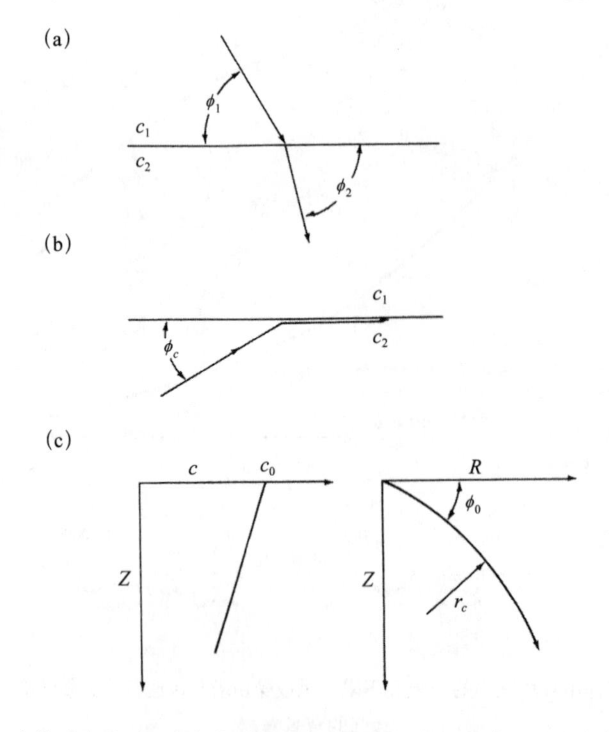

图12.6 (a) 斯涅尔定律［公式（12.13）］定义的折射。(b) 临界角 ϕ_c，其中声音停留在低速层（c_2）［公式（12.14）］。(c) 依据初始角度 ϕ_0 和速度梯度dc/dz定义的圆弧半径（r_0）［公式（12.15）］

主温跃层使表层的声音能量传输问题变得复杂，因为在主温跃层，声音射线可以被折射，从而有一个阴影区，声线无法直接到达（图 12.7）。在第二次世界大战中，在浅层温跃层下悬停是潜艇试图避免被水面舰艇相对粗糙的回声测距设备探测到的一种常见方式。

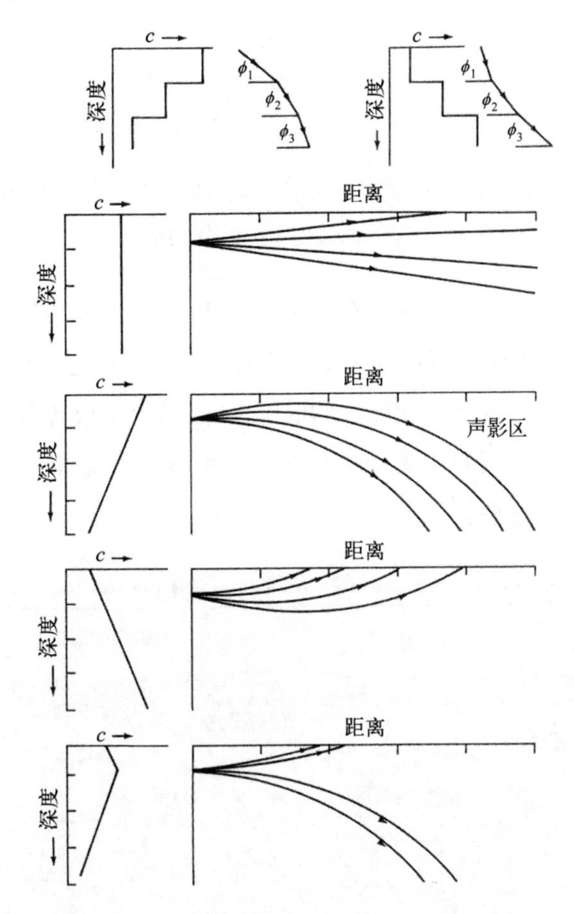

图12.7　在声速随深度降低的情形下，声音射线被下层折射。当梯度反转时声音射线会向上折射，在特定情形下，近表层阴影区扩展

从海面或海底反射回海洋的声能百分比，取决于声线与界面的角度以及两种介质的声阻抗差异。声阻抗是密度和声速的乘积（ρc）。两媒介间 ρc 差异越大，反射的声音越多而折射的声音越少。对于两层间 ρc 相同的有限情况，没有反射。对于给定的 ρc 特性，反射量随入射角改变。入射角越小（射线与界面的切线越多），更多的能量被反射。关系式为（图 12.8 显示了记号的解释）：

$$\frac{I_r}{I_i}=\left(\frac{\rho_2 c_2 \sin\phi_i-\rho_1 c_1 \sin\phi_t}{\rho_2 c_2 \sin\phi_i+\rho_1 c_1 \sin\phi_t}\right)^2 \tag{12.16}$$

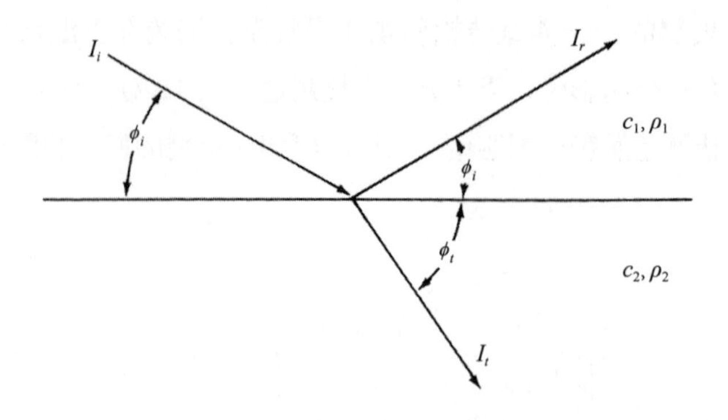

图12.8　穿过密度界面折射的能量与反射回来的能量比值是声阻抗（ρc）和入射角（ϕ_i）的函数［公式（12.16）］

海洋和大气中典型 ρc 值为 1.5×10^6 kg m^{-2} s^{-1} 和 400 kg m^{-2} s^{-1}，比例为 3 750。因为较大的声阻抗比例，在海气界面几乎全部是反射。作为对比，海水与海底沉积物间 ρc 比值从坚硬沙底的约 2.5 到柔软泥底的低于 1.5。因此，相当多的能量可以穿透海底界面，被更深的沉积层反射出来（图 12.9；彩图 18）。一般而言，两沉积层之间的 ρc 比值越大，层间反射越明显。

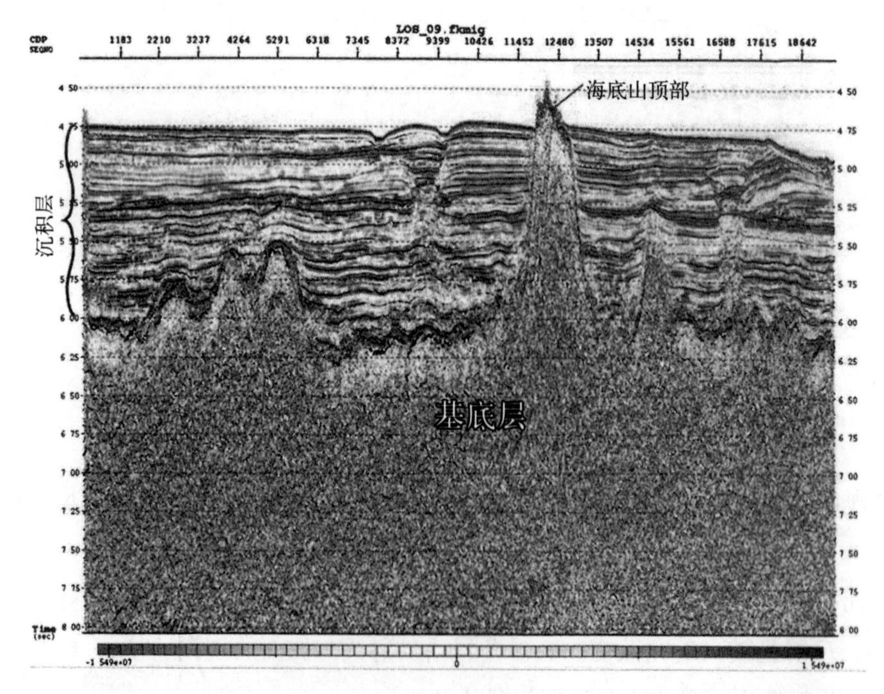

图12.9　2011年6月，朗塞斯巡航拍摄得到的MCS 9号线的地震反射图像，显示在阿拉斯加湾各处均有最厚沉积物，位于离阿拉斯加基线200 n mile以外的巴拉诺夫海峡和海底扇系统。沉积层超过1.5 km厚

（参照Gbbons et al., Sound Waves Monthly Newsletter, US Geological Survey, August 2011）

12.7 水下光学

如本章开始所示，海洋对电磁辐射几乎是不透明的，除了以光学波长为中心的一个窄带，但即使在该范围内，能量传输也是有限的。在 300 m 以深，最强的光通常是生物发光。

12.7.1 衰减

与声能类似，海水中光能衰减遵循比尔定理公式（12.10）：

$$\frac{\Gamma_2}{\Gamma_1}=\mathrm{e}^{-\varepsilon(Z_2-Z_1)} \tag{12.17}$$

式中，Γ_2 和 Γ_1 分别是深度 Z_2 和 Z_1 处的能量通量（辐照度）。辐照度是水平平面法向辐射能的通量，能量以光速传输。辐照度是单位面积单位时间的能量，通常是 W m^{-2}。辐照度类似于声音强度。

衰减系数 ε 包括散射和吸收的影响，如第 3 章讨论的，后者主要是辐射能向热能的转移。吸收和散射均和波长有关，数值受海水中生物活动水平和颗粒物数量（如水中沉积物）的影响。对于纯净海水（几乎没有沉积物或生物活动），吸收项与淡水相同，显著高于散射项（表 12.2 和图 12.10）。与大气中类似，纯净海水中散射随波长降低而快速增加，光谱的蓝色端比红色端更倾向于散射。第 3 章对瑞利散射的讨论［公式（3.4）］。

图 12.10 和表 12.2 表明，电磁辐射能量的传输窗口很窄，但相对于声音能量传输，该窗口也相对更不透明。表 12.2 中最小的衰减系数（450 nm 波长处为 0.016 8 m^{-1}）相当于 750 dB km^{-1} 的损失。近红外的衰减系数为 2.0 m^{-1}，相当于约 9 000 dB km^{-1} 的损失。

表12.2 最干净海水中的衰减和散射

波长 λ / nm	漫射衰减 / m^{-1}	光束散射 / m^{-1}
200	3.140 0	0.151 0
250	0.588 0	0.057 5
300	0.154 0	0.026 2
350	0.053 0	0.013 4
400	0.020 9	0.007 6
450	0.016 8	0.004 5

续表

波长 λ / nm	漫射衰减 / m^{-1}	光束散射 / m^{-1}
500	0.027 1	0.002 9
550	0.064 8	0.001 9
600	0.245 0	0.001 4
650	0.350 0	0.001 0
700	0.650 0	0.000 7
750	2.47	0.000 5
800	2.07	0.000 4

资料来源：参照Apel，Principles of Ocean Physics，Academic Press，1987。

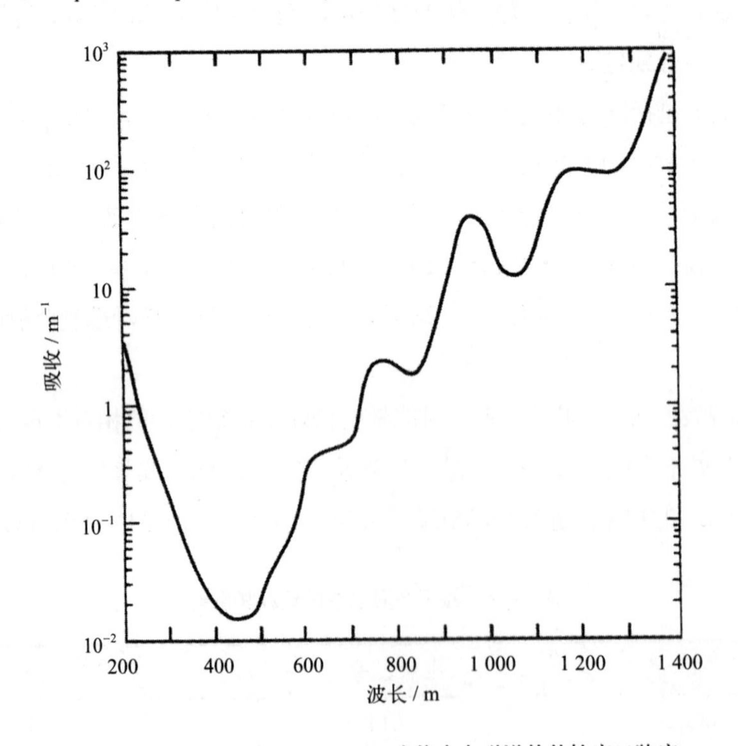

图12.10　在可见波段400～700 nm水体中电磁谱的传输窗口狭窄

12.7.2　折射

当光线进入海洋后会被折射，斯涅尔定律利用相对折射率将入射光束的角度和发射光束的角度联系起来。大气和水体间平均折射率约为1.34。折射率是海温、盐度和

波长的函数，在海洋中的变化约为 1%，随盐度和波长的增加而增加，随海温的增加而降低。因为相机镜头的一边有水而另一边有一个面板和空气，折射会造成水下图像和潜水员视野的失真。对于照相机和潜水员，看到的水下物体会比实际更近更大。从表面向上看，表面上空的天空光束和物体会聚集在半角为 48° 的光锥中（图 12.11）。当然，海洋表面很少是完全平坦的。波浪的作用导致扭曲，并可能在预期的最大辐射方向上造成 15% 左右的偏差。它还会引起聚焦效应；对于靠近水面并向上看的水下游泳者来说，可能会出现危险的闪光，尽管平均辐射水平被大大削减。

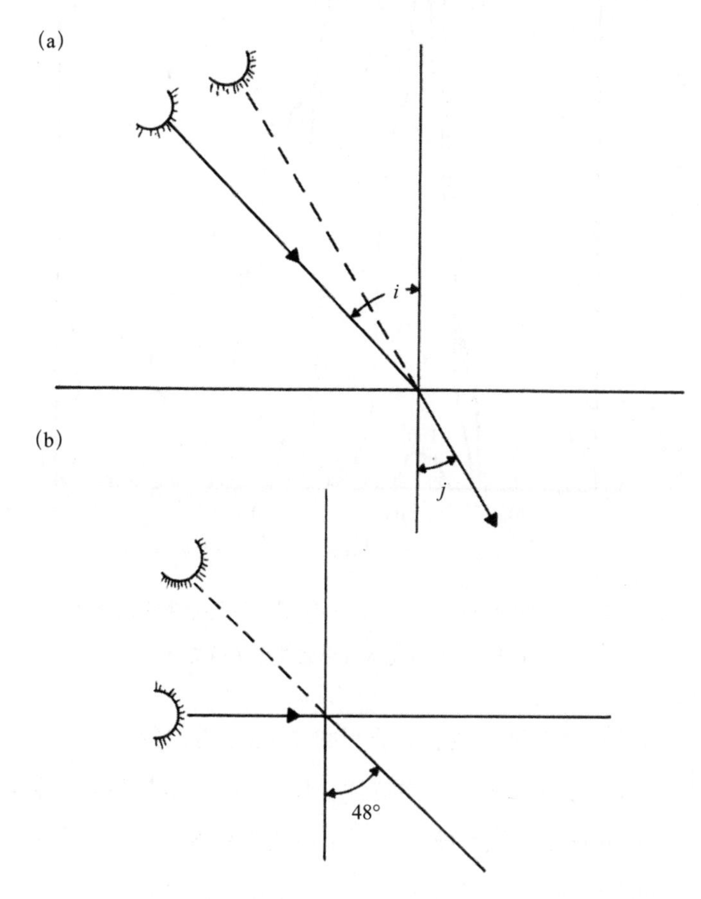

图12.11 （a）大气/水体中折射率会使水下看大气中物体时比实际更高；（b）物体在天空中出现的位置永远不会低于垂直方向的48°左右

12.7.3 吸收和散射

海水的光学衰减随波长改变。在纯净的海水中，光能的最小衰减出现在约 460 nm（图 12.10）。因此，光谱组成和可用光均随深度改变。即使在最干净的海水中，通过表面的光能只有一小部分能穿过表层停留在 100 m 处，而这一小部分则集中在 460 nm 的狭窄窗口上（图 12.12）。在 400 m 深度处可用光能约是表层的 10^{-6}。

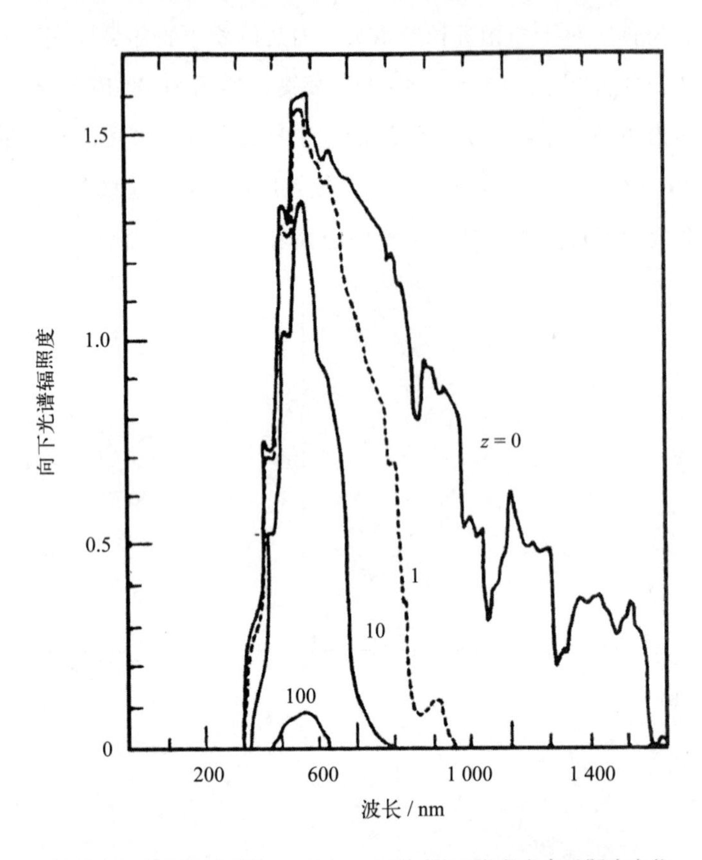

图12.12　表层和水下1 m、10 m、100 m处干净海水中透照度变化

在几米深处，大部分光线被限制在光谱的蓝绿部分

纯净海水是抽象概念，沉积物、富含叶绿素的浮游植物、溶解有机物、颗粒和溶解的其他物质，都会影响海水的光学特性。Jerlov 试图依据传输光能的能力（以波长为函数）对海洋和近岸水体进行分类。当水体变得更浑浊时传输降低，最大传输从 460 nm 变为更长的波长（图 12.13 和表 12.3）。在图 12.13 用到的能见度（Π）定义为穿过特定距离的光照度的比例。如果公式（12.17）中 Z_2-Z_1 为 1 m，每米的能见度简化为

$$\Pi = \frac{\Gamma_2}{\Gamma_1} \tag{12.18}$$

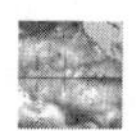

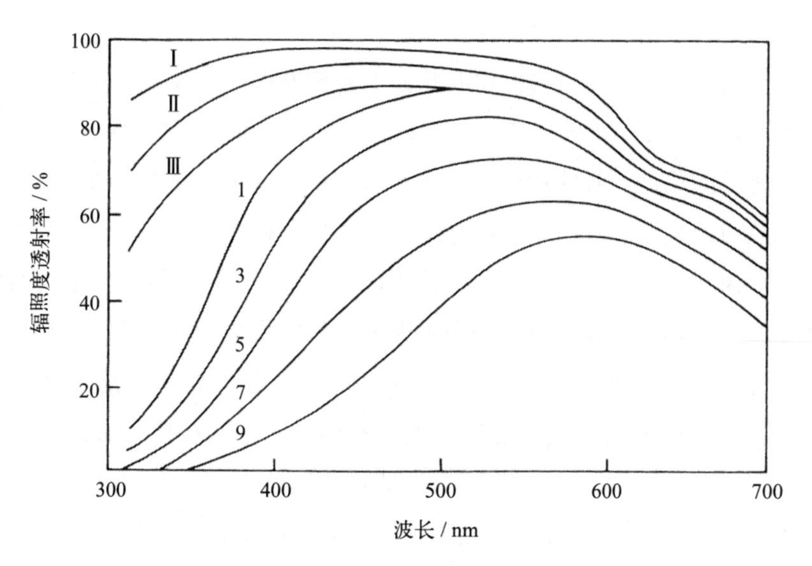

图12.13 辐射透射率是水体类型和波长的函数

罗马数字代表多种海洋水体类型。阿拉伯数字代表浊度增加的近岸水体

（参照Jerlow，Optical Oceanography，Elsevier，1968）

表12.3 Jerlov水体类型（图12.13）中光谱向下漫射衰减系数（m^{-1}）

	波长 λ / nm						
水体类型	350	375	400	425	450	475	500
Ⅰ	0.051 0	0.030 2	0.021 7	0.018 5	0.017 6	0.018 4	0.028 0
ⅠA	0.063 2	0.041 2	0.031 6	0.028 0	0.025 7	0.025 0	0.033 2
ⅠB	0.078 2	0.054 6	0.043 8	0.039 5	0.035 5	0.033 0	0.039 6
Ⅱ	0.132 5	0.103 1	0.087 8	0.081 4	0.071 4	0.062 0	0.062 7
Ⅲ	0.233 5	0.193 5	0.169 7	0.159 4	0.138 1	0.116 0	0.105 6
1	0.334 5	0.283 9	0.251 6	0.237 4	0.204 8	0.170 0	0.148 6

	波长 λ / nm							
水体类型	525	550	575	600	625	650	675	700
Ⅰ	0.050 4	0.064 0	0.093 1	0.240 8	0.317 4	0.355 9	0.437 2	0.651 3
ⅠA	0.054 5	0.067 4	0.096 0	0.243 7	0.320 6	0.360 1	0.441 0	0.653 0
ⅠB	0.059 6	0.071 5	0.099 5	0.247 1	0.324 5	0.365 2	0.445 7	0.655 0
Ⅱ	0.077 9	0.086 3	0.112 2	0.259 5	0.338 9	0.383 7	0.462 6	0.662 3
Ⅲ	0.112 0	0.113 9	0.135 9	0.282 6	0.365 5	0.418 1	0.494 2	0.676 0
1	0.146 1	0.141 5	0.159 6	0.305 7	0.392 2	0.452 5	0.525 7	0.689 6

资料来源：参照Apel，Principles of Ocean Physics，Academic Press，1987.

随着整体透射率的降低，有机物和无机物均对最大能见度的波长增加有贡献。与更长的波长相比，海洋中无机物对短波长的散射和吸收更有效。无机物的作用在浅水中可以被看到，特别是在暴风雨之后，以及在冲浪区，那里的底部沉积物经常被搅动，水呈现出更绿色的色调。其他示例是多沙的河流和河口的出流。亚马孙河的出流可以被飞机或卫星通过其颜色追踪到进入海洋后的几百千米。

在大部分海洋中，水色受生物活动控制，而不是无机物。海洋学家通常把深蓝色海洋认为是海洋沙漠。海洋中有机物的出现将水色变为波长更长的绿色和黄色。浮游植物中叶绿素吸收峰接近大部分海水的吸收最小值，这个结果可能不是进化机会的问题（图 12.14）。溶解有机物是腐殖酸的一种形式，经常被称为黄色物质，与高波段的可见光谱相比，溶解有机物会选择性地吸收低波段的更多能量。高水平的浮游植物经常与高水平的溶解有机物一起出现，因为浮游植物和溶解有机物对低波段的优先吸收，最小衰减波长变为更长的波长（表 12.3），同时水色会被观察者看到从蓝色向绿色转变。

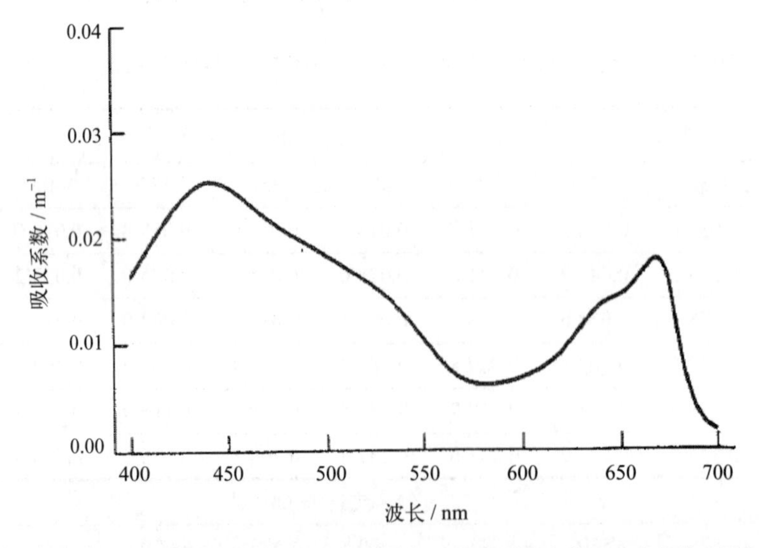

图12.14　现场观测得到的海洋浮游植物的吸收系数（ε），代表每立方米多少毫克的叶绿素。最小值约570 nm，该波长比纯净水体多100 nm（参见图12.10）

（参照Apel，Principles of Ocean Physics, Academic Press，1987）

由于试图估计广大海域的生物特征的重要性，人们越来越多地使用飞机和卫星来测量水色，作为生物活动的替代物（彩图 19）。图 12.15 是光谱辐射分布的估计，是不同水平的溶解叶绿素的函数。约 90% 的向上光来自浅于 ε^{-1} 的深度。对于最干净的海洋水体，深度是 30 ～ 50 m；对于浑浊的近岸水体，深度是 3 ～ 5 m；在浑浊的河

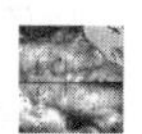

口中，深度可能低于 1 m。因此，通过仔细测量向上光的强度与波长的关系，可以估计表层浮游植物的数量。然而，观测和解释都不是线性和简单的，在实际研究中，往往是复杂的非线性。观测图 12.15 的海洋辐射强度的卫星也在测量大气反照率，这是一个“噪声水平”，其强度大约是海洋辐射信号的 10 倍。

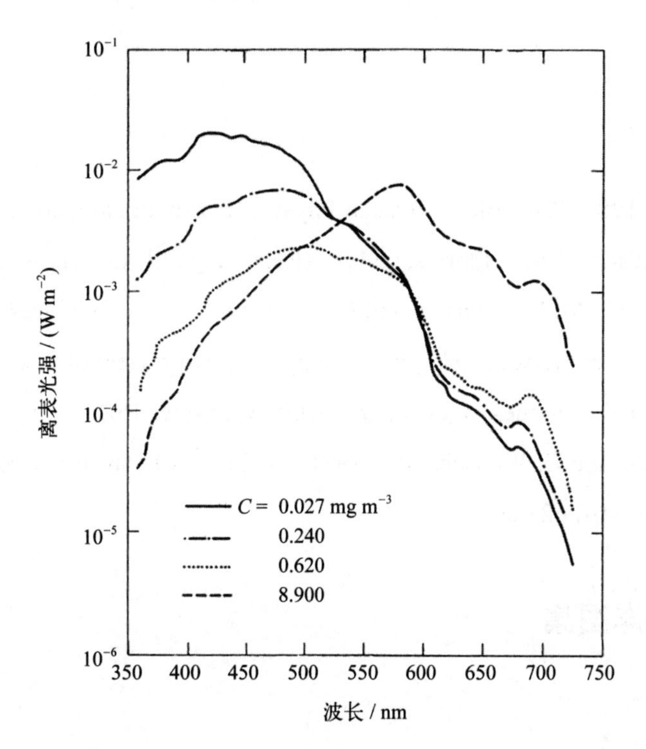

图12.15　对于多种叶绿素浓度（C）水平，离开海表向上光的频谱分布，增加的叶绿素浓度将最大值向更长波长处移动

（参照Gordon，Advances in Geophysics，27，American Geophysical Union，1985）

附录 A　选读

以下列出的参考文献都是书籍或综述文章，并按照相应内容划分到不同的研究领域。

A1　总则

Apel, J. R., 1987. Principles of Ocean Physics [International Geophysics Series, Vol. 38]. Academic Press, Orlando, Florida, 634 pp. (Relatively little descriptive information.)

Sverdrup, H. U., M. W. Johnson, and R. H. Fleming, 1946. The Oceans. Prentice Hall, Englewood Cliffs, New Jersey, 1083 pp. (A comprehensive review of this subject at the end of World War Ⅱ and continues to reward, particularly Chapter 15.)

Warren, B. A. and C. Wunsch, eds., 1981. Evolution of Physical Oceanography. MIT Press, Cambridge, MA, 623 pp.

A2　世界海洋图集

A2.1　营养物

Garcia, H. E., R. A. Locarnini, T. P. Boyer, J. I. Antonov, O. K. Baranova, M. M. Zweng, J. R. Reagan, and D. R. Johnson, 2014. World Ocean Atlas 2013, Volume 4: Dissolved Inorganic Nutrients (Phosphate, Nitrate, Silicate). S. Levitus, Ed, A. Mishonov, Technical Ed. NOAA Atlas NESDIS 76, 25 pp.

A2.2　氧气

Garcia, H. E., R. A. Locarnini, T. P. Boyer, J. I. Antonov, O. K. Baranova, M. M. Zweng, J. R. Reagan, and D. R. Johnson, 2014. World Ocean Atlas 2013, Volume 3: Dissolved Oxygen, Apparent Oxygen Utilization, and Oxygen Saturation. S. Levitus, Ed., A. Mishonov, Technical Ed. NOAA Atlas NESDIS 75, 27 pp.

A2.3　盐度

Zweng, M. M, J. R. Reagan, J. I. Antonov, R. A. Locarnini, A. V. Mishonov, T. P. Boyer,

H. E. Garcia, O. K. Baranova, D. R. Johnson, D. Seidov, and M. M. Biddle, 2013. World Ocean Atlas 2013, Volume 2: Salinity. S. Levitus, Ed., A. Mishonov, Technical Ed. NOAA Atlas NESDIS 74, 39 pp.

A2.4 温度

Locarnini, R. A., A. V. Mishonov, J. I. Antonov, T. P. Boyer, H. E. Garcia, 0. K. Baranova, M. M. Zweng. C. R. Paver, J. R. Reagan, D. R. Johnson, M. Hamilton, and D. Seidov, 2013. World Ocean Atlas 2013, Volume 1: Temperature. S. Levitus, Ed., A. Mishonov, Technical Ed. NOAA Atlas NESDIS 73, 40 pp.

A3 世界海洋数据库

Boyer, T. P.,J. I. Antonoy, O. K. Baranova, C. Coleman, H. E. Garcia, A. Grodsky, D. R. Johnson, R. A. Locarnini, A. V. Mishonov, T. D. O'Brien, C. R. Paver, J. R. Reagan, D. Seidov, I. V. Smolyar, and M. M. Zweng, 2013. World Ocean Database 2013, NOAA Atlas NESDIS 72, S. Levitus, Ed, A. Mishonov, Technical Ed. Silver Spring, MD, 209 pp.

A4 动力海洋学

Cushman-Roisin, B., 1994. Introduction to Geophysical Fluid Dynamics. Prentice Hall, Englewood Cliffs, New Jersey, 320 pp.

Gill, A. E., 1982. Atmosphere-Ocean Dynamics [International Geophysics Series, Vol. 31]. Academic Press, Orlando, Florida, 662 pp.

Kundu, P. K., 1990. Fluid Mechanics. Academic Press, Orlando, Florida, 638 pp.

Pedlosky, J., 1987. Geophysical Fluid Dynamics, 2nd ed. Springer Verlag New York, 710 pp.

Pond, S. and G. L. Pickard, 1983. Introductory Dynamical Oceanography, 2nd ed. Pergamon Press, Oxford, 327 pp.

Stern, M. E., 1975. Ocean Circulation Physics [International Geophysics Series, Vol. 19]. Academic Press, Orlando, Florida, 246 pp.

Vallis, G. K., 2006. Atmospheric and Oceanic Fluid Dynamics: Fundamental and Large-Scale Circulation. Cambridge University Press, Cambridge, 745 pp.

A5 综合性描述海洋学

Tally, L. D., G. L. Pickard, W. J. Emery, and J. H. Swift, 2011. Descriptive Physical Oceanography: An Introduction, 6th ed. Elsevier, Oxford, 555 pp. plus supplement.

Tchernia, P. 1980. Descriptive Regional Oceanography. Pergamon Press, Oxford, 253 pp.

Tomczak, M. and J. S. Godfrey, 1994. Regional Oceanography: An Introduction. Pergamon Press, Oxford, 422 pp.

A6 海气相互作用

Baumgartner, A. and E. Reichel, 1975. The World Water Balance-Mean Annual Global, Continental, and Maritime Precipitation, Evaporation and Run-off. English trans. Richard Lee. Elsevier, Amsterdam, 179 pp.

Kraus, E. B. and J. A. Businger, 1994. Atmosphere-Ocean Interaction, 2nd ed. [Oxford Monographs on Geology and Geophysics, Vol. 27]. Oxford University Press, New York, 362 pp.

Peixoto, J. P. and A. H. Oort, 1992. Physics of Climate. American Institute of Physics, New York, 520 pp.

Philander, S. G., 1990. El Niño, La Niño, and the Southern Oscillation. Academic Press, Orlando, Florida, 289 pp.

A7 海洋环流过程

Abarbanel, H. D. I. and W. R. Young, eds., 1986. General Circulation of the Ocean. Springer-Verlag, New York, 291 pp.

Csanady, G. T., 1982. Circulation in the Coastal Ocean. D. Reidel, Dodrecht, Netherlands, 279 pp.

Griffa, A., A. D. Kirwin, Jr., A. J. Mariano, T. Özgökmen, and T. Rossby, eds., 2007. Lagrangian Analysis and Prediction of Coastal and Ocean Dynamics. Cambridge University Press, Cambridge, 487 pp.

Robinson, A. R., ed., 1983. Eddies in Marine Science. Springer-Verlag. New York, 609 pp.

Schmitz, W. J., 1995. On the Interbasin-Scale Thermohaline Circulation. Review of Geophysics, 33, 151–173.

Stommel, H. M., 1965. The Gulf Stream: A Physical and Dynamical Description, 2nd ed. University of California Press, Berkeley, California, 248 pp.

A8 其他海洋物理过程

Chu, P. C. and J. C. Gascard, eds., 1991. Deep Convection and Deep Water Formation in the Ocean [Elsevier Oceanographic Series, No. 57]. Elsevier, Amsterdam, 382 pp.

Dyer, K. R., 1973. Estuaries—A Physical Introduction. John Wiley and Sons, London, 140 pp.

A9 区域海洋学

Barry, R. G., M. C. Serreze, J. A. Maslanik, and R. H. Preller, 1993. The Arctic Sea Ice Climate System: Observations and Modeling. Review of Geophysics, 31, 397–422.

Dickson, R. R., J. Meincke, S. A. Malberg, and A. J. Lee, 1988. The "great salinity anomaly" in the North Atlantic 1968–1982. Progress in Oceanography, 20, 103–151.

Izar, E. and J. W. Murray, 1991. Black Sea Oceanography [NATO Advance Science Institute Series, Series C: Mathematical and Physical Science Series, Vol. 351]. Kluwer Academic Publishers, Dordrecht, Netherlands, 487 pp.

LaViolette, P. E., ed., 1995. Seasonal and Interannual Variability of the Western Mediterranean Sea [Coastal and Estuarine Studies, Vol. 46]. American Geophysical Union, Washington, 373 pp.

Malanotte-Rizzoli, P. and A. R. Robinson, eds., 1994. Ocean Processes in Climate Dynamics: Global and Mediterranean Examples. Kluwer Academic Publishers, Dordrecht, Netherlands.

Mortiz, R. E., 1990. Arctic System Science: Ocean-Atmosphere-Ice Interactions. Report of a Workshop, March 12–16, 1990. Joint Oceanographic Institutions, Inc., Washington, 132 pp.

Roemmich, D. and T. McCallister, 1989. Large scale circulation of the Pacific Ocean. Progress in Oceanography, 22, 171–204.

Su, J. L., B. X. Guan, and J. Z. Jiang, 1990. The Kuroshio, Part 1, Physical Features. Oceanography and Marine Biology: An Annual Review, 28, 11−71.

A10 波浪和潮汐

Cartwright, D. E., 1999. Tides, A Scientific History. Cambridge University Press, Cambridge, 292 pp.

Kinsman, B., 1965. Wind Waves, Their Generation and Propagation on the Ocean Surface. Prentice Hall, Englewood Cliffs, New Jersey, 676 pp.

LaBlond, P. H. and L. A. Mysak, 1978. Waves in the Ocean [Oceanography Series No.20]. Elsevier, Amsterdam, 602 pp.

A11 海洋光学与声学

Brekhovshekh, L. and Yu Lysanov, 1982. Fundamentals of Ocean Acoustics [Springer Series in Electrophysics, Vol. 8]. Springer Verlag, Berlin 250 pp.

Clay, C. S. and H. Medwin, 1977. Acoustical Oceanography. John Wiley, New York, 544 pp.

Jerlov, N. G., 1976. Marine Optics. Elsevier Scientific Publications, Amsterdam, 231 pp.

Kirk, J. T. O., 1994. Light and Photosynthesis in Aquatic Ecosystems, 2nd ed. Cambridge University Press, Cambridge, England, 509 pp.

Mobley, C. D., 1994. Light and Water, Radiative Transfer in Natural Waters. Academic Press, San Diego, 592 pp.

Shitrin, K. S., 1988. Physical Optics of Ocean Water. English trans. D. Oliver. American Institute of Physics, New York, 283 pp.

Urick, R. J., 1975. Principles of Underwater Sound, 2nd ed. McGraw Hill, New York, 384 pp.

A12 卫星海洋学

Halpren, D., ed., 2000. Satellites, Oceanography and Society. Elsevier, Amsterdam, 367 pp.

Robinson, I. S., 1985. Satellite Oceanography: An Introduction for Oceanographers and Remote-Sensing Scientists. Ellis Harwood, Chichester, UK, 455 pp. (Out of print, but excellent; replaced by a two-book set.)

Robinson, I. S., 2004. Measuring the Oceans from Space: The Principles and Methods of Satellite Oceanography. Springer-Praxis, Chichester, UK, 669 pp.

Robinson, I. S., 2010. Discovering the Ocean from Space: The Unique Applications of Satellite Oceanography. Springer-Praxis, Chichester, UK, 638 pp.

Stewart, R. H. 1985. Methods of Satellite Oceanography. University of California Press, Berkeley, 360 pp.

A13 数值模拟

Siedler, G., J. Church, and J. Gould, eds., 2001. Ocean Circulation & Climate, Observing and Modelling the Global Ocean. Academic Press, San Diego, 715 pp.

A14 数据处理

Press, W. T., S. A. Teukolsky, W. T. Vetterling, and B. P. Flannery, 2007. Numerical Recipes: The Art of Scientific Computing, 3rd ed. Cambridge University Press, Cambridge, 1200 pp.

Thomson, R. E. and W. J. Emery, 2014. Data Analysis Methods in Physical Oceanography, 3rd ed. Elsevier, 716 pp.

A15 海水的性质和特性

International Oceanographic Tables, No 40, 1987. UNESCO Technical Papers in Marine Science. UNESCO, Paris, 195 pp.

IOC, SCOR, and IAPSO, 2010. The International Thermodynamic Equation of Seawater-2010: Calculation and Use of Thermodynamic Properties [Intergovernmental Oceanographic Commission Manuals and Guides 56]. (The TEOS-10 website [http:/ /www.teos-10.org] contains the latest version of the 207-page manual plus other published material and software.)

刊载最新物理海洋学资料的重要英文期刊包括：

American Geophysical Union

美国地球物理学会

Journal of Geophysical Research (Oceans and Atmospheres)

地球物理研究杂志（海洋和大气）

American Meteorological Society

美国气象学会

Journal of Climate

气候杂志

Journal of Oceanic and Atmospheric Technology

大气和海洋技术杂志

Journal of Physical Oceanography

物理海洋学杂志

American Society of Limnology and Oceanography

美国湖沼学和海洋学协会

Limnology and Oceanography

湖沼学与海洋学

Elsevier

爱思唯尔

Deep-Sea Research Part I: Oceanographic Research Papers

深海研究第一部分：海洋学研究论文

Deep-Sea Research Part II: Topical Studies in Oceanography

深海研究第二部分：海洋学专题研究

Swedish Geophysical Society

瑞典地球物理学会

Tellus

地球

Yale University

耶鲁大学

Journal of Marine Research

海洋研究杂志

以下出版物中存在较长的综述文章：

Oceanography, The Oceanography Society

海洋学，海洋学学会

Oceanography and Marine Biology: An Annual Review, CRC Press

海洋学和海洋生物学：年度综述，CRC 出版社

Progress in Oceanography, Elsevier

海洋学进展，爱思唯尔

附录 B 单位：定义、缩写和换算

B1 定义和缩写

埃（Å）	10^{-10} m
巴（bar）	10^5 Pa
厘米（cm）	0.01 m
天（d）	86 400 s
分巴（db）	0.1 bar
分贝（dB）	无量纲单位
达因（dyne）	g cm s^{-2}
尔格（erg）	g cm^2 s^{-2}
克（g）	0.001 kg
小时（h）	3 600 s
焦耳（J）	kg m^2 s^{-2}
千克（kg）	1 000 g
千米（km）	1 000 m
节（kn）	n mile h^{-1}
兰利（ly）	cal cm^{-2}
纳米（nm）	10^{-9} m
牛顿（N）	kg m s^{-2}
帕斯卡（Pa）	kg m^{-1} s^{-2}
盐度（psu）	实用盐标
斯维尔德鲁普（Sv）	10^6 m^3 s^{-1}
瓦特（W）	J s^{-1}
年（a）	3.156×10^7 s

B2 国际单位制换算

密度（kg m^{-3}）	1 kg m^{-3} = 10^{-3} g cm^{-3} = 10^{-3} t m^{-3}
扩散系数（m^2 s^{-1}）	1 m^2 s^{-1} = 10^4 cm^2 s^{-1}
能量（kg m^2 s^{-2}）	1 J = 10^7 erg = 0.239 cal
	1 cal = 4.184 J
能量通量（kg s^{-3}）	1 W m^{-2} = 1.434 × 10^{-3} ly min^{-1}
	1 ly min^{-1} = 697 W m^{-2}
	1 ly d^{-1} = 0.484 W m^{-2}
力（kg m s^{-2}）	1 N = 10^5 dynes
长度（m）	1 m = 5.4 × 10^{-4} n mile
	1 m = 10^{10} Å = 10^9 nm = 10^6 μm
	1 n mile = 1.853 km ≈ 1 min of latitude
压力（kg m^{-1} s^{-2}）	1 Pa = 1 N m^{-2} = 10 dyne cm^{-2} = 10^{-4} db
	1 db = 10^4 Pa = 0.1 bar = 0.098 7 atmospheres
	1 atmosphere = 1.013 bar = 1.013 × 10^5 Pa
温度	K =°C + 273.15
速度（m s^{-1}）	1 m s^{-1} = 3.6 km h^{-1} = 1.94 kn
	1 kn= 1 n mile h^{-1} = 0.514 m s^{-1}
体积通量（m^3 s^{-1}）	1 m^3 s^{-1} = 10^6 cm^3 s^{-1}
	1 Sv = 10^6 m^3 s^{-1} = 10^{12} cm^3 s^{-1}

B3 行星参数

地球自转的平均角速度	7.292×10^{-5} rad s^{-1}
地球表面积	5.10×10^{14} m^2
地月距离	384.4×10^3 km
地球的赤道半径	6 378 km
地球的质量	5.97×10^{24} kg
月球的质量	7.35×10^{22} kg
太阳的质量	1.99×10^{30} kg
日地距离	149.7×10^6 km
地球的极半径	6 357 km
自由空间中的光速度	$2.997\,9 \times 10^8$ m s^{-1}

B4 代表海水值

熔化潜热	0.33×10^6 J kg^{-1}
蒸发潜热	2.45×10^6 J kg^{-1}
分子的热扩散	1.4×10^{-7} m^2 s^{-1}
分子的盐扩散	1.5×10^{-9} m^2 s^{-1}
分子黏度	1.0×10^{-6} m^2 s^{-1}
定压比热	4 000 J kg^{-1}°C^{-1}
表面张力	0.08 N m^{-1}

附录 C　字母符号对照表

a	wave amplitude; also coefficient of thermal expansion	波幅；热膨胀系数
A	coefficient of eddy diffusivity / viscosity	涡流扩散系数 / 黏度
b	coefficient of saline contraction; also internal wave amplitude at free surface	盐水收缩系数；自由表面内波振幅
B	side of cube, area	立方体侧面面积
c	velocity of sound; with subscript, various numerical constants	声速；各种数值常数下标
C	wave velocity	波速
C_d	wave velocity (deep water)	深水波速
C_s	wave velocity (shallow water)	浅水波速
D	dynamic height	动力学高度
e	vapor pressure	蒸气压
e_a	vapor pressure (air)	空气蒸气压
e_w	vapor pressure (water)	水蒸气压
E	stability; also wave energy	稳定性；波能
f	Coriolis parameter	科氏参数
F	flux of material	物质通量
F	force	力
g	gravity	重力
$\mathbf{g}$	vector gravity	矢量重力
g^*	reduced gravity	约化重力
G	gravitational constant	万有引力常数
h	depth of water, sometimes layer thickness	水深，或层厚
H	wave height	波高

i	slope of surface, slope of interface	表面坡度，界面坡度
$\boldsymbol{i}$	unit vector (x-direction)	单位矢量（x 向）
I	sound intensity	响度
I	sound intensity (nondimensional)	响度（无量纲）
j	attenuation of sound coefficient	声衰减系数
$\boldsymbol{j}$	unit vector (y-direction); also attenuation of sound coefficient (in dB)	单位矢量（y 向）；声系数衰减（分贝）
J	coefficient of bulk friction	体积摩擦系数
k	compressibility of seawater	海水压缩性
$\boldsymbol{k}$	unit vector (z-direction)	单位矢量（z 向）
l	length	长度
m	mass; also mass of moon	质量；月球的质量
M	mass transport per unit width; also mass of earth	单位宽度的质量传输；地球的质量
n	an arbitrary direction, often normal to the gradient	任意方向（通常垂直于梯度）
n	units per volume	单位体积
N	Brunt-Väisälä frequency	布伦特－维萨拉频率

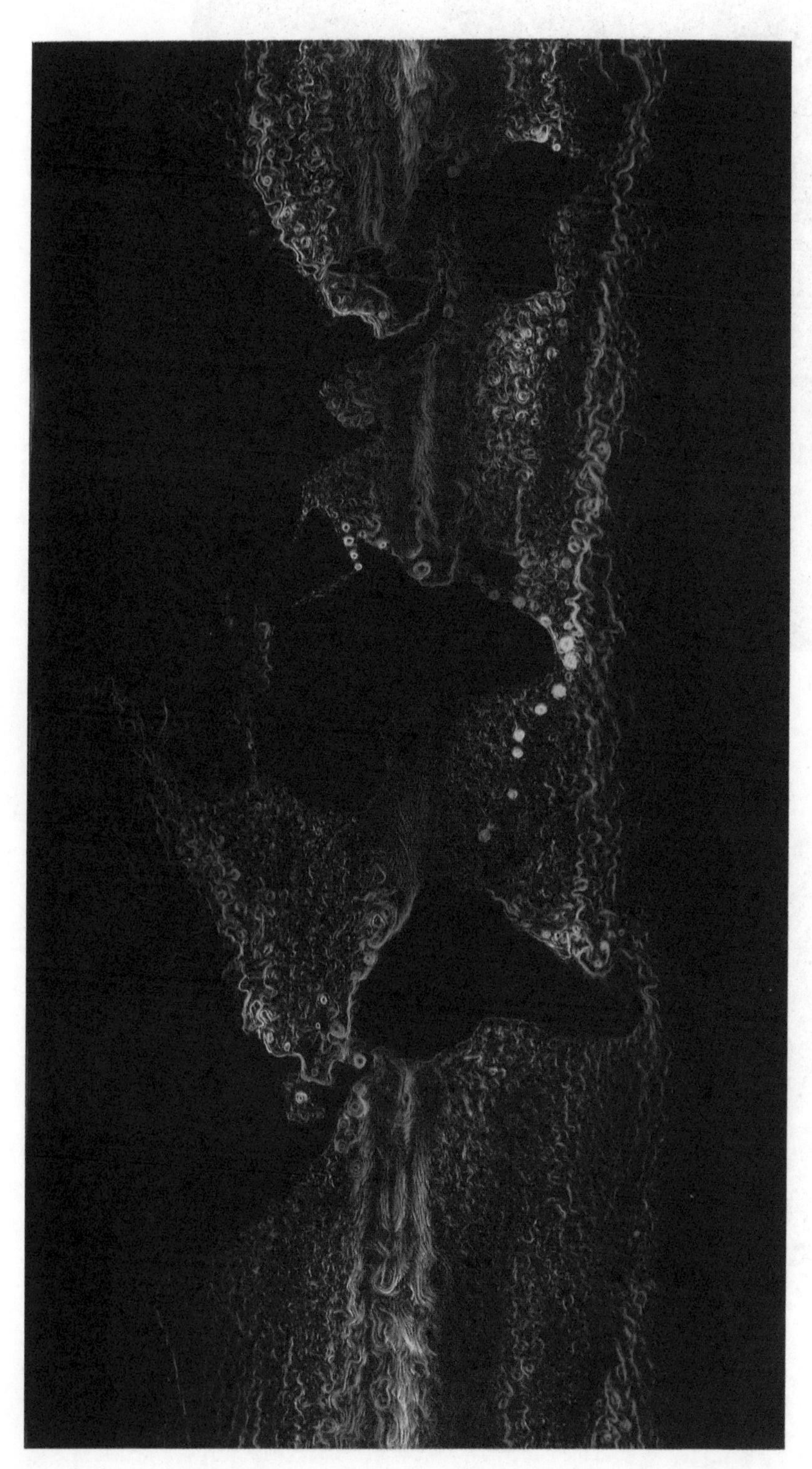

彩图1 ECCO2模式显示的全球海表面温度和表层流场分布

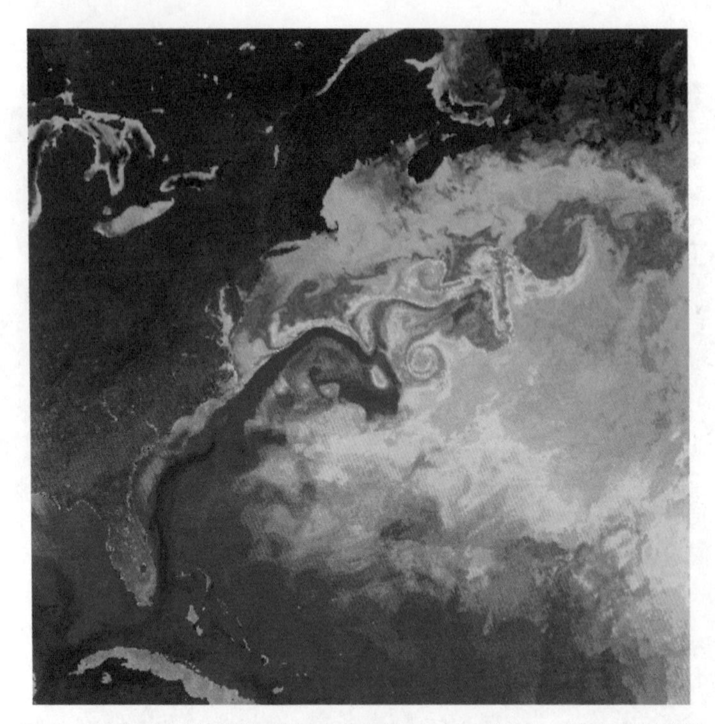

彩图2　AVHRR卫星观测得到的北大西洋1984年6月第一周海表面温度图

超过27℃的亮带表征湾流

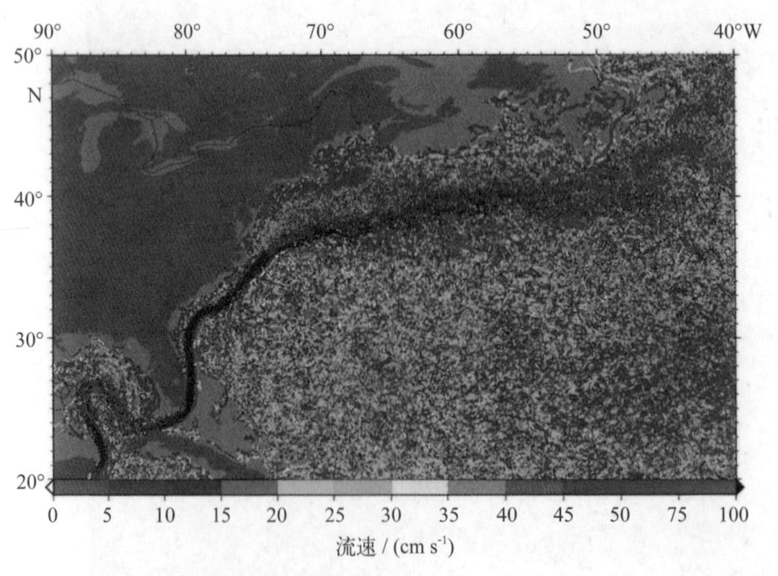

彩图3　来自NOAA AOML漂流浮标数据集合中心1978—2003年观测的表层流速空间分布

图中湾流清晰可见，黑色狭窄的流域流速超过1 m s^{-1}。湾流在哈特勒斯角东侧加宽、变慢且形成大弯曲。同时，在海洋内部，流速为0.05～0.15 m s^{-1}，在大洋环流具有更多能量的涡旋区域，流速能够达到0.02～0.4 m s^{-1}

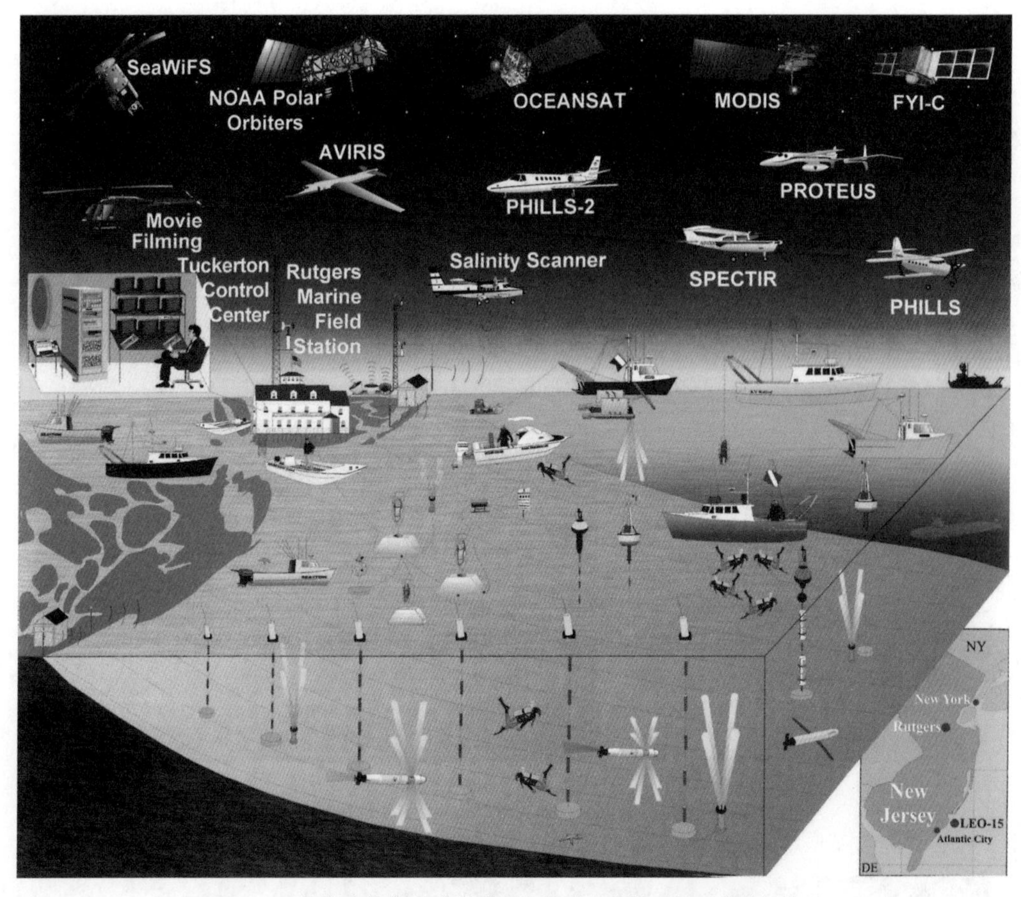

彩图4　罗格斯大学部署先进观测仪器建立长期观测系统的概念图

观测平台包括卫星、船只、飞机、实时通信的浮标、潜水器、远程遥控仪器、自动水下仪器以及水下滑翔机。仪器包括卫星和航空传感器、CTD、ADCP、录像机和化学生物传感器

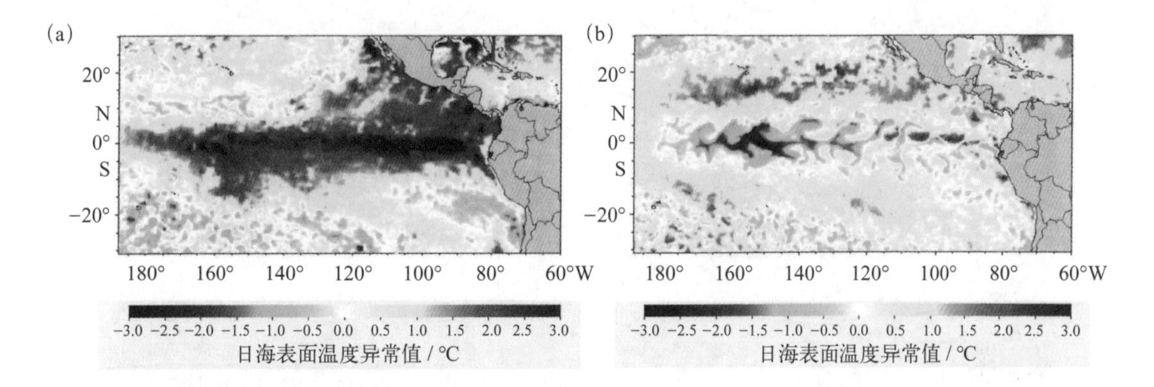

彩图5　(a) 2016年1月El Niño期间赤道太平洋海表面温度异常分布；(b) 2016年9月El Niño中性状态下海表面温度异常分布

（数据来自NOAA NCDC）

彩图6 （a）北极海冰密集度可视化图片（2016年4月23日）；（b）北极海冰密集度可视化图片（2016年8月13日）；（c）2016年7月16日楚科奇海业务化冰山观测飞行中在1 500 ft（1 ft = 3.048×10^{-1} m）高空通过NASA的数字地图系统工具获得的海冰、融池和开阔水域图示

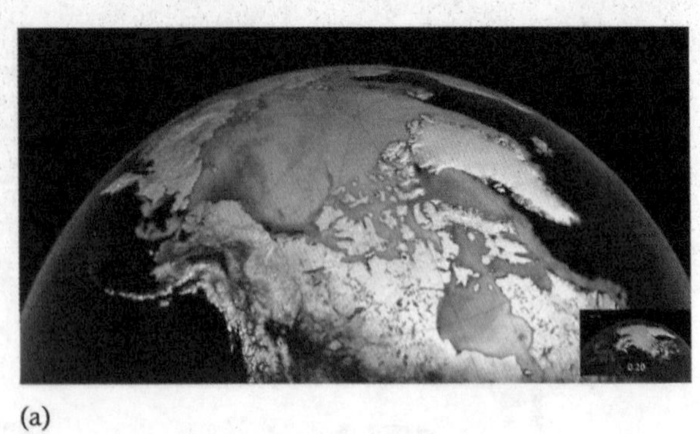

(a)

(b)

(c)

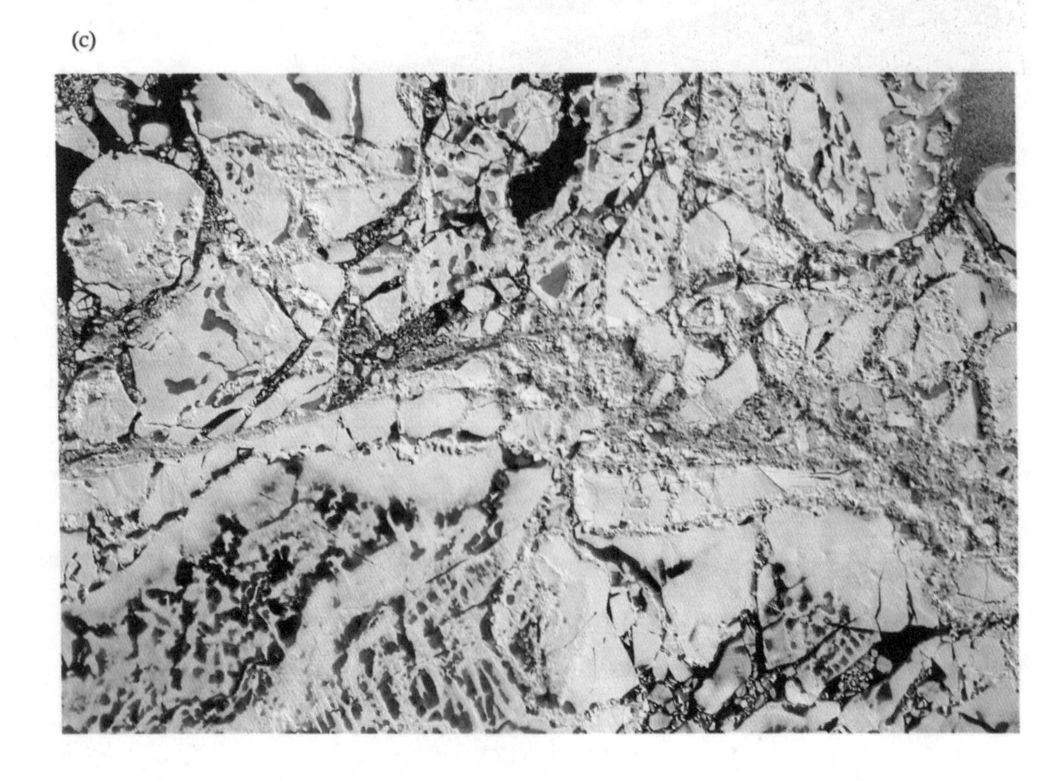

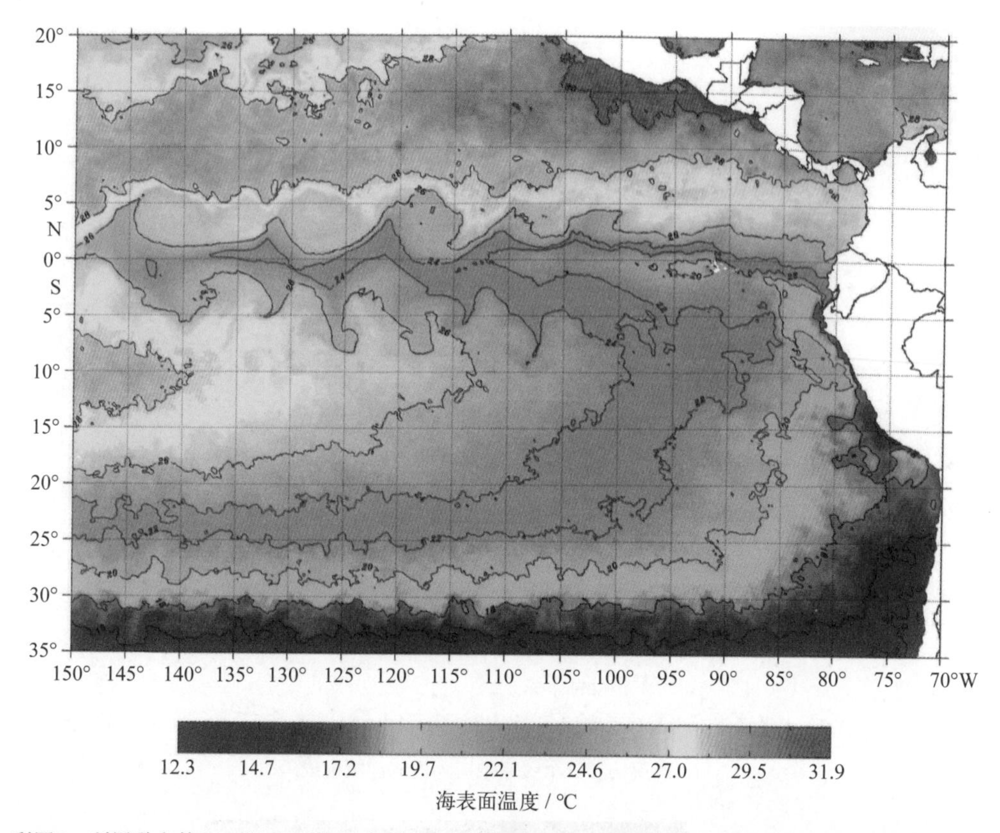

彩图7 利用融合的5 km海表面温度（℃）再分析资料获得的赤道太平洋区域等值线（2013年6月）

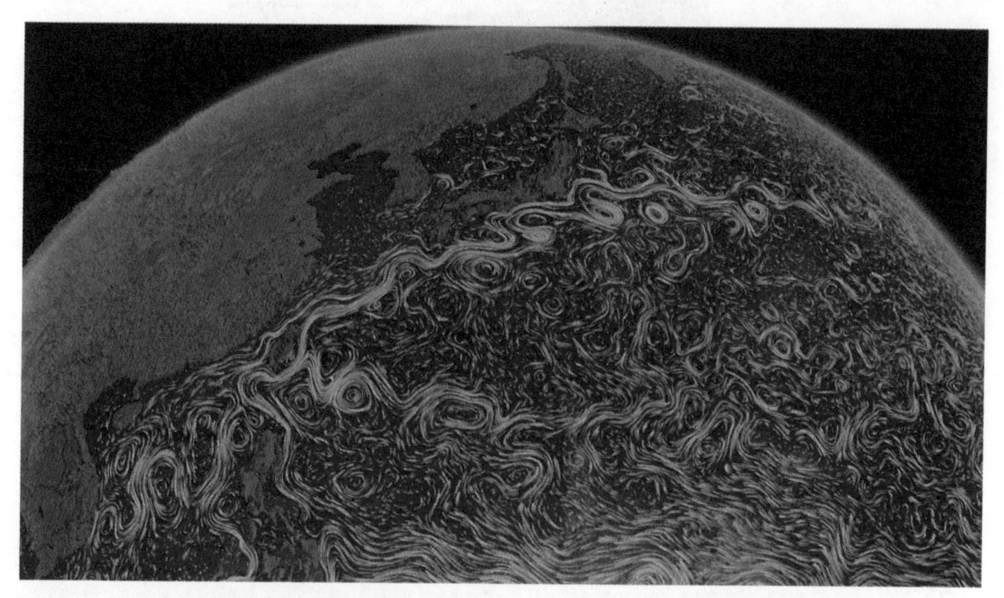

彩图8 ECCO2模式数据的表层流场可视化示意图（条纹线可清晰展示黑潮形态）（2011年8月15日）

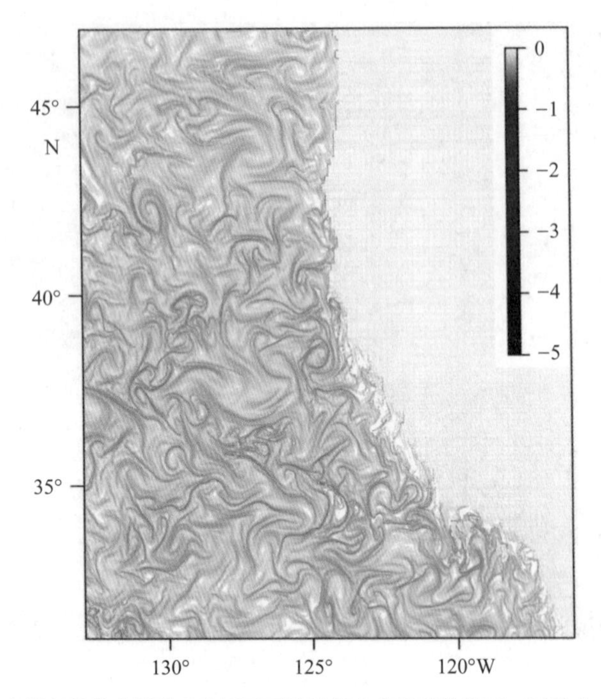

彩图9　大洋环流的东侧缺乏类似于西边界流定义明确的流系，而是由一个复杂的涡流场和一个缓慢地向赤道的洋流组成

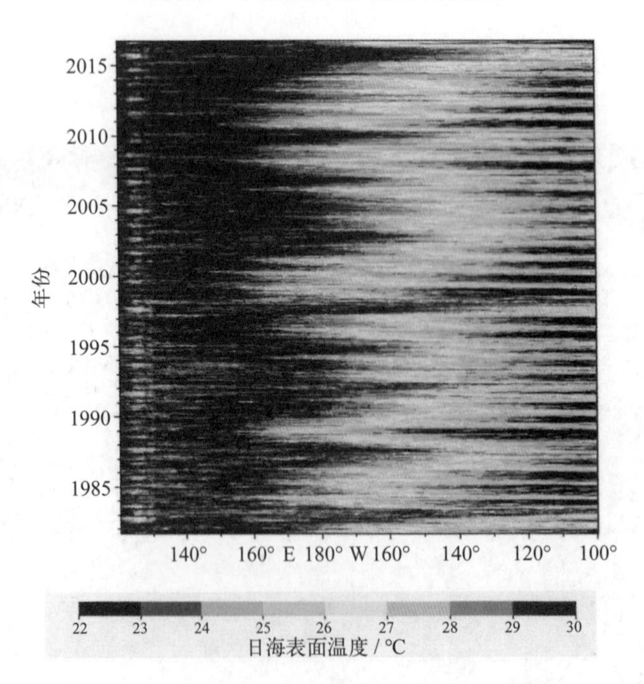

彩图10　1985—2016年赤道太平洋日均海表面温度的霍夫莫勒图

可以清楚看到，1983年、1998年和2015年厄尔尼诺事件通过表层的海温向东太平洋扩张。拉尼娜事件通常在厄尔尼诺事件之后发生

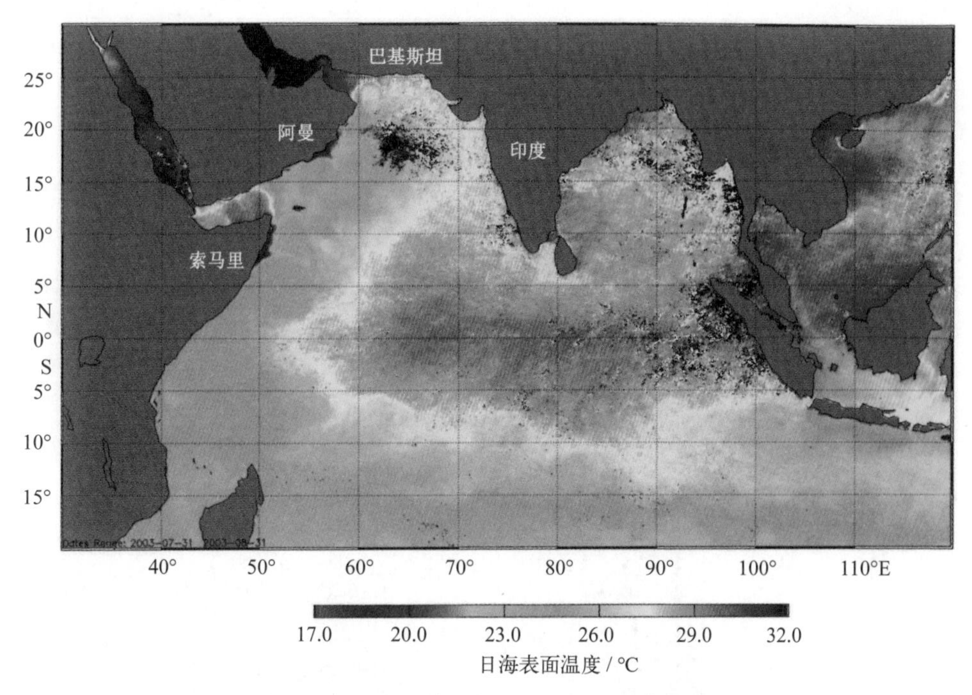

彩图11 2003年6月MODIS伪彩色图像显示的印度洋平均的海表面温度分布

在西南印度季风盛行时，会形成向北的索马里流，并伴随着索马里以及阿曼外海强烈的上升流

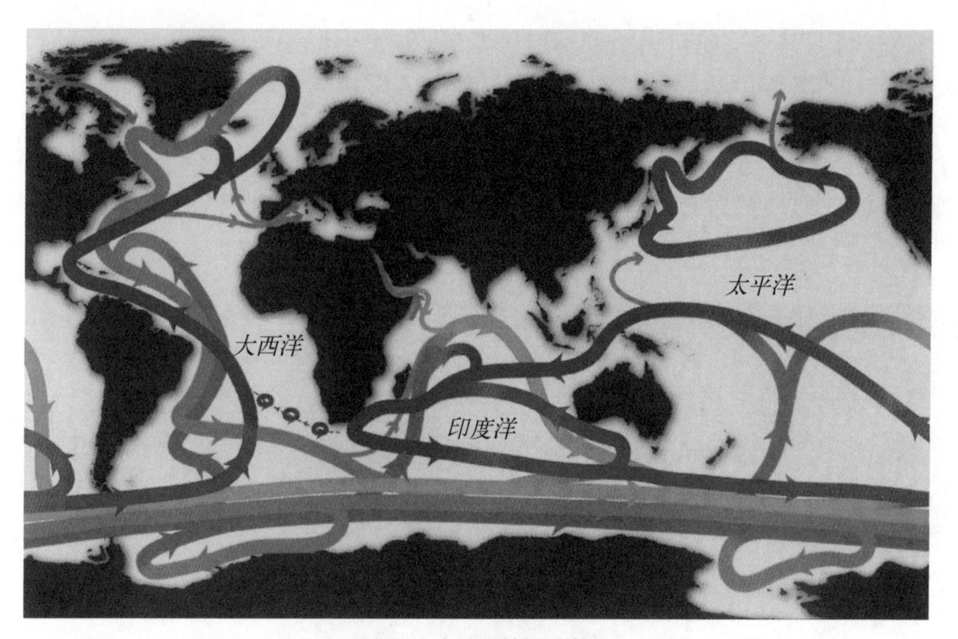

彩图12 全球翻转流示意图

紫色=上层海洋和温跃层环流；红色=密度跃层和中层水环流；橙色=印度洋和太平洋深层水环流；绿色=北大西洋深层水环流；蓝色=南极洲底层水环流；灰色=白令海峡、地中海和红海入流

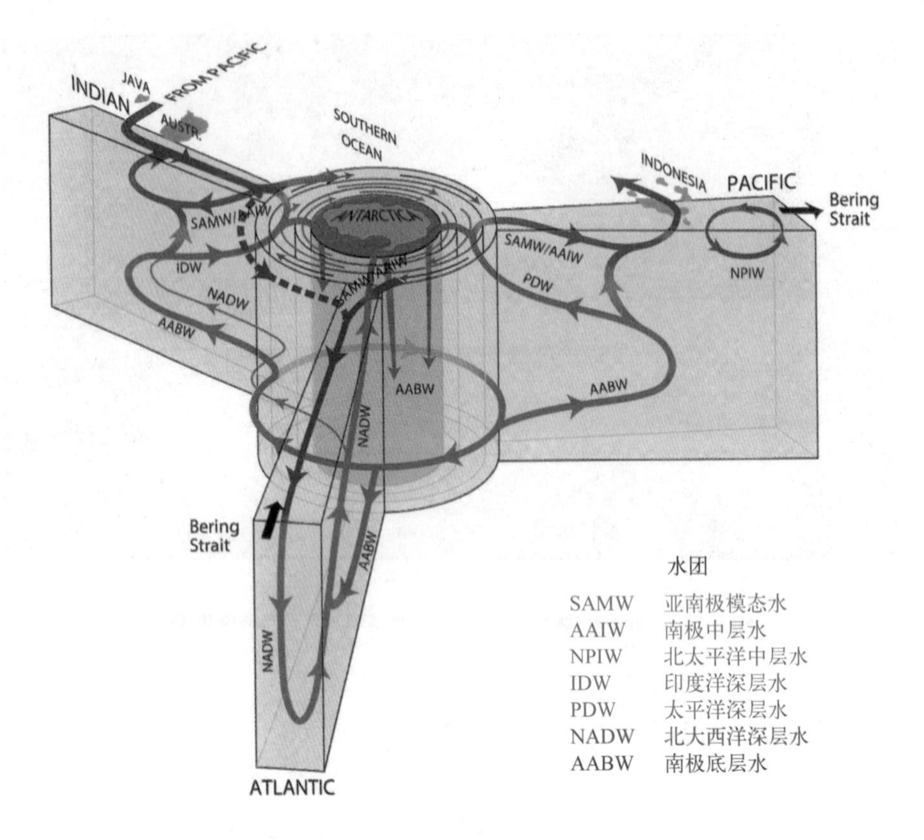

彩图13 从南大洋的角度得到的翻转环流示意图

高盐的北大西洋底层水在南大洋南侧露头，并在靠近南极附近转变为南极底层水（蓝色圆柱状，生成地有多处）。低氧的太平洋和印度洋深层水，在南极绕极流的北侧露头，是从南大洋流出进入到亚热带温跃层的表层水体中最重要的来源。自我封闭的弱北太平洋中层水环流也能从示意图中看出［L.D. Talley.2013. Closure of the global overturning circulation through the Indian, Pacific, and Southern Oceans: Schematics and transport. Oceanography 26(1):80-97］

彩图14 太平洋上空的日映图片显示出海洋复杂的表层流场模态

（图片由Reid Wiseman于国际空间站2014年8月16日拍摄）

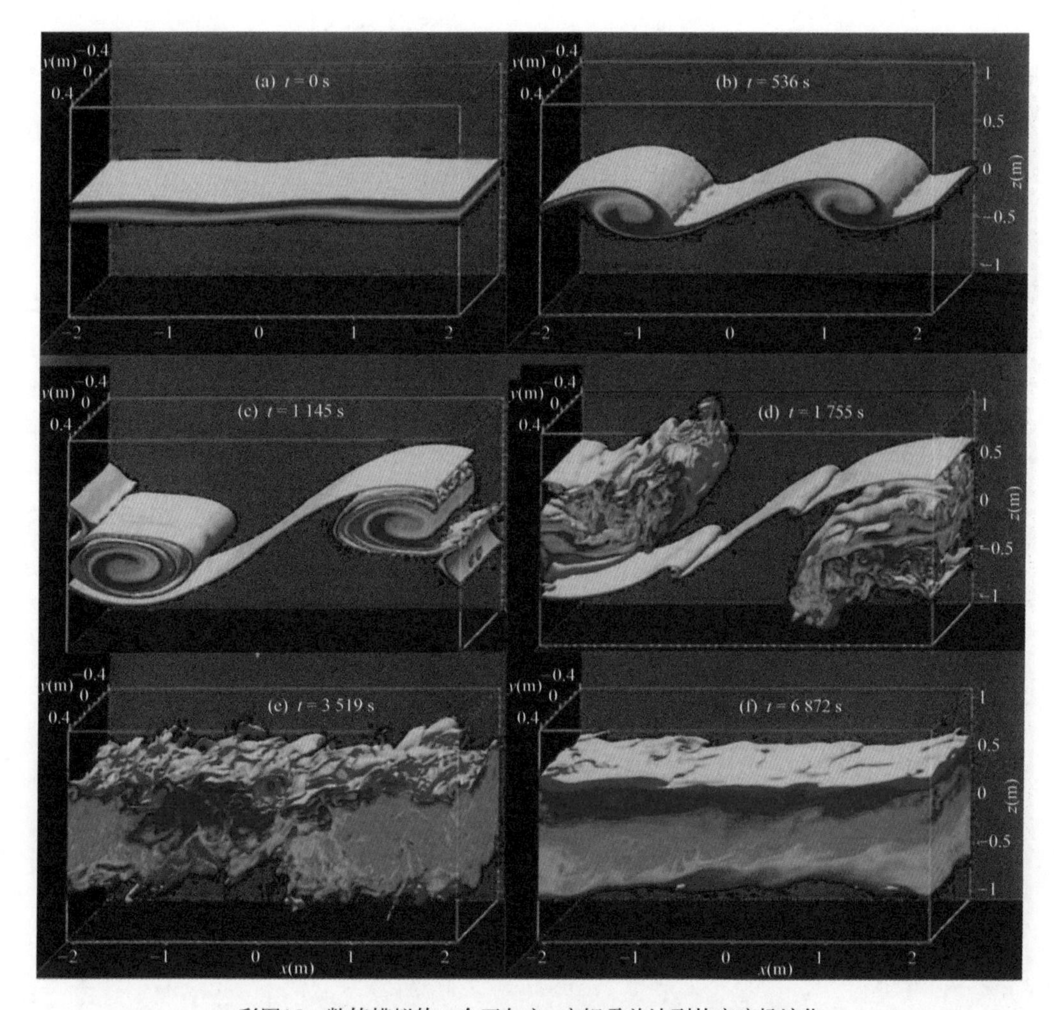

彩图15　数值模拟的一个开尔文-亥姆霍兹波列的密度场演化

不同的颜色表示过渡层的密度；上下层密度均匀的水体使用透明化进行渲染。（a）初始态是一个两层流，下层流（密度大）向左流而上层流向右流。且附加一个小的扰动；（b）开尔文-亥姆霍兹初始不稳定性的两个波长；（c）开尔文-亥姆霍兹波列开始变成两个，第二不稳定性在右上角的剖切图中可见，呈剪切排列的对流辊的形状；（d）第二剪切不稳定性生成；（e）完全湍流状态；（f）湍流衰减形成鲜明的层化以及随机的小尺度波［W. D. Smyth and J.N. Moum. 2012. Ocean mixing by Kelvin-Helmholtz instability. Oceanography 25 (2)］

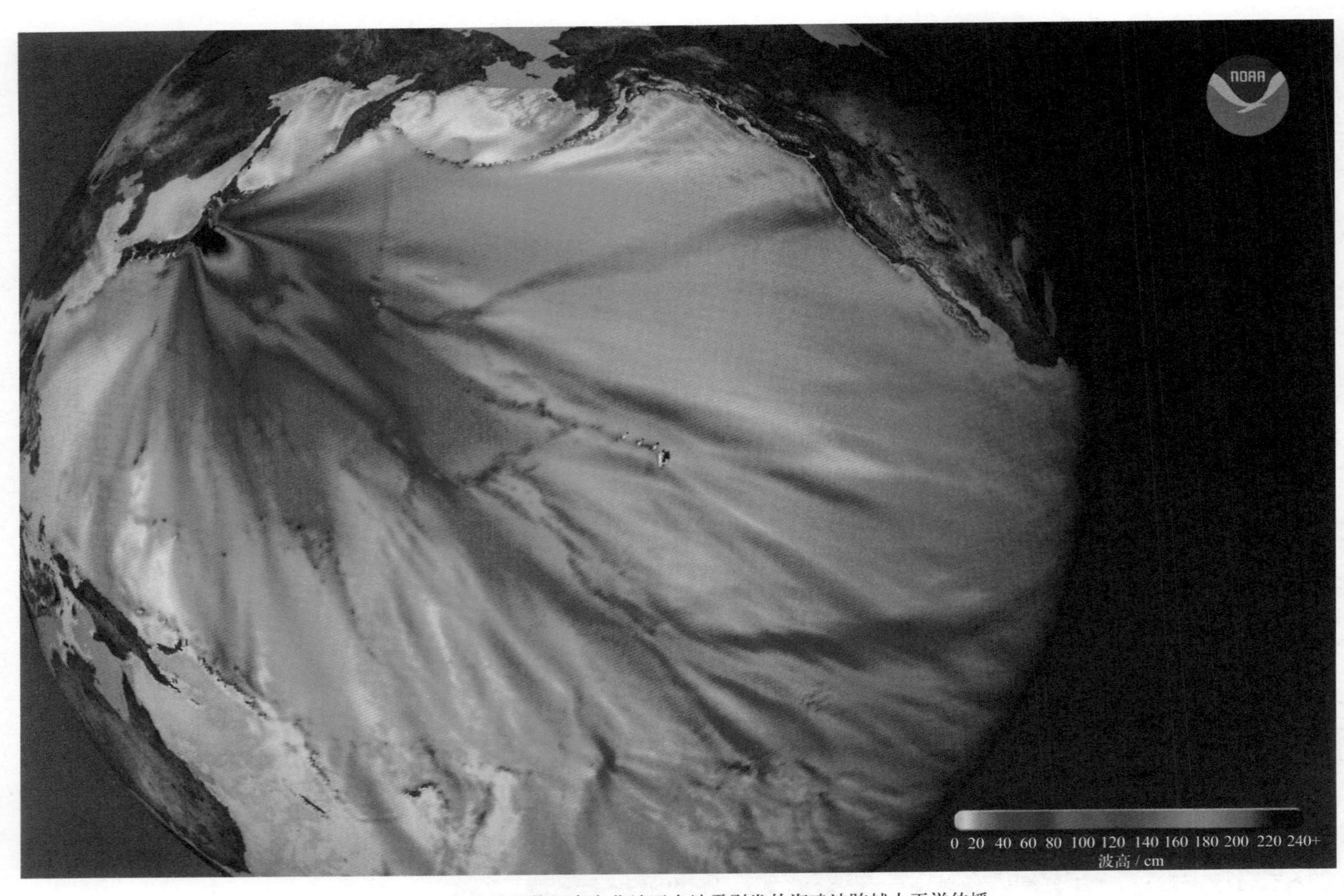

彩图16　数值模拟的日本东北地区大地震引发的海啸波跨越太平洋传播

最初的震动以日本外海最为强烈，使用浪高线表示影响的强弱

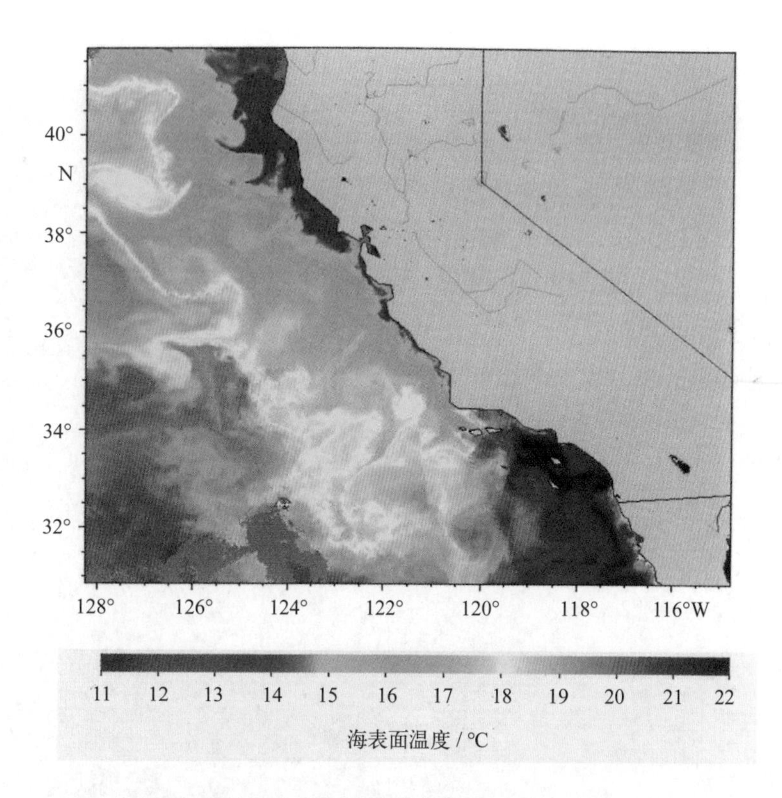

彩图17　美国西海岸外的伪彩色海表面温度图片刻画的太平洋东边界强上升流（2016年9月）

彩图18　2005年金门大桥西侧大陆架海底的巨大沙坡

图片显示的坡度要比实际的大，这主要是由于垂直放大的缘故

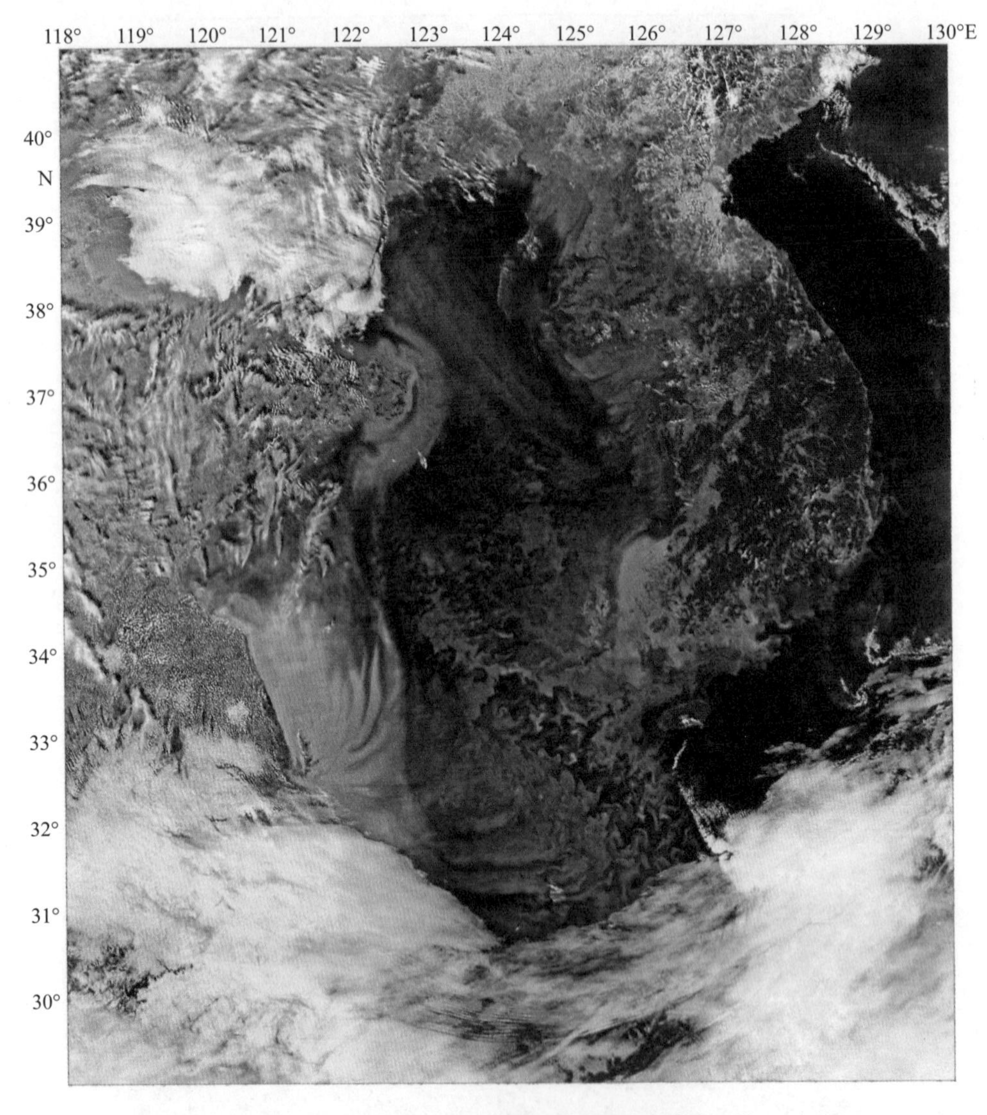

彩图19　NASA水卫星上MODIS成像仪获得的黄海图片

沿着苏北浅滩的灰色区域是高含沙量的浊水区域，中部区域显示出由于浮游植物繁荣生长造成的叶绿素的斑块分布。朝鲜半岛东部的日本深海，沉积少，且浮游植物少